国家出版基金项目
NATIONAL PUBLICATION FOUNDATION

中国分析测试技术丛书
中国分析测试协会组织编写
李景虹 总主编

THERMAL ANALYSIS

热分析

丁延伟 王昉 刘春凤 郭艳霜 等 编著

化学工业出版社
·北京·

内容简介　　《热分析》是“中国分析测试技术丛书”的一个分册。

热分析技术是在一定气氛和程序控制温度下连续测量物质的性质与温度或时间关系的一类技术，其在物理、化学、材料等科学研究中获得了广泛应用。与其他常规分析技术相比，热分析技术包括的方法种类多、实验条件影响因素多。本书主要介绍了热重分析技术、差热分析与差示扫描量热技术、热膨胀分析技术、静态热机械分析技术、动态热机械分析技术以及热分析联用技术等多种常用热分析技术的术语、基本原理、实验过程、影响因素、数据处理和分析及其典型应用等方面的内容，重点介绍了所涉及的每种热分析仪器的原理、实验过程、数据分析以及应用。希望通过本书加深读者对常见热分析技术的了解，在实际工作中更好地应用相关的热分析技术。

《热分析》适用于热分析技术相关的科研、技术人员阅读，也可供高等学校、科研院所的在读研究生、高年级本科生参考。

图书在版编目（CIP）数据

热分析 / 中国分析测试协会组织编写 ； 丁延伟等编著. -- 北京 ： 化学工业出版社，2025. 8. --（中国分析测试技术丛书）. -- ISBN 978-7-122-48009-5

Ⅰ. O657.99

中国国家版本馆CIP数据核字第2025S45D45号

责任编辑：马泽林　杜进祥　　文字编辑：黄福芝

责任校对：李雨晴　　装帧设计：王晓宇

出版发行：化学工业出版社

（北京市东城区青年湖南街13号　邮政编码100011）

印　　装：中煤（北京）印务有限公司

787mm×1092mm　1/16　印张27¾　字数497千字

2026年1月北京第1版第1次印刷

购书咨询：010-64518888

售后服务：010-64518899

网　　址：http://www.cip.com.cn

凡购买本书，如有缺损质量问题，本社销售中心负责调换。

定　　价：168.00元

“中国分析测试技术丛书”

编委会

毛兰群　北京师范大学　教授
宁永成　清华大学　教授
欧阳钢锋　中山大学　教授
庞代文　南开大学　教授
邵学广　南开大学　教授
孙世刚　厦门大学　中国科学院院士
谭蔚泓　湖南大学　中国科学院院士
唐　波　崂山实验室 / 山东师范大学　中国科学院院士
唐智勇　国家纳米科学中心　中国科学院院士
田　阳　华东师范大学　教授
田中群　厦门大学　中国科学院院士
万立骏　中国科学院化学研究所　中国科学院院士
汪海林　中国科学院生态环境研究中心　研究员
王　铁　天津理工大学　教授
王　勇　国家自然科学基金委员会　研究员
王春霞　国家自然科学基金委员会　研究员
王建波　武汉大学　教授
吴骊珠　国家自然科学基金委员会　中国科学院院士
许国旺　中国科学院大连化学物理研究所　教授
薛其坤　南方科技大学　中国科学院院士
严秀平　江南大学　教授
姚　琲　天津大学　教授
姚建年　中国化学会　中国科学院院士
姚骏恩　北京航空航天大学　中国工程院院士
姚文清　清华大学　正高级工程师
岳清瑞　北京科技大学　中国工程院院士
张书圣　临沂大学　教授
张玉奎　中国科学院大连化学物理研究所　中国科学院院士
周小元　重庆大学　教授
周一歌　湖南大学　教授
朱为宏　华东理工大学　中国科学院院士
庄乾坤　国家自然科学基金委员会　研究员

本书编写人员

（以姓氏拼音为序）

白玉霞　中国科学技术大学

丁延伟　中国科学技术大学

郭艳霜　美国 TA 仪器公司

侯静文　上海交通大学

刘春凤　哈尔滨工业大学

王　昉　南京师范大学

王　玲　华中科技大学

谢启源　中国科学技术大学

于海涛　中国科学院上海微系统与信息技术研究所

于惠梅　华东理工大学

章　斐　北京大学

丛书序言

FOREWORD

科学是从测量开始的。科学仪器是人类认识世界获取信息的重要工具。“工欲善其事，必先利其器”，原创性的科学仪器往往会开辟新的学科领域，带来新的科技成果。据不完全统计，诺贝尔奖自然科学获奖项目中，72% 的物理学奖、81% 的化学奖、95% 的生理学或医学奖都是借助尖端科学仪器来完成的，特别是因发明科学仪器而直接获诺贝尔奖的项目占 11%。中国遭遇“卡脖子”问题，究其根本，很多是卡在超精密分析测试能力上。只有测量出来，才能制造出来。没有精密的测量，就没有精密的产品，高水平的分析测试技术和分析仪器制造能力是发展高端制造业的必备条件。

分析测试是借助各种科学仪器，运用物理、化学、生物学、材料科学、电子学、计算机科学等多学科知识和技术，对被测对象进行分析，获得被测物质定性或定量的成分、结构等信息。分析测试是科技与生产的眼睛，是衡量一个国家经济与科技发展水平的主要标志，在科技、经济、国防和社会发展各领域均处于重要地位，是推动中国航空航天、生物医药、能源环境、新材料研究等领域开展世界前沿科技探索的重要引擎（图 1）。

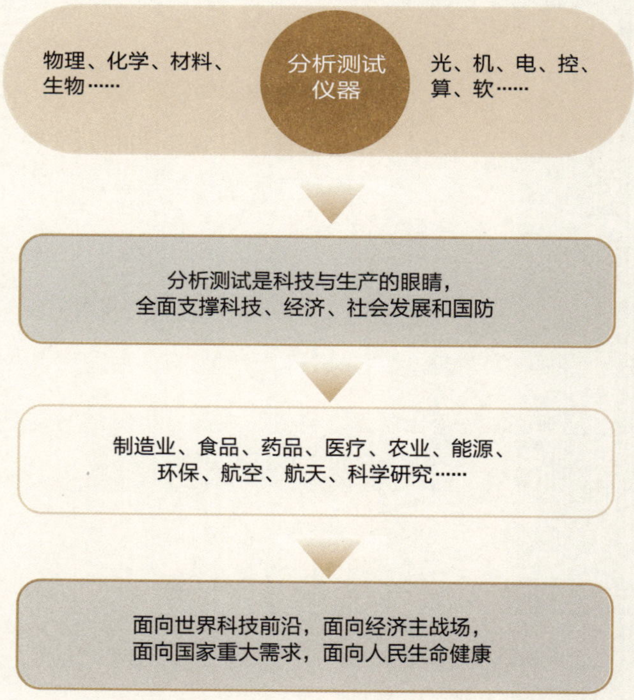

» 图 1　分析测试技术的重要地位

随着国民经济和科学技术的飞速发展，从事分析测试的各类人员迅速增多，同时，由于新原理、新技术、新材料和新工艺的广泛采用，分析测试仪器也得到了日新月异的发展，分析测试的应用领域越来越广阔、越来越深入，如中国科学院上海技术物理研究所研制的“嫦娥五号”着陆器上的月球矿物光谱仪，首次提供了月球上水的原位探测证据；再如中国科学院大连化学物理研究所研制的微型气相色谱仪，已搭载我国空间站问天实验舱正式入轨服役，为航天员生命健康提供保障。

为了加强分析测试技术交流，系统总结分析测试领域取得的诸多成就，使广大分析测试工作者及时掌握分析仪器最新技术与应用进展，进一步提高分析测试技术水平，中国分析测试协会特组织编写“中国分析测试技术丛书”。丛书由数十项国家自然科学基金项目、国家重大科研仪器研制项目等国家课题孕育，基于国家大型科学仪器中心、国家重点实验室、一流高校分析测试中心等单位百余名专家的科研成果总结凝练而成，融入了他们广博的知识积累和丰富的分析经验。丛书以科技创新驱动引领高质量发展为目标，以“科学系统、简明实用、面向前沿、突出创新”为编写宗旨，以面向世界科技前沿、面向经济主战场、面向国家重大需求、面向人民生命健康为主线，强调创新创造，注重世界领先和中国首创，从定性定量分析、物化性能分析、结构形貌分析等角度，全面系统阐述了分析测试各领域前沿技术、关键技术以及相关应用成果。

希望丛书的出版，能为广大分析测试人员，科研人员及工程技术人员，科学仪器研发、生产及管理人员，高等学校师生等提供一个入门的指导和有力的工具，共同促进中国分析测试技术进步，为各领域科研与生产，为国家、地方经济和社会发展服务。

丛书的编写与出版工作得到了中国分析测试界同仁的大力支持，凝聚了他们大量的心血和期望，在此谨向他们，以及在编写过程中曾给予我们热情支持与帮助的有关院校、科研院所及厂矿企业的专家和同行，致以诚挚的谢意。同时我们也真诚期待广大读者的热情关注和批评指正。

中国科学院院士

李景虹

前言

PREFACE

作为一种传统的分析手段，热分析技术是研究物质的物理过程与化学反应的一类重要的实验技术。这类技术建立在物质的平衡状态和非平衡状态热力学以及不可逆过程热力学和动力学的理论基础之上，其主要通过精确测定物质的宏观性质如质量、热量、体积等与温度的关系来研究性质的连续变化过程。热分析技术不仅可以被用来广泛地研究物质的各种转变（如玻璃化转变、固相相转变等）和反应（如氧化、分解、还原、交联、成环等反应），还可以被用来确定物质的成分，判断物质的种类，测量与温度相关的热膨胀系数、比热容、热扩散系数等热物性参数。迄今为止，热分析方法已在矿物、金属、石油、食品、建材、陶瓷、医药、化工等各个领域获得了广泛的应用。

热分析方法因其包括的分析技术众多（主要包括热重分析法、差热分析法、同步热分析法、差示扫描量热法、微量量热法、静态热机械分析法、动态热机械分析法以及热分析联用法等）、应用领域广泛，受到日益广泛的关注。然而，由于热分析方法及其应用仍处于较为快速发展的过程之中，其所涉及领域的发展又极其不平衡，同时由于所涉及领域广，对于许多热分析相关的从业人员来说，很难在较短的时间内对热分析方法有较为全面的认识。

本书在简要介绍常用的热分析技术的基础上，重点介绍了热重分析技术、差热分析与差示扫描量热技术、热膨胀分析技术、静态热机械分析技术、动态热机械分析技术以及热分析联用技术等多种常用热分析技术的术语、基本原理、实验过程、影响因素、数据处理和分析及其典型应用等方面的内容。本书共包括七章，其中，第一章简要地介绍了热分析的定义及相关通用性术语、热分析分类与特点及常见的热分析技术、热分析仪器的基本组成和功能、热分析实验的一般过程、典型应用领域概述以及发展前景展望；第二章至第六章分别介绍了与热重分析技术、差热分析与差示扫描量热技术、热膨胀分析技术、静态热机械分析技术和动态热机械分析技术相关的术语与定义，仪器的发展过程，仪器的工作原理、基本组成及功能，实验过程，数据处理及分析，典型应用领域等内容；第七章简要介绍了与常用的热分析同时联用技术、串接联用技术和间歇联用技术相关的术语与定义，技术的发展与现状，仪器的工作原理、基本组成及功能，实验过程，数据处理及分析，典型应用领域等内容，并简要介绍了近年来发展的多级热分析联用技术的工作原理和应用。

本书为“中国分析测试技术丛书”的一个分册。本书的编写提纲由丁延伟负责起草，经分册编写人员讨论后分工协作完成每一章节的内容。其中，第一章绪论完成人为王昉、丁延伟、白玉霞、于海涛、刘春凤；第二章热重分析技术完成人为白玉霞、丁延伟、王昉、谢启源；第三章差热分析与差示扫描量热技术完成人为王昉、于惠梅、侯静文；第四章热膨胀分析技术完成人为刘春凤、白玉霞、侯静文、王昉；第五章静态热机械分析技术完成人为侯静文、白玉霞、刘春凤、王昉；第六章动态热机械分析技术完成人为王玲、侯静文、丁延伟、王昉；第七章热分析联用技术完成人为于惠梅、章斐、侯静文、丁延伟。在经过本书编著者团队多次修改后，最终由丁延伟和郭艳霜统稿。本书由浙江大学陈林深教授和上海交通大学朱邦尚研究员主审。在本书成稿过程中，还得到了美国珀金埃尔默公司行业与应用主管华诚博士、德国耐驰仪器公司应用专家徐梁博士、瑞士梅特勒托利多公司应用主管李雄博士和美国 TA 仪器公司应用经理曾洪宇博士（现为安徽中科热仪科技有限公司总经理）等热分析同仁在相关热分析技术方面的大力支持。本书中介绍的一些分析技术和应用成果得到了国家重点研发计划项目、国家自然科学基金重大科研仪器研制项目、中国科学院科研装备研制项目以及国家自然科学基金委面上项目等的经费支持，相关研究成果“基于温度场调控的原子级表界面结构分析方法及应用”“超灵敏微量差示扫描量热法测定大分子构象变化”和“新型生物工程支架与医药材料热稳定性及使用寿命的分析方法研究”分别获得中国分析测试协会分析测试科学奖一等奖和二等奖、江苏分析测试科学技术奖二等奖等。另外，本书的顺利出版还得到了美国 TA 仪器公司（其前身为美国杜邦公司仪器部）的资助，在此一并表示感谢。

虽然本书编写成员均长期在一线从事热分析技术的分析测试、方法研究和仪器研究工作，且大多具有十五年以上的工作经验，但由于作者水平所限，书中难免存在疏漏之处，还望读者不吝指正，以便进行修订。

丁延伟
2025 年 合肥

目录

CONTENTS

第二章

热重分析技术

047~122

第三章

差热分析与差示扫描量热技术

123~220

第七章

热分析联用技术

351~423

索引

THERMAL ANALYSIS

第一章
绪论

1887 年法国科学家 Le Chatelier 首次使用热电偶测量黏土材料的加热曲线 [1,2]，这项研究工作被认为是热分析技术的起源。经过一百多年的不断发展，热分析技术已逐步发展成为与色谱、质谱、光谱、波谱等分析技术同等重要的一类传统材料表征手段。概括来说，热分析是用于描述所关注的物质的性质与温度或时间关系的一类传统分析技术，其主要基于热力学理论来研究在物理变化或化学反应中物质的性质随温度或时间的变化规律，所研究的物理性质主要包括质量、温度、热焓、比热容、尺寸、机械特性、声学特性、光学特性、电学特性及磁学特性等 [3,4]。热分析技术可以在很宽的温度范围内对物质的性质进行定性和定量表征，不仅可以用来研究物质的玻璃化转变和固相转变等各种物理转变，还可以用来研究在实验过程中发生的氧化、还原、分解、交联、固化和成环等各种化学反应 [4,5]。在实际应用中，通过热分析技术还可以确定物质的成分、判断物质的种类和测量热物性参数等特征信息 [4]。目前，热分析技术已经广泛应用于冶金、食品、医药、石油、化工、考古、矿产和生物医学材料以及绿色能源等研究领域（图 1-1）[4]。

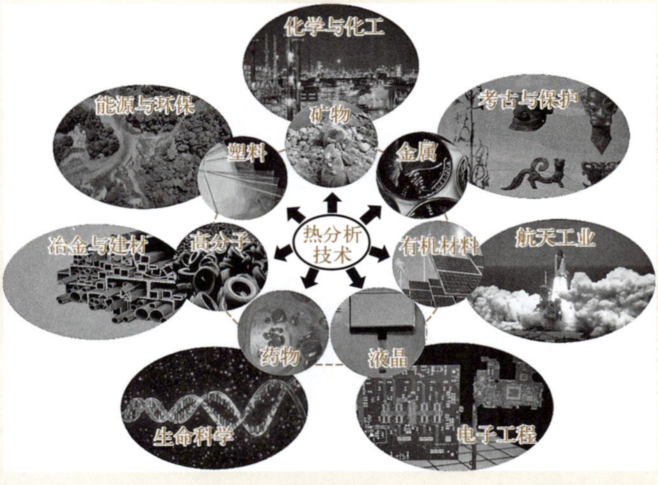

图 1-1　热分析技术的典型应用领域

第一节
热分析的定义及相关通用性术语

根据所测量物理性质不同，国际热分析与量热协会（International Confederation for Thermal Analysis and Calorimetry，简称 ICTAC）将现有的热分析技术划分为九大类十七种[1]。在实际应用中，热分析仪器还可以与其他分析技术通过串联式、并联式或间歇式联用的方式进行有机组合，目前已经形成了如热重法 - 差热分析（或差示扫描量热法）、热重法 / 质谱分析 / 红外光谱法和热重法 / 气相色谱法等联用技术[5, 6]。我国于 2008 年 5 月发布并于同年 11 月实施的国家标准 GB/T 6425—2008《热分析术语》对热分析技术进行了定义[7]，在本部分内容中将着重介绍与热分析相关的一些通用性术语。

一、定义

自 1969 年 ICTAC 首次明确提出热分析的定义以来，热分析的定义经历了几次演变过程[2]。当前普遍采用 ICTAC 于 1999 年发布的定义形式[4, 6, 8]，并被正式写入美国材料与试验协会标准 ASTM E473 - 14 *Standard Terminology Relating to Thermal Analysis and Rheology*（USA）[8,9]：“A group of techniques in which a physical property of a substance is measured as a function of temperature or time while the substance is subjected to a controlled-temperature program.”

目前，我国仍然使用 2008 年发布的《热分析术语》（GB/T 6425—2008）中的定义：在程序控温（和一定气氛）下，测量物质的某种物理性质与温度或时间关系的一类技术[7, 10]。

与 ICTAC 的定义相比，《热分析术语》中对热分析技术的定义所涵盖的范围更广。在 ICTAC 的定义中重点强调了热分析技术的连续测量特点，而在《热分析术语》的定义中则将一些在不同温度下进行的不连续等温测量的技术也包括在内[11]。

二、与热分析相关的通用性术语

1. 与实验相关的术语

为叙述方便起见，与每一种具体的热分析技术所对应的热分析仪器相关的术语将在相关的章节中单独进行阐述，在本部分内容中仅简要介绍与实验相关的通用性术语。

（1）热分析仪 广义上，在不考虑实验气氛时（此时可以认为气氛的流量为零）研究试样的物理性质与温度或时间关系的方法与相应的仪器都属于热分析仪（thermal analyzer）的范畴[6]。

（2）标准物质和标准样品 标准物质（standard materials）是具有一种或多种足够均匀并且特性量值已被很好确定的物质或材料，可用于校准仪器、评价测量方法或确定物料的量值。

标准样品（standard sample）是具有足够均匀的一种或多种化学的、物理的、生物学的、工程技术的或感官的等性能特征，经过技术鉴定，并附有有关性能数据证书的一批样品。

（3）参考物与参比物 参考物（reference materials）主要用于分析质量控制、新方法的建立、测量系统刻度、实验室间比对分析或直接用作分析标准。

在热分析实验中，参比物是指在测试温度范围内为热惰性（无吸热或放热效应）的物质，如 α-Al_2O_3。通常参比物的热惰性是指性质稳定，在实验温度范围内不发生挥发、分解、相变等变化，空坩埚也可作为参比物。参比物在实验时与试样同时进行测试。参考物与参比物在热分析中是完全不同的两个概念，后者在实验过程中不发生任何形式的转变和反应。

（4）校准和校正 校准（calibration）是在规定条件下确定测量仪器或测量系统的示值与被测量对应的已知值之间关系的一组操作。通常，校准主要包括检验、校正、报告等过程。

与其他分析仪器一样，热分析仪需要进行定期校准和检定，以确保仪器处于正常的工作状态。

校正（correction）是通过调整仪器仪表的某些参数，使其测量数据正确无误或者误差很小（在允许的范围内）的过程。对于热分析仪器而言，校正主要包括温度在内的多个物理量的校正过程。其中，温度校正（temperature correction）是建立校准材料转变温度的仪器测量值 T_m 和真实温度 T_{tr} 之间的关系。见式（1-1）：

$$T_{tr}= T_m+ \Delta T_{corr} \tag{1-1}$$

式中，ΔT_{corr} 为温度校正值。

（5）空白实验 空白实验（blank test）是在测量过程不存在某一特定组分的条件下得到的测量值。就热分析实验而言，不用试样，或用热惰性物质作为试样，或在进行差示测量时以参比物为试样所进行的实验都可以称为空白实验。空白实验是用来检验热分析仪器工作状态的一种有效手段。

（6）程序控温　程序控温（controlled temperature program）是按照预定的温度 - 时间变化程序对炉体进行温度控制。当所测试的温度范围内参比物未发生任何转变或反应时，程序温度应该等于参比坩埚的温度。热分析实验中，程序控温方式主要包括线性升温 / 降温、等温、周期性升 / 降温和非周期性变温等温度变化方式，其中按照恒定的加热速率对样品进行加热是最常用的程序控温方式。

（7）气氛气体　气氛气体（purge gas）是指试样在实验时所需的流量稳定的气体氛围。常用的气氛状态主要包括静态气氛和动态气氛两种。气体类型主要包括：惰性气体、反应性气体、腐蚀性气体等。

动态气氛是热分析实验常采用的模式，其可以有效地将由分解或挥发产生的气体产物及时脱离试样周围，有利于反应进一步进行。在这种实验条件下所得到的实验数据的重复性较好。

2. 与曲线解析相关的术语

实验结束后需要对曲线进行相应的数据处理和分析，与此相关的术语主要包括以下几类。

（1）热分析曲线　热分析曲线（TA curve）泛指由热分析实验测得的各类曲线。在对热分析曲线进行分析时，通常需要对其进行一阶微商处理，得到相应的微商曲线。如图 1-2 为一种陶瓷生胚的热膨胀曲线，由图可见在 800℃附近曲线发生了一个明显的转折现象。一般采用基线延长线与最大斜率处切线交点的方法来确定该转折所对应过程的初始温度，微商曲线中的峰值温度对应于热膨胀曲线转变过程的最大斜率（图 1-2 中虚线部分），该温度对应于在转变过程中曲线形状变化速率最快的阶段。

另外，通过微商处理还可以得到与速率相关的信息。例如，在热重分析实验中，当试样发生分解时，微商曲线的峰值对应于该过程的最大速率。在如图 1-3 所示的一水合草酸钙的 TG（热重）-DTG（微商热重）曲线中，通过图中 DTG 曲线的每个峰值可以确定在每一个失重过程中的最大质量损失速率。

（2）热分析曲线的基线及特征温度、特征时间　基线（baseline）是在仪器没有加载试样时得到的信号测量曲线，一般为噪声随时间或温度的变化曲线。对于热分析仪器而言，基线是无试样存在时产生的信号测量轨迹；当有试样存在时，则指试样无（相）转变

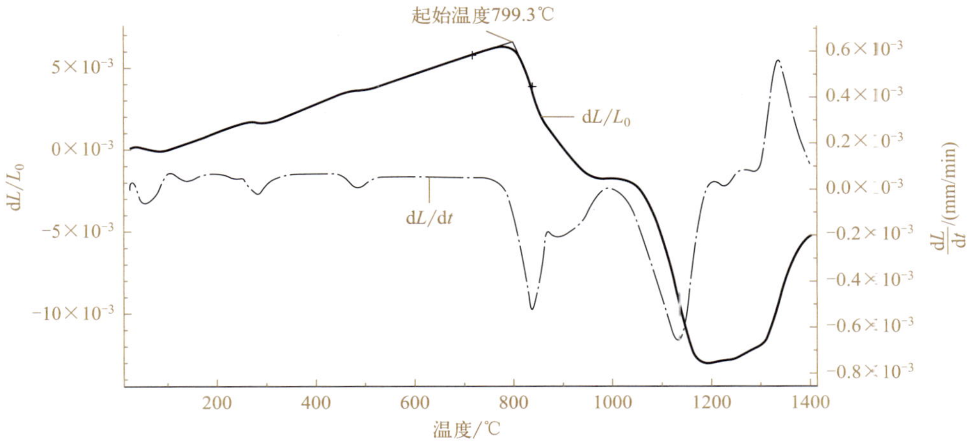

图 1-2 陶瓷生胚的热膨胀曲线

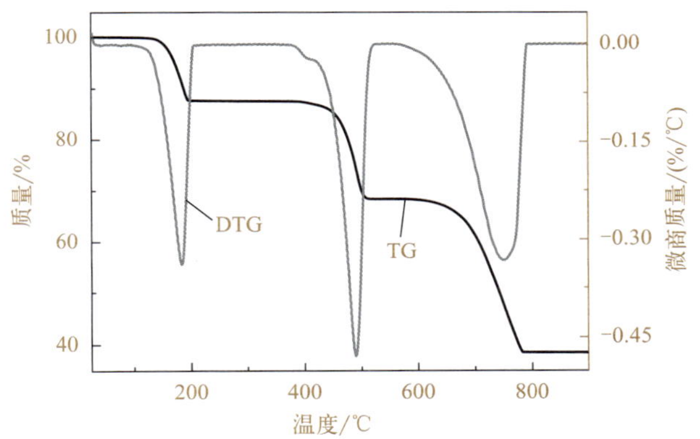

图 1-3 一水合草酸钙的 TG-DTG 曲线

或反应发生时热分析曲线对应的区段。

热分析曲线的基线主要包括三类，分别为：仪器基线（即在无试样和参比物时，仅使用相同质量和材料的空坩埚所测得的曲线）、试样基线（即在仪器装载有试样和参比物时，在变化区域之外所测得的热分析曲线）和虚拟基线（即在假定热分析测定的物理量的变化为零时，通过实际的温度或时间变化区域绘制的一条虚拟的曲线）。

在实际确定虚拟基线时，通常假定物理量随温度的变化呈线性，利用一条直线内插或外推试样基线绘制出这条线。如果在此范围内物理量没有明显变化，则可由峰的起点和终点直接连线绘制出基线；如果物理量出现了明显变化，则可采用 S 形或其他形状的基线。

虚拟基线主要应用于反应或转变峰的积分，在差示扫描量热法和差热分析中常用来计算反应或转变过程中的热量变化。图 1-4 所示为聚对苯二甲酸乙二醇酯（PET）在加热过程中的 DSC（差示扫描量热法）曲线。对于在 120 ～ 160℃范围的放热峰（对应于冷结晶过程）而言，在反应或转变过程中比热容没有发生明显变化（对应于基线没有出现明显的漂移），可由峰的起点和终点直接连线来确定虚拟基线。据此可以积分得到该过程的热量为 32.80J/g。对于在 210 ～ 270℃范围的吸热峰（对应于熔融过程）而言，在转变过程中比热容出现了明显变化（对应于基线出现明显的漂移），则可采用 S 形虚拟基线。据此可以积分得到该过程的热量为 45.93J/g。

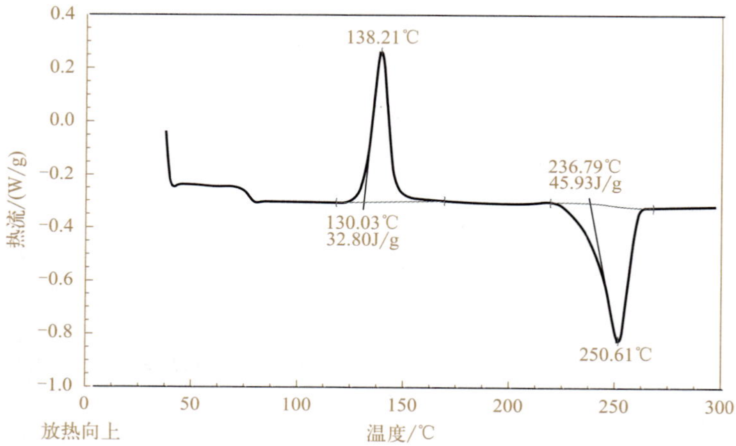

图 1-4　聚对苯二甲酸乙二醇酯（PET）在加热过程中的 DSC 曲线

3. 与数据质量因数相关的术语

热分析实验数据的质量因数是用来确定某一特定测量状况的合理性的一组参数，主要包括准确度、重复性、灵敏度等 [7]。对于不同的热分析技术，确定这些质量因数的方法之间存在着较大的差别，在实际应用中应结合相应的标准或者规范的要求来确定。限于篇幅，在此不作详细介绍。

第二节
热分析技术的分类与特点

一、热分析技术的分类

常用的热分析技术主要包括差热分析 (DTA)、差示扫描量热法 (DSC)、热重分析 (TGA，也称热重法，简称 TG)、静态热机械分析 (TMA)、动态热机械分析 (DMA) 等[4, 6]。根据试样所测物理量的性质和联用技术的不同，通常将热分析方法进行如表 1-1 所示的分类[4, 12, 13]。

表1-1　热分析技术的分类[4, 12, 13]

热分析技术	英文名称	简称	测量性质
单一热分析技术			
差示扫描量热法①	differential scanning calorimetry	DSC	热流或者功率
温度测量法	thermometry		温度
热重法或热重分析	thermogravimetry 或 thermogravimetric analysis	TG 或 TGA	质量
逸出气体检测	evolved gas detection	EGD	气流量或成分
逸出气体分析	evolved gas analysis	EGA	
放射热分析	emanation thermal analysis	ETA	放射性气体
热微粒分析	thermoparticulate analysis	TPA	释放的粒子
差热分析	differential thermal analysis	DTA	温度或温度差
微区热分析	micro/nano-thermal analysis	μ/n-TA	
热膨胀法②	thermodilatometry	TD	长度或体积
热机械分析	thermal mechanical analysis	TMA	尺寸和机械性能
动态热机械分析	dynamic mechanical analysis	DMA	

续表

热分析技术	英文名称	简称	测量性质
热发声法	thermosonimetry	TS	声学特性
热传声法	thermoacoustimetry		
热光学法	thermoptometry		光学特性
热释光法	thermoluminescence	TL	
热电学法	thermoelectrometry		电学特性
热刺激电流法	thermally stimulated current	TSC	
介电热分析	dielectric thermal analysis	DETA	
热磁学法	thermomagnetometry	TM	磁学特性
热压法	thermomanometry		压力变化
热衍射法	thermodiffractometry		物相 / 结构
热光谱法	thermospectrometry		
热分析联用技术			
热重 - 差热分析	thermogravimetric-differential thermal analysis	TG-DTA	质量、温度差
热重 - 差示扫描量热法	thermogravimetric-differential scanning calorimetry	TG-DSC	质量、热流差
热重 / 质谱分析	thermogravimetric/mass spectrometry	TG/MS	质量、气相分子种类
热重法 / 傅里叶变换红外光谱法	thermogravimetric/Fourier transform infrared spectroscopy	TG/FTIR	质量、结构
热重法 / 气相色谱法 / 质谱分析	thermogravimetric/gas chromatography/ mass spectrometry	TG/GC/MS	质量、气相组分、气相分子种类

①分为功率补偿型 DSC 和热流型 DSC。

②包括线性热膨胀和体积热膨胀。

二、热分析技术的特点

与其他分析技术相比，热分析技术主要包括以下优势和不足。

1. 热分析技术的优势

热分析技术的优势主要表现在以下方面。

（1）温度测量范围宽且灵活可控　温度的变化会影响物质的结构和性质，通过热分析技术可以灵活地在各种升温速率和降温速率以及较宽的温度范围（−180 ～ 2800℃）[14-16]下对物质的性质进行连续测定。例如，通过温度调制差示扫描量热实验可以方便地研究材料中同时出现的相变过程[17-19]，从而提高了测量灵敏度和准确性。该技术还成功应用于热重分析[20, 21]、热膨胀技术[22]和静态热机械分析[23, 24]中。另外，还可以通过分解速率控制模式来准确地确定连续发生的多个质量变化过程[25, 26]。商品化热分析仪器的线性升温速率一般为 0.1 ～ 700℃ /min，近年来快速发展起来的基于芯片量热技术的闪速差示扫描量热仪（简称 Flash DSC）可以实现高达 3×10^6℃ /min 的升温速率[27-29]。南京大学胡文兵教授研究组在国内最早开展 Flash DSC 技术的应用研究，取得的成果在国际上产生了较大的影响[30-33]。对于大多数商品化热分析仪器，炉体的结构和尺寸是影响温度变化速率和控温范围的决定性因素。例如，采用较小尺寸加热炉的仪器可以在 15min 内从 1000℃降到 50℃，升温速率最高可达 320℃ /min[34]。美国 TA 仪器公司最新型号的 TGA Discovery 5500 热重分析仪采用红外加热的原理，可以实现线性可控的最快升温速率为 500℃ /min，瞬间加热速率可以达到 1600℃ /min。一些采用钨加热炉的超高温热分析仪，其最高实验温度可达 2800℃[16]。

（2）所需样品量少且灵敏度高　与传统的性能测量技术相比，热分析实验所需的试样量通常较少。理论上，在实验时使用较少的样品量可以减小试样内部与表面之间的温度梯度，使分解气体从试样内层向外层扩散，有利于分辨出中间化合物或相变，从而可以更加真实地反映材料的热学特性。热重实验和差示扫描量热实验所需的样品量通常为毫克级，芯片式热分析仪器所需的样品量甚至达到了纳克级[35, 36]。一些灵敏度较高的等温量热仪的温度准确度最高可达 $\pm10^{-4}$℃。由于热机械分析仪（包括热膨胀仪）具有较高的位移测量精度，样品尺寸可以远小于传统的材料试验机要求的最小尺寸，例如可以很方便地对 6mm×2mm×1mm 形状的样品进行形变量测量，其力学测量精度最高可达 0.0001N，位移的测量精度则可达 0.1μm[34]。常规的商品化热分析仪器的热电偶的温度测量精度一般高于 ±0.1℃，通常通过缩小仪器的测量温度范围的方式来提高温度测量精度。例如，高灵敏度微量差示扫描量热仪的温度测量范围为 −10 ～ 130℃，可用来测量质量浓度为 1×10^{-5}g/mL 溶液中的相转变行为[37, 38]。

（3）通常不需要对样品进行特殊预处理　通过热分析实验可以直接测量样品的性质随温度或时间的关系曲线，只要仪器的试样支持器（或容器）允许，通常不需要对样品进行特别的预处理。另外，实验对样品的形状要求不高。

（4）可连续测量性质与温度或时间的关系曲线　在实际应用中，通过热分析实验不仅可以准确地确定物质在温度变化时发生的熔化、升华、凝固、分解等过程的特征温度，还可以方便地确定物质的比热容、热膨胀系数、热导率等性质与温度的关系曲线[39, 40]。此外，还可以获得材料的放射性能、声学性能、光学性能和磁学性能等方面的信息[41]。

（5）实验气氛灵活多变　在实际应用中可以采用的实验气氛一般可以分为静态气氛和动态气氛两种。静态气氛主要指实验时只利用环境气氛，或者在试样周围充填一定压力的静态气氛气体或者真空气氛。气氛气体主要包括氧化性气氛、还原性气氛、惰性气氛、腐蚀性气氛等。在实际应用中，为了使逸出的气体产物及时脱离反应体系或者使试样所处的温度保持均匀，通常采用动态的惰性气氛。在大多数商品化仪器中都配有气氛切换控制装置和软件，实验时可以根据实际需要在既定的条件下进行所需气氛和气氛流速的设定和切换[6, 42]。

（6）方便得到转变或分解的动力学参数　在热分析技术中，通过改变加热 / 降温速率（一般为 3 ～ 5 个速率）测量材料的物理性质随温度或时间的变化，由相应的动力学模型得到相应的动力学参数（如指前因子 A、活化能 E_a、反应级数或机理函数）[43-45]。对于等温实验，一般通过测量材料在不同温度下的实验曲线得到动力学参数[46, 47]。

与其他动力学研究方法相比，通过热分析技术可以高效率、真实地对在实验中发生的动力学过程进行准确描述，热分析技术在动力学研究中得到了广泛的应用[48-50]。

（7）方便与多种分析技术联用　目前，既可以方便地实现多种热分析技术自身的联用，也可以实现热分析技术与光谱和质谱仪器之间的联用。例如，目前已经得到广泛应用的联用技术包括热重法与差热分析或差示扫描量热法的同时联用技术[51]、热重分析与红外光谱以及质谱的串 / 并接联用技术和热分析与气相色谱的间歇联用技术等[52-54]。

2. 热分析技术的局限性

虽然热分析技术具有综上所述的多种优势，但作为一种测量材料表观性质的技术，其本身还存在着一定的局限性，主要表现在以下几个方面[11]。

（1）方法缺乏特异性　由热分析技术得到的实验曲线一般不具有特异性，这给性质相似试样的分析带来了困难。例如，在使用差热分析（DTA）技术分析试样的热分解过程时，若一个试样在分解过程中同时伴随着吸热和放热两个相反的热过程，则在最终得到的 DTA 曲线上有时只出现一个吸热或放热过程，曲线的形状取决于吸热和放热这两个过程的热量大小。

（2）影响因素多　当通过热分析技术测量物质的物理性质时，在实验过程中可以改变温度控制程序、实验气氛及流速、容器或者支持器的形状等条件，这些因素的变化往往对试样在不同温度或时间时的性质变化产生较为显著的影响。如图 1-5 是对乙酰氨基酚药品在不同加热速率下的热重曲线[55]，由图可见随着加热速率的升高，样品发生热分解的温度整体升高，同时曲线的形状也发生了变化，这表明不同的加热速率对该药品的热分解行为产生了不同程度的影响。

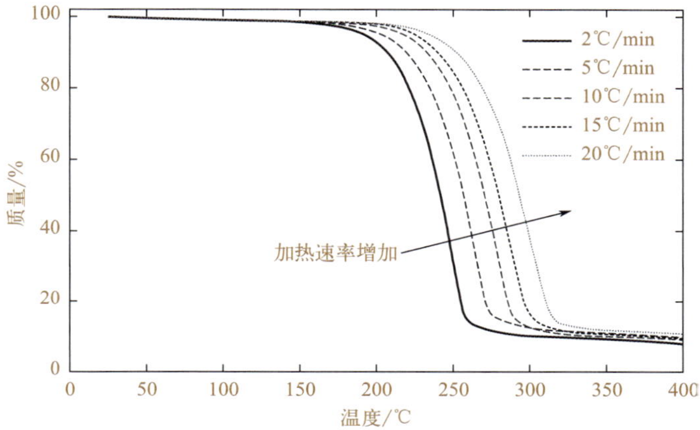

扫码看彩图

图 1-5 对乙酰氨基酚药品在不同加热速率下的热重曲线[55]

（3）曲线解析复杂 如上所述，热分析实验受实验条件（主要包括温度程序、实验气氛、制样等）和仪器结构等的影响，由此得到的曲线之间的差异也很大。在实验结束后对曲线进行解析时，应充分考虑以上的影响因素，对所得到的曲线进行合理的解析。

在多年的工作经验积累和研究基础上，本书编著者团队针对热分析实验技术种类繁多、实验条件复杂多变的现状，提出了热分析实验方案设计的基本原则和常用方法，并系统提出了曲线解析的原则和一般过程，基于这些工作编写并出版了著作《热分析实验方案设计与曲线解析概论》（化学工业出版社，2020）[11]。

三、常见的热分析技术

根据所测量物理性质的不同，ICTAC 将现有的热分析技术划分为九类十七种[1]。在实际应用中，常用的热分析技术主要包括热重分析 (TGA，也称热重法，简称 TG)、差热分析 (DTA) 与差示扫描量热法 (DSC)、热机械分析 (TMA) 以及热分析联用技术等[4, 6]。

1. 热重分析技术

作为应用最广泛的热分析技术之一，热重法是在程序控温和一定气氛下，测量试样的质量与温度或时间关系的技术[7, 9]。热重分析技术经过一百多年的发展已广泛应用于物理、化学、化工、矿物、食品、医药等相关的领域，在实际应用中可以用来研究确定物质的组成、纯物质的结构式、物质的热分解机理、物质的热稳定性，以及获得物质的热力学性质信息与物质在实验过程中的动力学性质信息等[56]。本书第二章将简要介绍热重分析技术的工作原理、仪器组成、影响热重实验的因素、数据分析和应用等内容。

2. 差热分析与差示扫描量热技术

差热分析（differential thermal analysis，简称 DTA）技术是一种重要的热分析方法，其常用于测定物质在产生热效应时的特征温度及吸收或放出的热量，包括物质相变、分解、化合、凝固、脱水、蒸发等物理或化学反应，广泛应用于硅酸盐、陶瓷、矿物金属、航天耐温材料等领域，特别是高分子聚合物、复合材料等领域[6]。由于其结构简单，通常与热重分析技术进行联用，通过实验可以同时得到 TG 和 DTA 曲线，同时得到物质在实验过程中发生的质量和热效应信息，通常称这种形式的仪器为热重 - 差热分析仪（简称 TG-DTA）或者同步热分析仪（简称 STA）[6, 57]。

与差热分析相比，差示扫描量热（differential scanning calorimetry，简称 DSC）技术是在差热分析基础上发展起来的一种技术。按照工作原理的不同，DSC 主要包括热流式和功率补偿式两种结构形式[6, 58]。其中，功率补偿式 DSC 具有较高的灵敏度，但其结构较为复杂，目前还无法实现与热重分析技术的联用。DSC 可以对热量进行更为准确的定量测量，具有灵敏度高和需要样品量少等特点，可以用来准确测量物质在实验过程中的表观比热容、转变（玻璃化转变、顺磁转变、结晶、多态性、熔化、沸腾、升华、分解和异构化等）的特征温度以及物质的热稳定性和结晶动力学等[4, 6, 33]。

本书第三章将简要介绍 DTA 和 DSC 技术的工作原理、仪器组成、影响因素、数据分析和应用等内容。

3. 热机械分析技术

广义上的热机械分析（thermal mechanical analysis，简称 TMA）是在程序控温和一定的载荷（包括静态和动态载荷）下，测量试样的形变（形变模式包括压缩、针入、拉伸或弯曲等不同形式）与温度或时间关系的一类热分析技术，这类技术主要用来测量试样的形变或力学性质随时间或温度等变量变化的关系。按照力作用形式的不同，广义上的热机械分析技术主要包括静态力作用模式的静态热机械分析技术与动态力作用模式的动态热机械分析技术[6, 41]。

在实际应用中通常所指的TMA是静态热机械分析，即在程序控温和一定的非振荡性载荷下测量试样的形变与温度或时间关系的一种热分析技术，此处所指的静态热机械分析是与动态热机械分析相对应的。当对样品施加的作用力可以忽略时，测量样品的形变随温度的变化性质的技术通常称为热膨胀法（thermodilatometry，简称TD）。热膨胀法可以看作静态热机械分析的一种特例（静态力很小可忽略不计，并且在实验过程中保持不变）。动态热机械分析（dynamic mechanical analysis，简称DMA）又称动态力学热分析（dynamic mechanical thermal analysis，简称DMTA），是在程序控温和一定的振荡性载荷下测量试样的储能模量、损耗模量和损耗因子与温度、力的频率或时间关系的一种热分析技术。DMA可以高分辨地监测发生微弱转变过程时动态力学性能变化信息，图1-6是通过以上所介绍的三种方法测量得到的玻璃态固体（高分子量聚苯乙烯）的热行为的示意图[41]，由图可见，在聚苯乙烯发生玻璃化转变时，其储能模量E'、损耗模量E''和损耗因子$\tan\delta$均出现了较为显著的变化。

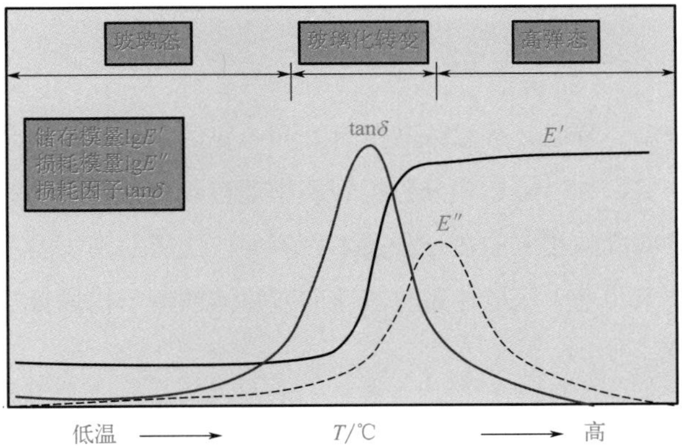

《 图1-6　玻璃态固体的动态热机械分析曲线[41]

本书第四章、第五章和第六章将分别介绍TD、TMA和DMA技术的工作原理、仪器组成、影响因素、数据分析和应用等内容。

4. 热分析联用技术

通过以上所述的常规热分析技术，可以得到在实验过程中所研究的对象在一定的气氛和程序控制温度下由其结构、成分变化而引起的质量、热效应、尺寸等性质的变化信息，然而在实际应用中所得到的这些信息往往由于技术所限而显得过于片面，再加上通过热分析技术所得到的为物质的宏观性质信息，对于在实验过程中发生的未知变化通常很难从微观层面进行解释。近几十年来，通过将热分析技术与常规的分析技术如红外光谱技术、质谱、色谱、显微技术、拉曼光谱、X 射线衍射等联用 [59-62]，可以得到物质在其性质发生变化的过程中产物的结构、成分、形貌、物相等信息。

根据 GB/T 6425—2008《热分析术语》的分类方法 [7]，热分析联用技术主要包括同时联用技术、串接联用技术和间歇联用技术三种形式。本书第七章将分别介绍这些热分析联用技术的工作原理、仪器组成、影响因素、数据分析和应用等内容。

第三节 热分析仪器

一、工作原理

热分析技术是在程序控制温度（升温、降温、等温或其组合）和一定气氛下，使用合适的传感器测定这些变化并转换成电信号，加以采集和分析得到某物理参数随温度变化的曲线。根据测量物理性质的不同，已发展成为相应的热分析技术。例如，常用的基于测量试样与参比物之间温度差的差热分析技术、基于测量体系热流速率或热流的差示扫描量热技术和测量物质质量的热重分析技术等。

二、仪器的基本组成简介

商品化热分析仪主要由仪器主机（主要包括程序温度控制单元、炉体、支持器组件、气氛控制系统、物理量检测单元）、仪器辅助设备（主要包括自动进样器、湿度发生器、压力控制装置、光照装置、冷却装置、压片装置等）、仪器控制和数据采集及处理等部分组成，如图 1-7 所示。需要指出，一些应用于特殊领域的热分析仪器的组成部分会略有不同。图 1-7 中虚线框区域通常为热分析仪的主机部分，仪器控制及数据处理单元通常独立于仪器主机，由独立的台式计算机完成，仪器主机与计算机之间通过数据线来连接。

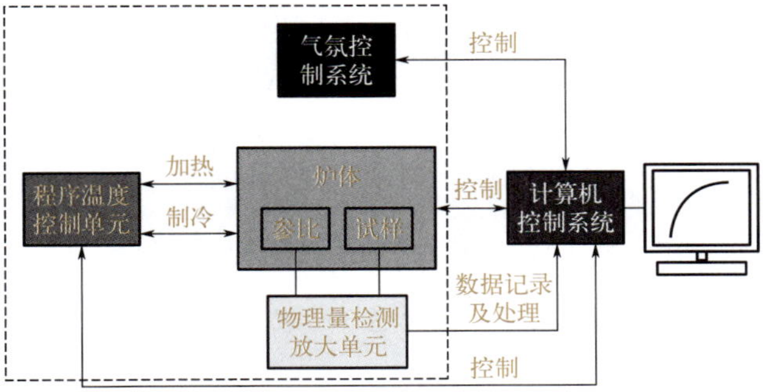

图 1-7　常用热分析仪的基本结构组成

三、主要组件及功能

1. 程序温度控制系统

大多数商品化热分析仪的程序温度控制系统主要由加热炉和温度控制单元组成。温度控制单元的作用是在一定温度范围内对试样进行线性升温 / 降温或等温以及其他温控操作。加热炉的主要作用是对试样进行加热，通常由加热丝（通常为电阻丝）、耐火材料组成的炉壁以及外层的隔热材料等组成。加热炉受温度控制单元控制，即加热炉按照设定的与温度有关的程序工作。

2. 测量系统

主机中的测量系统是热分析仪器的核心部分，其性能和指标决定着热分析仪器的整机性能。测量系统通常由测量单元和样品支持或夹具组成，测量单元用于温度和其他物理量的监测。

传统的测温核心元件是作为传感器的热电偶、热电堆或热电阻。这些温度传感器可以满足温度测量的各种要求，具有结构简单、测温精度高、范围宽、响应时间较短和复现性好等特点。常用的测温传感器主要包括以下几种类型：

（1）铂铑 - 铂热电偶　最高工作温度可达 1600℃ [63]，具有准确度和精度高以及性能稳定等优点，但线性较差、价格较贵。

（2）镍铬 - 镍铝热电偶　使用温度为 −250 ～ 1250℃ [64]，具有线性较好和成本较低的优势。

（3）镍铬 - 镍硅热电偶　具有更好的抗氧化性及抗腐蚀性，应用领域较广。

（4）镍铬 - 康铜　工作温度范围为 −200 ～ 800℃ [63]，与镍铬 - 镍铝相似，具有较好的线性特性。

（5）热电堆　由数对至数百对相同的热电偶按适当方式串联组成，测量灵敏度比热电偶高得多。

（6）热电阻　利用惠斯通桥式电路和简单的串联电路，具有线路简单、性能稳定以及测量灵敏和精确的特点，但工作温区较窄，需要经常校正。工作温区通常在 0 ～ 500℃内 [63]。

3. 气氛控制单元

气氛控制单元也是热分析仪器主机的一个主要组成部分，一般由气体切换控制器、流量计、气瓶、压力表和连接管路组成 [6, 34]。一些特殊设计的仪器还可以实现真空和高压条件下的热分析实验，真空和高压实验对仪器气密性的要求很高。通过气氛控制单元可以对热分析实验中所用气氛的种类、流速、压力和气氛组成以及通气时间长短等条件进行控制。为了避免高温产物冷凝造成加热炉出口堵塞，通常在仪器末端的气体出口部分安装一个可以加热的保温管，由此引出高温的气体。在一些应用中，将出口管路与一些可以作气体分析的仪器如气相色谱仪、傅里叶变换红外光谱仪、质谱仪、气相色谱 / 质谱联用分析仪相连以在线分析高温下的气体分解产物 [65]。

4. 仪器控制与数据采集处理单元

仪器控制与数据采集处理单元主要由仪器电路控制单元、通信接口和计算机软件组成，通过计算机实现控制仪器运行、采集与处理数据等功能。计算机通过接口控制所连接的热分析仪使其按照设定的程序进行实验并实时采集数据，实验结束后利用计算机中安装的软件进行各种常规和特殊数据处理和分析。

5. 特殊功能附件

一些商品化的热分析仪器除包括以上主要组成部分外，有时还会配置一些功能附件，用于满足一些特殊的实验需要，这些附件主要包括自动进样器、湿度发生器、制冷附件（主要有气冷、机械制冷和液氮制冷等）、压力附件、真空附件、温度控制附件、光照附件、外加电场附件、外加磁场附件、气体转移附件等[6]。

四、热分析仪器发展过程

经过一百多年的发展，已形成了可以用来测量物质的质量、热效应、形变、模量、光学、热学、电学等性质的一系列商品化的热分析仪器，这些仪器在物理、化学、材料、生命、食品等许多领域中得到了日益广泛的应用。限于篇幅，在本部分内容中简要回顾国内外热分析仪器的发展过程。

1. 国外热分析仪器发展历程

（1）差热分析与差示扫描量热技术的发展历程　早在1887年，Le Chatelier首次使用参比物并采用差示法记录数据[66]，被国际公认为差热分析技术的创始人[67]。

1821年，Seebeck[68]首先对不同的金属连接处在不同温度下产生的电势差进行了实验研究，这种现象被称为热电效应（thermoelectric effect）。热电偶即利用这种效应进行温度测量，在此基础上逐渐发展成为差热分析技术。需要特别指出的是，这一阶段的差热分析实验装置主要采用将热电偶的测量端直接插入试样和参比物中的结构形式。这种形式的实验装置在实验时需要的试样量通常比较大，实验时采用的较快加热/降温速率会引起试样表面和内部之间的温度不均匀，而且试样与热电偶直接进行接触时容易引起样品污染和热电偶老化。现在，商品化仪器的热电偶直接与样品容器（即坩埚）或支持器接触，有效地避免了样品污染和热电偶老化现象。

与此同时，国际上提出了基于DTA的相关理论。这些理论将DTA的峰面积与热过程中所涉及的焓变之间建立了联系，在此基础上提出了差示扫描量热技术的概念，并提出可以将经定量处理的DTA曲线看作定量DTA，也称为热流式DSC[69, 70]。

20世纪40～50年代后，随着仪器自动化技术的日益成熟和电路的集成化程度日益提高，很多分析仪器开始商品化、规模化生产，热分析仪器也出现了巨大的变化。20世纪40年代末期，美国的Leeds和Northrup公司研制成功部分商品化的电子管式的差热分析仪[67]。毫无疑问，早期商品化仪器的体积庞大、造价昂贵，实验需用的样品量也比较多，灵敏度和重复性（一次实验至少需要几百毫克试样）与之后的商品化仪器也不具有可比性。

1955年，荷兰学者Boersma改造了差热分析装置中差示热电偶的传统串联结构[68]。这种结构形式把热电偶的接点埋入具有两个空穴的金属镍制成的均温块中，实验时分别将试样和参比物放入传热性较好的金属坩埚中，可以有效避免热电偶与试样直接接触易引起的污染和老化，这种方法至今还在沿用。Boersma[71] 还特别强调了实验时所使用的试样的颗粒应尽可能均匀，并且在实验过程中有必要对热量变化较大的试样用参比物进行稀释。

1964 年，Watson 等 [72] 研制成功一种基于功率补偿原理的商品化差示扫描量热仪。这种仪器具有独立的样品支持器和参比支持器，每个支持器中都密封有独立的铂电阻温度传感器和加热器。实验时，首先程序控制平均温度，然后根据热效应来调节输入样品端和参比端加热器的功率。采用差示温度控制回路检测样品和参比之间的温度差，并通过差分功率来校正偏差。这种技术的优势在于可以采用恒定的电学式校准因子，并且该因子不随样品性质、样品质量、加热速率或温度而变化。

随着 20 世纪 60 ～ 70 年代电子技术的飞速发展和计算机技术的日益成熟，分析仪器的自动化和智能化越来越高，热分析仪器的温度控制和测量技术日益成熟，仪器的功能越来越多，同时造价也越来越低，这一时期多种热分析仪器开始逐渐商品化和规模化生产。同时期，德国耐驰公司、美国 PerkinElmer 公司、瑞士梅特勒公司、美国 TA 仪器公司、日本精工仪器公司、法国塞塔拉姆公司等相继研制成功了各具特色的微处理机温控系统，使仪器小型化。自 20 世纪 90 年代以来，随着半导体器件以及微处理机技术的发展，在自动记录数据、程序温度控制、信号放大数据等方面智能化和小型化均得到了很大的发展和提高，同时仪器的精密度、重复性、分辨率等性能指标均有较大改善和提高。

同样在 20 世纪 90 年代初期，基于在实际应用中同时发生难以分离的多个热过程的现状，出现了温度调制 DSC 技术，通过这种技术可以将同时发生的热过程有效分离 [73]。这种技术通过用正弦波调制温度随时间变化的斜率，可以使获得的信息量增加 [74]。目前已经开发了几种与温度调制 DSC 相关但彼此间不相同的技术 [75]。

（2）热重分析仪的发展历程　文献资料表明，早在公元前 3800 年就已经出现了天平 [76]。1780 年，英国人 Higgins 首先使用天平称量了石灰黏结剂和生石灰在不同温度下的质量变化，这是最早把质量与温度联系在一起的记录 [77]。直到 1915 年，日本东京大学学者本多光太郎（Honda）首次提出了“热天平”（thermobalance）的概念，这标志着温度和质量正式地结合在一起 [77]。本多光太郎在分析天平的基础上发展了热天平装置，该装置为下皿式（即吊篮式）结构。1943 年，法国学者 Guichard 也研制出了一种类似的热天平。这类装置由于测试时间过长、操作复杂，仅限于实验室阶段使用，在当时无法得到大范围推广使用 [78]。早期与热重实验相关的研究工作主要包括定量化学分析中对样品进行沉淀、过滤和随后的灼烧至恒定质量等 [77]。

20 世纪 60 年代，出现了基于 Chevenard 天平和导数分析装置的传统商用热天平，由 Ainsworth 和 Mettler 公司生产[79]。之后，电子天平的出现加速了热重分析仪的进一步商品化。同时期，多家热分析仪器生产厂商快速地将电子天平应用在了其产品上，逐渐形成了当前的仪器结构形式。

1991 年美国 TA 公司推出高分辨 TGA（high-resolution TGA）[34]，之后该公司又将温度调制技术应用于热重分析仪，该方法是在传统的线性控温基础上叠加一个正弦振荡的变化信号[80]，通过 MTGA 可以连续获得无模型动力学参数对时间、温度和转化率的函数。

经过半个多世纪的发展，热重分析仪的质量测量精度和仪器集成化程度均得到了很大的提高，另外当前的商品化仪器大多可以配置自动进样器，有效提升了实验效率。

（3）其他热分析仪的发展历程　在过去的半个多世纪里，除了以上所提及的热重分析技术和差示扫描量热技术得到了快速发展之外，其他热分析仪器如热膨胀仪、静态热机械分析仪、动态热机械分析仪、导热测量仪、流变仪、绝热加速量热仪、塞贝克系数测量系统、微量热仪以及锥形量热仪等也逐渐成熟，在材料研究领域中得到了日益广泛的应用[34]，限于篇幅不再展开介绍。

早在 20 世纪 60 年代，开始出现了 TG 与 GC 的联用系统[81]，用于研究聚合物的成分特性。到了 20 世纪 70 年代，研究人员开始将 DTA/DSC 与显微镜联用，用于研究混合液晶在加热过程中的相态变化和形貌变化[82]。随着当今电子与计算机科学的发展，这些技术得到了很大的改进，目前有多家仪器公司推出了一系列商品化的联用热分析仪和可视化以及专门化的热分析仪。例如，美国 PerkinElmer 公司于 2011 年首次推出 TG/FTIR/(GC/MS) 三联机，将热分析技术（热重分析仪或者 TG-DSC 仪）通过可控温的传输管线与红外光谱、气相色谱、质谱技术有效地实现了联用（如图 1-8 所示），值得注意的是这种联用

图 1-8　美国 PerkinElmer 公司于 2011 年首次推出 TG/FTIR/(GC/MS) 三联机

HS—顶空装置；MS—质谱仪；GC—气相色谱仪；FTIR—傅里叶变换红外光谱仪；TG—热重分析仪

形式通过阀的切换可以实现热分析技术与红外光谱、气相色谱、质谱之间的任意组合，即通过一套“三联机”（即三种独立的热分析仪、红外光谱仪和气相色谱 / 质谱联用仪）可以分别实现热分析 / 红外光谱联用实验、热分析 / 红外光谱 / 质谱联用实验、热分析 / 红外光谱 / 气相色谱联用实验和热分析 / 红外光谱 / 气相色谱 / 质谱联用实验等模式。

2015 年，瑞士梅特勒公司也相继推出了可存储 16 个实验过程中不同阶段的气体样品并通过与热分析仪联用的红外光谱和气相色谱对每个样品进行分析的 IST16 热分析联用装置（如图 1-9）。该联用装置的 IST 储存接口可实现两种操作模式，即①从 TGA 收集气体样品期间的储存位置；②在 GC 进样期间收集的气体样品的进样位置。

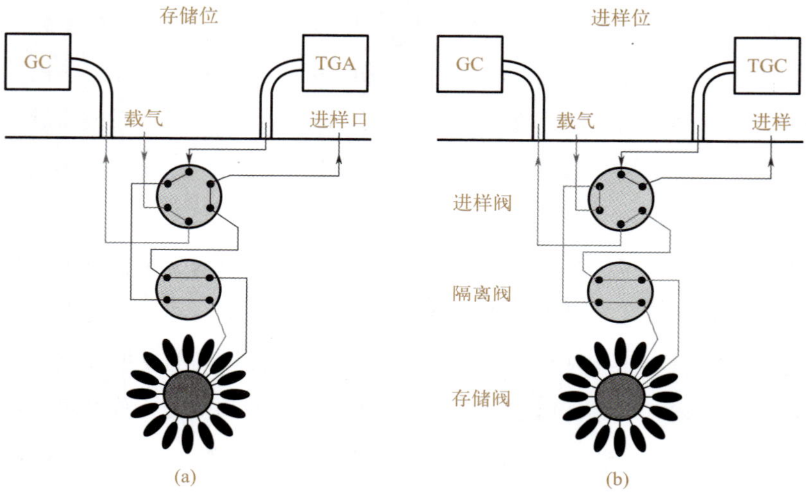

扫码看彩图

图 1-9　瑞士梅特勒公司的 IST16 储存接口的储存模式（a）和注入模式（b）的原理示意图

近年来，日本日立公司首次将可视化技术成功应用于其商品化的同步热分析仪、DSC 仪和动态热机械分析仪中，在实验中除了可以得到常规的热分析曲线之外，还可以得到实验不同阶段样品的形貌信息，为解析曲线中的变化过程提供必要的信息（图 1-10）。另外，一些仪器厂商也开发了基于 DSC 仪器的光照量热附件，可以实时得到在光照条件下热效应的信息，拓宽了仪器的应用领域 [83]。

20 世纪 90 年代，Hellman 等 [84] 首次设计出了氮化硅薄膜传感器芯片，并将其用于交流量热仪 (AC calorimeter)，为超快速扫描量热技术奠定了基础。2003 年，德国科学家 Schick 等 [85, 86] 使用商用的真空导热硅 (TCG-3880) 对功率补偿型薄膜芯片量热仪进行优化，升温速率最高可以达到 10^5K/s。之后，随着氮化硅薄膜技术的发展，Xensor 公司开发

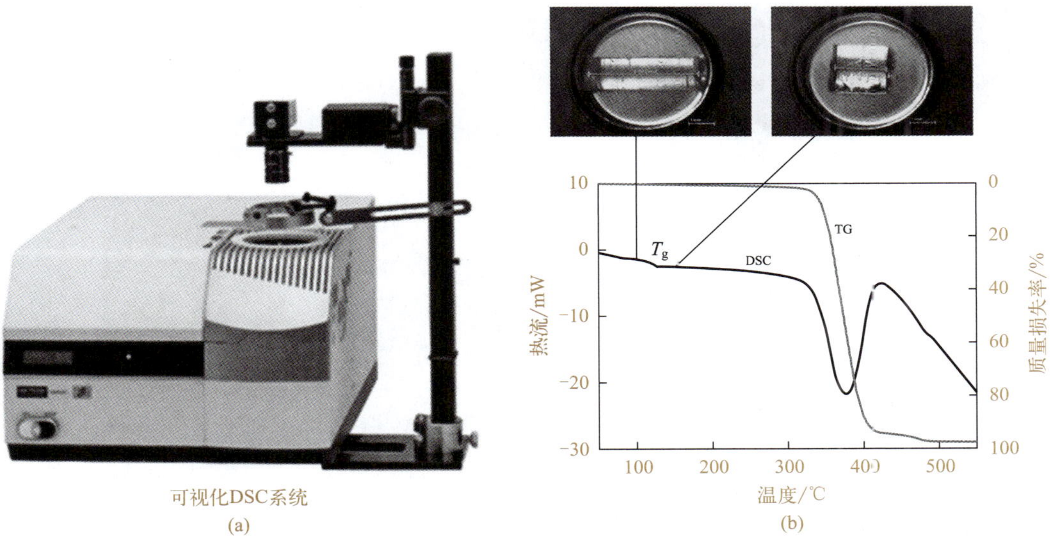

图 1-10　日立公司可视化 DSC 仪器（a）和发生玻璃化转变前后样品的形貌变化及 DSC 与 TG 曲线（b）

了一系列基于 DSC 技术的量热传感器，可控升降温速率最高可以达到 10^6K/s[87]。2003 年，Xensor、Anatech、SciTe 三家公司合作研制成功了 XI-400 型陶瓷基板 (USF1) 芯片传感器。2010 年，瑞士 Mettler-Toledo 公司基于 USF1 芯片传感器技术成功开发出第一代商业化功率补偿型快速扫描量热仪 Flash DSC 1[88]。如图 1-11（a）是 Flash DSC 1 主机，搭载了用于辅助样品制备和观察芯片状况的莱卡显微镜 (德国莱卡公司)；图 1-11（b）是可精准控制温度和补偿热量的芯片传感器；图 1-11（c）的芯片装载台，已安装好包含参比池和样品池的芯片传感器；在光学显微镜下，芯片传感器的参比池或样品池如图 1-11（d）所示，其中有效加热区为直径 500μm 的黑色圆形。在配置机械制冷机的情况下，Flash DSC 1 可在 −110 ～ 450℃温度范围实现 $4×10^4$K/s 的最大升温速率和 $4×10^3$K/s 的最大降温速率。近年来，该公司推出了 Flash DSC 2+ 闪速差示扫描量热仪，通过应用陶瓷基芯片作为量热传感器，最高工作温度可以达到 1000℃以上。

近几年，一些主流仪器厂商陆续推出一些自动化、智能化程度较高的新产品，仪器的稳定性、功能性得到了较大程度的提升。例如，2023 年瑞士梅特勒公司发布了集功率补偿型和热流型功能于一体的新型差示扫描量热仪 DSC 5+，充分发挥了功率补偿型和热流型 DSC 各自的优势，可以方便地根据测量要求在功率补偿和热流型模式之间进行选择（图 1-12）。仪器的功率补偿模式具有非常短的信号时间常数，可提供较高的分辨率以

扫码看彩图

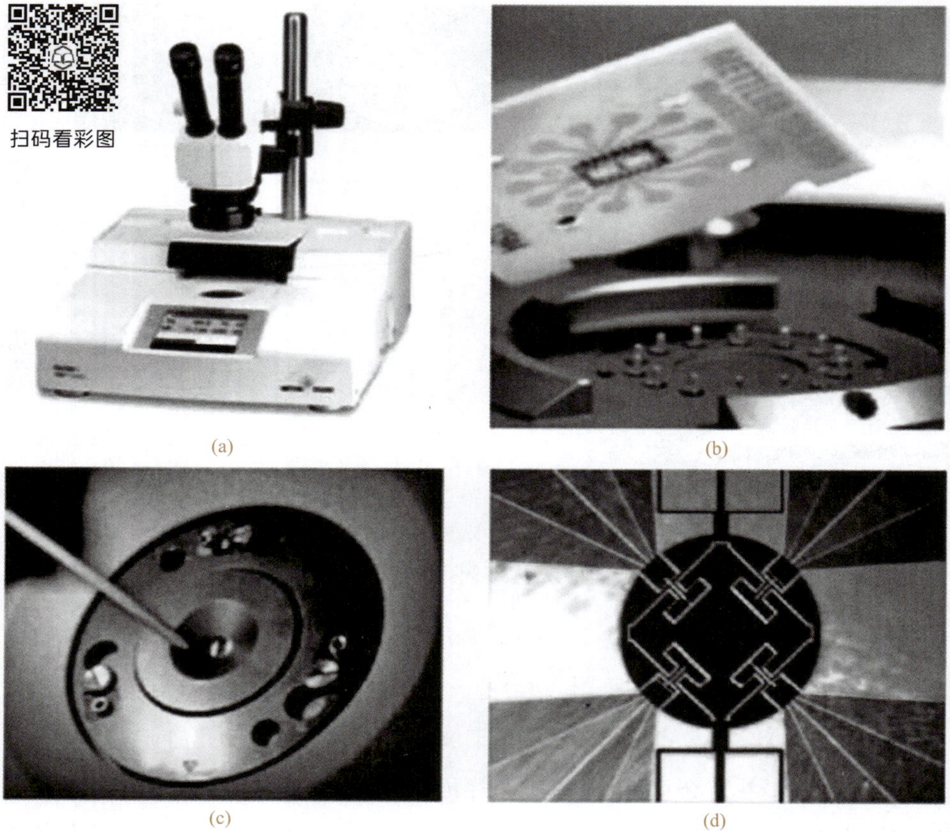

图 1-11　Flash DSC 外观（a）、芯片摆放方式（b）、样品转移示意图（c）及芯片中样品池薄膜（d）[87]

及分离重叠热效应的能力。热流型模式噪声低，为检测微弱效应或相变提供高灵敏度。核心技术的突破在于 MMS1 传感器采用 MultiSTAR™ 热电偶堆技术（配置 136 对热电偶）与优化的测量池设计，可以得到重复性较好的基线与 c_p 准确度。DSC 5+ 通过电校准专利技术使传感器在整个工作温度范围根据热流进行精确调节（图 1-13 所示），使仪器在整个温度范围内保持较好的测量准确性，无需样品制备和额外操作，有效提升了仪器的工作效率。仪器的软件可以借助 FlexCal™ 校正（根据测试方法、坩埚和气体类型选用适合实验的调整参数）和 AIWizard™ 软件选项自动评估结果（通过机器学习的方法自主评估实验结果，识别相应的热效应），以创建适合的全自动解决方案。另外，DSC 5+ 同时可配备液氮与机械制冷组合的制冷装置，如图 1-14 所示。仪器可以根据实验方法自动选择正确的制冷设备，并基于测量条件需要选择使用液氮，从而减少液氮消耗。

(a)　(b)　(c)

图 1-12　DSC 5+ 功率补偿模式和热流模式的结构示意图（a）、MMS1 传感器实物图（b）以及 DSC5+ 外观实物图（c）

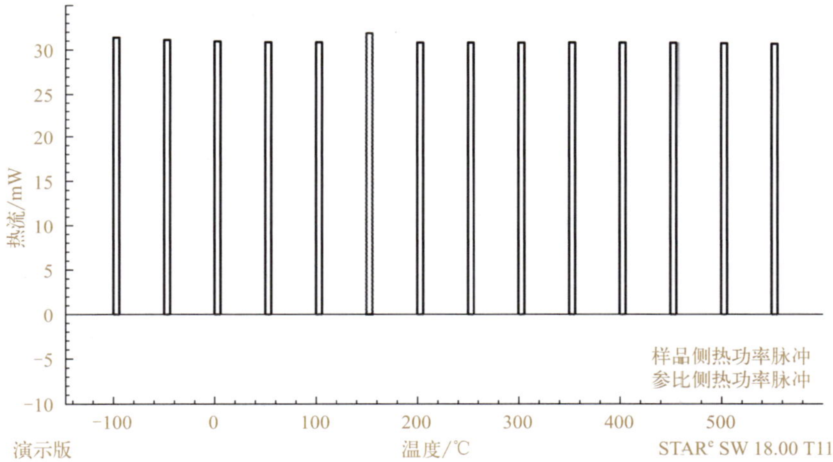

图 1-13　DSC 5+ 的电热流校准曲线

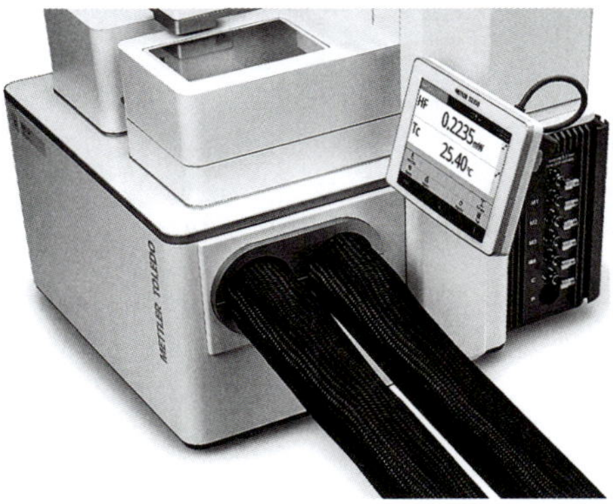

图 1-14　DSC 5+ 配置机械制冷和液氮制冷的双制冷模块

2. 我国热分析仪器发展历程[6, 34]

在热分析仪器发展初期，我国自主研制的热分析仪器与国外的差距并不十分明显。

早在 1952 年，中国地质科学院地质研究所就已经自主设计并制造了我国第一台差热分析仪，并在国内相关科研单位中得到了应用。1967 年，上海天平仪器厂成功研制了国内第一台可自动记录的差热分析仪（TR-632 型）。1969 年，该单位又成功研制国内第一台可自动记录的热重 - 差热分析仪（DTA-A 型），之后又相继成功研制了功率补偿式差示扫描量热仪（CDR-1 型和 CDR-2 型）。20 世纪 80 年代开始，国内一些单位相继成功研制热机械分析仪、热释电仪、扭辫分析仪、动态黏弹谱仪、微量热仪以及纤维热机械分析仪等。经过几十年的发展，现在这些仪器已经在不同领域中获得了应用。

近几十年来我国热分析和量热仪器企业发展很快，特别是民营企业，如上海天平仪器厂（现已并入上海天美科学仪器公司）、北京恒久科学仪器厂、北京博渊精准科技发展有限公司、南京大展检测仪器有限公司、绵阳中物热分析仪器公司以及安徽中科热仪科技有限公司等，产品主要包括差热 - 热重联用仪、差热分析仪、热重分析仪、差示扫描量热仪、膨胀仪等。本书编著者团队在多年技术积累的基础上成功研制了基于 Calvet 三维量热原理的微量热仪和多通道等温量热仪等（图 1-15），基于经典的三维量热原理，可实现对微弱热量的准确测量。仪器兼具恒温及温度扫描工作模式，并配有压力控制及监测、气氛控制、原位混合等的多种附件，以满足催化、能源、化工过程安全、含能材料、生命科学、

科研系列

型号	DMC-300	DMC-196	DMC-200P	MIC-90
传感器类型	三维热电堆	三维热电堆	三维热电堆	半导体传感器
温度/℃	室温~300	−196~200	室温~200	5~90
量热准确度/%	±0.2	±0.1	±0.2	±0.2

图 1-15　安徽中科热仪科技有限公司部分量热仪产品

热力学基础研究等诸多方面的应用需求，性能指标达到了与国际同类产品相当的水平。团队在此基础上成立了安徽中科热仪科技有限公司，主要致力于标准化和非标定制热分析与量热仪的研发、生产、销售、售后服务及委托测试等工作，为用户提供专业的解决方案。

目前我国生产的热分析仪器产品已从初期的机械式记录仪控制发展成为智能型微机控制，并已基本实现一体化。功能上也已由单功能仪器发展成为多功能联用仪器（如 TG-DTA、TG-DSC 等），使该产品的体积进一步缩小，可靠性和稳定性提高，外形美观、操作方便。

材料、电子技术和机械工艺的发展加速了热分析仪器的更新换代。目前我国生产的热分析仪器基本采用了高精度的采集系统取代原有的 A/D 采集器，大大减少了信号之间由线路复杂造成的干扰。在加工时采用先进的电子芯片和焊接工艺，硬件集成度越来越高。采集软件的设计功能强大，可以同时分析多个参数，通过软件编程对应的算法对数据进行分析，自动显示数据分析结果。当前的商品化仪器几乎全部使用计算机和打印机取代了原有的记录仪，通过软件记录测量得到曲线[34]。

在仪器的机械结构上，国产仪器已经实现机械、电子、气氛一体化，仪器的结构变得更加紧凑，仪器的操作稳定性和得到的数据可靠性都得到了很大程度的提高。目前已经有一些国产仪器实现了自动装载样品，减小了人为操作引起的误差，实现了全自动化。

在量热传感器设计及制造方面，国产仪器经历了复制—改进—创新的螺旋形成长，从最初仅可以制造 DTA 传感器，到全面攻克 DSC 及微量热传感器的设计生产能力。如本书编著者团队创立的安徽中科热仪科技有限公司在深入理解经典三维 Calvet 量热传感器结构及工作原理的基础上，实现了传感器的半自动 - 自动生产及配对，在保证灵敏度的基础上，大大提高了生产效率，降低成本，并可更广泛地适配不同温度段及不同结构的微量热仪，从根本上拓展了微量热仪的应用深度和广度。

我国热分析仪器大多采用水平式天平作为基本结构，近几年，多家仪器厂商对传统的热分析仪器产品进行了升级改造，分别从热分析仪器的传感器、差热测量、热重测量、数据处理、串行通信接口及测控软件等方面进行升级，对国产热分析仪器质量的提高起到了巨大的推动作用[34]。目前国产仪器已经基本可以实现曲线的智能化分析处理，微量化、联用化、快速化的切换控制与分析，自动调节控制加热速率，扩大温度校准范围等，保证仪器采样精度和速率，提高仪器的系统稳定性、可靠性和集成化程度，增强抗干扰能力。

3. 我国热分析仪器发展存在问题

概括来说，目前我国的国产热分析仪器仍然存在以下问题。

（1）与国外研究有差距　国内企业的主要竞争对手是德国的耐驰仪器公司、日本理学公司、美国 TA 仪器公司（其前身为美国杜邦公司仪器部）等企业。与国产仪器厂商相比，国外的热分析仪器厂商拥有强大的技术力量和多年的热分析软、硬件研发经验。根据应用领域不同，国外仪器厂商的每一个类别仪器均有多种不同型号和温度范围供选择。

另外，多家知名厂商如美国的 TA 仪器公司、日本理学公司等近年来纷纷在我国设立代理公司和合资企业，以其技术优势不断扩大占领我国热分析仪器市场，给国产仪器带来了很大的竞争压力。

作为近年来新兴的热分析技术，我国在闪速量热技术的研究领域与国外的差距较小。例如，大连理工大学唐祯安教授于 2005 年研制出了加热速率可达 2×10^5K/s 的闪速微量热装置 [89]，南京大学周东山教授实现了高速扫描量热技术与光学技术的联用，并设计出了一种冷热台型的高速扫描量热装置 [90-92]，这两个课题组的研究与国际上几乎同步。

值得关注的是，2021 年，本书编著者团队在国家自然科学基金重点项目和科技部重大仪器专项等项目的资助下，首次研制成功一种闪速热重分析仪 [93]，将热重分析技术与在原子力显微镜上使用的微悬臂技术结合，利用集成谐振微悬臂梁具有的超灵敏质量测量功能（亚皮克量级），实现了微芯片上的热重分析技术。虽然闪速热分析技术基本与国外同步，但主流热分析技术与国外仍差距较为明显。

（2）我国热分析仪器科研力量和科研投入显著不足　由于种种原因，在过去一段时间内一些高校和科研单位的研究成果无法及时有效转化成新的产品，应用技术开发显著不足，无法加快产品自行研发生产的开发速度。例如，对于热分析中常见的热重分析仪、差示扫描量热仪、热机械分析仪、热重 - 差热分析仪、动态热机械分析仪、导热仪、热膨胀仪、熔点仪、热分析联用仪等，没有很好地进行综合研究开发，较好地实现商品化。近年来，虽然我国加大了科研仪器自主研发的支持力度，从研究经费、成果转化和相关产业化配套政策等方面大力支持科研仪器关键部件和仪器整机的国产化，但由于科学仪器从研制到终端的产业化应用是一个系统工程，所以科研投入仍存在不足，面对机遇与挑战，本书编著者团队在多年工作积累的基础上，相继研制成功了差示扫描量热仪、等温量热仪、绝热加速量热仪、反应量热仪、芯片式热重分析等仪器，部分仪器已实现商品化。随着电子技术和机械工艺的进一步发展，未来我国的热分析仪器必然会朝着高精度、高灵敏度、全自动化、外观美观和结构紧凑型的方向发展。

就行业整体发展情况来看，我国热分析技术正处于蓬勃发展之中，前景十分可观。在大批国产优质仪器的创新研制下，我国科学仪器的研制无论是从数量上还是从质量上都在向良好的方向发展。作为一种衡量标准，热分析仪正不断优化其性能，以提高自身的性能水平。相信随着科研水平的不断提高，我国在热分析仪研发方面能够取得更大的突破。国产仪器厂商只有不断提升自主创新能力并加强技术积累，才能使其在日益激烈的市场竞争中处于不败之地。

第四节
热分析实验的一般过程

一、概述

我国于 2020 年 9 月发布并于同年 12 月实施的由本书编著者团队主导完成的教育行业标准 JY/T 0589.1—2020《热分析方法通则　第 1 部分：总则》[10] 中规范了热分析实验的一般过程。概括而言，大多数热分析实验主要包括实验准备、制样、仪器测试和数据处理与分析等阶段（如图 1-16 所示），本节将分别对这些阶段进行简要介绍。

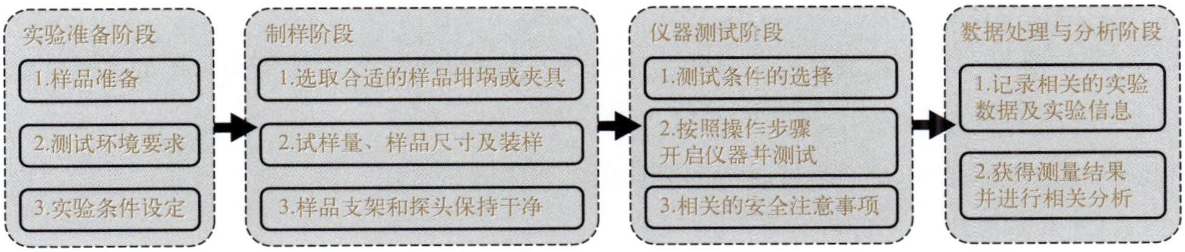

图 1-16　热分析实验的基本过程

二、实验准备阶段

1. 样品准备

理论上，粉状、粒状、片状、薄膜、凝胶和液态等非气态样品均可用于热分析实验。

在实际应用中，不同的热分析技术对样品的要求存在较大差别。

2. 测试环境要求

为了使仪器能在最佳状态下工作，仪器放置环境应满足以下条件[10]：

① 远离强磁场、电场以及其他辐射；

② 无灰尘、腐蚀性气体、震动、异常气流波动等的影响；

③ 避免阳光直射；

④ 仪器工作的电压稳定且接地良好；

⑤ 环境温度 20℃ ±5℃，相对湿度≤ 75%。

3. 实验条件设定

在设定热分析实验条件时，通常应遵循以下原则[10]：

① 根据仪器的要求和样品性质选择合适的试样用量进行测试，并确定是否选用参比物和稀释剂。对于系列样品和重复测试的样品，每次使用的试样应尽量装填一致、松紧适宜，确保良好的重现性。

② 根据测试需要选用合适的气氛气体的种类、流量或压力以及与温度范围相应的冷却附件等。

③ 根据测试要求设定温度范围、升（降）温速率等温度控制程序参数。

④ 坩埚或夹具是测试时用于盛载试样的容器，在实验过程中应确保坩埚或夹具在测试条件下不与试样发生任何形式的作用。

⑤ 对于较快的转变，测试时数据采集的时间间隔应较短；对于耗时较长的实验，应适当延长数据采集时间间隔。

三、制样阶段

用于热分析实验的试样通常应遵循以下原则[10]：

① 实验时所用的试样应保持均匀和具有代表性，并使试样的形状和大小适应坩埚（或试样支持器）的要求，与坩埚或支持器保持良好的接触；

② 实验时若采用参比物，则其质量、密度、粒度和热传导性能应与试样保持一致；

③ 对于用于对比的系列试样和重复测试的试样，每次测试所用的试样应有相近的颗

粒尺寸、形状和质量，并尽量装填一致、松紧适宜，以得到良好的重现性；

④ 试样量应合适，少量的试样有利于气体产物的扩散和试样内温度的均衡，减小在试样内部与表面之间存在的温度梯度；

⑤ 对于液体样品，应在搅拌均匀后直接取样，并按仪器要求把试样置于合适的坩埚（或其他实验容器）中；

⑥ 对实验前进行了预处理的样品，需在报告中注明处理过程以及由此引起的质量损失及外观变化等现象。

四、仪器测试阶段

1. 测试条件的选择

由于热分析实验受仪器自身性能、实验条件（制样、温度控制程序、气氛、坩埚或者支架类型等）等因素的影响较大[6]，在实验正式开始之前确定合适的实验条件十分重要，应按照以上内容中介绍的制样原则选择测试条件。

2. 仪器状态的检查与判断

在正式开始热分析实验之前，通常需要对所用仪器的校准状态、外观和各部件进行工作正常性检查。若在检查时发现超出校准周期、外观异常、关键部件受到损坏或污染，应及时进行温度和检测物理量的校正。

3. 仪器测试步骤

在完成以上步骤后，即可开始仪器测试，一般的热分析仪器测试主要包括以下过程[10]。

（1）开机　按照仪器操作规程开机、启动气氛控制系统以及冷却附件，使仪器处于待机状态。

（2）试样加载　打开炉体，根据所用仪器的操作规程加载试样，关闭炉体。当在实验中用到参比物时，参比物的称量和加载过程与试样相同。

（3）设定气氛条件　确认仪器气氛气体的气源处于开启和压力适中的状态，当需要手动调节流量计开关和流速时需提前进行准备，平衡后准备测试。

（4）在软件中输入实验信息　在仪器的分析软件中根据需要输入待测试的样品名称、

样品编号、试样质量（或尺寸等）、坩埚类型、气氛种类及流速（带有质量流量计的仪器可以在软件里设定气体的种类和流速）、文件名、送样人（送样单位）等信息。

（5）设定温度控制程序　在软件中根据需要设定温度范围和温度控制程序。

（6）开始实验　在软件或者仪器面板中点击开始按钮，按照预先设定的程序进行实验。

（7）异常现象的处理　实验结束后，当发现以下现象时，应及时进行处理：

① 测试结束后如发现试样与试样坩埚或容器（或支持器）有反应等相互作用迹象，则不采用此数据，需更换合适的坩埚或容器重新进行测试。

② 测试结束后发现试样溢出坩埚或容器，污染到支持器组件时，应停止测试。待支持器组件恢复工作后，应进行温度和检测物理量的校正，校正结果符合要求后方可继续进行测试工作。

（8）关机　测试结束后需要关闭仪器时，打开加热炉取出坩埚或容器。按照仪器的操作规程关闭气氛控制系统、相关附件以及仪器电源等。

4. 安全注意事项

实验时应遵循以下安全注意事项[10]，以免出现不必要的危险：

① 使用高压钢瓶应遵守相应的安全规范。

② 在测试进行过程中，若试样产生有毒气体，应使用通风设备或者用管路将其导至室外，确保实验者安全。

③ 易引起爆炸的样品应注意用量，制样时也需注意安全。

④ 用到液氮时，要防止冻伤。使用和贮存液氮的房间应保持通风良好，以避免由于空间缺氧而出现人员窒息。

五、数据处理与分析

实验结束后，仪器自动保存测量数据文件，用附带的数据分析软件打开该数据文件，进行数据作图、处理与分析。本书之后各章介绍相关的热分析技术时，将对实验数据的处理与分析进行详细介绍，限于篇幅，本部分内容中仅对数据处理的基本过程进行简要介绍。

1. 热分析曲线特征物理量的表示方法

按照相关的标准和规范要求，合理表示热分析曲线中出现的台阶、峰的变化。

2. 热分析曲线数据处理

由热分析曲线可以确定转变过程的特征温度或特征时间以及物理量变化等信息。对于多个转变过程，则需由曲线分别确定每个过程的物理量变化。

3. 分析结果的表述

① 应将测试数据结合热分析曲线来表示结果报告。

② 热分析曲线中，横坐标中自左至右表示物理量的增加，纵坐标中自下至上表示物理量的增加。

③ 对于单条热分析曲线，当其中的特征转变过程不多于两个（包括两个）时，应在图中空白处标注转变过程的特征温度或时间、物理量（如质量变化、热量等）等信息；当特征转变过程多于两个时，应列表说明每个过程的特征温度或时间、物理量等信息。使用多条曲线对比作图时，通常列表说明每条曲线的特征温度或时间、物理量等信息。

4. 热分析曲线的规范表示

通常应按照以下原则对热分析曲线进行作图：

① 用归一化后的检测物理量表示热分析曲线的纵坐标。

② 对于线性加热 / 降温的测试，横坐标为温度，单位常用℃表示。进行热力学或动力学分析时，横坐标的单位一般用 K 表示。

③ 对于含有等温条件的热分析曲线，横坐标应为时间，在纵坐标中增加一列温度。当只需显示某一温度下的等温曲线时，则不需要在纵坐标中增加温度列。

第五节
热分析典型应用领域概述

热分析技术自问世至今已有一百多年的历史，经过几代人的努力热分析仪器已经日趋成熟，其在各个领域的应用也日益广泛并向更深层次发展，热分析技术从最初应用于黏土、矿物以及金属合金领域已经扩展到几乎所有与材料相关的领域。在十三个学科门类中，热分析技术在历史学、理学、工学、农学、医学等学科中有广泛的应用[6]。

本书之后各章介绍相关的热分析技术时将简要介绍每种热分析技术的应用，限于篇幅，在本部分内容中仅简要列举一些典型应用与技术实例，如表 1-2 所示，供读者参考。

表1-2 热分析技术的典型应用与技术实例

应用方向	研究材料	研究目的	研究方法				
			TG	DSC	DMA、TMA	DTA	DSC/MS-GC/FTIR/ICP-OES
无机化学	$NaNO_3/KNO_3$[94]	相行为		√			
	高氯酸铵[95]	热分解	√				
	碳纳米管[96]	氧化	√	√			
	含 Cu（Ⅱ）和含 Co（Ⅱ）的配位聚合体[97]	热稳定性	√				
	$Cu(OH)_2$ 和 $MnCO_3$[98]	结晶、分解反应	√			√	√
	Zn-Mg 铁氧体[99]	晶石结构	√			√	
	纯物质[100]	定性分析与熔点		√		√	
	$CaC_2O_4 \cdot H_2O$[101]	分解	√				√
	稀土元素[102]	结构分析	√	√		√	
有机化学	烷基酰胺[103]	摩尔热容、固-固转变、熔融温度、焓和熵		√			
	酰胺锂 / 酰亚胺体[104]	氢解吸	√	√			
	季戊四醇四硝酸酯（PETN）单晶[105]	蒸发、再结晶	√				
	离子液体[93]	可燃性	√	√			
	混合物[106]	纯度					
物理化学、化学	蓝宝石[107]	比热容		√		√	
	熔融过程[108]	热力学函数		√		√	
	$Mg(OH)_2$ 脱水动力学[109]	活化能、指前因子、反应级数、反应速率常数	√			√	
材料科学	二元和三元混合物[110,111]	相容性、相行为	√				

续表

应用方向	研究材料	研究目的	研究方法				
			TG	DSC	DMA、TMA	DTA	DSC/MS-GC/FTIR/ICP-OES
材料科学	金属与合金材料[112]	熔点、凝固点、比热容、合金的析出过程	√				
	电池材料[113]	量热研究		√			
	离子液体生物复合材料[114]	热性能	√	√			
	木材 - 塑料熔体混合物[115]	热分解	√				
	玻璃 / 碳纤维复合材料[116]	玻璃化转变	√				√
	新型膨胀型阻燃复合材料[117]	检测降解过程中产生的气态产物	√				√
	硅酸盐材料（水泥、陶瓷、耐火材料和建筑材料）[118]	分析原料、水合产物的组成、生成速率以及促进剂和阻滞剂对水泥凝固特性的影响、热物理行为	√	√		√	
矿物学	黏土和岩矿[119]	半定量和定性表征组成、分解或重结晶关系	√			√	√
	石膏[120]	确定元素	√	√			
	叶片和土壤[121,122]	热稳定性、叶片焚烧过程中的金属去除情况	√				√
	温度依赖性尖晶[123]	相形成、失重百分比	√			√	
	沥青[124]	热行为、退火时间和温度		√			
高聚物及玻璃	玻璃[125]	玻璃化转变温度、热膨胀系数、退火点、软化点、流动点、熔融		√	√	√	
	强金属玻璃[92]	热力学响应与β和α弛豫		√			

续表

应用方向	研究材料	研究目的	研究方法				
			TG	DSC	DMA、TMA	DTA	DSC/MS-GC/FTIR/ICP-OES
高聚物及玻璃	聚苯乙烯、聚甲基丙烯酸甲酯[126]	玻璃化转变温度					√
	聚对苯二甲酸乙二醇酯[127]	结晶温度、水解和糖酵解过程		√			√
	聚己内酯[128]、聚乳酸、聚羟基丁酸[129]	热降解					√
	木质素、综纤维素和纤维素[130,131]	热氧化焓、燃料中的含量测定		√			√
	聚乙烯[90,91]	玻璃化、结晶度变化、交联情况		√	√		
	黏弹性记忆泡沫[132]	热分解、氧化降解	√				√
	垃圾填埋场中的塑料[133]	理化特性		√			
	催化剂[134]	催化活性	√				
含能材料	炸药和化石燃料[135]	分解、降解性	√	√			
制药、生物化学和自然系统	蛋白质和细菌孢子[136]	玻璃化转变		√			
	外消旋布洛芬[137]	弛豫行为		√			
	尼莫地平[138]	熔融		√			
	盐酸勒卡尼地平[139,140]	稳定性、比热容		√			
	吲哚美辛[141]	反向热容（玻璃退火时间）					√
	海藻糖[142]	结晶行为		√			
	玉米淀粉与硬脂酸[143]	热稳定性和结构		√	√		
	α-角蛋白[144]、丝素及生物复合材料[145,146]	动力学分析（活化能）、热性质		√			
	橄榄油[147]	热分解	√	√			
	大麦秸秆、芒草、废木、小麦秸秆、短轮作杨柳和木屑颗粒[148]	热解、燃烧	√	√			
	胶囊药物[149]	结晶		√			

续表

应用方向	研究材料	研究目的	研究方法				
			TG	DSC	DMA、TMA	DTA	DSC/MS-GC/FTIR/ICP-OES
考古学	马王堆一号汉墓出土的米罗、绢、锦[148]	吸热峰				√	
	黑色地壳[150]	有机碳、元素碳和组分分析	√	√			
	竹纸[151-154]	热稳定性	√				

第六节 热分析技术展望

经过一个多世纪的发展，热分析仪器的种类和应用领域得到了很大程度发展。当前大多数商品化热分析仪器已经实现了自动化，集成化程度也得到了有效提升。未来，热分析仪器应在以下几个方面有所突破。

1. 提高仪器的准确度、灵敏度及稳定性

提高仪器的准确度、灵敏度和稳定性是多年来热分析仪器研发人员一直努力的目标，随着电子技术和自动化技术的快速发展，这些性能指标还有进一步提升的空间。

2. 进一步拓展仪器功能

对于任何一种商品化的分析仪，在实际的应用过程中应结合实际需求来对仪器的功能进行拓展。在实际应用中，通常对仪器的可操控性、自动化、智能化、多功能有较高的要求，未来应从以下几个方面来拓展热分析仪器的功能：

① 在不影响灵敏度的前提下拓宽温度范围；

② 可实现超快的加热 / 降温温度调制以及热惯性尽可能低的快速等温实验；

③ 配置更加高效的自动进样装置以提高仪器的利用率；

④ 开发适用于特殊用途的光照装置、温度控制装置、高压实验装置、真空实验装置、

电磁场装置等实验附件。

3. 加强并推广与其他分析方法的联用

目前热分析仪可以实现与红外光谱、质谱、气相色谱、气相色谱 / 质谱联用、拉曼光谱、显微镜、X 射线衍射等技术的联用 [155-157]。由于联用时连接部件的不完善，以及成本和应用领域等多方面的限制，联用技术直到近二十年才开始出现并迅速发展。由于这类方法的功能较常规仪器强大，发展前景广阔。未来有望使热分析联用接口更能满足应用需求，同时有效提升操作的便捷性和与所联用仪器的高度匹配性。

4. 拓展软件功能

随着计算机硬件和软件的飞速发展，采用科学仪器进行实验数据的记录和分析越来越方便。进一步完善与热分析仪匹配的数据分析软件的功能并实现对实验数据的自动、批量处理，提升数据处理的效率，是数据分析软件的发展趋势。

5. 开发可以满足特殊领域需求的新型热分析仪

为了满足一些特殊的测试需求，近年来新型的热分析仪不断出现，如 Mettler Toledo 公司推出的一种 FlashDSC，其加热速率达到了几百万摄氏度每分钟，这些仪器有的已经实现商品化，有的仅限于实验室使用，在一些学术期刊中经常可以见到由这些仪器完成的科研论文。另外，我国厦门海恩迈科技有限公司于 2021 年研发出一种闪速热重分析仪（如图 1-17），该仪器利用集成谐振微悬臂梁具有的超灵敏质量测量功能（亚皮克量级）实现了微芯片上的热重分析技术。在悬臂的自由端图案化的电阻微加热器用于加热样品，可实现的加热温度高达 1200℃。随着科学研究的进一步发展，相信未来还会陆续出现更多类型的新型热分析仪器。

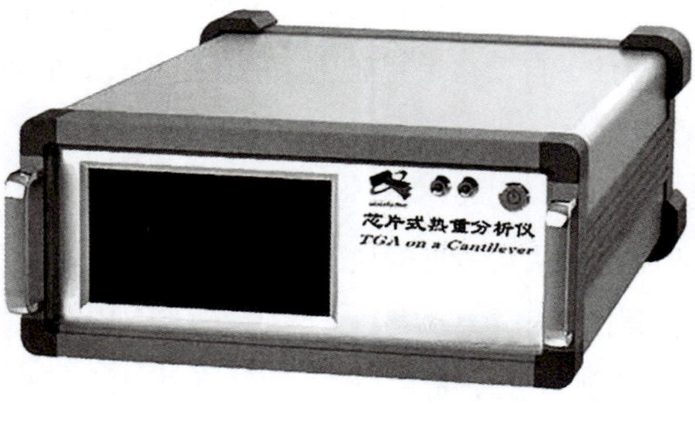

《 图 1-17 厦门海恩迈科技有限公司研发的一种芯片式闪速热重分析仪

6. 减小仪器的体积、节约成本、提升产品的竞争力

美国 TA 仪器公司于 2010 年推出了 Discovery 系列热分析仪器，仪器的电路部分适用于热重分析仪、热重 - 差热分析仪、差示扫描量热仪、静态热机械分析仪和动态热机械分析仪，可以实现几台仪器共用同一种控制单元，这样对于购买多台仪器的用户降低了成本，提升了仪器的竞争力。TA 公司的这种方法代表了今后分析仪器的一种发展趋势。

在不影响仪器性能的前提下，减小仪器的体积、节约成本、提升产品的竞争力，未来的热分析仪器的集成化程度会更高，这也是今后热分析仪器发展的一个重要方向。

7. 不断拓宽热分析技术的应用领域

自热分析技术诞生以来，其应用领域不断得到拓展。随着科学研究的进一步发展，热分析技术有望在更多的新领域中发挥其独特的作用。我们有充分理由相信，在全球热分析工作者的共同努力下，热分析技术将继续保持现有的高速发展势头，其将在更多的领域中得到更加广泛和深入的应用。

参考文献

[1] Brown M E. Handbook of thermal analysis and calorimetry[M]. Amsterdam：Elsevier Science, 1998.

[2] Brown M E. Introduction to thermal analysis: Techniques and applications[M]. Dordrecht: Springer Netherlands, 1988.

[3] 李余增 . 热分析 [M]. 北京 : 清华大学出版社 , 1987.

[4] 刘振海 . 热分析简明教程 [M]. 北京 : 科学出版社 , 2012.

[5] 刘振海 . 热分析导论 [M]. 北京 : 化学工业出版社 , 1991.

[6] 丁延伟 . 热分析基础 [M]. 合肥 : 中国科学技术大学出版社 , 2020.

[7] 中国国家标准管理化委员会 . 热分析术语 : GB/T 6425—2008[S]. 北京 : 中国标准出版社 , 2008.

[8] Menczel J D, Prime B R. Thermal analysis of polymers fundamental and applications[M]. Hoboken: John Wiley and Sons Inc, 2009.

[9] American Society for Testing and Materials. Standard terminology relating to thermal analysis and rheology: ASTM E 473-14[S]. 2014.

[10] 全国教育装备标准化技术委员会 . 热分析方法通则　第 1 部分：总则 : JY/T 0589.1—2020 [S]. 北京 : 中华人民共和国教育部 , 2020.

[11] 丁延伟 , 郑康 , 钱义祥 . 热分析实验方案设计与曲线解析概论 [M]. 北京 : 化学工业出版社 , 2020.

[12] Ramachandran V S, Paroli R M, Beaudoin J J, et al. Handbook of thermal analysis of construction materials[M]. Amsterdam: William Andrew, 2002.

[13] Lever T, Haines P, Rouquerol J, et al. ICTAC nomenclature of thermal analysis (IUPAC

recommendations 2014) [J]. Pure and Applied Chemistry, 2014, 86(4):545-553.
[14] 张亚丽，王丽云，林勤. 热分析仪器发展简况 [J]. 现代科学仪器，1998(5):24-26.
[15] Chen D, Zhou J, Zhang Q. Effects of heating rate on slow pyrolysis behavior, kinetic parameters and products properties of moso bamboo[J]. Bioresource Technology, 2014, 169:313-319.
[16] 徐颖. 国外热分析仪器一瞥 [J]. 分析仪器，2010(1):14-15.
[17] Toda A. Temperature-modulated fast scanning calorimetry of isothermal crystallization of poly (butylene terephthalate) [J]. Polymer, 2021, 228:123936.
[18] Scoppio A, Cavallo D, Müller A J, et al. Temperature modulated DSC for composition analysis of recycled polyolefin blends [J]. Polymer Testing, 2022, 113:107656.
[19] Toda A. Kinetics of enthalpy recovery studied by temperature-modulated differential scanning calorimetry [J]. Thermochimica Acta, 2022, 716:179330.
[20] Schawe J E K. A general approach for temperature modulated thermogravimetry: Extension to non-periodical and event-controlled modulation [J]. Thermochimica Acta, 2014, 593: 65-70.
[21] Moukhina E. Direct analysis in modulated thermogravimetry [J]. Thermochimica Acta, 2014, 576:75-83.
[22] Baral A K, Tsur Y. Investigation of thermo-chemical expansions in Pr and Gd doped ceria by a novel temperature modulated dilatometry approach [J].Journal of the European Ceramic Society, 2022, 42(5):2299-2306.
[23] Price D M. Novel methods of modulated-temperature thermal analysis [J]. Thermochimica Acta, 1998, 315(1): 11-18.
[24] Price D M. Modulated-temperature thermomechanical analysis [J]. Thermochimica Acta, 2000, 357-358:23-29.
[25] Arii T, Masuda Y. Thermal decomposition of calcium copper acetate hexahydrate by simultaneous measurement of controlled-rate thermogravimetry and mass spectrometry (CRTG-MS) [J]. Thermochimica Acta, 1999, 342(1/2):139-146.
[26] Arii T, Kishi A. Thermal dehydration of cobalt and zinc formate dihydrates by controlled-rate thermogravimetry (CRTG) and simultaneous X-ray diffractometry-differential scanning calorimetry (XRD-DSC) [J]. Thermochimica Acta, 1999, 325 (2):157-165.
[27] Gao M, Perepezko J H. Flash DSC determination of the delay time for primary crystallization and minor alloying effect in marginal Al-based metallic glasses [J]. Thermochimica Acta, 2019, 677:91-98.
[28] Szymoniak P, Li Z, Wang D Y, et al. Dielectric and flash DSC investigations on an epoxy based nanocomposite system with MgAl layered double hydroxide as nanofiller [J]. Thermochimica Acta, 2019, 677:151-161.
[29] Bölle S, Alms J, Weihermüller M, et al. Modelling of the melting point shift in semi-crystalline thermoplastics dependent on prior cooling rate and heating rate [J]. Polymer,2022, 254:125100.
[30] Chen Y X, Xie K F, He Y C, et al. Fast-scanning chip-calorimetry measurement of crystallization kinetics of poly(glycolic acid) [J]. Polymers, 2021, 13:891.
[31] 李照磊，周东山，胡文兵. 高分子结晶和熔融行为的 Flash DSC 研究进展 [J]. 高分子学报，2016(9):1179-1197.
[32] Xie K F, He Y C, Cai J, et al. Thermal conductivity of nylon 46, nylon 66 and nylon 610 characterized by Flash DSC measurement [J]. Thermochimica Acta, 2020, 683:178445.
[33] 陈咏萱，周东山，胡文兵. 示差扫描量热法进展及其在高分子表征中的应用 [J]. 高分子学报，2021, 52(4):423-444.

[34] 刘振海，徐国华，张洪林．热分析与量热仪及其应用 [M]. 2 版．北京：化学工业出版社，2011.
[35] Furushima Y, Nakada M, Takahashi H, et al. Study of melting and crystallization behavior of polyacrylonitrile using ultrafast differential scanning calorimetry [J]. Polymer, 2014, 55(13):3075-3081.
[36] Mileva D, Androsch R, Zhuravlev E, et al. Morphology of mesophase and crystals of polyamide 6 prepared in a fast scanning chip calorimeter [J]. Polymer, 2012, 53(18):3994-4001.
[37] Gill P, Moghadam T T, Ranjbar B. Differential scanning calorimetry techniques: Applications in biology and nanoscience[J]. Journal of Biomolecular Techniques, 2010, 21(4):167.
[38] Covarrubias-Rivera L, López-Cruz J R, Ragazzo-Sánchez A, et al. Determination by isothermal microcalorimetry of the sensitivity of phytopathogenic fungi of tropical fruits against an ethanolic extract of jackfruit leaf (*Artocarpus heterophyllus* Lam.) [J]. Journal of Microbiological Methods, 2022, 195:106457.
[39] 宛静．热分析技术概述及其应用 [C]// 第九届长三角科技论坛——航空航天科技创新与长三角经济转型发展分论坛论文集．2012:312-320.
[40] 邹涛，赵瑾，郭姝，等．浅谈国内热分析技术的发展与应用 [J]. 分析仪器 ,2019, 6:9-12.
[41] Menard K P. Dynamic mechanical analysis: A practical introduction[M]. London: CRC Press, 1999.
[42] 于伯龄．实用热分析 [M]. 北京：纺织工业出版社，1990.
[43] Vyazovkina S, Burnham A K, Favergeon L, et al. ICTAC kinetics committee recommendations for analysis of multi-step kinetics [J]. Thermochimica Acta, 2020, 689:178597.
[44] Vyazovkin S, Burnham A K, Criado J M, et al. ICTAC kinetics committee recommendations for performing kinetic computations on thermal analysis data [J]. Thermochim Acta, 2011, 520:1-19.
[45] Vyazovkin S, Chrissafis K, Di Lorenzo M L, et al. ICTAC kinetics committee recommendations for collecting experimental thermal analysis data for kinetic computations[J]. Thermochimica Acta, 2014, 590:1-23.
[46] Moukhina E. Determination of kinetic mechanisms for reactions measured with thermoanalytical instruments [J]. Journal of Thermal Analysis and Calorimetry, 2012, 109:1203-1214.
[47] Muraleedharan K, Kannan M P, Ganga Devi T. Thermal decomposition kinetics of potassium iodate [J]. Journal of Thermal Analysis and Calorimetry, 2011, 103:943-955.
[48] Budrugeac P. Estimating errors in the determination of activation energy by advanced nonlinear isoconversional method applied for thermoanalytical measurements performed under arbitrary temperature programs[J]. Thermochimica Acta, 2020, 684:178507.
[49] Budrugeac P. Critical study concerning the use of sinusoidal modulated thermogravimetric data for evaluation of activation energy of heterogeneous processes [J]. Thermochimica Acta, 2020, 690:178670.
[50] Nguyen V T, Chiang K Y. Sewage and textile sludge thermal degradation kinetic study using multistep approach [J]. Thermochimica Acta, 2021, 698:178871.
[51] 薛凯，董云芳，伍永福，等．热重 - 差热分析法研究 $CeCl_3 \cdot 7H_2O$ 的热分解过程 [J]. 有色金属 (冶炼部分), 2018(1):55-58.
[52] Sikorska-Iwan M, Mrozek-Łyszczek R. Application of coupled TG-FTIR system in studies of thermal stability of manganese(Ⅱ) complexes with amino acids [J]. Journal of Thermal Analysis and Calorimetry, 2004, 78:487-500.

[53] Rytlewski P, Jagodziński B, Wojciechowska A, et al. TG-FTIR coupled analysis to predetermine effective precursors for laser-activated and electroless metallized materials [J]. Journal of Thermal Analysis and Calorimetry, 2020, 141:697-705.

[54] Zapała L, Kosinska-Pezda M, Byczynski L, et al. Green synthesis of niflumic acid complexes with some transition metal ions (Mn(Ⅱ), Fe(Ⅲ), Co(Ⅱ), Ni(Ⅱ), Cu(Ⅱ) and Zn(Ⅱ)). Spectroscopic, thermoanalytical and antibacterial studies [J]. Thermochimica Acta,2021, 696:178814.

[55] Calvino M M, Lisuzzo L, Cavallaro G, et al. Non-isothermal thermogravimetry as an accelerated tool for the shelf-life prediction of paracetamol formulations [J]. Thermochimica Acta, 2021, 700:178940.

[56] 丁延伟 . 热重分析——方法 · 实验方案设计 · 曲线解析 [M]. 北京 : 化学工业出版社 , 2022.

[57] 全国教育装备标准化技术委员会 . 热分析方法通则 第 5 部分：热重 - 差热分析和热重 - 差示扫描量热法 : JY/T 0589.5—2020[S]. 北京 : 中华人民共和国教育部 , 2020.

[58] 全国教育装备标准化技术委员会 . 热分析方法通则 第 3 部分：差示扫描量热法 :JY/T 0589.3—2020 [S]. 北京 : 中华人民共和国教育部 , 2020.

[59] Jiang L P, Fu X L, Fan X Z, et al. Study on *N*-guanylurea-dinitramide (GUDN) decomposition using theoretical simulations, online photoionization mass spectrometry and TG-DSC-IR-MS experiments [J]. Combustion and Flame, 2021, 229:111406.

[60] Du J B, Dou B L, Zhang H, et al.Non-isothermal kinetics of biomass waste pyrolysis by TG-MS/DSC [J]. Carbon Capture Science & Technology, 2023, 6:100097.

[61] Liu X Q, Tian K, Chen Z J, et al. Online TG-FTIR-MS analysis of the catalytic pyrolysis of polyethylene and polyvinyl chloride microplastics [J]. Journal of Hazardous Materials, 2023, 441:129881.

[62] Zhang F, Sun Y N, Li J Y, et al. Pyrolysis of 3D printed polylactic acid waste: A kinetic study via TG-FTIR/GC-MS analysis [J]. Journal of Analytical and Applied Pyrolysis, 2022, 166:105631.

[63] 徐颖 , 李海燕 , 李红喜 . 热分析实验 [M]. 北京 : 学苑出版社 , 2011.

[64] Wunderlich B. Thermal analysis of polymeric materials [M].Heidelberg: Springer Berlin, 2005.

[65] Ni Z S, Bi H B, Jiang C L, et al. Research on the co-pyrolysis of coal slime and cellulose based on TG-FTIR-MS, artificial neural network, and principal component analysis[J]. Fuel, 2022, 320:123960.

[66] Le Chatelier H. Del' action de la chaleur sur les argiles[J]. Bulletin de Minéralogie, 1887, 10(5): 204-211.

[67] Pope M I, Judd M D. Differential thermal analysis [M]. London: Heyden and Son Led, 1977.

[68] Seebeck T. Ueber die magnetische polarisation der metalle und erzedurch temperatur differenz [J]. Annalen der Physik, 1826, 82(3):253-368.

[69] Speil S, Berkelhamer L H, Pask J A. Differential thermal analysis, its application to clays and other aluminous minerals [M]. Washington: US Government Printing Office, 1945.

[70] Vold M J. Differential thermal analysis [J]. Analytical Chemistry, 1949, 21:683.

[71] Boersma S L. A theory of differential thermal analysis and new methods of measurement and interpretation [J]. Journal of the American Ceramic Society, 1955, 38(8):281-284.

[72] Watson E S, O'Neill M, Justin J, et al. Differential scanning calorimeter quantitative differential thermal analysis [J]. Analytical Chemistry,1964, 36(7):1233.

[73] Reading M, Luget A, Wilson R. Modulated differential scanning calorimetry [J]. Thermochimica Acta, 1994, 238:295-307.

[74] Reading M, Elliott D, Hill V L. A new approach to the calorimetric investigation of physical

and chemical transitions[J].Journal of Thermal Analysis, 1993, 40(3):949-955.
[75] Duan M, Qiu T, Huang C, et al. Synthesis of poly(acrylate-styrene)/poly(acrylate-styrene) core/shell latex and TOPEM-DSC characterization [J]. Progress in Organic Coatings, 2013, 76 (1): 216-223.
[76] Szabadvary F. History of analytical chemistry [M]. Oxford: Pergamon, 1966.
[77] Duval C. Inorganic thermogravimetric analysis [M]. 2nd ed. Amsterdam: Elsevier,1963.
[78] Reich L, Levi D W. Dynamic thermogravimetric. Analysis in polymer degradation[J]. Journal of Polymer Science: Macromolecular Reviews, 1967, 1(1):173-275.
[79] Robens E, Jayaweera S A. Some aspects on the history of thermal analysis[J]. Methods, 2012, 1:3.
[80] Blaine R L, Hahn B K. Obtaining kinetic parameters by modulated thermogravimetry[J]. Journal of Thermal Analysis and Calorimetry, 1998, 54:695.
[81] Chiu J. Polymer characterization by coupled thermogravimetry-gas chromatography[J]. Analytical Chemistry, 1968, 40:1516.
[82] Cognard J, Ganguillet C. Glassy transition in liquid crystal eutectic mixtures[J]. Molecular Crystals and Liquid Crystals, 1978, 49(2):33-37.
[83] Corcione C E, Frigione M, Maffezzoli A, et al. Photo-DSC and real time-FT-IR kinetic study of a UV curable epoxy resin containing o-Boehmites [J]. European Polymer Journal, 2008, 44 (7):2010-2023.
[84] Denlinger D W, Abarra E N, Allen K, et al. Thin film microcalorimeter for heat capacity measurements from 1.5 to 800 K[J]. Review of Scientific Instruments, 1994, 65(4):946.
[85] Adamovsky S A, Minakov A A, Schick C. Scanning microcalorimetry at high cooling rate [J]. Thermochimica Acta, 2003, 403(1):55-63.
[86] Adamovsky S, Schick C. Ultra-fast isothermal calorimetry using thin film sensors [J]. Thermochimica Acta, 2004, 415(1):1-7.
[87] 何裕成，谢科锋，王优浩，等. 超快扫描量热技术表征高分子结晶动力学 [J]. 物理化学学报，2020,36(6):1905081.
[88] van Herwaardena S. Micro-sensors for analysis equipment: Research and innovation [J]. Procedia Engineering, 2010, 5:464-467.
[89] Yu J, Tang Z, Zhang F, et al. Investigation of a microcalorimeter for thin-film heat capacity measurement[J].Chinese Physics Letters, 2005, 22 (9):2429.
[90] Chen M, Du M, Jiang J, et al. Verifying the symmetry of ultra-fast scanning calorimeters using liquid crystal secondary temperature standards[J]. Thermochimica Acta, 2011, 526(1):58-64.
[91] Jiang J, Zhuravlev E, Huang Z, et al. A transient polymorph transition of 4-cyano-4′-octyloxybiphenyl (8OCB) revealed by ultrafast differential scanning calorimetry (UFDSC)[J]. Soft Matter, 2013, 9(5):1488-1491.
[92] Wei L, Jiang J, Shan M, et al.Integration of ultrafast scanning calorimetry with micro-Raman spectroscopy for investigation of metastable materials[J]. Review of Scientific Instruments, 2014, 85(7):074901.
[93] Yao F L, Xu P C, Jia H, et al. Thermogravimetric analysis on a resonant microcantilever [J]. Analytical Chemistry, 2022, 94(26):9380-9388.
[94] Zhao Q G, Hu C X, Liu S J, et al. The thermal conductivity of molten $NaNO_3$, KNO_3, and their mixtures[J]. Energy Procedia, 2017, 143:774-779.
[95] Hosseini S G, Khodadadipoor Z. Sonochemical synthesis of ZnO, NiO and α-Fe_2O_3 nanoparticles and their catalytic activity for thermal decomposition of ammonium perchlorate[J]. Indian Journal of Chemical-Section A(IJCA), 2018,57:447-453.
[96] Shakhnov V A, Zinchenko L A, Makarchuk V V, et al. Visual analytics in investigation of

chirality-dependent thermal properties of carbon nanotubes[J]. Journal of Physics: Conference Series, 2017, 829(1):012008.

[97] Zhao J, Du L. Therapeutic effect of two transition metal coordination polymers on ovarian cancer by regulating the expression of estrogen receptor[J]. Designed Monomers and Polymers, 2022, 25(1):19-24.

[98] Tzvetkov G, Spassov T, Tsvetkov M, et al. Mesoporous cauliflower-like CuO/Cu $(OH)_2$ hierarchical structures as an excellent catalyst for ammonium perchlorate thermal decomposition[J]. Materials Letters, 2021, 291:129534.

[99] Somvanshi S B, Khedkar M V, Kharat P B, et al. Influential diamagnetic magnesium (Mg^{2+}) ion substitution in nano-spinel zinc ferrite $(ZnFe_2O_4)$: Thermal, structural, spectral, optical and physisorption analysis [J]. Ceramics International, 2020, 46(7):8640-8650.

[100] Lopes M S, Catelani T A, Nascimento A, et al. Ketoconazole: Compatibility with pharmaceutical excipients using DSC and TG techniques[J]. Journal of Thermal Analysis and Calorimetry, 2020, 141(4):1371-1378.

[101] Garrido M A, Font R, Conesa J A. Kinetic study and thermal decomposition behavior of viscoelastic memory foam[J]. Energy Conversion and Management, 2016, 119:327-337.

[102] Demol J, Ho E, Senanayake G. Sulfuric acid baking and leaching of rare earth elements, thorium and phosphate from a monazite concentrate: Effect of bake temperature from 200 to 800℃ [J]. Hydrometallurgy, 2018, 179:254-267.

[103] Portnova S V, Yamshchikova Y F, Krasnykh E L, et al. Vapor pressure, vaporization enthalpies, critical parameters, and heat capacities of alkyl glycolates[J]. Journal of Chemical & Engineering Data, 2020, 65(5):2566-2577.

[104] Tokoyoda K, Ichikawa T, Miyaoka H. Evaluation of the enthalpy change due to hydrogen desorption for M—N—H (M= Li, Mg, Ca) systems by differential scanning calorimetry[J]. International Journal of Hydrogen Energy, 2015, 40(3):1516-1522.

[105] Zhang X, Weeks B L. Improved thermal stability and reduced sublimation rate of pentaerythritol tetranitrate through doping graphene oxide[J]. Journal of Thermal Analysis and Calorimetry, 2015, 122(3):1061-1067.

[106] Niu Y, Fu S, Zhang K, et al. Synthesis, microstructure, and properties of high purity Mo_2TiAlC_2 ceramics fabricated by spark plasma sintering[J]. Journal of Advanced Ceramics, 2020, 9(6):759-768.

[107] Ferrer G, Barreneche C, Solé A, et al. New proposed methodology for specific heat capacity determination of materials for thermal energy storage (TES) by DSC[J]. Journal of Energy Storage, 2017, 11:1-6.

[108] Cui J, Cao X, Zhao F, et al. Comparison of the melting properties of glass substrates for thin film transistor liquid crystal display and organic light-emitting diode[J]. Journal of Asian Ceramic Societies, 2021, 9(3):902-915.

[109] Hou Q, Li J, Liu X D, et al. Development and characterization on the isothermal kinetics of $Mg(OH)_2$-sol synthesized by chemical method[J]. Journal of Asian Ceramic Societies, 2022, 10(1):130-137.

[110] Singh A, Singla P, Sahoo S C, et al. Compatibility and thermal decomposition behavior of an epoxy resin with some energetic compounds[J]. Journal of Energetic Materials, 2020, 38(4):432-444.

[111] Mapengo C R, Ray S S, Emmambux M N. Granular morphology, molecular structure and thermal stability of infrared heat-moisture treated maize starch with added lipids[J]. Food Chemistry, 2022, 382:132342.

[112] Král R, ZemenováP, Vaněček V, et al. Thermal analysis of cesium hafnium chloride using DSC-TG under vacuum, nitrogen atmosphere, and in enclosed system[J]. Journal of Thermal Analysis and Calorimetry, 2020, 141(3):1101-1107.

[113] Pirsaheb M, Seifi H, Gholami T, et al. Thermal analysis techniques for evaluating the thermal stability of battery materials: A comprehensive review [J]. Journal of Analytical and Applied Pyrolysis, 2023, 174: 106136.

[114] Deng Q Q, Wang F, Gough C R, et al. Tunable microphase-regulated silk fibroin/poly (lactic acid) biocomposite materials generated from ionic liquids[J]. International Journal of Biological Macromolecules, 2022, 197:55-67.

[115] Kodama H, Okazaki S, Jiang Y, et al. Thermal influence on surface layer of carbon fiber reinforced plastic (CFRP) in grinding[J]. Precision Engineering, 2020,65:53-63.

[116] Billah K, Lorenzana F, Martinez N, et al. Thermomechanical characterization of short carbon fiber and short glass fiber-reinforced ABS used in large format additive manufacturing[J]. Additive Manufacturing, 2020, 35:101299.

[117] Materazzi S, Gentili A, Curini R. Applications of evolved gas analysis: Part 1: EGA by infrared spectroscopy[J]. Talanta,2006,68(3):489-496.

[118] Charmas B, Kucio K, Sydorchuk V, et al. Characterization of multimodal silicas using TG/DTG/DTA, Q-TG, and DSC methods[J]. Colloids and Interfaces, 2018, 3(1): 6.

[119] Karimpour-Motlagh N, Khonakdar H A, Jafari S, et al. Influence of polypropylene and nanoclay on thermal and thermo-oxidative degradation of poly (lactide acid): TG-FTIR, TG-DSC studies and kinetic analysis[J]. Thermochimica Acta, 2020, 691:178709.

[120] Comite V, Miani A, Ricca M, et al. The impact of atmospheric pollution on outdoor cultural heritage: An analytic methodology for the characterization of the carbonaceous fraction in black crusts present on stone surfaces[J]. Environmental Research, 2021, 201:111565.

[121] Li Y H, Zhang Y Q, Chang L P, et al. Analyses on thermal stability of lignites and its derived humic acids[J]. Energy Sources, Part A: Recovery, Utilization, and Environmental Effects, 2020,46(1):15319-15330.

[122] Herrera-Kao W A, Loría-Bastarrachea M I, Pérez-Padilla Y, et al. Thermal degradation of poly(caprolactone), poly(lactic acid), and poly(hydroxybutyrate) studied by TGA/FTIR and other analytical techniques[J]. Polymer Bulletin, 2018, 75:4191-4205.

[123] Hu J, Ma Y, Kan X, et al. Investigations of Co substitution on the structural and magnetic properties of Ni-Zn spinel ferrite[J]. Journal of Magnetism and Magnetic Materials, 2020, 513:167200.

[124] Szymoniak P, Qu X, Abbasi M, et al. Spatial inhomogeneity, interfaces and complex vitrification kinetics in a network forming nanocomposite[J]. Soft Matter, 2021, 17(10):2775-2790.

[125] Kaur R, Kaur R, Khanna A, et al. Structural and thermal properties of vanadium tellurite glasses[J]. AIP Publishing LLC, 2018, 1942(1):070028.

[126] Yan L, Xu Z, Zhang J. Influence of nanoparticle geometry on the thermal stability and flame retardancy of high-impact polystyrene nanocomposites[J]. Journal of Thermal Analysis and Calorimetry, 2017, 130(3):1987-1996.

[127] Gaisford S, Kett V, Haines P. Principles of thermal analysis and calorimetry[M]. London: Royal Society of Chemistry, 2016.

[128] Yang Y, Luo H, Cao X, et al. The synergistic effects of a novel intumescent flame-retardant poly-(4-nitrophenoxy)-phosphazene and ammonium polyphosphate on ABS systems[J]. Journal of Thermal Analysis and Calorimetry, 2019, 137(1):65-77.

[129] Asaithambi B, Ganesan G S, Ananda Kumar S. Banana/sisal fibers reinforced poly (lactic

acid) hybrid biocomposites: influence of chemical modification of BSF towards thermal properties[J]. Polymer Composites, 2017, 38(6):1053-1062.

[130] Gao Z, Li N, Chen M, et al. Comparative study on the pyrolysis of cellulose and its model compounds[J]. Fuel Processing Technology, 2019, 193:131-140.

[131] Madhu P, Sanjay M R, Jawaid M, et al. A new study on effect of various chemical treatments on Agave Americana fiber for composite reinforcement: Physico-chemical, thermal, mechanical and morphological properties[J]. Polymer Testing, 2020,85:106437.

[132] Zuo P, Tcharkhtchi A, Fitoussi J, et al. Multiscale thermal study of virgin and aged polyphenylene sulfide reinforced by glass fiber[J]. Journal of Applied Polymer Science, 2020,137:e49031.

[133] Canopoli L, Coulon F, Wagland S T. Degradation of excavated polyethylene and polypropylene waste from landfill[J]. Science of the Total Environment, 2020, 698:134125.

[134] Cao X, Wang K, Mao Q, et al. MCM-41-supported double metal cyanide nanocomposite catalyst for ring-opening polymerisation of propylene oxide[J]. Journal of Nanoparticle Research, 2022, 24(3):1-12.

[135] Ahmadi Khoshooei M, Fazlollahi F, Maham Y. A review on the application of differential scanning calorimetry (DSC) to petroleum products[J]. Journal of Thermal Analysis and Calorimetry, 2019, 138(5):3455-3484.

[136] Cai B W, Gu H L, Wang F, et al. Ultrasound regulated flexible protein materials: Fabrication, structure and physical-biological properties[J]. Ultrasonics Sonochemistry, 2021, 79:105800.

[137] Koperwas K, Tu W, Affouard F, et al. Pressure dependence of the crystallization rate for the S-enantiomer and a racemic mixture of Ibuprofen[J]. Crystal Growth & Design, 2021, 21(12):7075-7086.

[138] Zech J, Leisz S, Göttel B, et al. Electrospun nimodipine-loaded fibers for nerve regeneration: Development and in vitro performance[J]. European Journal of Pharmaceutics and Biopharmaceutics, 2020, 151:116-126.

[139] Chachorovska M, Petrushevski G, Pecova M, et al. Thermal analysis assisted by spectra-structure studies of BCS class Ⅱ active pharmaceutical ingredients: Ezetimibe and lercanidipine hydrochloride. The concept of preformulation[J]. Journal of Thermal Analysis and Calorimetry, 2022, 147(16): 8779-8790.

[140] Frolov I N, Okhotnikova E S, Ziganshin M A, et al. Cold crystallization event on DSC heating curves of bitumen[J]. Journal of Thermal Analysis and Calorimetry, 2022, 147(8):5269-5278.

[141] Qi S, Craig D. The development of modulated, quasi-isothermal and ultraslow thermal methods as a means of characterizing the α to γ indomethacin polymorphic transformation[J]. Molecular Pharmaceutics, 2012, 9(5):1087-1099.

[142] Sekitoh T, Okamoto T, Fujioka A, et al. Crystallization characteristics of amorphous trehalose dried from alcohol[J]. Journal of Food Engineering, 2021, 292:110325.

[143] 章斐 . 利用草酸钙逸出气的碳气化反应验证 TG/FTIR 联用性能 [J]. 分析仪器 ,2021 (3):75-79.

[144] Vu T, Xue Y, Vuong T, et al. Comparative study of ultrasonication-induced and naturally self-assembled silk fibroin-wool keratin hydrogel biomaterials[J]. International Journal of Molecular Sciences, 2016, 17(9):1497.

[145] Gu H L, Wang F, Liu H, et al. Multifunctional silk fibroin-poly (L-lactic acid) porous nanofibers: Designing adjustable nanopores to control composite properties and biological responses[J]. Materials & Design, 2022, 222:111053.

[146] 杨福田，蔡博文，衡航，等. 豆蛋白与丝素复合纳米纤维膜的喷纺制备、结构与性能 [J]. 中国科学：化学，2022, 52(5):709-720.

[147] Malvis A, Šimon P, Dubaj T, et al. Determination of the thermal oxidation stability and the kinetic parameters of commercial extra virgin olive oils from different varieties[J]. Journal of Chemistry, 2019, 2019: 1-8.

[148] Sher F, Iqbal S Z, Liu H, et al. Thermal and kinetic analysis of diverse biomass fuels under different reaction environment: A way forward to renewable energy sources[J]. Energy Conversion and Management, 2020, 203:112266.

[149] Arteaga-Robalino A S, Castillo-Cabay L, Alcocér-Vallejo R. Drug shelf life estimation by non-isothermal treatments in DSC: Specific surface area effect[J]. Biointerface Research in Applied Chemistry, 2018, 8 (3):3289-3293.

[150] Jiang X, Xiao R, Zhang M, et al. A laboratory investigation of steel to fly ash-based geopolymer paste bonding behavior after exposure to elevated temperatures[J]. Construction and Building Materials, 2020, 254:119267.

[151] 谭静，卢郁静，付小航，等. 老化竹纸的微观结构变化对性质的影响分析 [J]. 科学通报，2022,67(36):4429-4438.

[152] 陈彪，谭静，付小航，等. 竹纸老化的热解特性及其老化程度的量化评价 [J]. 材料导报，2022,36(13):213-217.

[153] 谭静，卢郁静，顾培玲，等. 原料及制作工艺对富阳竹纸性能的影响 [J]. 林业工程学报，2020(5):103-108.

[154] 陈彪，谭静，黄晶，等. 4 种富阳竹纸的耐老化性能 [J]. 林业工程学报，2021,6(1):121-126.

[155] Juarez-Perez E J, Hawash Z, Raga S R, et al. Thermal degradation of $CH_3NH_3PbI_3$ perovskite into NH_3 and CH_3I gases observed by coupled thermogravimetry-mass spectrometry analysis[J]. Energy Environmental Science, 2016, 9(11): 3406-3410.

[156] Materazzi S, Gentili A, Curini R. Applications of evolved gas analysis: Part 2: EGA by mass spectrometry[J]. Talanta, 2006, 69(4):781-794.

[157] Menard K P, Spragg R, Johnson G, et al. Hyphenation: The next step in thermal analysis[J]. American Laboratory January, 2010, 42(1):21-23.

THERMAL ANALYSIS

第二章

热重分析技术

作为热分析中最常用的一种分析技术，热重分析通过精确测定试样的质量与温度的关系来研究物质在物理变化或化学变化过程中性质的连续变化。其不仅可以广泛用于研究物质在实验过程中随温度或者时间发生的与质量相关的各种转变和化学反应（如氧化、分解、还原、交联、成环等反应），还可以用来确定物质的成分、判断物质的种类和热分解机理等[1−3]，进行定性分析、组分分析、热参数测定和动力学参数测定，并可作为研发和质量控制的手段[4]。经过近一百年的发展，热重分析技术已在矿物、金属、石油、食品、建材、陶瓷、医药、化工等各个领域获得了广泛的应用[1]。本章将从术语和定义、仪器组成、工作原理、热重实验的影响因素、实验条件选定和数据分析以及典型应用等几个方面对热重分析技术进行介绍。

第一节 相关术语与定义

与热重分析相关的术语较多，限于篇幅，本节内容仅介绍与其密切相关的术语和定义，更多相关的术语请参见相关参考书和 GB/T 6425—2008《热分析术语》[2, 5]。

一、定义

GB/T 6425—2008《热分析术语》中对热重分析 [thermogravimetric analysis, TGA，也称热重法（thermogravimetry，TG）] 的定义为[5]：在程序控温和一定气氛下，测量试样的质量与温度或时间关系的技术。其数学表达式为

$$M=f(T\text{ 或 }t) \tag{2-1}$$

式中，M 为任意时间或温度下样品的质量，一般用初始质量的百分比表示；T 为温度，单位通常为℃，但在进行动力学和热力学分析时，其单位通常为 K；t 为时间，一般用秒（s）表示，当实验时间较长时，也可用分（min）或小时（h）来表示。

由热重实验得到的曲线一般简称为 TG 曲线，TG 曲线的纵坐标通常是归一化后的质量 (用质量分数 % 表示)，向上表示质量增加，向下表示质量减小；横坐标为温度 T 或者时间 t，自左向右表示温度升高或时间增加。图 2-1 是一水合草酸钙的 TG-DTG 曲线示意图，由图可见，在 150 ～ 200℃、400 ～ 520℃、620 ～ 850℃范围内出现了三个失重的台阶，这三个台阶分别对应于一水合草酸钙失去一分子结晶水、失去一分子 CO 和失去一分子 CO_2 的三个结构变化过程。

在对 TG 曲线进行解析时，通常还会同时使用与其相对应的微商热重（derivative thermogravimetry，简称 DTG）曲线，通过 DTG 曲线可以得到在实验过程中试样的质量变化速率与温度或时间的对应关系。

根据定义，DTG 是由热重曲线得到的质量 m 对温度 T 或时间 t 的一阶导数，其数学表达式为

$$\frac{\mathrm{d}m}{\mathrm{d}t}=f(t)\text{或}\frac{\mathrm{d}m}{\mathrm{d}T}=f(T) \tag{2-2}$$

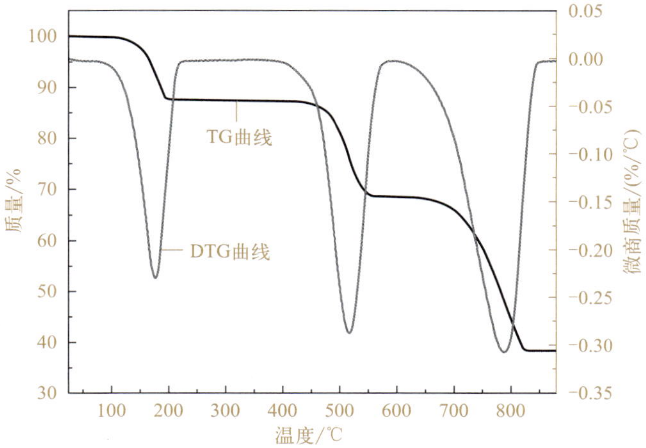

图 2-1　一水合草酸钙的 TG-DTG 曲线

当实验过程中采用线性程序控制温度时，也可用下式表示：

$$\frac{\mathrm{d}m}{\mathrm{d}T}=\frac{1}{\beta}\times\frac{\mathrm{d}m}{\mathrm{d}t}=f\left(T,t\right) \tag{2-3}$$

式中，β 为实验中所采用的加热速率或降温速率。

对于通过线性加热实验所得到的 DTG 曲线而言，其单位一般是（%/℃），其物理意义为当温度每变化 1℃时试样质量变化的百分比。对于等温实验而言，DTG 曲线的单位一般是 %/s 或 %/min。在图 2-1 中同时列出了一水合草酸钙的 DTG 曲线，在图中 TG 曲线相应的失重台阶的范围内，DTG 曲线相应地出现了三个向下方向的峰。DTG 曲线中的每一点对应于 TG 曲线对横坐标（温度）的变化速率，峰值对应于质量减小（即失重）的最大速率，曲线的峰面积对应于失重台阶的高度。在实际应用中，利用 DTG 曲线还可以很方便地区分两个相邻的失重过程[2, 4]。

如果在报道中表述热分析法时使用简称，则应尽可能地使用“TG”来表示。由于 TG 所对应的英文名称“thermogravimetry”中已包含了“方法”的含义，如果再加上分析（即 analysis），在逻辑上则略显冗余[2, 6]。在实际应用中，仍有相当多的场合采用“TGA”的表达方式。但在表示由热重法得到的曲线时，大多数人习惯用“TG 曲线”而不是“TGA 曲线”来表示。另外，当热重法与其他方法联用时，热重部分的简称一般用 TG 表示。例如，热重 - 差热分析简称为“TG-DTA”，热重 / 红外光谱联用法简称为“TG/IR”。

二、与测量模式相关的术语

对于热重实验而言，通常采用的测量模式主要包括等温质量变化测量和动态质量变化测量两种。

1. 等温质量变化测量模式

等温质量变化测量（isothermal mass-change determination），简称等温模式（isothermal mode），是在恒定温度 T 和一定气氛下，测量试样的质量随时间 t 变化的一种热重实验技术 [5]。

在上述定义中所指的“等温”可以是通过加热使试样处于高于室温的某一个恒定温度，也可以是通过降温使试样处于低于室温的某一个恒定温度。在温度变化过程中，由其他温度达到设定的目标温度的时间应尽可能短，即温度扫描速率越高越好。另外，在达到目标恒定温度之前不能出现“过冲”现象（如图 2-2 所示）[2]。

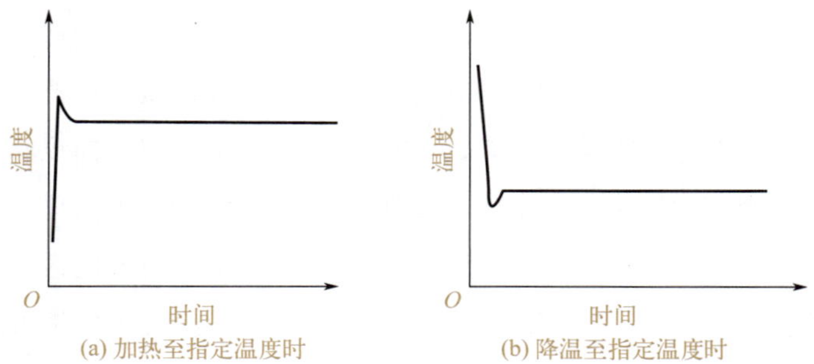

图 2-2　恒温实验过程中出现的温度过冲现象 [2]

上述两种方法是 TG 实验中常用的两种等温实验方法。在实际应用中，一次实验可能同时采用以上两种实验方式。例如，首先以一定的加热速率将试样加热至某一特定温度后等温一段时间，然后再继续加热。在该温度程序中，包含了“非等温 - 等温 - 非等温”三个阶段（如图 2-3 所示）。

理论上，等温实验方法比非等温实验方法准确，但耗时长，操作烦琐，不宜广泛采用。

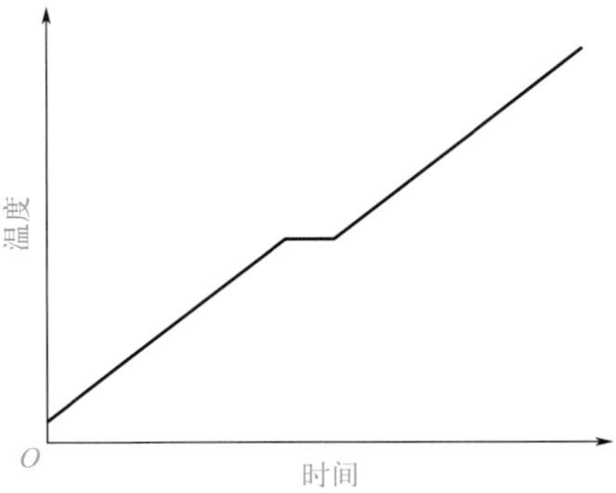

《 图 2-3 “非等温 - 等温 - 非等温”的温度控制程序示意图

2. 动态质量变化测量模式

动态质量变化测量模式（dynamic mass-change determination mode），又称温度扫描质量变化测量模式（temperature-scanning mass-change determination mode），是在程序升温、降温和一定气氛下，测量试样的质量随温度变化的一种热重实验技术[7]。

在实际应用中，对于动态质量变化测量模式而言，除了最常采用的线性温度变化方式外，还包括以下的测量模式。

（1）控制速率热重分析　控制速率热重分析（controlled-rate thermogravimetric analysis，简称 CRTGA），也称高分辨热重分析，是一种控制速率热分析技术，即通过控制温度 - 时间曲线，使试样的质量按照恒定的速率变化的技术[5]。这种实验方法根据试样的失重速率而自动调整加热速率。

（2）自动分步热重分析　自动分步 TGA（auto step TGA）是控制速率热重分析的一种方法。这种方法的原理是：当试样达到或者高于设定的质量变化速率时，仪器自动降低升温速率或者等温。而当质量变化速率低于设定的阈值时，试样继续按照升温程序升温，从而达到失重台阶自动分步的解析效果[2, 3, 5]。

（3）准等温热重法　准等温热重法（quasi-isothermogravimetry）是指在接近等温的条件下研究试样的质量与温度关系的一种热重方法，也称步阶扫描热重法（step-scan thermogravimetry），通过这种方法可以使多连续分解的多步过程得到有效的分离。

（4）温度调制热重法　温度调制热重法（modulated temperature thermogravimetry，简称 MTTG）是在一定气氛和温度调制程序下，连续测量物质的质量与温度或时间关系的一种热重分析技术。温度调制技术通常作为热重分析仪的一种附加功能，在实验过程中测量试样在温度调制条件（通常为正弦温度调制）下的质量随温度或时间变化的 TG 曲线。在一个温度调制周期中，温度随时间的变化速率时刻在发生变化（即加热速率在时刻变化），通过 MTTG 实验可以得到在质量变化过程中动力学参数（活化能 E_a 和指前因子 A）的信息[7,8]。

与常规的多速率非等温或者多个等温温度实验条件下得到的动力学分析结果相比，MTTG 法具有以下优点[9,10]：

（1）只需一次实验即可得到活化能 E_a 和指前因子 A 的信息，节省时间；

（2）可以避免不同的实验次数中制样差别对实验结果的影响；

（3）可以避免所选用的动力学模型对所得到的动力学参数的影响。

但 MTTG 法也存在着试样代表性差、实验时选用的温度调制参数不合适等不足。

三、与热重实验相关的术语和定义

1. 温度校正

温度校正（temperature correction）是用已知转变温度的标准物质确定热重实验仪器的测量值 T_m 和真实温度 T_{tr} 之间的关系的一种操作过程。通过温度校正可以得到以下关系式[1]：

$$T_{tr} = T_m + \Delta T_{corr} \tag{2-4}$$

式中，ΔT_{corr} 为温度校正值。

通过温度校正可以消除仪器的温度测量值与真实温度值之间的差别。例如，当使用熔融温度为 156.6℃的金属 In 标准物质对热重分析仪进行温度校正时，得到的测量值为 154.1℃，此时：

$$\Delta T_{corr} = T_{tr} - T_m = 156.6 - 154.1 = 2.5(℃) \tag{2-5}$$

在进行温度校正时，应对测量值加上 2.5℃，使其与标准值相等。

2. 质量校正

在实际应用中，常用的质量校正方法主要包括静态质量校正和动态质量校正两种[3]。

静态质量校正通常是在某一个设定的温度和实验气氛下，用已知质量为 m_0 的砝码对仪器进行质量校正，确定其示值 m_i 与 m_0 之间的质量差 Δm_c。这些质量之间存在着如下的关系：

$$\Delta m_c = m_i - m_0 \tag{2-6}$$

动态质量校正则是在某一个动态变化的温度和实验气氛下对仪器进行质量校正，确定其示值 m_i 与 m_0 之间的质量差 Δm_c。在实验过程中，质量基线随温度发生一定程度的漂移。

为了使得到的质量更接近理论值，通常采用扣除空白基线法和用已知质量的砝码进行动态质量校正的方法对不同温度下的质量进行校正[3]。

四、与热重曲线解析相关的术语和定义

在对由热重实验得到的曲线进行解析时，需要由曲线来确定特征温度和相应的质量变化信息，本部分将对常用术语进行简要介绍。

1. 由热重曲线确定的特征温度

对得到的热重曲线而言，所使用的仪器的灵敏度差异会对曲线的形状产生不同程度的影响。而对于同一台仪器，实验条件的不同也会对曲线形状的变化产生较为显著的影响[3]。为了便于比较和研究，研究人员规定了 TG 曲线的一些特征温度。

热重曲线中的质量变化反映了试样质量在温度或时间的变化过程中发生的变化，对于一个变化过程，一般用温度（或时间）和质量同时进行描述。对于温度连续变化的过程而言，通常用特征温度来描述过程进行的程度，常用的特征温度主要包括初始温度（initial temperature，一般用 T_i 表示）、外推起始温度（extrapolated onset temperature，用 T_{onset} 表示）、终止温度（final temperature，用 T_f 表示）、外推终止温度（extrapolated end temperature，用 T_e 或 T_{end} 表示）、n%特征分解温度（n% temperature，用 $T_{n\%}$ 表示）和最快质量变化温度（DTG 峰值温度，peak temperature，用 T_p 表示）[3,5]，这些特征温度可以方便地通过数据处理软件在曲线图中标注出来。

目前主要有以下几种确定 TG 曲线的特征温度的方法，如图 2-4 所示[5]。

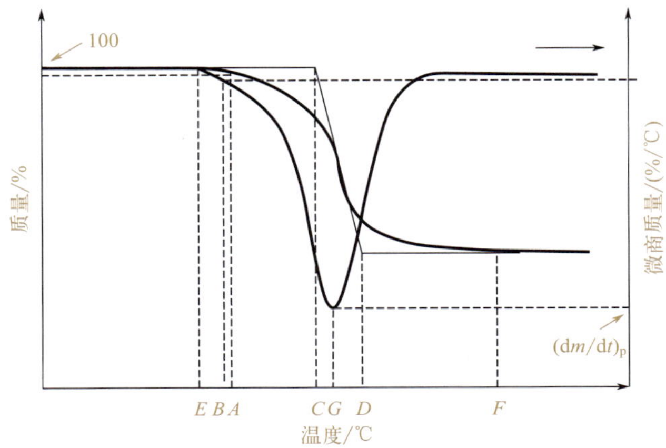

图 2-4　TG 曲线的特征温度表示方法

（1）以质量变化的数值达到最终的质量变化量的某一百分数时的温度值作为反应起始温度（对应于图 2-4 中 *A* 点）。

n% 特征分解温度为当质量减少 *n*% 时的温度，可以直接在热重曲线中标出 ($T_{n\%}$)，常用的主要有当质量减少 0%、1%、2%、5%、10%、15%、20%、25%、50% 时的 $T_{n\%}$，0% 特征分解温度是指试样保持质量不变的最高温度。

（2）以质量变化速率达到某一规定数值时的温度作为初始温度（对应于图 2-4 中 *B* 点）。

（3）以质量变化过程达到某一预定点时质量变化曲线的切线（如 TG 曲线斜率最大点处的切线）与平台延伸线交点所对应的温度作为“外推起始温度”（图 2-4 中 *C* 点）和“外推终止温度”（对应于图 2-4 中 *D* 点）。

与 T_i 和 T_f 相比，T_{onset} 和 T_{end} 受人为主观判断的影响较小，常用来表示试样的特征质量变化温度，而 T_i 和 T_f 则常用来表示质量变化范围的起止温度。

（4）以质量变化达到 TG 曲线上某两个预定点的连线（切线）与平台延伸线交点所对应的温度作为过程的起始温度（对应于图 2-4 中 *E* 点）和过程的终止温度（对应于图 2-4 中 *F* 点）。

由 DTG 曲线得到的最快质量变化温度也称最大速率温度或 DTG 峰值温度（T_p），是指质量变化速率达到最大时的温度（对应于图 2-4 中 *G* 点），可以直接由图中 DTG 曲线的峰值获得，T_p 对应的质量变化速率即为反应的最大质量变化速率，常用（$\mathrm{d}m/\mathrm{d}t$）$_p$ 表示。

除了以上特征温度外，还经常用 10% 正切温度（TTN）、加和温度（ΣT）和积分程序分解温度（integral procedure decomposition temperature，简称 IPDT）来分别表示一个过程的特征温度 [11-13]：

（1）10% 正切温度（TTN）是通过正切温度 (TN) 与失重 10% 时面积比的乘积得到的，而正切温度则通过 TG 曲线最大失重速率点的切线与温度轴的交点来确定。正切温度 (TN) 与起始温度有关，而面积比涉及起始分解程度。试样越稳定，这两个数值就越大。

（2）在分解完成后，达到恒重时的残余质量 *F* 值加 1 再除以 2，此商值为余重 *F* 时所对应的温度，即为加和温度 ΣT。

（3）积分程序分解温度是根据失重曲线下的面积来分析高聚物的热稳定性，提供了对不同材料进行比较的共同基础。

2. 由热重曲线确定的特征质量信息

在对热重曲线进行解析时，可以由类似图 2-4 的 TG 曲线的纵坐标直接确定实验中不同阶段的质量信息，也可以直接由类似图 2-4 中的 DTG 曲线的纵坐标直接确定质量变化速率信息[3]。

对于在实验过程中只有一个质量变化过程的 TG 曲线（如图 2-5）而言，可以根据式（2-7）计算出实验过程中质量减少百分比 Δw：

$$\Delta w = \frac{m_0 - m_1}{m_0} \times 100\% \tag{2-7}$$

式中，m_0 为实验开始时的样品质量；m_1 为质量变化结束后的质量。

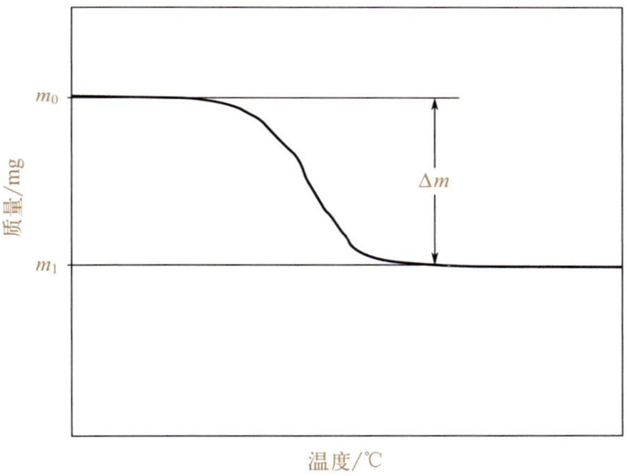

《 图 2-5　只含有一个质量变化过程的 TG 曲线

对于含有两个质量变化过程的 TG 曲线（图 2-6）而言，可以分别用以下形式的等式表示第一步和第二步的质量减少百分比 Δw_1 和 Δw_2：

$$\Delta w_1 = \frac{m_0 - m_1}{m_0} \times 100\% \tag{2-8}$$

$$\Delta w_2 = \frac{m_1 - m_2}{m_0} \times 100\% \tag{2-9}$$

式（2-8）和式（2-9）中，m_1 为第二步质量变化开始时（即第一步质量变化结束时）的质量；m_2 为第二步质量变化结束时的质量；m_0 为实验开始时的样品质量。

类似地，对于一个含有 n 个质量变化过程的 TG 曲线，其第 i 个过程的质量减少百分比 Δw_i 可以用以下等式表示：

$$\Delta w_i = \frac{m_{i-1} - m_i}{m_0} \times 100\% \tag{2-10}$$

式中，m_{i-1} 为第 i 个过程质量变化开始时（即第 i−1 个过程质量变化结束时）的质量；m_i 为第 i 个过程的质量变化结束时的质量；m_0 为实验开始时的样品质量。

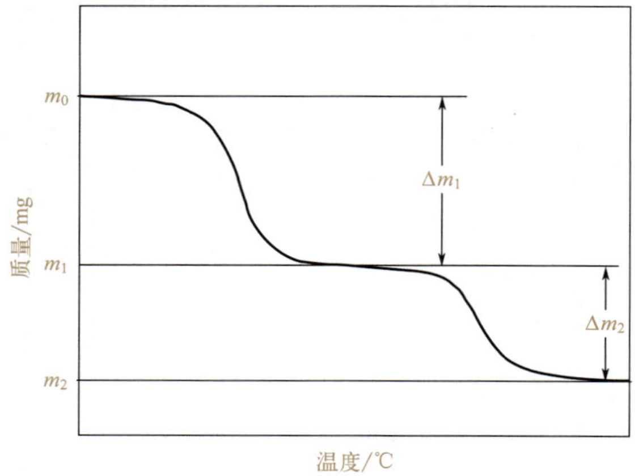

图 2-6　含有两个质量变化过程的 TG 曲线

第二节 热重分析仪器

一、热重分析仪器的发展过程

1. 国外热重分析仪的发展

早在 1886 年，Ellis Lovejoy 在研究黏土矿物的质量损失过程中，发现高岭土在锑的熔点附近会发生分解反应[14]。1915 年，日本学者本多光太郎首次提出了“热天平”的概念，并运用热天平研究了硫酸镁和碳酸钙的变化过程[15]。1936 年 P. Chevenard 等研制了自动记录式热天平。1945 年第一台商品化热重分析仪问世[2]。

在热重分析仪器发展的早期阶段，无论是实验室研制的热重实验装置，还是商品化热重分析仪，均普遍具有仪器体积庞大、测试时间过长、操作复杂等局限性，主要供科研实验室研究使用，在当时无法得到大范围推广使用[16]。

随着 20 世纪 60 ～ 70 年代电子技术的飞速发展和计算机技术的突飞猛进，分析仪器的自动化和智能化水平越来越高[17]。一些商品化热重分析仪器的温度控制和质量测量技术日益成熟，在功能越来越多的同时仪器的造价也越来越低。在这一时期，商品化热重分析仪器开始规模化生产，应用领域也从科研实验逐步拓展到工业化应用。经过半个多世纪的发展，热重分析仪的质量测量精度和仪器集成化程度均得到了很大的提高，目前有多家国外仪器厂商如美国 Perkin Elmer 公司、美国 TA 仪器公司、德国 Netzsch 公司、法国 Setaram 公司、瑞士 Mettler Toledo 公司、日本日立公司、日本岛津公司等可以提供多种型号的热重分析仪和与 DSC 或 DTA 技术联用的同步热分析仪。

2. 我国自主研制热重分析仪的发展

我国商品化热重分析仪的研制起步也比较早，早在 1969 年，北京光学仪器厂推出了我国第一台热重分析仪。经过半个多世纪的发展，我国一些仪器厂商如北京恒久、南京大展等生产的热重分析仪器已从初期的机械式记录仪控制发展成为智能型微机控制，产品的可靠性、稳定性、外形美观度和操作便捷性逐步提高，这些仪器的性能指标与进口仪器的差距日益缩小。目前我国已经不仅可以批量生产独立式热重分析仪，还可以生产中温型和高温型差热 - 热重分析仪等多种型号的同步热分析仪。

值得一提的是，2021 年，本书编著者团队将热重技术与原子力显微镜上使用的微悬臂技术结合，利用集成谐振微悬臂梁具有的超灵敏质量测量功能（亚皮克量级），实现了微芯片上的热重分析技术，首次成功研制出一种闪速热重分析仪[18]，研制工作得到了 2022 年科技部国家重大科学仪器设备开发专项等仪器研制项目的资助。与常规热重分析仪器中用于测量重力以获得质量损失的精确热天平不同，谐振微悬臂梁利用共振时的机械能量守恒来输出代表质量实时变化的共振频移信号。在悬臂的自由端图案化的电阻微加热器用于加热样品，加热温度高达 1200℃。将预校准的金属加热电阻作为温度计，控制加热电流，实现程序升温。程序加热过程中的质量损失由压阻式惠斯通电桥测量，用于实时读取频移信号。压阻传感元件和热电谐振激励元件都集成在悬臂上，通过锁相环接口电路维持谐振，其原理和结构示意图分别见图 2-7 和图 2-8。该技术只需要纳克量级的样品即可进行 TGA 测试，而且可以在 1s 内将样品加热至 1000℃，降温速率也可以达到 500℃ /s。

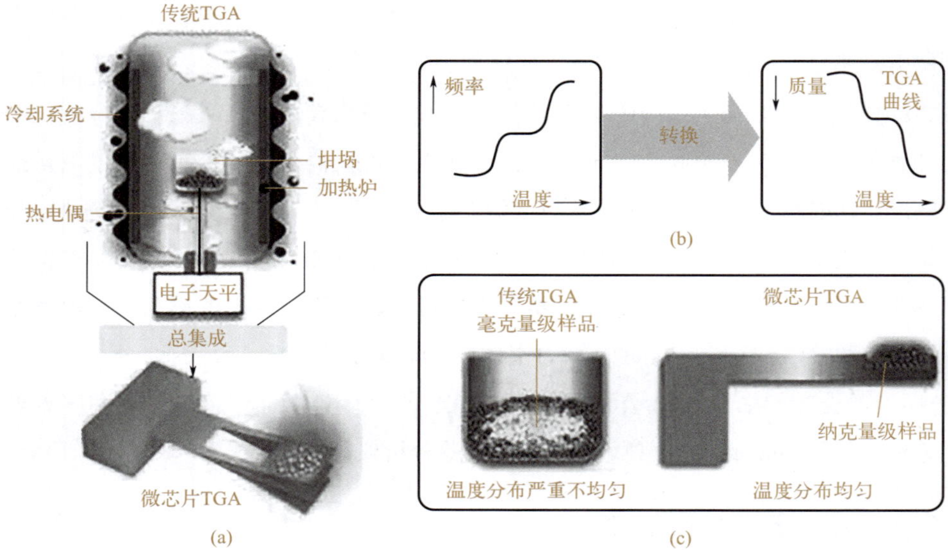

图 2-7　闪速热重分析技术原理示意图 [18]

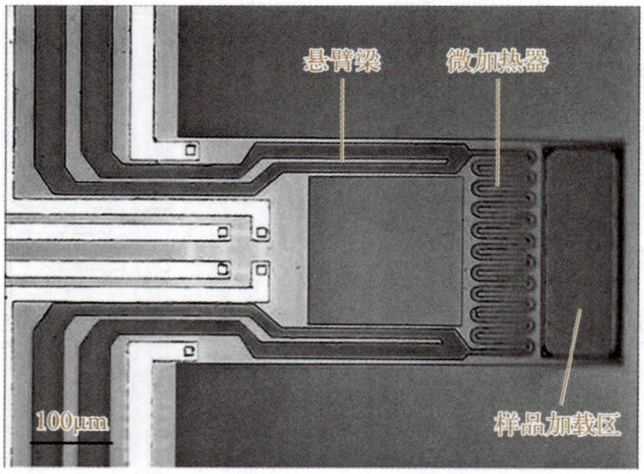

图 2-8　闪速热重分析技术中测量芯片结构示意图 [18]

二、仪器的工作原理、结构及组成

经过半个多世纪的发展，目前得到广泛应用的商品化热重分析仪除了灵敏度较高的独立式热重分析仪外，还有与差热分析（DTA）技术、差示扫描量热（DSC）技术联用的TG-DTA 仪和 TG-DSC 仪，后一种形式的仪器通常被称为同步热分析仪（简称 STA）。另外，当需要研究物质在实验过程中逸出气体的结构、组成等信息时，还可以将热重分析技术与红外光谱、质谱、色谱等分析技术联用，方便地研究物质的热分解机理和物质组成，拓宽了热分析技术的应用领域。与热分析联用技术相关的仪器的工作原理、结构及组成将在本书第七章中介绍，在本部分内容中仅介绍独立式热重分析仪和同步热分析仪的相关内容。

1. 工作原理

热重分析仪（thermogravimetric analyzer，简称 TGA）是在程序控制温度和一定气氛下，连续测量试样的质量随温度或时间连续变化关系的一种热分析仪器 [5]。通常，热重分析仪也简称为热重仪（thermogravimeter，简称 TG 仪）。

进行热重实验时，将装有试样的坩埚放置于试样支持器（通常为吊篮或者支架）中，在预先设定的程序控制温度和一定气氛下对试样进行测试，通过仪器的质量测量系统实时测定试样的质量随温度或时间变化的关系曲线 [6]。

热重分析仪的质量测量单元常用的测量方式主要有变位法和零位法两种 [17]。其中，变位法主要是利用杠杆原理，根据天平横梁的倾斜程度与质量变化成比例的关系进行测量。偏移量的大小通常由位移传感器转变成电压信号，经放大后通过计算机采集并记录下来。早期的热天平大多采用变位法进行测量。零位法同样也利用天平梁的倾斜与质量变化的关系进行测定，主要差别在于当试样质量变化引起天平梁发生偏移时，通过向天平上施加一个与试样质量变化相等且方向相反的恢复力 (或力矩)，使天平回到初始的平衡位置，即零位。施加的电磁力与质量变化成正比，而电磁力的大小与方向则通过调节线圈中的电流实现，通过检测此电流值即可测量得到微小的质量变化。

2. 仪器的基本组成

当前的商品化热重分析仪主要由仪器主机（主要包括程序温度控制系统、炉体、支持器组件、气氛控制系统、样品温度测量系统、质量测量系统等部分）、仪器辅助装置（主要包括自动进样器、压力控制装置、摄像头、冷却装置等）、仪器控制和数据采集及处理系统等部分组成 [19]，如图 2-9 所示。

质量测量系统（即天平部分）是热重分析仪的核心部分，可以连续测量试样的质量随温度和时间的连续变化。同时天平具有连续可调的质量量程，具有较高的电子和机械稳定性，对质量变化反应迅速，结构简单且维护方便 [20]。

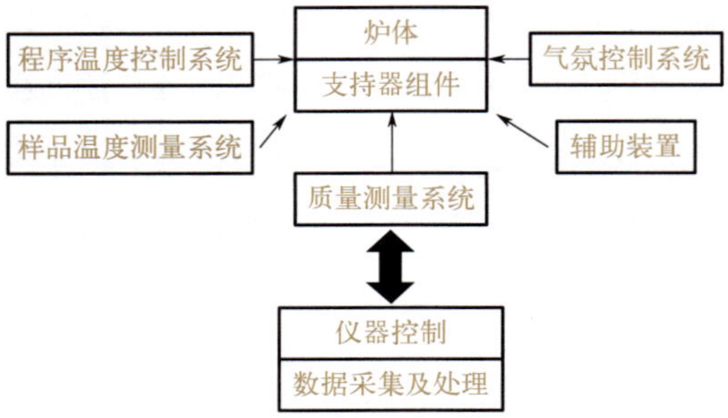

图 2-9 热重分析仪的基本组成框图

程序温度控制系统是热重分析仪的重要组成部分，主要由加热炉、程序温度控制器（也称程序控制温度系统）和炉温测量系统等几部分组成[17]。程序控制温度系统一般通过PID调节器进行控温，可以实现的控温程序主要包括升温、降温和恒温及其组合等形式。用于热重实验的加热炉应具有足够大的均匀温区，以确保样品和坩埚处于该区域。

与程序温度控制系统中的炉温测量系统不同，样品温度测量系统测量的是试样及炉体的温度。加热炉的热电偶一般位于炉胆外层的加热丝附近，和试样之间存在着一定的距离，因此在试样的温度与加热炉的温度之间存在着一定的差异。

气氛控制系统是当前商品化热重分析仪的基本配置，热重实验中的气氛气体主要有以下的用途[2, 3]：

① 样品周围的气氛气体可以将试样发生质量变化时产生的气体分子及时带出反应体系，有利于反应进一步进行；也能及时带走分解出的各种气体产物，从而有利于保护仪器的样品支架和天平系统。

② 对于一些易发生氧化的试样，在实验时采用的惰性气氛可以起到保护试样的作用。

③ 可以通过实验气氛的变化来研究试样在一定条件下的一些反应特性，例如可以通过改变气氛气体的组成（如不同比例的N_2/O_2混合气）来研究物质的氧化、还原、加成等反应过程中的质量变化，从而可以更加真实地在仪器中复现所研究的反应过程。

④ 对于与热重分析仪联用的一些逸出气体分析技术，通过向加热炉中通入相应的气氛气体，可以及时地将在实验过程中产生的气态的分解产物实时地转移至与之相连的相应的气体分析仪（例如红外光谱仪、质谱仪、气相色谱 / 质谱联用仪等）中，以便实时分析反应时生成的气体产物。

⑤ 可以通过改变实验时所采用的气氛气体的压力的方法来实现一些特殊实验条件下的热重实验，这些特殊条件主要包括真空和高压等。

热重分析仪的仪器控制和数据采集及处理系统可以在实验过程中通过传感器或相应的电路单元首先将测量得到的物理量的原始信号转换为模拟信号，然后再通过模 / 数转换器将这些模拟信号（通常为电信号）实时地转换成数字信号。

除了上面介绍的质量测量系统、程序温度控制系统、样品温度测量系统、气氛控制系统、仪器控制和数据采集及处理系统等之外，有的热重分析仪还可以配置自动进样器、摄像头等辅助设备。现在已经有较多的仪器配置了自动进样器，实验时仪器可以自动将含有待测样品的坩埚放入自动进样器，并可以自动按照预先设定的程序依次进行实验，有效提高了热重分析仪的工作效率。

3. 仪器的结构形式

根据试样与天平刀线的相对位置，热重分析仪的结构形式主要可以分为下皿式（也称吊篮式）、上皿式和水平式三种，如图 2-10 所示。

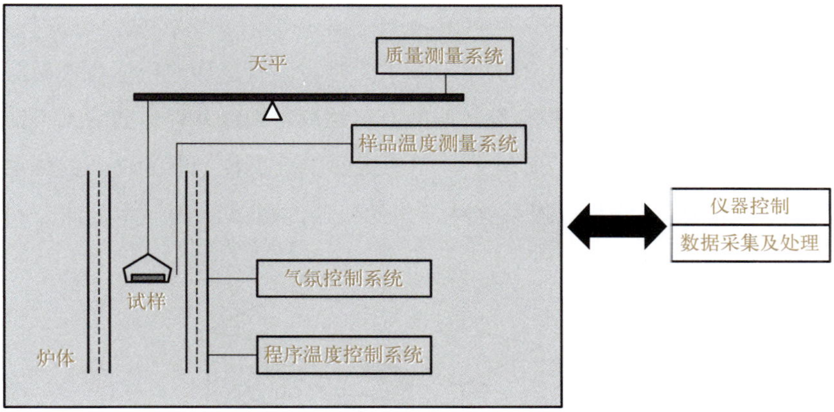

(a) 下皿式结构

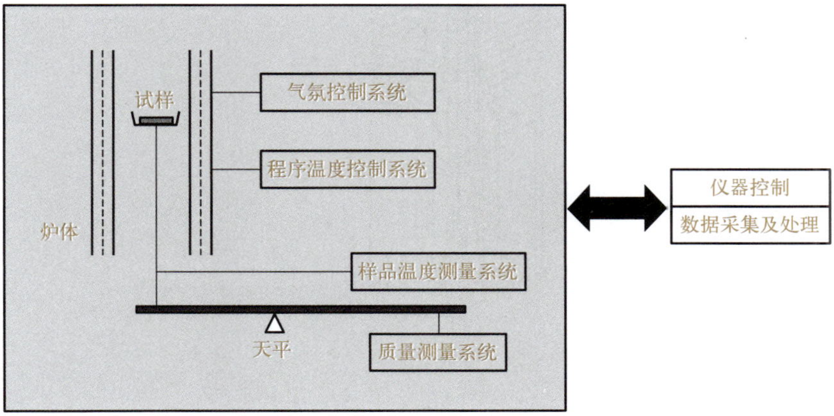

(b) 上皿式结构

图 2-10

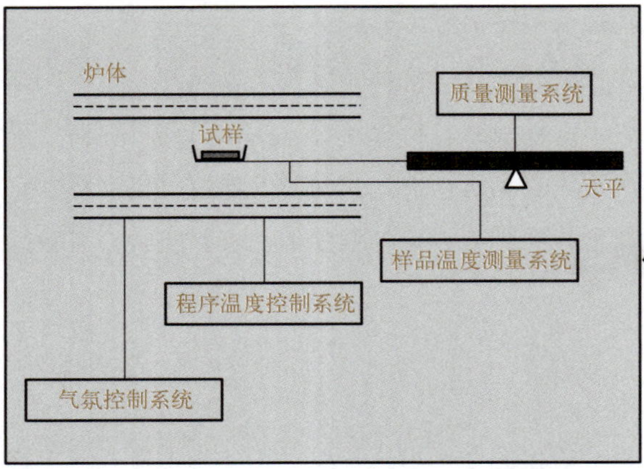

(c) 水平式结构

图 2-10　热重分析仪的三种结构形式示意图

下皿式热重分析仪的试样端位于天平刀线的下方，实验时将装有试样的坩埚放在吊篮中，通过一根质量很小的悬丝（通常为热稳定性较好的石英丝或者铂丝）将吊篮与天平横梁连接起来，其结构示意图如图 2-10（a）所示 [19]。下皿式热重分析仪一般为单一的热重分析仪，大多数热分析仪生产厂商均可以提供这种形式的仪器，图 2-11 为日本岛津公司

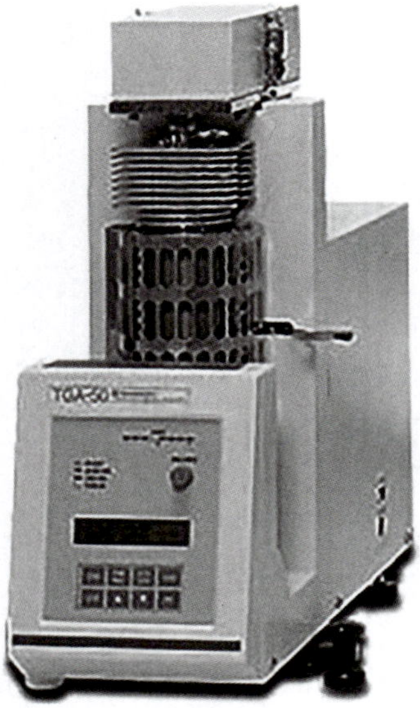

(a) 仪器外观图片

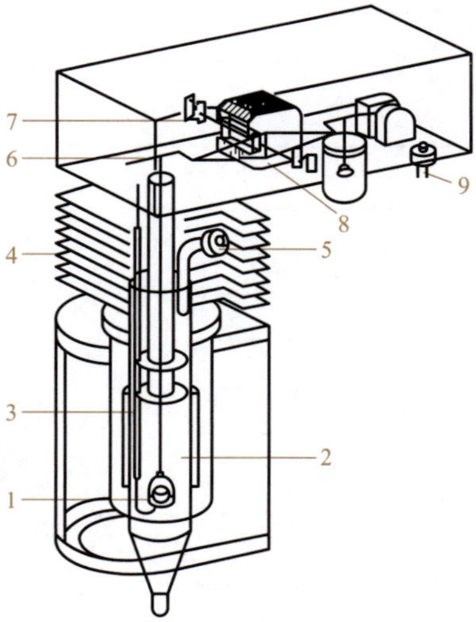

1—试样；2—加热炉；3—热电偶；4—散热片；
5，9—气体入口；6—天平梁；7—吊带；8—磁铁

(b) 仪器结构示意图

图 2-11　日本岛津公司 TGA-50H 热重分析仪的外观及结构图

TGA-50H 热重分析仪的外观及结构图。

上皿式热重分析仪的试样端位于天平刀线的上方，实验时将装有试样的坩埚放置在支架上，通过连接装置将支架与天平横梁连接起来，其结构示意图如图 2-10（b）所示[19]。与下皿式热重分析仪相比，上皿式结构更容易实现与 DTA 或 DSC 技术联用。图 2-12 为

(a) 仪器外观图

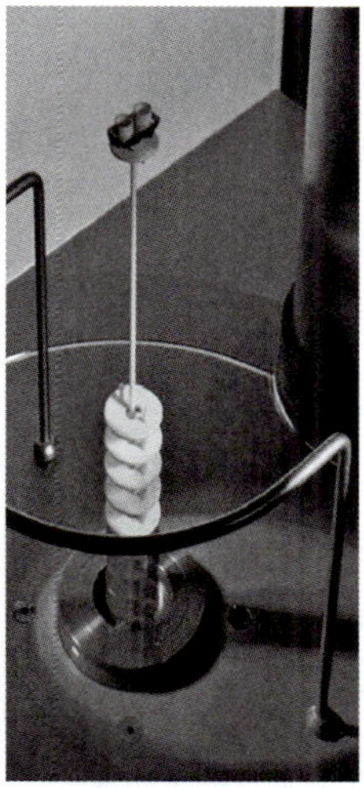

(b) 仪器中安装的样品支架

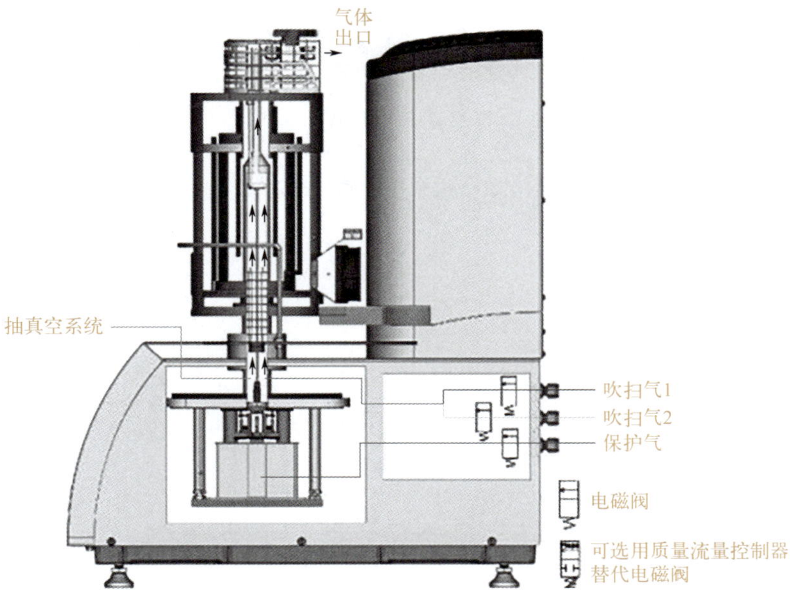

(c) 仪器结构图

图 2-12　德国耐驰公司 STA 449 F1 同步热分析仪的外形、样品支架及结构图

德国耐驰公司 STA 449 F1 同步热分析仪的外形、样品支架及结构图，该仪器采用上皿式结构，将 TG 与 DSC 结合为一体，在同一次测量中利用同一试样可同步得到试样的质量及试样与参比物的热流差的信息。

水平式热重分析仪的试样端与天平刀线同时处于水平位置，实验时将装有试样的坩埚放置在支架上，通过连接装置将支架与天平横梁连接起来，支架水平地伸入加热炉内，其结构示意图如图 2-10（c）所示[19]。与上皿式热重分析仪相同，水平式结构便于实现与 DTA 或 DSC 技术联用，图 2-13 为美国 TA 仪器公司的 Discovery SDT650 同步热分析仪的外观及仪器结构图。

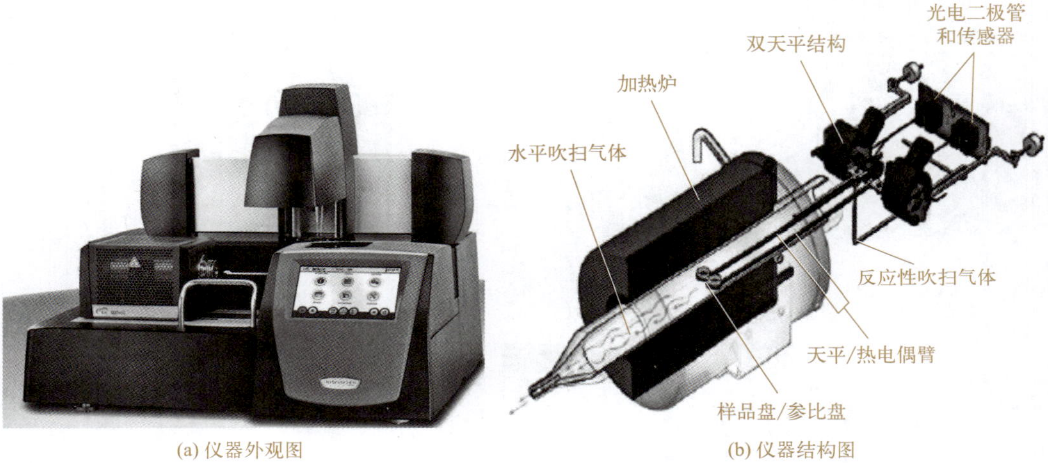

图 2-13　美国 TA 仪器公司的 Discovery SDT650 同步热分析仪的外观及仪器结构图

三、仪器的校正

由于不同热重分析仪结构类型的差异，其校准方法之间存在着一定的差别。

1. 温度校正方法

对于独立式热重分析仪，通常采用居里点法、吊丝熔断法、特征分解温度法等方法对温度进行校正。

（1）居里点法　居里点法[17]是在磁场的作用下将铁磁性标准物质加热到某一温度时，

其铁磁性会转变为顺磁性，从而引起磁性消失，最终导致表观质量（非真实质量）发生变化。这种物理变化被称为居里转变，此温度被称为居里点或居里温度，可以据此居里温度进行热重分析仪的温度校正。表 2-1 中列出了可用于热重分析仪温度校正的磁性材料及其居里温度 [19]。

表2-1 可用于热重分析仪温度校正的磁性材料[19]

材料	居里温度 /℃	材料	居里温度 /℃
蒙乃尔合金	65	深拉镍铬合金	438
阿卢梅尔镍铝锰电阻合金	163	磁渗透合金	596
镍	354	铁	780
镍铁坡莫合金	393	海沙特 50	1000

注：表中所列的数值仅供参考，在实际进行校正时应以所采用的标准物质的证书中提供的数值为准。

（2）吊丝熔断法 温度校正时，将熔点准确已知的纯金属细丝与热稳定性好的重物（通常为铂、石英或者氧化铝材质的砝码或块体）连接，固定悬挂在样品支撑系统附近非常接近样品的位置，当温度升高至纯金属细丝的熔点时，金属丝发生熔化导致连接的重物跌落，通过这种跌落引起的质量波动来对温度进行校正，通常称这种方法为吊丝熔断法 [17]。图 2-14 中给出了在金属丝下方加一个热稳定性很高的铂砝码进行温度校正的示意图，表 2-2 中列出了可以用于吊丝熔断法的金属丝。这种校正方法常用于吊篮式热重分析仪的温度校正。

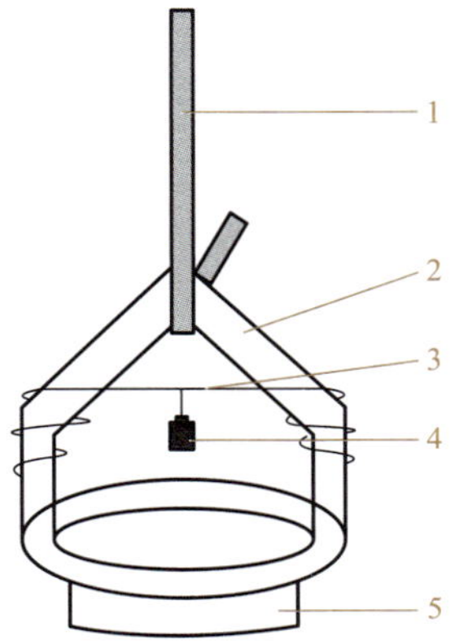

1—天平横梁与吊篮的连接吊丝；2—吊篮；
3—熔点准确已知的金属丝；4—砝码；5—坩埚

图 2-14 吊丝熔断法示意图 [2]

表2-2 可用于吊丝熔断法的金属丝及其熔融温度值[17]

材料	校正温度 /℃	观测温度 /℃	文献值 /℃	与文献值的偏差 /℃
铟	159.90±0.97	154.2	156.63	−2.43
铅	333.02±0.91	331.05	327.50	3.55
锌	418.78±1.08	419.68	419.58	0.10
铝	652.23±1.32	659.09	660.37	−1.28
银	945.90±0.52	960.25	961.93	−1.68
金	1048.70±0.87	1065.67	1064.43	1.24

注：表中所列的数值仅供参考，在实际进行校正时应以所采用的标准物质的证书中提供的数值为准。

（3）特征分解温度法 特征分解温度法是通过结构已知的标准物质的初始分解温度来对热重分析仪进行温度校正的一种方法。此处所指的初始分解温度为失重速率达到某一预先规定值时试样的温度。

在表 2-3 中列出了可用于热重分析仪温度校正的物质 [19]。

表2-3 可用于TG仪温度校正的标准物质及其特征分解温度[19]

标准物质	特征分解温度 /℃	标准物质	特征分解温度 /℃
$K_2C_2O_4 \cdot 2H_2O$	80	$KHC_6H_4(COO)_2$	245
$K_2C_2O_4 \cdot H_2O$	90	$Cd(CH_3COO)_2 \cdot H_2O$	250
H_3BO_3	100	$Mg(CH_3COO)_2 \cdot 4H_2O$	320
$H_2C_2O_4$	118	$KHC_6H_4(COO)_2$	370
$Cu(CH_3COO)_2 \cdot H_2O$	120	$Ba(CH_3COO)_2$	445
$Ca(C_2O_4) \cdot H_2O$	154	$Ca(C_2O_4) \cdot H_2O$	476
$NH_4H_2PO_4$	185	$NaHC_4H_4O_6 \cdot H_2O$	545
$(CHOHCOOH)_2$	180	$KHC_6H_4(COO)_2$	565
蔗糖	205	$Ca(C_2O_4) \cdot H_2O$	688
$KHC_4H_4O_6$	260	$CuSO_4 \cdot 5H_2O$	1055

注：表中所列的数值仅供参考，在实际进行校正时应以所采用的标准物质的证书中提供的数值为准。

与以上所介绍的独立式热重分析仪的温度校正方法不同，通常采用类似表 2-2 中所列的已知熔融温度的标准物质对 TG-DTA 或者 TG-DSC 仪器的温度进行校正 [21]。

在实际应用中，由于高温下热辐射的影响，在不同温度下所测得的温度与实际的温度之间并非一直呈线性关系。对于温度范围较宽的实验而言，一般选用几种标准物质进行多点校正[17]。

2. 质量校正

如本章第一节中所述，常用于热重分析仪的质量校正方法主要包括两种，即静态质量校正和动态质量校正。

静态质量校正方法通常是在某一个设定的温度和实验气氛下，通过称量已知质量为 m_0 的砝码对仪器进行质量校正，确定测量值 m_i 与 m_0 之间的差值 Δm_c，通过自动扣除 Δm_c 使仪器显示的质量值与真实质量保持一致。校正时，需要在实验条件下进行，这些实验条件包括实验气氛、坩埚类型及质量、样品质量等。

由于仪器的质量示数与温度密切相关，因此在静态质量校正的基础上，通常还采用动态质量校正的方法对不同温度下的质量进行校正。

在完成以上的质量校正后，通常需要用已知分解过程的标准物质（通常为高纯碳酸钙或者一水合草酸钙样品）对校正结果进行验证，以评价校正结果是否合理。图 2-15 为由高纯度的碳酸钙标准物质（理论失重量为 44.00%）得到的 TG 曲线，在分解过程中失重量为 44.02%，与理论值一致。

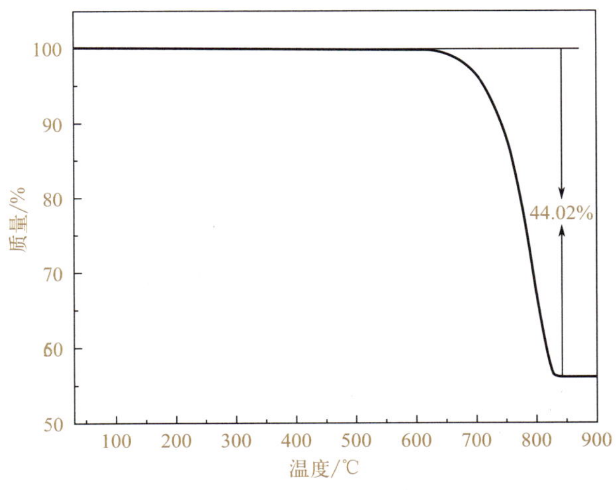

图 2-15 由高纯度的碳酸钙标准物质得到的 TG 曲线

四、仪器的维护

由于热重分析仪主要测量试样在高于室温下的热行为，当实验过程中出现质量减少时，虽然高温下的气体产物大部分被气氛气体带离加热炉出口，但往往会有部分气体产物冷凝后黏附在加热炉内壁、支架或吊篮、加热炉出口等位置。如果不及时清除污染物并进行仪器维护，则这些残存的冷凝产物会发生二次分解，影响之后的实验数据。另外，仪器的部件在高温下也会出现性能老化、受高温产物污染等现象而导致工作状态异常。因此，在实际应用中及时、准确判断仪器工作状态和及时对仪器进行维护是确保实验正常进行的基本前提。

1. 仪器工作状态的判断方法

为了得到可靠的实验数据，除了需要对仪器定期进行校准以确保其处于正常的工作状态之外，还应根据需要对其工作状态进行判断。当仪器的关键工作参数出现异常时，应及时查找并分析原因，通常通过标准物质验证、样品复测、曲线形状发生异常变化等方法来判断仪器的工作状态[3]。

（1）标准物质验证　在实际工作中，经常采用标准物质确认仪器的工作状态。在实验过程中，标准物质在得到的实验曲线中表现出特征变化。将由实验得到的这种特征变化值与标准物质证书中相应的参考值进行对比，如果该偏差值超出证书中提供的不确定度范围，或者超出相应的检定规程或校准规范中允许的特征参数值的范围时，则可以判断仪器的工作状态可能出现异常。此时，应确认仪器的测量热电偶或者支架是否受到了污染。另外，对于吊篮式热重分析仪，应确认其热电偶的位置是否发生变化。在解决了以上这些问题后，应重新对所用的热重分析仪进行温度校正并用标准物质验证。

（2）样品复测　在实验过程中，对已经测量的样品在相同条件下重新进行实验，通过比较两次实验结果之间的差异，也可以判断仪器是否处于正常的工作状态。但应保证两次测量所用样品的性质在两次实验期间不发生变化，即样品的性质比较稳定。如果在不同时期使用同一个样品在相同的条件下进行实验所得到的结果之间存在着较大的差别，则表明仪器的工作状态出现了变化。此时，应确认仪器的测量热电偶或者支架是否受到污染。另外，对于吊篮式热重分析仪，应确认热电偶的位置是否发生变化。在解决了以上这些问题之后，应重新进行温度校正并用标准物质验证。

（3）曲线形状发生异常变化　在实验过程中，当仪器状态发生变化时，得到的实验曲线也会表现出一些异常变化，主要表现在：

① 测量的特征值偏离预期。例如，图 2-16 为在不同的仪器状态下由同一种样品在相

同条件下得到的 TG 曲线。该物质为一种加入了少量无机填料的性质较稳定的聚合物，在高温下发生裂解后会形成一定比例的碳化物（约 40%）。图中的灰色曲线表明，当温度高于 600℃时，质量残留量为 4.6%（该数值与加入的无机填料的比例接近）。而图 2-16 中的黑色曲线则表明当温度高于 600℃时，质量残留量为 43.3%，与预期约 40% 碳化物的比例十分接近。造成如此大的结果差异是由于在实验过程中有较多的空气进入了样品周围，氧的存在加速了碳化物的氧化分解，当温度高于 600℃时，碳化物全部分解完毕，仅剩余性质较为稳定的无机填料组分。

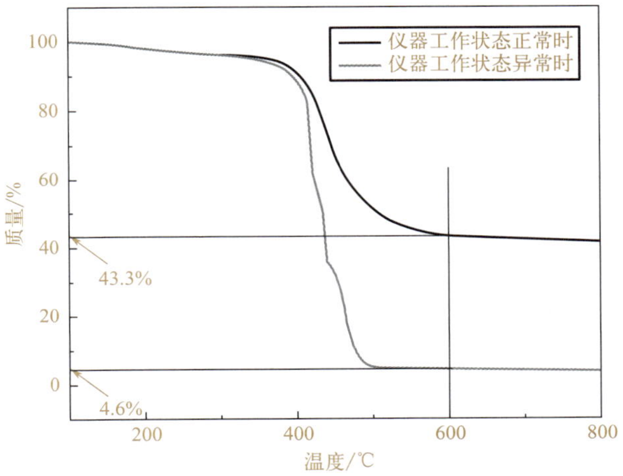

图 2-16 由不同状态的仪器得到一种聚合物的 TG 曲线

② 曲线中出现异常漂移或者波动。当仪器的工作状态出现异常时，得到的 TG 曲线有时会表现出异常的漂移或者波动现象。图 2-17 为在不同的仪器状态下由同一种样品在相同的条件下得到的 TG 曲线。由图可见，两次实验所得到的曲线在 300℃以下表现出高度的一致性。当温度高于 300℃时，图中的灰色曲线出现了异常的抖动现象。该现象可能是由异常的振动或者热重分析仪悬丝的不规则摆动（常见于吊篮式热重分析仪）引起的，这些异常现象导致仪器的工作状态发生了变化。

2. 仪器维护中常见问题及注意事项

热重分析仪最佳的工作状态需要通过定期的维护来保障，仪器的维护工作十分烦琐，需要具有饱满的工作热情和责任心。概括而言，在对仪器进行维护时应注意以下几个方面[2,22,23]。

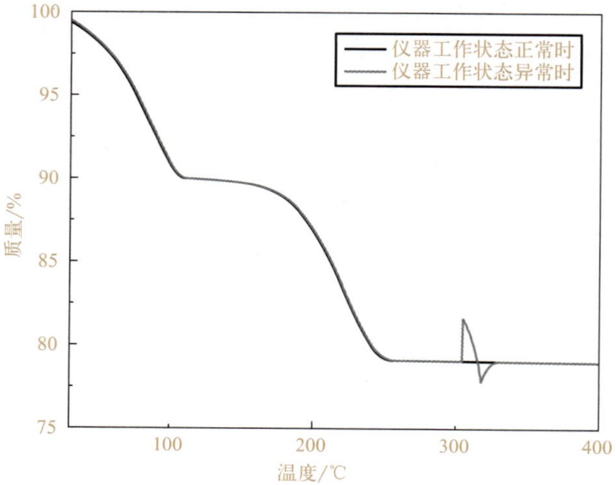

图 2-17　由不同状态的仪器得到的 TG 曲线

（1）按照仪器的操作规程进行实验。在加载和移除坩埚时，不能在样品支架和天平横梁上施加过大的力。根据实验需要选择合适材质的坩埚作为实验容器。当需要使用铝坩埚时，应确保在实验过程中试样及其分解产物不与铝坩埚发生反应，尤其应注意实验的温度上限不超过 600℃。

（2）结合实验需要和仪器的实际选择合适的实验气氛气体及流速。实验开始前应尽可能详细了解待测样品的组成、性质等信息。如果在加热过程中可能会产生损害仪器的腐蚀性气体，则应在仪器性能许可的前提下加大气氛气体的流速，尽快将腐蚀性气体带出炉体。

（3）当在实验过程中产生的产物可能会与仪器的关键部件反应时，应尽可能减少试样量。

（4）对于在实验过程中可能产生爆炸或者快速失重的试样，在进行实验时应尽可能控制试样量并加大气氛气体的流速。

（5）对于未知样品，应谨慎选择实验的温度范围、最高温度和样品量，通常采用多次尝试的方法来确定最终的实验条件。

（6）当发现仪器测量热电偶或者支架受到污染时，如能判断出污染物是有机物，则可以用高温喷枪对污染位置进行加热（应注意不能超过相关部件可以承受的最高温度，可以采用反复多次较短时间加热的方法）。另外，也可以采用向加热炉中通入空气并在 600℃下等温的方法使污染物氧化分解。但如果不能确认污染物为有机物，或怀疑是金属等可能与炉体材料形成合金或者化合物时，则不能用此处理方法。

（7）当发现吊篮式热重分析仪热电偶的位置发生变化或悬丝发生弯曲时，应及时进行调整。

第三节
影响热重分析实验的因素

影响最终得到的热重分析曲线的因素很多，概括来说主要包括仪器因素、操作条件因素和其他因素三大类[3]。其中，仪器因素主要包括仪器的结构形式、天平的灵敏度等；操作条件因素主要包括制样条件、实验气氛、温度程序、坩埚材质及形状等；其他因素主要包括仪器工作过程中的实验室环境和仪器自身状态等。

一、仪器因素

由于设计形式的差异，影响热重实验结果的仪器因素主要包括仪器的结构形式、仪器关键部件（天平、测温元件等）的灵敏度以及加热方式等方面[3, 6]。

1．仪器结构形式的影响

对于任意一种结构形式的热重分析仪而言，当气氛气体流经仪器时，其通常首先流经天平室部分，之后再进入加热炉并经过试样周围，最终由加热炉出口流出。为了便于采用多种实验气氛并避免一些气氛气体对天平部件的影响，一些结构形式的仪器通常采用天平室气氛气体（通常称为天平气）和样品室气氛气体（通常称为反应气体或者吹扫气体）分离的方法。

2．支架自身受热不均匀的影响

对于热重分析仪而言，由于质量测量系统（天平室）处于室温附近（通常略高于室温）的恒定温度下工作，实验时位于加热炉中的试样所处的温度按照设定的程序变化，因此在试样至天平室之间的区域存在温度差。该温度差通常会导致连接试样和天平横梁的部件发生形变，这种形变会引起体系重心的变化，从而产生表观的质量变化，通常采用基线校正的方法来消除这种质量变化。

3. 天平灵敏度的影响

天平的灵敏度和量程密切相关。灵敏度越高，实验时所用的样品量越少。对于上皿式和水平式结构形式的热重分析仪而言，由于其支架本身具有一定的质量，由此其天平的量程比下皿式结构形式的热重分析仪的量程要大。另外，不同工作原理的天平其灵敏度之间也存在着较大的差别。例如，与偏移式天平相比，自动回零式天平的灵敏度明显较高。

4. 加热炉的影响

在热重实验过程中，主要通过加热炉和温度控制单元实现温度变化。一般而言，加热炉的体积和加热方式对于 TG 曲线的形状也会产生较大的影响。为了使实验数据具有较好的重复性，试样在加热炉中应位于控温较好的炉体中的区域（即通常所指的均温区）。炉体越大，均温区所占的比例越小。

二、操作条件因素

实验的操作条件因素主要包括制样条件、温度程序、实验时所使用的容器（通常称为坩埚）和支架类型、实验气氛的种类和流速等。在以下内容中，将分别对这些影响因素进行分析。

1. 制样

制样不仅仅是进行热重实验的第一步，也是对最终实验结果产生较大影响的关键步骤。不同的操作者在样品的处理方法、样品用量、操作习惯等方面存在着较为显著的差别，这些差异将可能会对实验结果带来影响[2, 3, 23]。

概括而言，在制样过程中影响热重实验的因素主要包括样品预处理、取样方式、用量和加载方式等方面。

（1）样品预处理　主要包括在制样时对样品所进行的干燥、粉碎、切割、筛分等处理过程。另外，实验时所用试样的粒度及形状也会影响得到的曲线的形状和位置。对于大多数实验而言，试样的粒径不同会引起气体产物扩散的变化，导致气体的逸出速率发生改变，从而引起曲线的形状发生变化。一般情况下，试样的粒径越小，发生反应的表面积越大，反应速率越快，最终反映在曲线上的初始分解温度和终止分解温度降低，同时反应区间变窄，分解反应进行得越彻底。

（2）取样方法　主要包括制样时取样的位置和取样方式等。取样时，应充分考虑样品的边缘与中间、表面与内层等位置。对于外观存在明显分层、聚集等现象的样品，在取样时也应予以兼顾。在取样时，应对由不同区域获得的样品进行标记。实验结束后，在解析曲线时应结合取样位置进行综合分析。

（3）样品用量　主要指在热重实验时所采用的样品量。对于大多数热重实验而言，一般每次使用的试样量约为坩埚体积的三分之一到二分之一（对于快速分解或可能会对仪器造成潜在危害的样品，样品用量需要进一步减少）。不同的操作者对于需要加入试样量的判断存在着差异。图 2-18 为不同样品用量的一种植物秸秆样品的 TG 曲线。由图可见，不同的样品量对曲线形状产生了较大的影响。随着样品量的增加，TG 曲线中台阶的数量变少，并且转变过程移向了更高温度。这表明当样品量增加后样品中产生的气体来不及扩散至气相，即发生了更高温度下的过程，由此导致在实验过程中出现的多个过程无法得到有效的分离。因此，应结合实际选择合适的样品量进行实验。

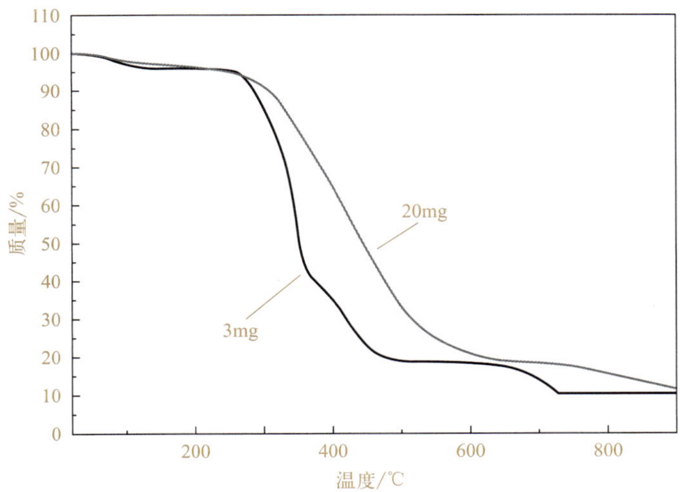

图 2-18　不同试样量的一种植物秸秆样品的 TG 曲线

（4）样品的加载方式　主要指将一定量的样品加入样品容器（即坩埚）中的方法。实验时加入试样量的体积和试样在坩埚中的堆积方式对于在热分解时逸出气体的挥发过程会产生不同程度的影响，最终导致得到的实验数据发生变化。

2. 温度程序

对于同一个试样，采用不同的温度程序通常会导致最终得到的实验曲线产生较为显著的变化。一般而言，温度变化速率对热重曲线的基线、峰形和温度都会产生较为显著的影响。一方面，温度变化速率越快，意味着在较短的时间间隔内会发生更多的反应，仪器的灵敏度会提高。另一方面，温度变化速率的升高会影响相邻峰的分辨率。在实际应用中，通常综合考虑转变的性质和仪器的灵敏度，折中选择一个合适的温度扫描速率。

一般而言，较快的加热速率会使测得的转变温度移向高温，而较慢的加热速率则会使测得的转变温度移向低温，通常采用将多个温度扫描速率实验数据外推至速率为 0 的方法得到较为准确的转变温度。例如，如图 2-19 和图 2-20 分别为在不同的加热速率下得到的改性木质素的 TG 和 DTG 曲线 [24]。由图可见，随着加热速率的升高，台阶整体移向高温方向（图 2-19），DTG 曲线中两个相邻峰的分辨率随加热速率升高而下降（图 2-20）。当加热速率为 10℃ /min 时，在 DTG 曲线中两个相邻过程对应的峰较明显。随着加热速率升高，当加热速率为 50℃ /min 时，这两个过程逐渐融合为一个过程。造成这种现象的主要原因是木质素本身的导热性能较差，不利于分解过程中的热量传递，在较快的加热速率下分解反应不易进行，从而曲线整体移向高温方向 [25]。

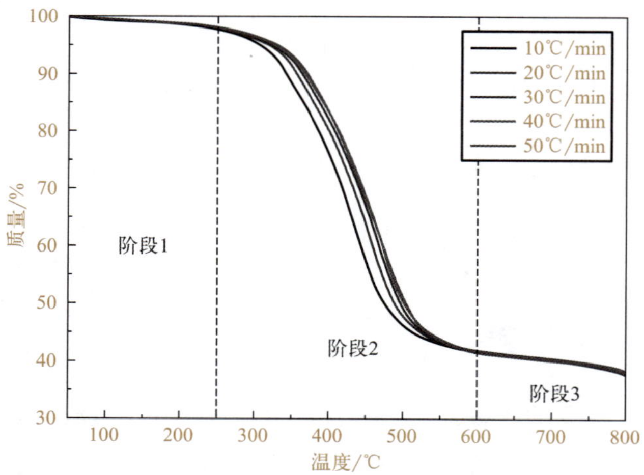

扫码看彩图

图 2-19 不同的加热速率下得到的改性木质素的 TG 曲线 [24]

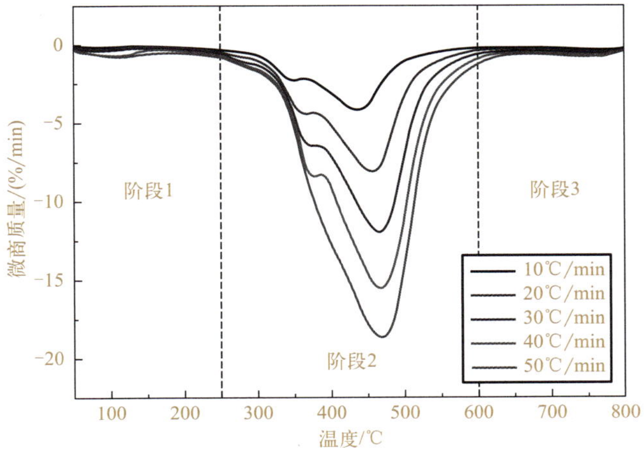

图 2-20　与图 2-19 中的 TG 曲线相对应的 DTG 曲线 [24]

对于 TG、TG-DTA 和 TG-DSC 实验，由于所用仪器的加热炉体积较小、实验时的试样量较小，常用的温度扫描速率一般为 10℃ /min。

3. 坩埚

在热重实验中，坩埚是用来盛装试样的容器。当在加热过程中有气体产物逸出时，气体的逸出速率受坩埚的材质和形状的影响。因此，在热重实验中，坩埚的形状和材质均会影响最终所得到曲线的形状和位置 [2, 3]。

在确定热重实验所用坩埚的材质时，应注意在实验过程中其不能与试样发生任何形式的反应，也不能在高温下对试样的反应过程具有催化作用（包括加速和减速作用）。例如，图 2-21 为一种聚合物纤维材料分别在铂坩埚和氧化铝坩埚中得到的 TG 和 DTG 曲线。由图可见，使用铂坩埚得到的 TG 曲线在 200 ～ 500℃范围内出现了两个较为明显的失重台阶，而由氧化铝坩埚得到的 TG 曲线在该温度范围内则出现了一个较为明显的失重台阶。当加热至温度为 700℃时，由氧化铝坩埚所得到的 TG 曲线上的剩余质量（22.8%）远大于由铂坩埚得到的 TG 曲线上的剩余质量（4.5%）。这是由于来自铂坩埚的铂在聚合物发生分解时对分解过程起到了明显的加速作用，这种作用导致该聚合物的热分解过程进行得更加彻底。

另外，在热重实验中所用坩埚的形状也会影响最终所得到的曲线的形状和位置。图 2-22 为初始质量接近（约 15mg）的五水合硫酸铜分别在内径为 4.5mm、高度分别为

4mm 和 10mm 的氧化铝坩埚中得到的 DTG 曲线[3]，由图可见，当初始质量接近时，通过较深的坩埚（高度为 10mm）得到的 DTG 曲线上对应的失水过程的温度高于由较浅的坩埚（高度为 4mm）得到的失水过程的温度，并且分辨率也随之下降。这种现象表明，较深的坩埚不利于气体产物的逸出，导致质量变化过程发生的温度升高，相邻过程的分辨率下降。

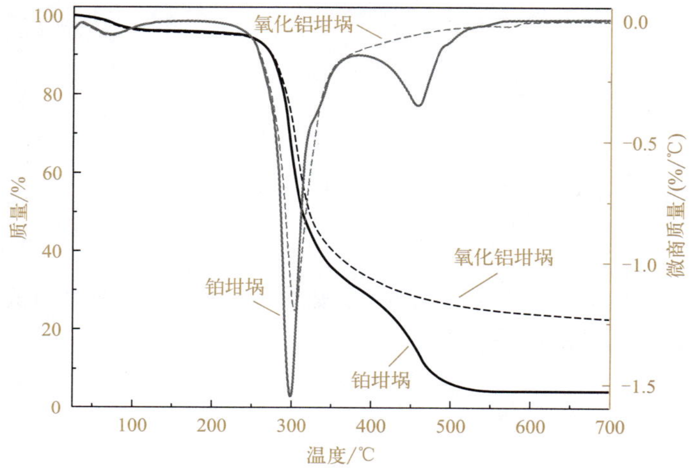

图 2-21　一种聚合物纤维材料在铂坩埚和氧化铝坩埚中得到的 TG 和 DTG 曲线

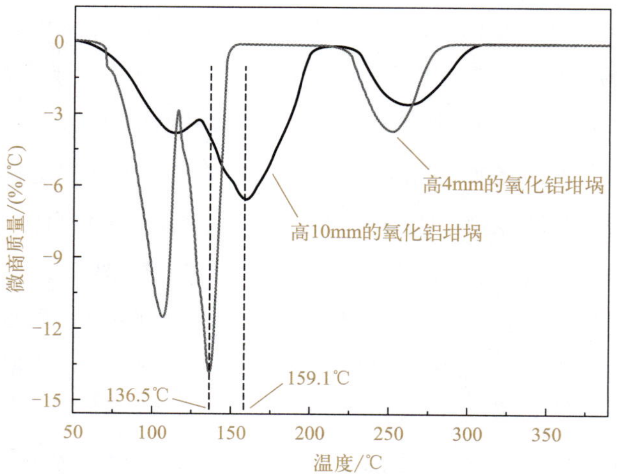

图 2-22　初始质量接近（约 15mg）的五水合硫酸铜在不同形状的氧化铝坩埚中得到的 DTG 曲线

4. 气氛

在热重实验的操作条件中，所采用实验气氛的种类、流动方式和流速往往也会影响实验曲线。

例如，图 2-23 为一种树脂产品分别在氮气和空气气氛下得到的 TG 曲线[26]。由图可见，在 300℃以下，在不同气氛气体下得到的 TG 曲线的形状接近，表明气氛气体未与分解产物或者样品发生反应，其作用仅是将逸出的溶剂带离测量体系。随着温度升高，当温度高于 300℃时，氮气气氛下样品的质量随温度升高缓慢下降。表明在样品中不稳定基团分解变成气体后，剩余的固态或者液态组分随温度升高继续发生热裂解，形成热稳定性更高的结构形式。该过程通常进行得比较缓慢，这种缓慢质量变化过程一直持续到实验时采用的最高温度。在空气气氛下，在 300 ～ 500℃范围内样品的质量出现了较为快速的下降。当温度高于 500℃时，样品的质量随温度的升高不再发生变化。这种质量变化趋势表明气氛气体中的氧气分子将样品中相对稳定的有机组分彻底氧化，最终形成热稳定性较高的二氧化碳、水等小分子气体产物。当这些产物脱离质量测量体系时，表现为较明显的质量减小过程。在实际应用中，根据这种变化过程可以确定样品中含有的有机组分和无机组分的比例。本例中，当温度升高至 800℃时，在空气气氛下的质量剩余量为 3.87%，表明样品中无机组分的含量约为 4% 以下。

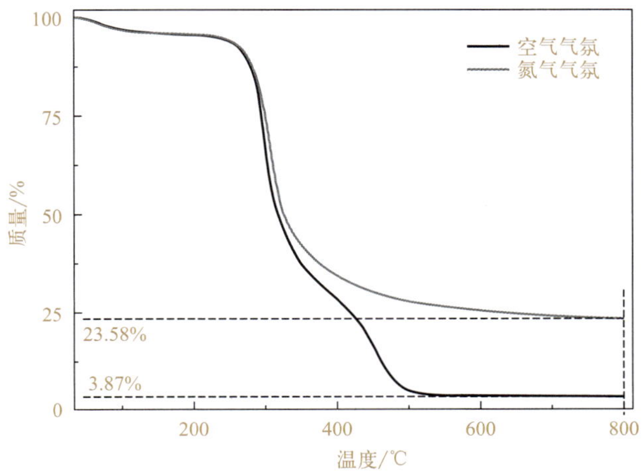

图 2-23 一种树脂产品在氮气和空气气氛下得到的 TG 曲线[26]

5. 数据采集频率

对于大多数实验而言，在实验过程中采用 1 数据点 /s 的数据采集频率足以准确记录实验过程中试样性质的变化信息。对于一些非常快速的变化过程，有时通过仪器默认的数据采集频率无法实时记录下该过程中的变化信息。另外，对于耗时很长的等温实验或者较低加热速率（例如，加热速率低于 1℃ /min）的实验而言，如果仍然使用 1 数据点 /s 的数据采集频率，将会导致得到的数据文件非常大，经常会出现在数据分析软件中无法分析或者分析速度十分缓慢的现象。

此外，实验时的数据采集频率对 DTG 曲线的形状产生的影响较大。理论上，对 TG 曲线进行求导时所用的取点间隔越小，得到的 DTG 曲线越符合实际，但由此得到的各数据点之间的波动较大，即曲线上的“毛刺”较多，如图 2-24 所示。由图可见，由于数据采集频率较大，通过对 TG 曲线进行求导处理所得到的 DTG 曲线的基线中的毛刺较为明显。

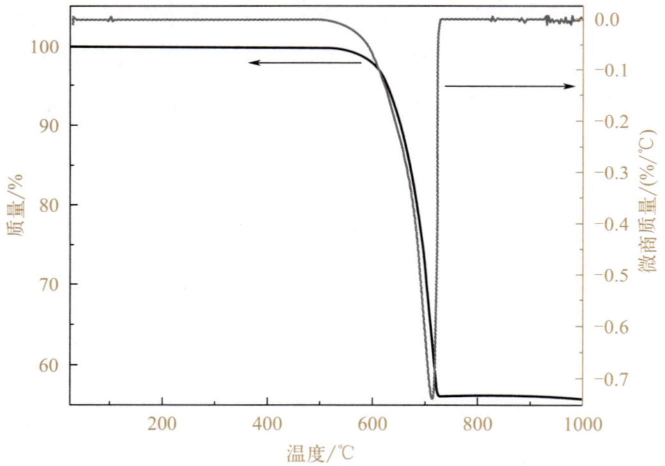

图 2-24 数据采集频率较大时得到的 TG 和 DTG 曲线

三、其他因素

除以上因素外，仪器的工作环境、人为因素、残留冷凝物等因素也会对实验结果产生不同程度的影响[3]，限于篇幅，在本部分内容中仅作简要介绍。

1. 仪器工作环境

在实验过程中，热重分析仪所处工作环境的温度、湿度均会对实验数据产生不同程度的影响。一些灵敏度较高的热重分析仪器对于所处实验室环境的温度变化十分敏感，当实验室环境的温度波动 3 ～ 5℃时会引起基线的变形。

2. 人为因素

理论上，只要使用分析仪器时按照操作规程进行实验，均可以得到比较正常的实验结果，因此在大多数情况下不需要考虑人为操作因素对实验数据造成的影响。实际上，由于热分析方法自身的特殊性，一些人为操作也会对实验结果造成不同程度的影响。即使对于从事多年热分析工作的技术人员而言，操作习惯的差异也会对实验造成不同的影响。概括而言，人为因素的影响主要表现在制样习惯、对仪器工作状态的判断等方面。

3. 残留冷凝物

在较高温度下，由试样分解或挥发产生的气体产物在仪器加热炉或样品支持器（通常为吊篮或者支架）的低温区域会出现冷凝现象。在实验过程中，这些冷凝物的存在会对后续的实验造成影响，导致结果异常，同时也会腐蚀仪器的相关部件。

第四节
实验过程

热重实验通常包括样品的准备、实验条件确定、实验测量和数据处理等过程，了解热重实验过程中的每个细节对于曲线解析有着十分重要的作用。

一、样品准备

理论上，一切非气态的试样都可以直接通过热重分析实验测量其质量在一定气氛和程序控制温度下随温度或时间的连续变化过程。实际上，试样的状态对得到的热重曲线会产生影响，因此选择合适的试样状态对得到合理的实验结果十分关键。

1. 固态试样

在实际应用中，固体状态的块状、粉末状、纤维状、薄膜状样品均可用于热重实验。在制样时需要注意以下几个方面[2, 3, 23]：

① 对于粉末状的试样，如果颗粒比较均匀可以直接进行实验。如果试样之间的粒径差别较大，则通常需要经过研磨或筛分处理。另外，如果试样易从环境中吸湿或含有较多的水分或溶剂，则在实验前应进行干燥处理。

② 对于薄膜样品，可以切割成适应于坩埚内径大小的圆片状或者方形，均匀地平铺到坩埚底部，使其重心保持在坩埚中间位置。注意不应在坩埚内随意堆积试样，这样会导致试样在分解过程中由于重心发生变化而带来表观的质量变化，从而对曲线的形状产生影响。

③ 对于大块的样品，可根据需要确定其粉碎程度。由于试样的粒径对其分解过程也有影响，因此如果需要研究块状样品的热稳定性，则应将样品加工成较薄的碎片，加入坩埚中并铺在底部，即可开始实验。如果需研究试样在粉末状态下的分解行为，则可以使用相应的粉碎技术将试样进行粉碎处理，粉碎后通常需要进行筛分处理。理论上，使用尺寸相近的试样进行实验得到的实验数据的重现性较好。

④ 对于纤维状试样，应使用相应的切割工具将样品分成小于坩埚内径的小段，实验时将小段试样平铺在坩埚底部。应注意不要将纤维试样揉成团直接加入坩埚中，在加热过程中容易出现由于重心变化而带来的表现质量变化，从而影响实验数据的分析。

2. 液态试样和黏稠试样

液态试样一般包括液态物质和溶液两种形式。

由于液体状态的物质大部分具有较强的挥发性，因此在试样加入坩埚中后应尽快开始实验。对于单一组分的化合物，试样的挥发对曲线的影响不大。而对于多组分的化合物而言，较长时间的挥发则会影响试样的组成。受热重实验灵敏度的限制，浓度较低的溶液试样（尤其是浓度在 3% 以下时）不宜直接进行热重实验。溶剂的挥发是一个十分缓慢的过程，并且这个过程会影响溶质的热分解过程。因此，对于较低浓度的溶液而言，应在实验开始前对溶液进行浓缩或干燥处理。

黏稠状试样或凝胶试样可以直接进行实验，试样中若含有较多的溶剂则应尽可能地去除溶剂。这类试样在取样时应先混匀，从中间部位选取试样进行分析。另外，含有悬浮物的液体在取样前应摇匀。

二、确定实验条件

如前所述，影响热重实验的因素很多。除了试样状态和仪器本身因素之外，实验时选用的实验条件如实验气氛、温度程序和实验容器等都会影响最终的实验结果。因此，在进行热重实验之前应结合实验目的和样品结构、成分、性质等信息确定最终的实验方案。概括而言，在热重实验开始前需要合理确定的实验条件主要包括制样方法、气氛、温度程序、坩埚的选择等。

三、实验测量

在完成样品准备和实验条件选择工作之后，进行实验测量。一般而言，整个测量过程大致包括：仪器准备、样品制备、设定实验条件和样品信息、试样加载、运行仪器测量等。

1. 仪器准备

一般情况下，如果热重分析仪在一段时间内连续使用，在实验室用电正常的前提下，仪器通常保持24h开机状态。如果仪器在关闭后需要重新开机，则在正式进行实验之前应保证至少平衡30min。当因实验条件的需要对流入仪器的气氛气体进行调整时，也应使仪器处于调整后的气氛气体条件下至少平衡30min，以使炉内气氛气体的浓度保持一致。

2. 制样

在实际应用中，热重实验所用的样品量应视具体样品而定。由于实验用样品的密度不尽相同，仅仅简单地根据质量来确定一次实验所需的试样量是不合适的。例如，对于一些密度很小的碳材料试样而言，将坩埚装满后，试样的质量仍然不超过1mg，此时若仍要求每次实验时试样的质量为5～10mg显然是不合理的。对于不同组成、结构相近的一系列试样而言，为了消除试样量对实验曲线的影响，在每次实验时采用的试样量应尽可能接近。

制样时，将待实验的试样加入扣除空白质量之后的坩埚中，通常加入的试样量为坩埚体积的$\frac{1}{3}\sim\frac{1}{2}$[2, 3, 19, 21]。对于一些在高温下会发生剧烈分解（如炸药等）或熔融的样品而言，试样量一般为能够覆盖坩埚底部（或者更少）。对于一些在实验过程中会发生剧烈分解的样品，可以通过使用大尺寸坩埚或加入稀释剂的方法来减少试样的热分解过程对支架或吊篮所造成的损害。

对于固态试样而言，如果试样本身为物理混合状态的混合物，则在实验时应考虑取样时的位置差异。由于在一次热重实验中所需要的试样量较少，一般在几毫克到十几毫克之间，因此每次实验的取样不一定有代表性。为了使实验数据具有较好的重复性和代表性，在取样前应将试样混合均匀。必要时还应进行平行实验，平行实验的次数一般为3～5次。将适量的试样加入坩埚中后，用镊子夹住坩埚在桌面上振动几下，使试样均匀地分布在坩埚底部。

3. 设定试样和实验条件等信息

在仪器正式开始运行实验前，需要首先在控制软件中输入样品信息，主要包括样品名称、编号、送样人、实验人、批次、文件名等信息；然后根据实验条件设定与实验相关的信息。

4. 试样加载

在完成向坩埚中加入样品的操作之后，打开加热炉，用镊子小心地将坩埚加入热重分析仪的吊篮或支架上，及时关闭加热炉，当质量读数不发生较明显的波动时即可开始实验。

5. 运行仪器测量

在完成试样信息和实验条件设定及试样加载操作之后，待试样的质量信号稳定后（易挥发试样除外），开始运行仪器进行测量。在测量过程中，仪器加热炉将按照设定的温度控制信息在预先设定的气氛条件下分别对试样进行加热、降温或恒温等操作，仪器的测量装置实时记录下这些过程中的质量信息并保存。实验结束后，实验过程中试样信息、实验程序、实验数据等信息将单独生成一个文件，该文件可以使用仪器附带的分析软件打开并进行相关的数据处理。

6. 实验结束

仪器测量结束后，待炉温降至室温后打开加热炉取出坩埚。如果仪器状态正常，则继续进行后续实验。当发现仪器状态异常时，应按照相关操作规程的要求进行处理，直至恢复正常。

第五节 数据处理及分析

在热重实验结束之后，需要对得到的数据进行处理和分析。主要包括对数据的基本处理、作图、曲线描述和分析等过程，在本部分内容中简要介绍了数据处理和分析的过程。

一、实验数据的基本处理与特征量的确定

1. 热重实验数据的基本处理

在获得热重实验数据之后，接下来需要通过仪器附带的分析软件打开实验时生成的原始数据文件，在软件中对测量数据进行进一步的换算、求导、积分、平滑等基本处理。在仪器厂商自带的分析软件中可以方便地生成热重曲线，如图 2-25 为在与美国 TA 仪器公司热分析仪器配套使用的热分析数据处理软件 TA Universal Analysis 中对一水合草酸钙样品的实验数据进行基本处理后得到的 TG-DTG 曲线。

在实际应用中，仪器附带的数据分析软件之间的差别通常较大，且大多数不相兼容。另外，不同软件的功能差别较大，经常会出现在作图和数据处理时无法满足相关需求的现象。在撰写科研论文或者报告时，往往需要在通用的专业的数据分析软件（如 Origin）中对数据进行进一步的处理和对比。

在绘制热重曲线时，应注意以下几个方面[2, 19]：

① 对于只含有一个线性加热程序的热重实验，通常以温度为横坐标。

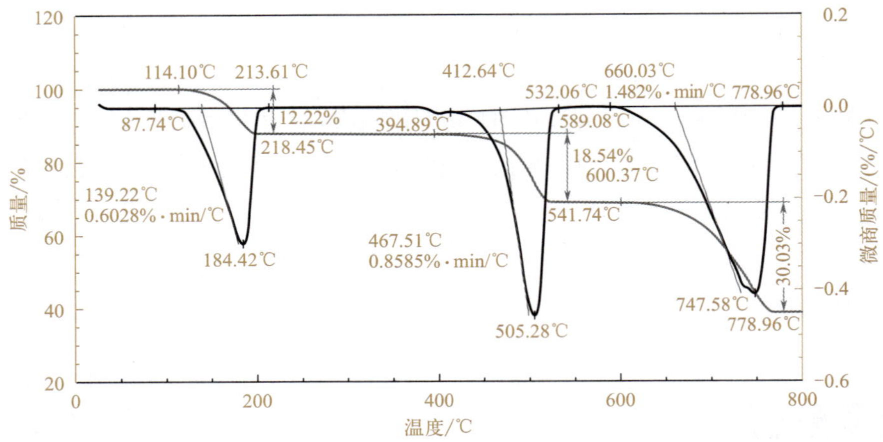

图 2-25　在与美国 TA 仪器公司热分析仪器配套使用的热分析数据处理软件 TA Universal Analysis 中对一水合草酸钙样品的实验数据进行基本处理后得到的 TG-DTG 曲线

② 对于温度程序中含有一个或多个等温段的实验，一般以时间为横坐标。

③ 为了便于确定样品在实验过程中质量变化的程度和比较不同样品的质量变化信息，通常将文件中默认的绝对质量形式的质量数据，通过以下方法换算成纵坐标轴上以百分比形式表示的相对质量。

$$W = \frac{W_T}{W_0} \times 100\% \tag{2-11}$$

式中，W_0 为实验时所用样品的初始质量（通常为室温下），mg；W_T 为实验过程中某一温度 T 下试样的质量，mg；W 为对初始质量归一化后得到的在某一温度下的相对质量。

2. 曲线中特征量的确定

热重曲线中的质量变化反映了试样的性质在温度或时间的变化过程中发生了变化。对于一个变化过程，一般用温度（或时间）和百分比形式的相对质量来同时进行描述，即特征温度和特征质量。在实际应用中有不止一种确定特征物理量的方法，在本章第二节中简要介绍了确定这些特征物理量的定义及方法，在应用中应结合实际选择合适的物理量表示方法。

二、热重曲线的解析

概括而言，对热重曲线的解析主要包括对曲线的描述、分析等过程。

1. 热重曲线的描述

TG 曲线在实验过程中的变化通常以台阶的形式出现，这些变化过程在 DTG 曲线中表现为相应的峰。在描述 TG 曲线的形状时应详细说明这些变化形式的个数、位置以及台阶的高度（即质量变化百分比）等信息，在描述 DTG 曲线的形状时应详细说明这些变化形式的个数、位置、峰值及峰面积（对应于 TG 曲线的台阶高度）等信息。例如，图 2-26 和图 2-27 分别为一水合草酸钙的 TG 曲线和 DTG 曲线，其中通过仪器所附带的 TA Universal Analysis 数据分析软件对曲线中的特征量进行了标注。在实验论文或者报告中通常从以下几个方面描述曲线的形状。

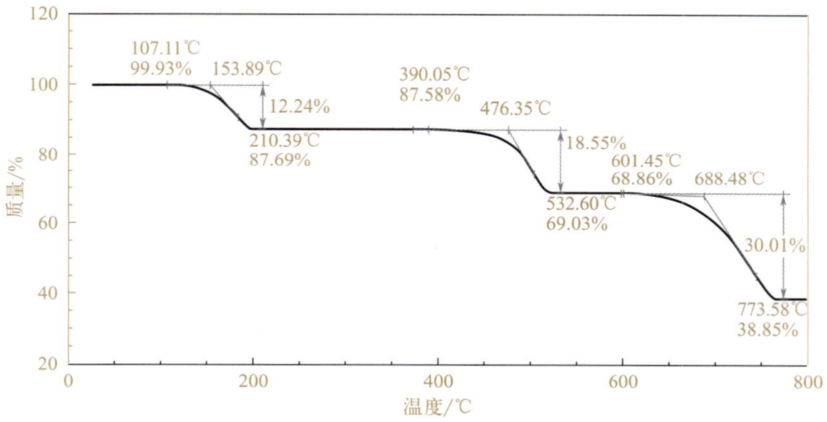

图 2-26　一水合草酸钙的 TG 曲线

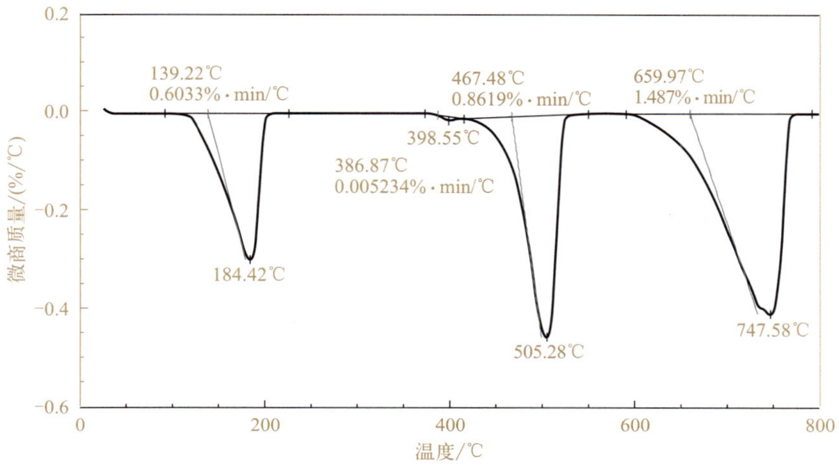

图 2-27　与图 2-26 中的 TG 曲线对应的一水合草酸钙的 DTG 曲线

（1）描述曲线的基本形状和位置等信息　例如，图 2-26 中的 TG 曲线可以描述为：由图 2-26 可见，在实验过程中，TG 曲线分别在 107.1 ～ 210.4℃、390.1 ～ 532.6℃和 601.5 ～ 773.6℃范围内一共出现了三个向质量减少方向变化的台阶，三个台阶的高度不相同。

类似地，图 2-27 中 DTG 曲线的形状可以描述为：由图 2-27 可见，在实验过程中，DTG 曲线分别在与图 2-26 中相对应的温度范围出现了三个向质量减少方向变化的峰，并且这三个峰的高度和形状存在着较为明显的差异。值得注意的是，在对应于 390.1 ～ 532.6℃范围内的质量变化过程中，在 DTG 曲线中出现一个较为明显的峰之前，额外出现了一个较弱的向质量减小方向的峰，表明在该主过程之前还存在一个较弱的质量变化过程，这个现象在 TG 曲线中无法明显看出来。

（2）展开描述每一个特征变化　在描述了曲线的大体形状之后，接下来需要分别描述其中的每一个特征变化，通常从图中的横坐标和纵坐标所对应的物理量变化的角度分别进行描述。例如，可以用以下的文字描述图 2-26 中 TG 曲线的每一个特征变化：

图 2-26 中 TG 曲线的这三个台阶分别对应于以下三个质量减少阶段。

① 第一个质量减少阶段发生在 107.1 ～ 210.4℃范围内，试样的质量由 107.1℃时的 99.93% 减少至 210.4℃时的 87.69%，质量减少了 12.24%；

② 第二个质量减少阶段发生在 390.1 ～ 532.6℃范围内，试样的质量由 390.1℃时的 87.58% 减少至 532.6℃时的 69.03%，质量减少了 18.55%；

③ 第三个质量减少阶段发生在 601.5 ～ 773.6℃范围内，试样的质量由 601.5℃时的 68.86% 减少至 773.6℃时的 38.85%，质量减少了 30.01%；

④ 当温度为 773.6℃时，质量剩余量为 38.85%。

另外，在图 2-26 中，TG 曲线的每个质量减少开始阶段的外推起始温度（即 Onset 温度），可以分别由每一个台阶开始质量变化的基线和斜率最大处的切线交点确定，分别为 153.9℃、476.4℃和 688.5℃。

同样地，对于图 2-27 中的 DTG 曲线中的峰可以进行以下形式的描述：

图 2-27 中 DTG 曲线中的这三个峰分别对应于图 2-26 中的三个向质量减少方向变化的台阶，由每个峰可以得到以下信息：

① 发生在 107.1 ～ 210.4℃范围内的峰值温度为 184.4℃，峰面积为 0.6033%•min/℃ × 20℃ /min=12.07%，对应的外推初始温度为 139.2℃。

② 如前所述，在 390.1 ～ 532.6℃范围内的 DTG 曲线中出现了两个峰，低温侧出现的峰

明显弱于高温侧，低温侧的峰值温度为 398.6℃，峰面积为 0.005234% • min/℃ ×20℃ /min=0.11%，对应的外推起始温度为 386.9℃。高温侧的峰值温度为 505.3℃，峰面积为 0.8619% • min/℃ ×20℃ /min=17.24%，对应的外推初始温度为 467.5℃。在该温度范围的总失重量为 17.24%+0.11%=17.35%。

③ 发生在 601.5 ～ 773.6℃范围内的峰值温度为 747.6℃，峰面积为 1.487% • min/℃ ×20℃ /min=29.74%，对应的外推初始温度为 660.0℃。

对比由 TG 曲线和 DTG 曲线得到的特征物理量可以发现：

① 由 TG 曲线确定的外推初始温度（三个过程分别为：153.9℃、476.4℃和 688.5℃）比由 DTG 曲线确定的值（三个过程分别为：139.2℃、467.5℃和 660.0℃）高；

② 通过 DTG 曲线确定的峰面积数值（三个过程分别为：12.07%、17.35% 和 29.74%）明显低于由 TG 曲线确定的台阶的高度（三个过程分别为：12.24%、18.55% 和 30.01%），这是由于在仪器的数据分析软件中对相应的峰进行积分通常假定为两侧对称的高斯峰，而实际上得到的峰形并非理想的高斯峰，由此导致一部分面积没有计算在内而引起面积数值变小。

③ 在 DTG 曲线中出现一个较为明显的峰之前还出现了一个较弱的向质量减小方向的峰，表明在该主过程之前还存在一个较弱的质量变化过程。这个现象在 TG 曲线中无法明显看出来，这也从另一个角度表明了 DTG 曲线对于较弱的质量变化过程的高灵敏度优势。

在实际应用中，对于类似图 2-26 和图 2-27 中的曲线，为了描述方便，通常对其中的特征物理量列表说明，如表 2-4 和表 2-5 所示，由表可以清晰地展示每个过程中特征量的信息。

表2-4　图2-26中TG曲线的每个台阶对应的特征量

温度范围 /℃	外推起始温度 /℃	失重百分比 /%
107.1 ～ 210.4	153.9	12.24
390.1 ～ 532.6	476.4	18.55
601.5 ～ 773.6	688.5	30.01

表2-5　图2-27中DTG曲线的每个峰对应的特征量

温度范围 /℃	外推起始温度 /℃	最快分解温度（对应峰值温度）/℃	由峰面积确定的失重百分比 /%
107.1 ～ 210.4	139.2	184.4	12.07
390.1 ～ 532.6	467.5	505.3	17.35
601.5 ～ 773.6	660.0	747.6	29.74

2. 热重实验曲线的分析

在实际应用中，应密切结合在实验时所用的样品的结构、成分、性质、制备或处理条件等信息，并结合热重分析自身的特点和实验条件对曲线进行解析。

（1）曲线解析的原则　在解析时应遵循的科学性、规范性、准确性、合理性、全面性等原则[3, 26]。限于篇幅，在本部分内容中对这些原则进行简要介绍。读者需要详细了解这些解析原则时，请参阅本书编著者团队完成的《热重分析——方法 · 实验方案设计 · 曲线解析》（化学工业出版社，2022 年）一书中第 11 章[3]。

① 科学性原则。曲线解析的科学性主要包括：

（ⅰ）在对热重曲线进行解析时，应熟悉所使用的热重分析技术的基本原理、实验过程和应用领域，以了解通过热重分析技术可以解决的科学问题；

（ⅱ）应充分了解所测量的样品在实验过程中可能会发生的变化，以及这些变化在所使用的热重分析技术得到的曲线中具体的表现形式；

（ⅲ）应结合实验目的、样品信息、所用的实验方法和实验条件对曲线中出现的变化进行科学的解释；

（ⅳ）当在得到的曲线中无法得到所需要研究的现象时，应及时调整实验方案。

② 规范性原则。曲线解析的规范性主要包括：

（ⅰ）按照相应的标准或者规范的要求绘制规范的实验曲线；

（ⅱ）在所得到的 TG 曲线中规范确定每一个特征变化的物理量；

（ⅲ）规范描述热重曲线对应样品的结构、成分以及前处理、实验条件、曲线形状和变化等信息；

（ⅳ）使用规范的术语结合样品信息、实验条件和实验目的分析曲线变化所对应的过程中样品的结构、成分和性质的变化。

③ 准确性原则。曲线解析的准确性主要包括：

（ⅰ）在对曲线进行解析之前，应了解所用实验仪器的工作状态，以确保在仪器处于正常的工作状态下得到合理的实验数据；

（ⅱ）结合样品的结构、成分、性质和处理条件等信息准确解析所得到的实验曲线；

（ⅲ）结合实验中所采取的温度控制程序、实验气氛、坩埚等实验条件准确解析所得到的实验曲线；

④ 合理性原则。曲线解析的合理性主要包括：

（ⅰ）实验过程中，不同因素（仪器自身、操作条件以及人为因素等）对曲线的合理影响分析；

（ⅱ）实验过程中实验室环境对曲线的影响；

（ⅲ）基线的不合理扣除对热分析曲线的影响；

⑤ 全面性原则。曲线解析的全面性主要包括：

（ⅰ）结合样品信息和实验条件尽可能全面地解析曲线；

（ⅱ）结合热分析联用技术尽可能全面地解析曲线；

（ⅲ）结合其他分析手段尽可能全面地解析曲线。

（2）曲线解析实例　下面以 CaO 和 $CaCO_3$ 的混合物的 TG 曲线为例来说明结合样品的结构信息来解析热重曲线的方法。

图 2-28 为通过热重实验得到的 CaO 和 $CaCO_3$ 混合物的 TG 曲线[3]。由图可见，在 550 ～ 850℃范围 TG 曲线出现了一个失重台阶，失重量为 36.50%。根据样品的结构信息，CaO 的热稳定性很高（熔点为 2570℃，沸点为 2850℃），在实验温度范围为不会出现质量变化。据此可以做出以下判断。

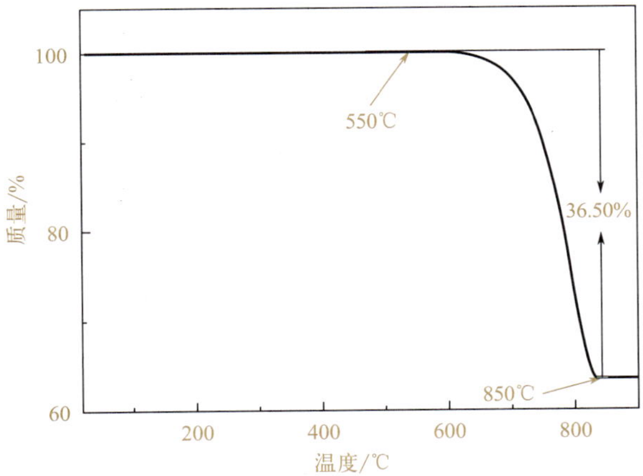

《 图 2-28　CaO 和 $CaCO_3$ 混合物的 TG 曲线

该失重台阶是由样品中的碳酸钙组分在高温下分解成 CO_2 和 CaO 引起的，形成的气态 CO_2 导致样品质量减小，最终形成曲线中的失重台阶。另外，根据反应方程式可以计算出纯碳酸钙物质分解引起失重量的理论值为 44%。由于图中曲线对应的样品中含有一定量的 CaO，该物质具有很高的热稳定性且在实验温度范围不发生质量变化，因此得到的失重量低于理论值。由此可以通过下式计算得到混合物样品中 $CaCO_3$ 的含量 W_{CaCO_3}：

$$\frac{W_{CaCO_3}}{W_{纯CaCO_3}}=\frac{W_{CaCO_3}}{100\%}=\frac{36.50\%}{44.00\%} \tag{2-12}$$

上式可以变形为

$$W_{CaCO_3}=\frac{36.50\%}{44.00\%}\times 100\%=82.96\%$$

因此，样品中碳酸钙的含量为 82.96%，氧化钙的含量为 100%−82.96% = 17.04%。

以上实例中，利用了混合物中一种组分在实验过程中发生了质量变化而另一种组分在加热过程中不发生质量变化的原理来确定 TG 曲线中台阶的归属，并由此确定混合物中的组分。

（3）曲线解析中常见问题分析　在对热重曲线解析的过程中也会出现许多的问题，主要表现在以下几个方面，限于篇幅不作展开介绍。

① 缺乏对仪器状态的了解。仪器状态是否处于正常直接决定着实验的成败，在异常状态下得到的数据会给曲线解析带来很大的负面影响，严重时会导致所得到的曲线无法解析。对于在异常的仪器状态下得到的曲线，应多方面查找原因，必要时应重新进行实验。

② 基线相关的问题。在进行曲线解析时应充分考虑仪器基线的影响，与基线相关的问题主要包括：

（ⅰ）曲线解析时未合理扣除仪器基线；

（ⅱ）未按照要求对线性漂移的曲线进行斜率校正或者旋转；

（ⅲ）曲线解析时扣除了不合理的仪器基线。

③ 曲线的规范表示问题。在规范表示的热分析曲线中，可以方便、准确地确定实验过程中样品的性质信息。在实际应用中，常见的与曲线规范表示相关的问题主要包括：

（ⅰ）在实验过程中，仅采用单一线性升温速率的热重曲线的不规范表示；

（ⅱ）不规范表示热重曲线的纵坐标；

（ⅲ）不规范表示微商热重曲线的物理量以及微商热重曲线中峰的方向。

④ 曲线的规范描述问题。在实际应用中，应根据实验条件和样品结构、成分和性质等信息并结合实验目的，科学、规范、准确、合理、全面地描述由曲线可以得到的信息。在描述曲线时常见的不规范现象主要包括：

（ⅰ）片面描述曲线中出现的变化信息；

（ⅱ）曲线中出现的变化不能与实验条件和样品的结构、组成、性质等信息对应。

⑤ 样品自身热效应对曲线产生的异常影响问题。在一些应用中，当试样在实验过程

中自身产生了较为剧烈的吸热或者放热效应时，会引起局部过冷或者过热现象，这种效应会引起曲线发生畸变[3]。通常采用减少样品用量、使用浅皿坩埚和增加气氛气体的流速等方法来减弱这种过热或过冷现象，以尽可能地避免这种“畸变”曲线。

⑥ 对曲线进行平滑处理时的问题。在实际应用中，通常需要对一些噪声较大的曲线进行平滑处理，平滑后曲线的噪声明显降低。在对曲线进行平滑处理时，应在峰形不发生明显变化的前提下，选择合适的平滑参数，得到相对光滑的曲线。

第六节
热重分析技术的典型应用

在本部分内容中将结合实例介绍热重分析技术在不同领域中的典型应用，主要包括以下几个方面。

① 确定物质的热稳定性：可以用于比较不同类型物质和相同类型物质的热稳定性。

② 确定物质的组成：可以用来确定样品中有机小分子添加剂含量、样品中无机组分和有机组分含量、高分子共聚物或者共混物的组成、无机混合物的含量等信息。

③ 确定纯物质的结构式：可以用于确定药物分子中的结晶水个数、无机物分子中的结晶水个数、配合物分子中结晶水和配体的个数等信息。

④ 确定物质的热分解机理：可以用于确定无机物、小分子有机物的热分解机理信息。

⑤ 确定物质的热力学性质：通过热重曲线可以确定物质的吸附等温线、蒸气压、汽化热等热力学性质。

⑥ 研究物质的动力学性质：通过等温和非等温热重曲线可以进行动力学分析，获得相关的动力学参数。

一、确定物质的热稳定性

对比相同类型和不同类型物质的热稳定性是热重分析技术最广泛的应用之一[27-32]，通过 TG 曲线可以确定物质随温度变化而引起的一些特征物理量（主要是特征温度）的变化信息，通常根据这些特征物理量的变化信息来对比不同物质（主要指工艺、结构、实验条件等）的热稳定性。

1. 不同类型物质的热稳定性研究

不同类型的物质由于其结构不同，其热稳定性往往存在较为明显的差异。

在定量比较不同类型物质的热稳定性时，通常通过 $T_{n\%}$、T_{onset}、T_p 等特征温度来定量比较其稳定性差异。如图 2-29 为聚乙烯（PE）、聚丙烯（PP）、聚苯乙烯（PS）、聚甲基丙烯酸甲酯（PMMA）薄膜在氮气和氧气中的 TG 曲线 [33]。由图可见，这些聚合物在氮气中的热稳定性顺序为：PE ＞ PP ＞ PS ＞ PMMA。另外，气氛中存在的氧气分子导致曲线显著地向低温移动。聚乙烯在氧气中的热重曲线变得比较复杂，由于分子链在分解过程中暂时发生交联而在降解聚合物的表面形成了含碳层。逸出的气体在碳层的表面积累，然后不规则地逸出，这使得定量分析在这种条件下的机理变得更加困难。图 2-29 中，在含氧的气氛条件下，PP 的热稳定性显著降低（下降幅度超过 200℃），而 PS 和 PMMA 的最快分解速率的温度（即曲线中最大斜率对应的温度）则下降了 70 ～ 80℃。

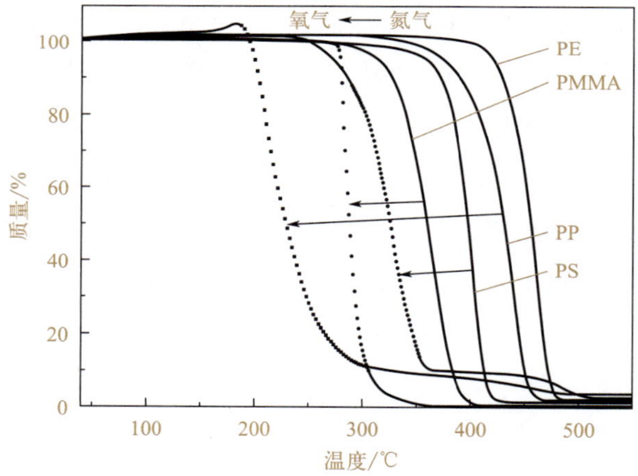

图 2-29　在氮气和氧气气氛下聚乙烯（PE）、聚丙烯（PP）、聚苯乙烯（PS）、聚甲基丙烯酸甲酯（PMMA）薄膜的 TG 曲线 [33]

对于一些由多组分组成的共混物体系，由于每种组分的热稳定性差异，不同组分比的共混物的 TG 曲线形状也存在着较大的差别。如图 2-30 为在 10℃ /min 的升温速率下得到的纯聚乙醇酸（PGA）、聚 ε- 己内酯（PCL）及其 50∶50 共混物的 TG-DTG 曲线 [34]。由图可见，聚乙醇酸和聚己内酯的热分解过程主要集中在一步完成。虽然在聚乙醇酸的

DTG 曲线中出现了一个较弱的肩峰 (图中箭头位置)，但在二者的共混物的 DTG 曲线中出现了两个分解过程，可以认为每种聚合物的分解过程都是一步完成的。图中三种样品 (即 PCL、PGA 及其共混物) 的 TG 曲线的形状和位置发生了显著的变化，表明其经历的分解过程明显不同。其中，PCL 的热稳定性最高，其分解温度分别比聚乙醇酸和共混物高约 30℃和 50℃。该过程结束时，PGA 和共混物仍有残留物 (分别为 1.70% 和 0.82%)；PCL 则完全降解，不存在任何残留物。理论上可以通过高温残留物的量来推测共混物的比例，PGA 的含量为：

$$W_{\mathrm{PGA}}=\frac{W_{\text{残留物,混}}}{W_{\text{残留物,纯}}}\times 100\%=\frac{0.82\%}{1.70\%}\times 100\%=48.24\% \tag{2-13}$$

在式（2-13）中，$W_{\text{残留物,混}}$和 $W_{\text{残留物,纯}}$分别为共混物和纯 PGA 在高温下的残留物比例。由此计算得到的数值和理论值 50% 一致。

在图 2-30 中，当两种聚合物共混时，其 DTG 曲线的峰值温度显著降低。另外，由共混物的 DTG 曲线可以清楚地确定每种聚合物的分解过程。曲线中第一个峰值出现在 372℃处，第二个峰值出现在 403℃处，分别对应于 PGA（纯聚合物为 388℃）和 PCL（纯聚合物为 408℃）的分解过程。

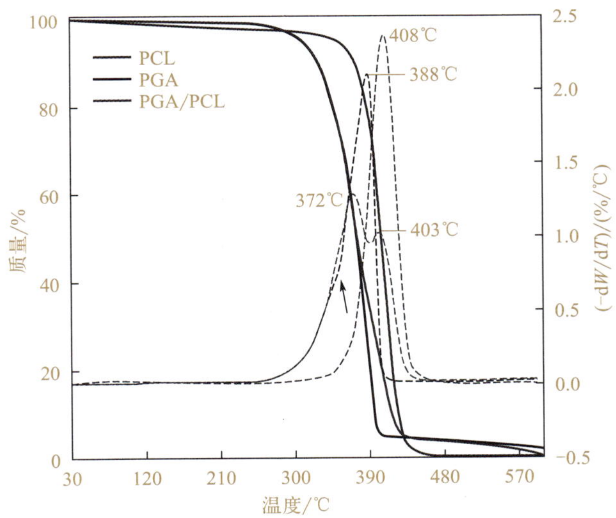

扫码看彩图

图 2-30　在 10℃ /min 的升温速率下得到的纯的聚乙醇酸 (PGA)、聚 ε- 己内酯 (PCL) 及其 50：50 共混物的 TG-DTG 曲线 [34]

[图中的 TG（实线）和 DTG（虚线）曲线分别表示失重及其一阶导数的温度变化。黑色箭头表示肩部较小，在 PGA 的 DTG 曲线上约为 344℃]

2. 相同类型物质的热稳定性研究

由 TG 曲线可以对改性前后结构相近的物质的热稳定性进行研究。如图 2-31 中用热重法研究了 GO 和 DGEBA-*f*-GO 对环氧树脂热稳定性的影响[27]。由于环氧树脂在 300 ～ 500℃发生了降解，复合材料发生明显的失重过程。在图 2-31（a）中，GO/ 环氧复合材料的分解温度（T_d，失重量 5% 对应的特征温度）随着 GO 含量（质量分数）增加而升高，分解温度从 343℃提高到 355℃，分解温度升高了 12℃。对于 DGEBA-*f*-GO/ 环氧复合材料，随着 DGEBA-*f*-GO 含量（质量分数）的增加，分解温度从 343℃提高到了 373℃，分解温度升高了 30℃，见图 2-31（b）及其内插图。添加 DGEBA-*f*-GO 片材之后，环氧树脂的热稳定性明显提高，表明与环氧基体相比，片材的热容更高，阻燃效果更好。DGEBA-*f*-GO/ 环氧复合材料中的分散性和界面性能得到了改善，可以有效延缓分解产物的挥发。

扫码看彩图

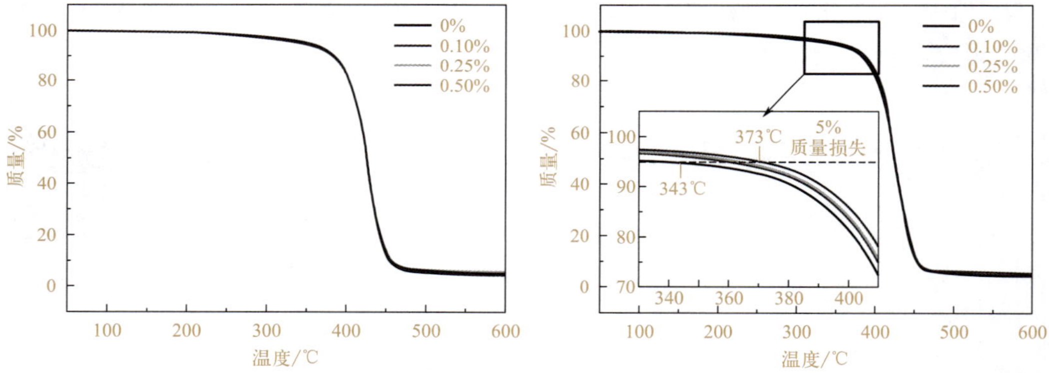

(a) 与GO复合　(b) 与DGEBA-*f*-GO复合

图 2-31　纯环氧树脂及其复合材料的 TGA 曲线[27]

近年来，本书编著者团队首次将热分析技术应用于手工纸文物研究中。研究工作通过人工老化模拟手工纸的自然老化行为，从而研究老化的机理，为手工纸文物保护提供技术支持[35-38]。图 2-32 为竹纸在不同温度下老化 36 天得到的 TG 曲线和 DTG 曲线[36]。由图可见，在相同的老化时间下，随着老化温度升高，样品的 TG 曲线的失重台阶及 DTG 曲线的峰值均出现了向低温方向显著移动的趋势，表明样品发生热分解的温度逐渐降低。这是由于较大老化程度的纸张中纤维素的分子链变短，从而引起热分解温度降低。同时，在纤维素受热后，分子内或分子间的氢键发生断裂，形成具有活性的中间状态，导致纤维素的稳定性变差。升高温度将加速纸张的老化，导致其内部纤维的断裂程度加剧，纸张的热稳定性变差。

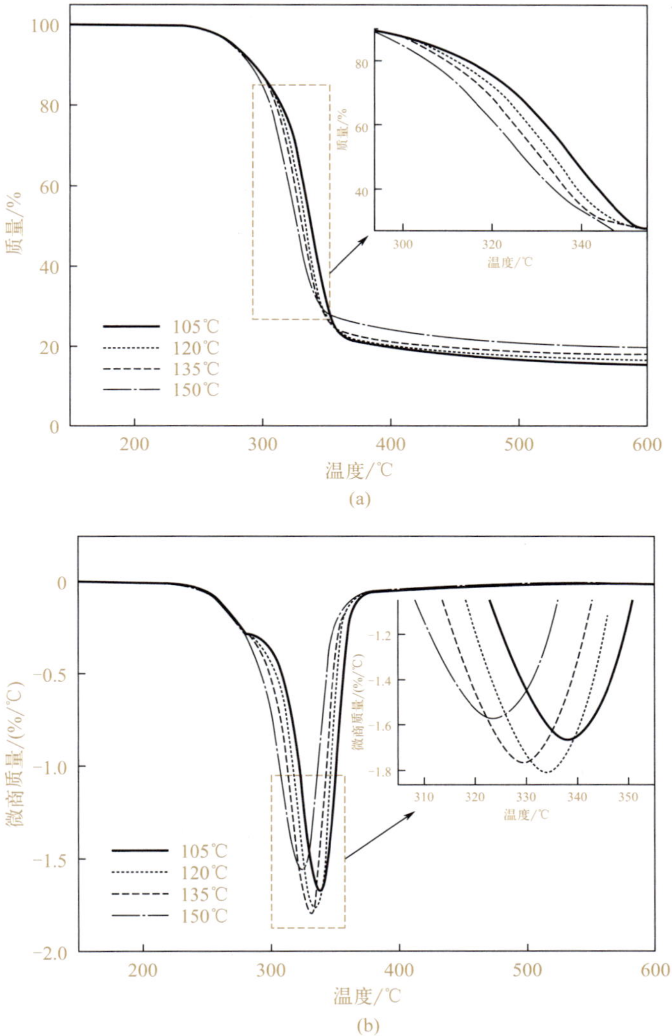

图 2-32　不同温度下老化 36 天后样品的 TG 曲线（a）和 DTG 曲线（b）[36]

本书编著者团队通过热重分析技术系统研究了丝素分别与豆蛋白[39]、石墨烯[40]、聚乳酸[41]等复合后得到的材料的热稳定性和相容性。图 2-33 中分别给出了豆蛋白 / 丝素复合纳米纤维膜样品的 TG 曲线和 DTG 曲线 [39]。由图 2-33（a）可以确定纯丝素 IS0 的初始分解温度为 274.2℃，纯豆蛋白 IS100 的初始分解温度为 281.4℃，而复合后的样品 IS40 的初始分解温度介于纯丝素和纯豆蛋白之间，为 279.1℃。由图 2-33（b）可见，丝素 IS0 分解最大速率所对应的温度（T_p）为 298.7℃，豆蛋白 IS100 的 T_p 为 314.0℃，其复合纤维膜的 T_p 温度介于两者之间，为 306.6℃，而 IS40 在 500.0℃时的样品残余量则介于两者之间。热重实验结果表明两相材料复合具有良好的相容性。

扫码看彩图

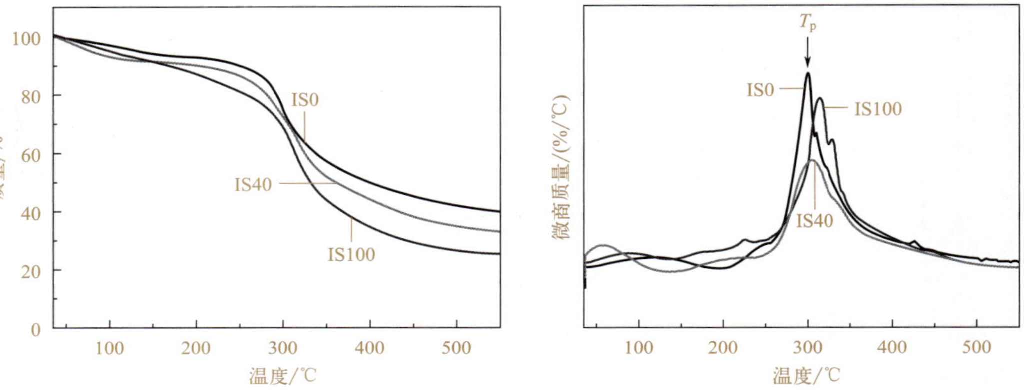

(a) (b)

图 2-33 豆蛋白和丝素复合纤维膜的 TG 曲线（a）和 DTG 曲线（b）[39]

二、确定物质的组成

由 TG 曲线确定样品的组成是 TG 法最常见的应用之一，这种方法确定物质的组成的主要原理是混合物中不同组分的结构引起的热性质随温度变化的差异，即不同结构的组分的气化温度（或者分解温度）之间存在较大的差异。因此，由热重分析技术可以研究混合物中不同组分的质量随温度的变化过程，根据这些变化可以确定其中不同组分的含量 [2, 3]。以下举例说明这类曲线的解析方法。

1. 确定样品中无机组分和有机组分的含量

例如，对于聚环氧乙烷 / 氧化石墨烯（PEO/GO）插层材料，PEO 的线性高分子的结构特征导致其热稳定性较差，在分解过程中不易成炭，在氮气气氛下即可完全分解 [42]。

在图 2-34 中分别给出了 PEO 插入 GO 夹层的示意图和相应的 TG-DTG 曲线，其中图 2-34（a）为 PEO 插入 GO 夹层的示意图，PEO 分子在进入夹层后导致夹层间距从约 5.7Å❶ 增加到了约 9.1Å。图 2-34（b）中的曲线表明，PEO / GO 的分解温度比纯 GO 和纯 PEO 的明显降低。PEO / GO 中 PEO 的质量分数为 24%，对应于 GO 中 PEO 的最大吸收量。DTG 曲线中 PEO/GO 的峰值温度 T_p 比纯 GO 的低 50℃，比纯 PEO 的低 160℃。另外，当温度达到 500℃时，TG 曲线中的剩余质量之间存在着较大的差别，因此可以通过不同的剩余质量来计算 PEO / GO 中 PEO 的含量。在确定含量时，需要考虑 GO 自身的失重量，可以由图 2-34（b）中的 TG 曲线确定 GO 的失重量。

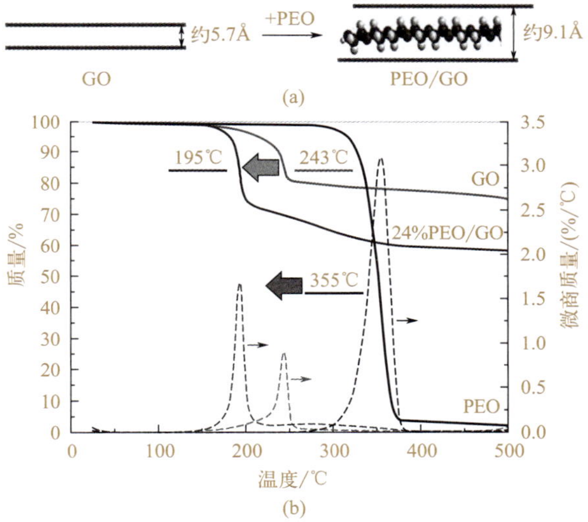

扫码看彩图

图 2-34　PEO 插入 GO 夹层的示意图（a）和相应的 TG-DTG 曲线（b）[42]

对于同时含有无机组分和有机组分的样品，可以利用其中不同组分的热稳定性差异由 TG 曲线来确定无机组分和有机组分的含量[43-45]。再例如，可以通过热重曲线直接确定卷烟纸中碳酸钙的含量，如图2-35为卷烟纸的TG-DTG曲线[43]，实验气氛为空气。由图2-35可见，卷烟纸的失重过程主要分为四个阶段（对应图中的 S1 ～ S4 阶段）：

① S1 阶段。从起始温度至 140℃的质量变化主要是由于样品中自由水的蒸发以及结构水的析出。

② S2 阶段。140 ～ 380℃之间的反应包含易挥发性有机物的释放、大分子难挥发组分

❶ 1 Å=1×10^{-10}m。

的热裂解过程，如助燃剂（柠檬酸钾、柠檬酸钠）和纤维素的降解，形成焦炭，并伴随着可燃性挥发成分的燃烧过程。

③ S3 阶段。当反应温度为 380 ～ 560℃时，主要发生的是焦炭燃烧和燃尽过程。

④ S4 阶段。560℃之后主要是碳酸钙的分解，该失重台阶是由样品中的碳酸钙组分在高温下分解成 CO_2 和 CaO 所致，其分解温度区间内的质量损失对应于碳酸钙受热分解释放 CO_2 过程，可以用下式表示碳酸钙的含量：

$$W_{CaCO_3}=\frac{w_1-w_2}{44.00\%} \tag{2-14}$$

式中，W_{CaCO_3} 为卷烟纸中碳酸钙所占的质量分数，%；w_1 为 560℃对应的失重百分比，%；w_2 为 800℃对应的失重百分比，%。

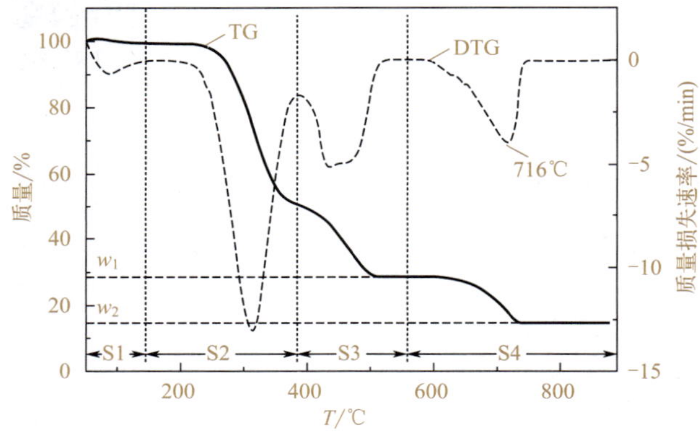

图 2-35　卷烟纸的 TG-DTG 曲线 [43]

2. 确定高分子共聚物或者共混物的组成

在实际应用中，根据高分子共聚物或者共混物中不同部分的热稳定性差异，由 TG 曲线可以确定其组成。例如，通过热重法可以有效地确定并用橡胶中各组分的含量。这种方法主要依据两种并用橡胶的分解温度差异较大，利用 DTG 曲线中的最大质量损失速率和分解峰温度值的不同，由面积法计算得到橡胶并用比 [46]。图 2-36 为一种 NR/SBR 并用胶的 TG-DTG 曲线 [47]，可以利用这种面积法由 DTG 曲线确定组分含量。在图中 DTG 曲线的 NR 峰的后沿找到斜率最大的切线 *C*，在 DTG 曲线的 SBR 峰的前沿找到斜率最大的切线 *D*，两直线交于 *A* 点，找到 TG 曲线上的相同温度点 *O*，*O* 点为两个胶种质量损失过程的分界点。从 B 点到 O 点的质量损失等于 NR 峰的面积，设为面积 F；从 C 点到 E 点的质量损失等于 SBR 峰的面积，设为面积 G，则 NR 的含量 $=F/(F+G)$，SBR 的含量 $=G/(F+G)$。

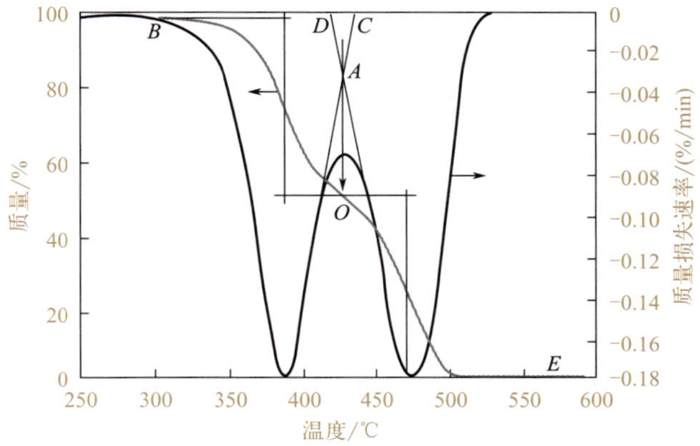

图 2-36　利用面积法由 DTG 曲线确定一种 NR/ SBR 并用胶组分含量的示意图[47]

不同并用比的 NR/ESBR1500 并用胶的 TG 和 DTG 曲线如图 2-37 所示[47]。由图 2-37 可见：并用胶中 ESBR1500 的最大分解速率峰对应的分解温度为 460 ～ 470℃，且随着 ESBR1500 用量的增大而升高，但升高幅度不大；并用胶中 NR 的最大分解速率峰对应的分解温度为 393℃左右，基本不随 NR 用量的增大而变化。

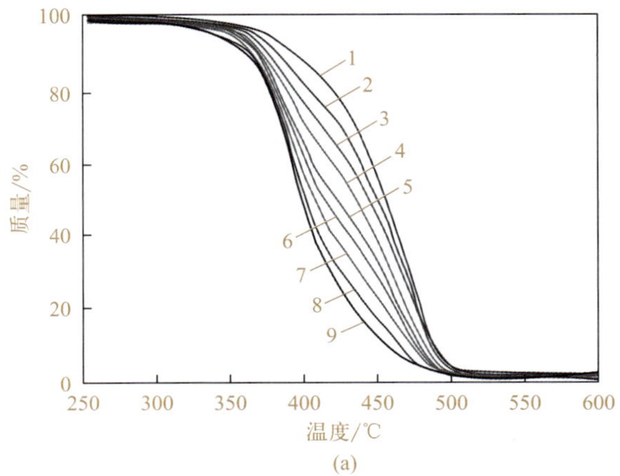

图 2-37

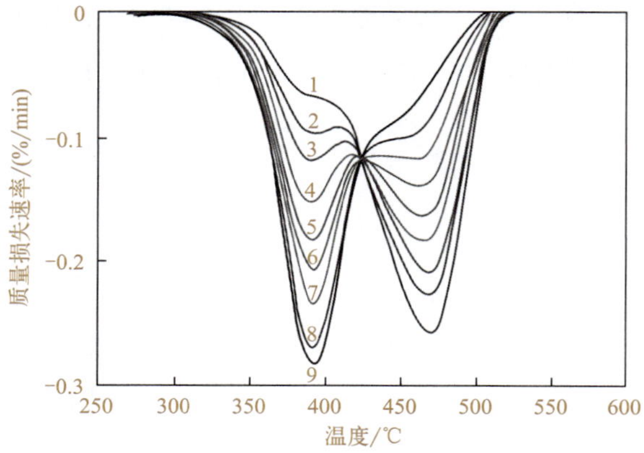

(b)

图 2-37 不同并用比的 NR/ ESBR1500 并用胶的 TG（a）和 DTG（b）曲线[47]
（NR/ ESBR1500 并用比：1—10/90；2—20/80；3—30/70；4—40/60；5—50/50；6—60/40；7—70/30；8—80/20；9—90/10）

不同并用比的NR/BR9000并用胶的TG和DTG曲线如图2-38所示[47]。由图2-38可见：并用胶中BR9000的最大分解速率峰对应的分解温度为460～470℃，且该特征温度值随着BR9000用量的增大而升高，但幅度不大；并用胶中NR的最大分解速率峰对应的分解温度为393℃左右，基本不随NR用量的增大而变化。

采用面积法计算得到的NR/ESBR1500和NR/BR9000并用胶的并用比见表2-6[24]。由表2-6可见，当NR/ESBR1500和NR/BR9000并用胶的并用比接近50∶50时，面积法计算结果与已知并用比一致性很高，随着并用胶中两种橡胶用量差增大，结果的准确性逐渐下降。

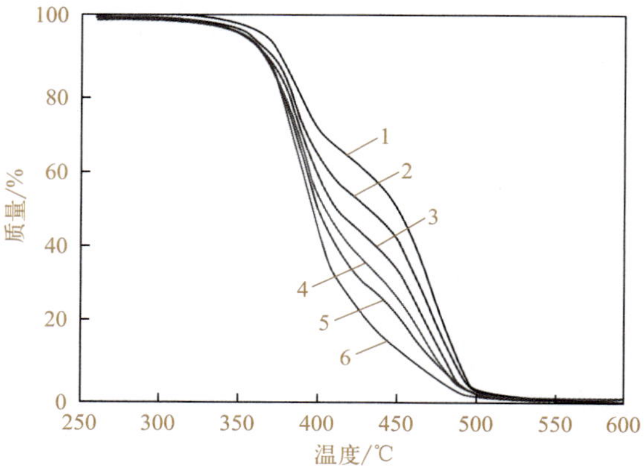

(a)

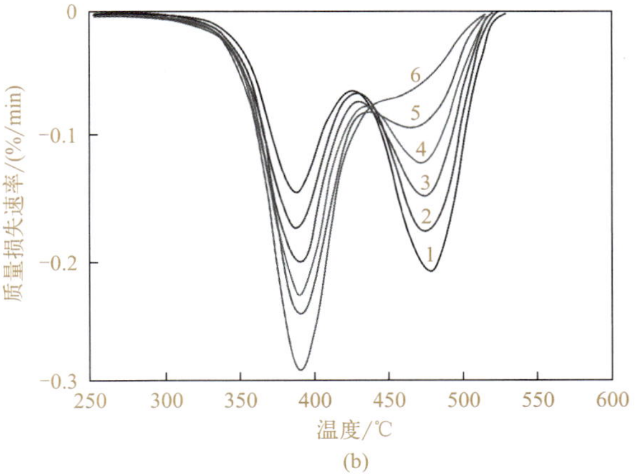

图 2-38　不同并用比的 NR/BR9000 并用胶的 TG（a）和 DTG（b）曲线[47]
（NR/BR9000 并用比：1—40/60；2—50/50；3—60/40；4—70/30；5—80/20；6—90/10）

表2-6　采用面积法计算得到的NR/ESBR1500和NR/BR9000并用胶的并用比[47]

并用体系	并用比	
	实际值	测定值
NR/ESBR 1500	90/10	88/12
	80/20	82/18
	70/30	68/32
	60/40	57/43
	50/50	50/50
	40/60	40/60
	30/70	31/69
	20/80	23/77
	10/90	15/85
NR/BR 9000	90/10	88/12
	80/20	74/26
	70/30	66/34
	60/40	58/42
	50/50	50/50
	40/60	39/61

以上分析表明，由 TG 测定两种热分解温度差异较大的橡胶并用比具有不需要复杂样品处理、方便快捷、高效等优势。

3. 确定无机混合物的含量

对于一些混合状态的无机物，根据其热稳定的差异可以方便地由 TG 曲线准确确定每一组分的含量。

对于在实验过程中仅发生一种组分分解的无机混合物体系，可以通过将其发生分解的质量减少量与纯物质发生分解引起的理论质量减少量相比较的方法确定该组分的含量。

三、确定纯物质的结构式

对于由单一化合物组成的物质，根据其结构单元在不同温度范围的变化信息，由 TG 曲线可以方便地确定物质的结构式。如果在实验过程中化合物不发生明显的质量变化，则无法由热重法确定其结构式。通过热重分析技术可以方便地确定药物分子中的结晶水个数、无机物中的结晶水个数、配合物分子中的结晶水和配体的个数等信息。

1. 确定药物分子中的结晶水个数

常用的药物中水分的测定方法包括卡尔·费休法、干燥失重法、甲苯法、气相色谱法、单晶衍射法、差示扫描量热法和热重法。与其他方法相比，由热重法测量药物中的水分，尤其是结晶水的含量，具有操作简单、准确性高、样品用量少等优势。

对于一个含有结晶水的未知化合物，在通过其他分析手段确定其结构式和分子量后，可以使用热重法来确定其结晶水的个数。通过 TG 曲线中不同温度范围的台阶可以确定药物分子中含有的结晶水的个数，根据结晶水的数量确定其结构式。

2. 确定无机物中的结晶水个数

测定水分最常用的方法是卡尔 · 费休法，但在实际应用中许多化合物如碳酸盐、硼酸盐、醋酸盐、硫酸盐、还原性物质等会与卡氏试剂发生反应，导致无法通过这种方法测定样品中的水分。热重法通过测定在加热过程中样品由于失水而引起的失重量得到含水量，对于样品没有特别严苛的要求。另外，通过不同温度下失水过程的差异，可以有效分离样品中含有的结晶水和吸附水，从而分别确定这两类不同类型水的含量。

在表 2-7 中分别列出采用热重法测定 15 种无机化合物和 7 种有机酸盐类药物结晶水含量的实验结果[48]，表中同时列出了相应化合物中结晶水含量的理论值。通过对比表中化合物失去结晶水的实验值和理论值，发现除碳酸钠十水合物、硫酸亚铁七水合物、葡萄糖酸钙一水合物与乳酸钙五水合物外，用热重法测得的其他化合物的实验值与理论值基本一致。

表2-7　采用热重法测定15种无机化合物和7种有机酸盐类药物结晶水含量的实验结果[48]

药品号	药品名称	失重 /%	温度范围 /℃	结晶水含量理论值 /%
无机化合物				
1	氯化钙二水合物	24.61	50 ～ 170	24.51
2	氯化钙六水合物	48.68	室温～ 200	49.34
3	碳酸钠一水合物	14.41	80 ～ 140	14.53
4	碳酸钠十水合物	57.55	室温～ 130	62.96
5	硫代硫酸钠五水合物	36.39	室温～ 160	36.29
6	硼酸钠十水合物	46.50	40 ～ 350	47.24
7	硫酸锌七水合物	43.37	室温～ 300	43.86
8	硫酸铝钾十二水合物	44.54	40 ～ 250	44.57
9	硫酸钾二水合物	20.24	100 ～ 170	20.93
10	硫酸亚铁七水合物	40.72	室温～ 300	45.36
11	硫酸镁七水合物	50.29	室温～ 320	51.16
12	磷酸氢钙二水合物	20.95	110 ～ 250	20.94
13	磷酸二氢钙一水合物	7.815	室温～ 170	7.150
14	磷酸氢二钠十二水合物	60.25	室温～ 140	60.36
15	磷酸二氢钠二水合物	23.72	室温～ 150	23.09
有机酸盐				
16	枸橼酸三钾一水合物	5.729	200 ～ 250	5.550
17	枸橼酸钙四水合物	12.29	室温～ 180	12.63
18	枸橼酸钠二水合物	12.05	150 ～ 200	12.25
19	葡萄糖酸钙一水合物	2.946	室温～ 250	4.020
20	醋酸钠三水合物	39.75	室温～ 130	39.72
21	酒石酸钠二水合物	15.61	室温～ 230	15.66
22	乳酸钙五水合物	27.39	室温～ 130	29.22

经分析，以上所列举的几种化合物的实验值和理论值之间出现较大偏差的原因如下：

① 对于碳酸钠十水合物，其暴露于空气中易风化，且熔点在 34℃附近，风化作用导致其失去一部分结晶水，因此无法由 TG 曲线准确判断其失水量。

② 对于硫酸亚铁七水合物，其在室温下开始风化，在 70 ～ 80℃失去五分子结晶水，在 100℃失去六分子结晶水，在 300℃变成无水化合物，样品在保存过程中的风化现象导致测量结果偏低。

③ 对于葡萄糖酸钙一水合物，其自室温开始逐渐发生质量减少，120℃附近质量急剧减少，无法判断失去所有结晶水的终点温度，这种现象是由脱水的同时葡萄糖酸钙分解造成的。

④ 对于乳酸钙五水合物，样品在室温下发生了风化，50 ～ 130℃范围质量急剧减少，风化现象导致测量结果偏低。

以上分析表明，TG 法具有快速、简便等优势，可用于准确定量测定大多数无机化合物及有机酸盐的结晶水个数，不适用于室温下风化或潮解的样品及脱水温度与分解温度接近的样品的结晶水定量测定。

3. 确定配合物分子中的结晶水和配体的个数

在实际应用中，可以方便地通过热重曲线计算配合物分子中的结晶水和配体的个数。

假设有一种配体个数（假设为 n）和结晶水个数（假设为 m）未知的配位化合物（用 $M \cdot L_n \cdot mH_2O$ 表示），通过热重实验可以确定其配体个数 n 和结晶水个数 m。实验时的实验条件为空气气氛，加热速率为 10℃ /min，实验温度范围为室温～ 800℃。测得的 TG 曲线如图 2-39 所示[2]。由图可见，试样在 100 ～ 180℃范围出现了一个失重过程，失重百分比为 11%，在 290 ～ 600℃范围出现了 3 个相邻的失重过程，失重百分比为 79%。

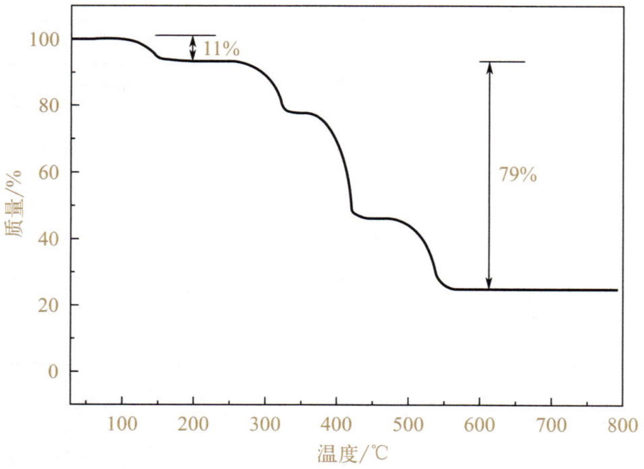

图 2-39　配位化合物（用 $M \cdot L_n \cdot mH_2O$ 表示）的 TG 曲线[2]

由于实验在氧化性气氛中进行，因此可以认为配合物中绝大多数的有机配体已经发生了完全的氧化分解，化合物中结晶水和配体的含量可以用下式表示：

$$\frac{mM_{H_2O}}{M_M + nM_L + mM_{H_2O}} \times 100\% = \frac{18.02m}{M_M + nM_L + 18.02m} \times 100\% = 11\% \tag{2-15}$$

$$\frac{nM_L}{M_M + nM_L + mM_{H_2O}} \times 100\% = \frac{nM_L}{M_M + nM_L + 18.02m} \times 100\% = 79\% \tag{2-16}$$

上式中 M 和 L 的分子量已知，可以通过联立以上两个等式分别确定 m 和 n 的值。

四、确定热分解机理

对于由单一化合物组成的物质，根据其结构单元在不同温度范围的变化，由 TG 曲线也可以方便地确定物质在加热过程中结构的变化。在加热过程中，许多物质会发生分解、脱水、氧化、还原和升华等物理化学变化而出现质量变化，由 TG 曲线可以准确记录这些过程。

例如，通过热重实验可以判断木材衍生的纤维素气凝胶（Wood-NFC）和含 TsOH（对甲苯磺酸）的木材衍生的纤维素复合气凝胶（Wood-NFC/TsOH）的热分解过程[49]。图 2-40 为 Wood-NFC 和 Wood-NFC/TsOH 气凝胶的 TG 和 DTG 曲线。图 2-40（a）中的 TG 曲线表明 Wood-NFC 的裂解过程包括三个阶段，根据温度和质量变化范围可以推测分别对应于水分的蒸发和羧基的分解（20 ～ 200℃）、纤维素的分解（200 ～ 400℃）和四碳结构的残渣组成的剩余物质的芳构化（400 ～ 800℃）三个过程。

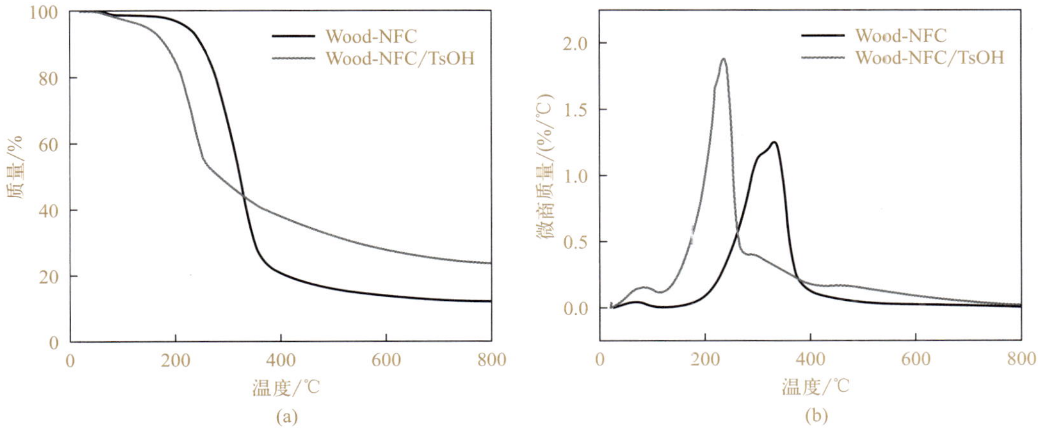

图 2-40 Wood-NFC 和 Wood-NFC/TsOH 气凝胶的 TG（a）和 DTG（b）曲线[49]

另外，通过 TG 曲线并结合 DTG 曲线中出现的一些较弱的质量变化过程可以推断小分子有机化合物的热分解机理。例如，图 2-41 为盐酸特拉唑嗪 (TER) 的 TG 曲线，据其可以确定热分解过程[50]。TG 曲线显示 TER 的热分解过程有四个台阶，而 DTG 曲线却对应于 6 个峰，因此推测反应可能包括以下 6 个步骤：

① 在 25 ～ 150℃范围存在一个 7.59% 的失重过程，DTG 曲线的峰值温度为 117℃；

② 在 150 ～ 280℃范围存在一个 7.71% 的失重过程，DTG 曲线的峰值温度为 275℃；

③ 在 280 ～ 320℃范围存在一个 14.98% 的失重过程，DTG 曲线的峰值温度为 296℃；

④ 在 320 ～ 341℃范围存在一个 6.18% 的失重过程，DTG 曲线的峰值温度为 332℃；

⑤ 在 341 ～ 490℃范围存在一个 18.56% 的失重过程，DTG 曲线的峰值温度为 433℃；

⑥ 在 490 ～ 700℃范围存在一个失重 45.31% 的过程，DTG 曲线的峰值温度为 595℃。

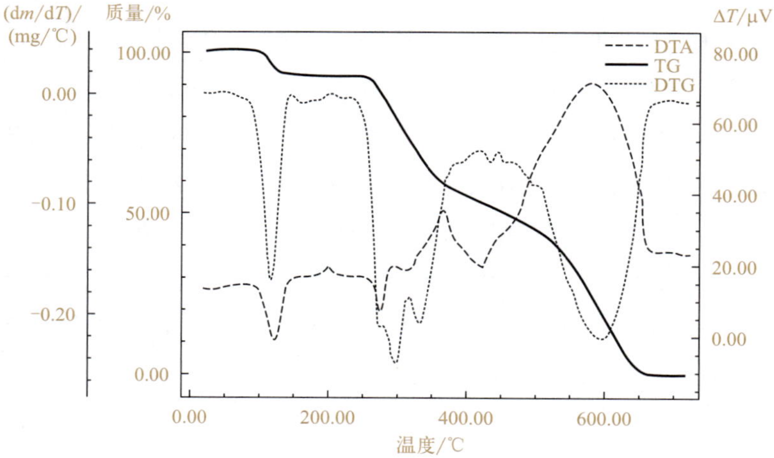

图 2-41 盐酸特拉唑嗪 (TER) 的 TG 曲线[50]

在图 2-42 中给出了 TER 的分子结构。结合图 2-41 中的 TG 曲线、DTG 曲线和 TER 的分子结构中不同化学键的键合方式，随着温度升高，分子中键合比较弱的位置首先发生断裂，形成的产物以气体形式逸出，TG 曲线和 DTG 曲线可以反映 TER 分子的分解过程。对于 TER 的分解过程，可以对 TG 曲线中出现的质量变化过程做出以下归属：

（1）在 25 ～ 150℃范围，7.59% 失重过程对应于两分子结晶水的分解；

（2）在 150 ～ 280℃范围，7.71% 失重过程对应于一分子 HCl 分子的逸出；

（3）在 280 ～ 320℃范围，14.98% 失重过程对应于结构中的五元杂环 C_4H_7O 碎片分子的逸出；

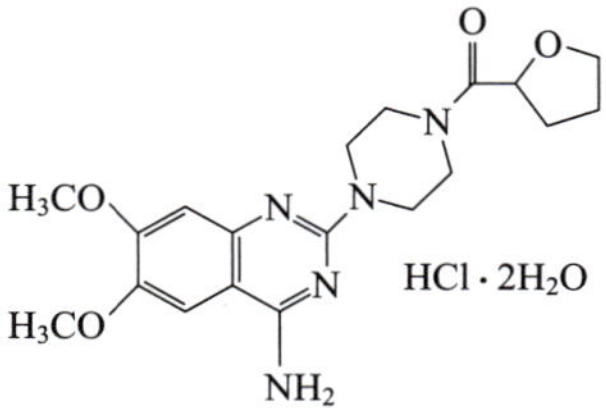

图 2-42　盐酸特拉唑嗪（TER）的分子结构

（4）在 320 ～ 341℃范围，6.18% 失重过程对应于结构中与五元杂环相连的酮羰基（—CO—）片段的逸出；

（5）在 341 ～ 490℃范围，18.56% 失重过程可归因于结构中与酮羰基相连的六元杂环 $C_4H_8N_2$ 片段的逸出；

（6）在 490 ～ 700℃范围，45.31% 失重过程对应于余下片段 $C_{10}H_{10}N_3O_2$ 的分解逸出。

图 2-43 中给出了在以上不同温度范围下的分解过程。

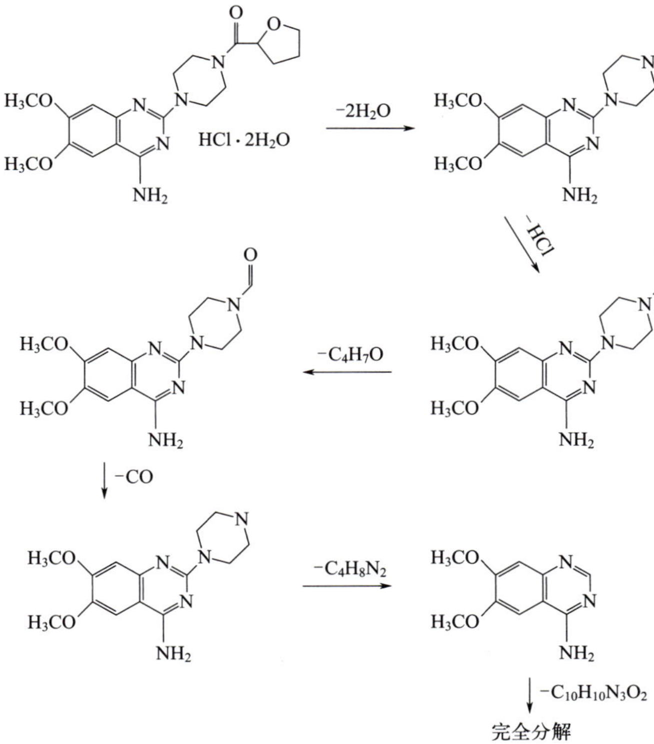

图 2-43　盐酸特拉唑嗪（TER）的热分解机理图[50]

五、研究热力学性质

实际应用中，可以通过 TG 实验确定物质的吸附等温线、蒸气压、汽化热等热力学性质。通常需要根据具体的实验目的和研究体系设定相应的实验方案，由相应的理论假设和处理方法确定所研究的热力学性质。

由 TG 技术可以方便地在恒定或不同温度环境下研究物质的质量随时间的变化，从而得到吸附等温线，这种方法具有需要样品量少、耗时短、操作简便和吸附容量测量更准确等优势 [51, 52]。另外，在实际应用中可以由热重实验得到的吸附等温线数据计算多孔材料的孔容积和孔径分布等信息 [53]。在实验过程中，采用速率控制模式可以有效地将准平衡条件和平衡条件下的脱附过程分离，从而分析在多孔材料表面不同尺寸的孔中吸附的吸附质分子的脱附过程，得到不同尺寸范围的孔径分布和孔容积信息 [54, 55]。

另外，通过 TG 实验可以得到物质在不同温度下的蒸气压和汽化热信息。

最常用的测量蒸气压的方法是静态平衡法 [56,57]。使用这种方法时，需要保证样品、气路和压力传感器都处于平衡温度，避免样品蒸气冷凝和温度波动引起的压力偏差。另外，测量环境应保持高真空状态，以避免因混入空气等不凝性气体而造成误差。当测量仅 0.01 ～ 100Pa 的极低蒸气压时，采用静态平衡法容易导致较大的相对偏差。通过 TG 技术测定物质的蒸气压具有操作简便、温度范围宽、耗时短等优势，在一些领域中得到了应用。

在载气气氛流动的情况下，特别是当蒸气压相对于载气的压力非常小时，气流可以充分带走已经发生汽化的气体分子。

在一定流速的载气条件下，可以用下式表示汽化速率：

$$-\frac{\mathrm{d}m_{\mathrm{eva}}}{\mathrm{d}t}=p\alpha\sqrt{\frac{M}{2\pi RT}} \tag{2-17}$$

式中，M 为摩尔质量，kg/mol；$\mathrm{d}m_{\mathrm{eva}}/\mathrm{d}t$ 为汽化速率，kg/(m^3 · s)；R 为理想气体常数，J/(mol · K)；T 为温度，K；p 为蒸气压，Pa；α 为冷凝因子，表示物质分子与载气分子碰撞返回到气相空间中的凝聚相表面而引起的汽化速率的修正。

例如，通过 TG 测量 Se 和 SeO_2 的蒸气压时，所有实验均在 N_2 载气流速为 100mL/min 下进行 [58]。在这种情况下，每分钟流过的 N_2 分子数约为 2.688×10^{21}，而在 SeO_2 和 Se 的热重实验中，蒸发而产生的气相分子数为每分钟 $8.008\times10^{13}\sim7.742\times10^{17}$，这意味着在物质的气相分子之间存在碰撞的可能性与 N_2 分子碰撞的可能性相比仅为 10^{-8} ～ 10^{-4}。因此，可以认为在该实验条件下等式（2-17）中的 α 是一个常数，与物质的种类和实验温度无关。

因此，等式（2-17）可以变形为

$$p = k_0 v \tag{2-18}$$

式中，$k_0 = \sqrt{2\pi R} / \alpha$；$v = \left(\mathrm{d}m / \mathrm{d}t\right)\sqrt{T / M}$。

显然，k_0 与物质种类、实验温度以及凝聚相是固体还是液体无关。v 与物质的汽化速率成正比，可以通过热重实验测量得到。因此，在实验过程中，一旦确定了物质的 k_0 和汽化速率，就可以确定该温度下物质的蒸气压。在实际的 TG 实验中，苯甲酸被用作标准物质来确定等式（2-18）中的 k_0。

当通过 TG 实验测量每个实验温度下的等温曲线时，在温度达到稳定之后都采取了足够长的时间段。在稳定的恒温段，温度波动的最大标准偏差为 0.0067K，在计算各温度点样品的失重速率时，取样品在稳定的恒温阶段的失重范围作为在该温度下的失重速率。例如，在计算 503.2K 下 Se 的失重速率时，通过图 2-44 所示的 Se 在 503.2K 下的 TG 曲线可以看出，样品在从第 50min 开始到加热结束共 46min 的时间范围内质量变化保持恒定。样品质量与时间之间存在着良好的线性关系，线性拟合的相关系数为 0.999991，其斜率即为 Se 在 503.2K 下的失重速率。采用类似方法可以得到样品在各温度下的失重速率，据此可以确定等式（2-18）中的 v 值。

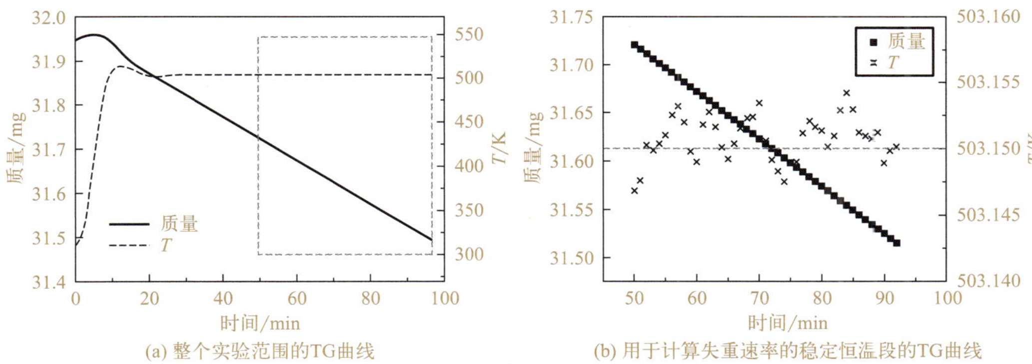

图 2-44 Se 在 503.2K 等温条件下的 TG 曲线[58]

在表 2-8 中列出了通过上述方法得到的 SeO_2 和 Se 的蒸气压测量结果。在图 2-45 和图 2-46 中分别对比了由实验和文献得到的 SeO_2 和 Se 的蒸气压数据，表明由热重法得到的饱和蒸气压数据与其他方法一致。

表2-8 计算得到的Se和SeO_2的蒸气压[58]

物质	T/K	p/Pa	不确定度 U_c/Pa	相对偏差 δ_p/%
SeO_2	353.2	0.026	0.003	7.25
	363.2	0.076	0.010	0.16
	373.2	0.214	0.027	−0.08
	383.2	0.525	0.067	−6.39
	393.2	1.31	0.167	−4.66
	403.2	3.19	0.406	0.33
	413.2	7.20	0.915	3.34
	423.2	13.9	1.764	−4.47
	433.2	28.2	3.582	−2.71
	443.2	55.4	7.046	−0.05
	453.2	97.3	12.361	−4.93
	463.2	184.9	23.496	1.38
	473.2	319.2	40.562	1.30
Se	423.2	0.007	0.001	4.37
	433.2	0.017	0.002	−2.51
	443.2	0.046	0.006	2.56
	453.2	0.104	0.013	−3.45
	463.2	0.264	0.034	5.36
	473.2	0.586	0.074	4.45
	483.2	1.24	0.157	1.49
	489.2	1.97	0.250	2.99
	491.2	2.16	0.274	−2.55
	498.2	2.79	0.355	−0.72
	503.2	3.66	0.465	−0.02
	513.2	6.04	0.768	−0.50
	523.2	9.80	1.245	−0.40
	533.2	15.4	1.959	−1.09
	543.2	24.3	3.088	0.56
	553.2	36.8	4.675	0.08
	563.2	53.8	6.840	−1.95
	573.2	80.9	10.275	0.34

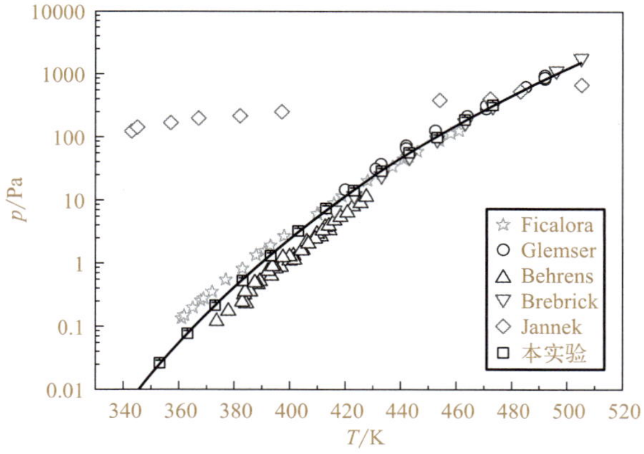

《 图 2-45　由实验和文献得到的 SeO_2 的 p–T 图 [58]

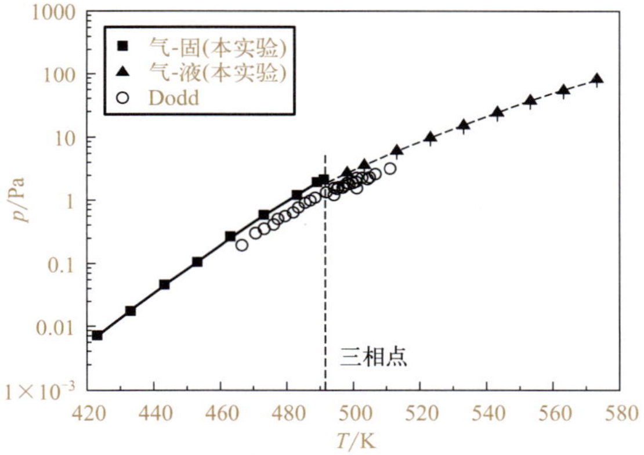

《 图 2-46　由实验和文献得到的 Se 的 p–T 图 [58]

在确定了物质在不同温度下的蒸气压之后，根据以下形式的 Clausius-Clapeyron 方程可以确定汽化热 [59-63]：

$$\ln p = A - \frac{\Delta H_v}{RT} \tag{2-19}$$

式中，蒸气压 p 与热力学温度 T 的倒数成正比，通过斜率 $-\Delta H_v/R$ 可以确定汽化热（即蒸发焓）。

六、研究动力学性质

由热重实验得到的曲线可以反映所研究的对象在实验过程中的动力学性质变化，作为物质的质量性质在实验过程中的综合反映形式，通过对 TG 曲线进行动力学分析，可以得到物质在不同的实验条件下所发生的质量变化过程的活化能、指前因子以及速率方程等动力学相关的信息 [64-67]。

在实际应用中，对实验所得的 TG 曲线进行常规的解析之后，通常还需要对曲线中出现的质量变化过程进行必要的动力学分析 [68-71]。限于篇幅，在本部分内容中仅简要介绍对 TG 曲线进行动力学分析的基本过程及典型应用 [4]。

1. 简介

对于大多数反应体系，其动力学模型可用式（2-20）描述：

$$\frac{\mathrm{d}\alpha}{\mathrm{d}T}=\frac{1}{\beta}k(T)f(\alpha) \tag{2-20}$$

式中，α 为体系反应进度或转化率，无量纲；T 为温度，K；β 为升温速率，K/s；$k(T)$ 为温度对反应速率的影响函数，s^{-1}；$f(\alpha)$ 为反应进程对反应速率的影响机理函数，无量纲。

可用式（2-21）计算转化率 α：

$$\alpha=\frac{m_0-m}{m_0-m_\infty} \tag{2-21}$$

式中，m_0 为样品初始质量，mg；m 为样品当前质量，mg；m_∞ 为结束时样品残余质量，mg。

对于式（2-20）中的 $k(T)$，主要可用两种模型表述：一是较为通用的 Arrhenius 方程 [72]，如式（2-22）所示；二是如式（2-23）所示的 H-E 模型 [73]，这种表示较不常用。

$$k(T)=A\exp\left(-\frac{E}{RT}\right) \tag{2-22}$$

$$k(T)=CT^m \tag{2-23}$$

式中，A 为指前因子，s^{-1}；E 为活化能，J/mol；R 为气体常数，J/（mol·K）；C 为常数；m 为幂指数。

机理函数 $f(\alpha)$ 可以用来描述样品反应速率 $k(T)$ 与反应进度 α 的关系，不同的反应机理存在各自对应的反应进程机理函数形式。

基于机理假设，机理函数通常分为成核、几何收缩、扩散及级数反应几类，在表 2-9 中分别列举了不同类型的机理函数的代码、微分形式表达式和积分形式表达式 [2,3]。

表2-9 常见的机理函数

反应模型	代码	微分形式 $f(\alpha)$	积分形式 $g(\alpha)$
Avarami-Erofeev 方程	A1	$(3/2)(1-\alpha)[-\ln(1-\alpha)]^{1/3}$	$[-\ln(1-\alpha)]^{2/3}$
Avarami-Erofeev 方程	A2	$2(1-\alpha)[-\ln(1-\alpha)]^{1/2}$	$[-\ln(1-\alpha)]^{1/2}$
Avarami-Erofeev 方程	A3	$3(1-\alpha)[-\ln(1-\alpha)]^{2/3}$	$[-\ln(1-\alpha)]^{1/3}$
Avarami-Erofeev 方程	A4	$4(1-\alpha)[-\ln(1-\alpha)]^{3/4}$	$[-\ln(1-\alpha)]^{1/4}$
一维扩散	D1	$(1/2)\alpha^{-1}$	α^2
二维扩散	D2	$[-\ln(1-\alpha)]^{-1}$	$(1-\alpha)\ln(1-\alpha)+\alpha$
三维扩散 -Jander 方程	D3	$(3/2)(1-\alpha)^{2/3}[1-(1-\alpha)^{1/3}]^{-1}$	$[1-(1-\alpha)^{1/3}]^2$
三维扩散 -Ginstling 方程	D4	$(3/2)[(1-\alpha)^{-1/3}-1]^{-1}$	$1-(2/3)\alpha-(1-\alpha)^{2/3}$
三维扩散模型	D5	$(3/2)(1-\alpha)^{4/3}[(1-\alpha)^{-1/3}-1]^{-1}$	$[(1-\alpha)^{-1/3}-1]^2$
Prout-Tompkins 方程	F1	$\alpha(1-\alpha)$	$\ln[\alpha(1-\alpha)^{-1}]$
收缩圆柱体	F2	$2(1-\alpha)^{1/2}$	$1-(1-\alpha)^{1/2}$
收缩球体	F3	$3(1-\alpha)^{2/3}$	$1-(1-\alpha)^{1/3}$
随机成核（1）	F4	$(1-\alpha)^2$	$(1-\alpha)^{-1}$
随机成核（2）	F5	$(1/2)(1-\alpha)^3$	$(1-\alpha)^{-2}$
幂函数法则	P2	$(2/3)\alpha^{-1/2}$	$\alpha^{3/2}$
幂函数法则	P3	$2\alpha^{1/2}$	$\alpha^{3/2}$
幂函数法则	P4	$3\alpha^{2/3}$	$\alpha^{1/3}$
幂函数法则	P5	$4\alpha^{3/4}$	$\alpha^{1/4}$
一级反应	R1	$1-\alpha$	$-\ln(1-\alpha)$
二级反应	R2	$(1-\alpha)^2$	$(1-\alpha)^{-1}-1$
三级反应	R3	$(1-\alpha)^3$	$(1/2)[(1-\alpha)^{-2}-1]$
四级反应	R4	$(1-\alpha)^4$	$(1/3)[(1-\alpha)^{-3}-1]$
五级反应	R5	$(1-\alpha)^5$	$(1/4)[(1-\alpha)^{-4}-1]$
一级半反应	R3.2	$(1-\alpha)^{3/2}$	$2[(1-\alpha)^{-1/2}-1]$

综合整理式（2-20）、式（2-22）可得完整的动力学方程式，如式（2-24）所示

$$\frac{\mathrm{d}\alpha}{\mathrm{d}T}=\frac{1}{\beta}A\exp\left(-\frac{E}{RT}\right)(1-\alpha)^n \tag{2-24}$$

式（2-24）中主要包括了 3 个动力学参数 (即 A, E, n)，可以用来综合表征样品的详细

进程。因此，热分析动力学的核心即为动力学三参数(A, E, n)的求解。在众多求解方法中，常用方法有 3 类，分别为：微分法、积分法和 GE 算法。其中，前两类为线性分析法，而 GE 算法则为非线性求解法，以下分别介绍。

2. 微分法

微分法通常直接针对式（2-24）进行求解，对样品仅在单一扫描速率条件下的热重过程进行动力学分析，通常被称为单扫描速率法。基于 n 级反应假设，常用的单扫描速率法包含如下三种。

① Freeman-Carroll 公式 [74]。通过作图可以由斜率得到活化能，如式（2-25）所示：

$$\frac{\Delta\lg\frac{d\alpha}{dT}}{\Delta\lg(1-\alpha)}=n-\frac{E}{2.303R}\times\frac{\Delta\left(\frac{1}{T}\right)}{\Delta\lg(1-\alpha)} \tag{2-25}$$

② 当 n=1 时，可用 Newkirk 公式 [75]。如式（2-26）所示：

$$k=\frac{\frac{d\alpha}{dT}}{1-\alpha}=A\exp\left(-\frac{E}{RT}\right) \tag{2-26}$$

对于过程中的两个不同温度 T_1 和 T_2，则有

$$\ln\frac{k_1}{k_2}=\frac{E}{R}\left(\frac{1}{T_2}-\frac{1}{T_1}\right) \tag{2-27}$$

③ Achar-Brindley-Sharp 公式 [76]。如式（2-28）所示：

$$\ln\left[\frac{\beta}{f(\alpha)}\times\frac{d\alpha}{dT}\right]=\ln A-\frac{E}{RT} \tag{2-28}$$

采用不同 $f(\alpha)$ 函数，由以上线性方程的斜率获得 E，由截距求得 A。

针对不同扫描速率下测得的多条热重曲线进行动力学分析的方法称为多重扫描速率法。实际应用中，基于微分形式的多重扫描速率法有以下几种。

① Kissinger-Akahira-Sunose 公式 [77]。针对不同升温速率（β）下所测热重曲线峰值对应的温度 T_p，可得到式（2-29），由该线性方程的斜率，可确定 E，由截距可确定 A。

$$\ln\frac{\beta}{T_p^2}=\ln\frac{AR}{E}-\frac{E}{RT_p} \tag{2-29}$$

② Friedman 公式 [78]。对于多条不同升温速率 β 下的热重曲线，选择等转化率 α 处，有式（2-30）：

$$\ln\left(\beta\frac{\mathrm{d}\alpha}{\mathrm{d}T}\right)=\ln\left[Af(\alpha)\right]-\frac{E}{RT} \tag{2-30}$$

由斜率可以求得 E，截距为 $\ln[Af(\alpha)]$。

如果结合 n 级反应模型假设，则可得

$$\ln\left[Af(\alpha)\right]=\ln A+n\ln(1-\alpha) \tag{2-31}$$

结合不同的 α，由式（2-30）可确定不同的截距，再基于式（2-31），由斜率可求得 n，由截距可求得 A。

此外，还有 Vachuska 和 Vobril 法 [79] 等，在此不再赘述。

3. 积分法

积分法则是通过对温度或者时间积分得到 $g(\alpha)$，如式（2-32）所示。

$$g(\alpha)=\int_0^\alpha\frac{\mathrm{d}\alpha}{f(\alpha)}=\int_{T_0}^T\frac{A}{\beta}\exp\left(-\frac{E}{RT}\right) \tag{2-32}$$

常用的积分法有如下几种。

① Horowitz-Metzger 公式 [80]。如式（2-33）所示：

$$\ln g(\alpha)=\frac{E\theta}{RT_{\mathrm{r}}^2} \tag{2-33}$$

其中，

$$\theta=T-T_{\mathrm{r}} \tag{2-34}$$

式中，T_{r} 为满足 $1-\alpha=1/\mathrm{e}$ 的参考温度，K；θ 为当前温度和参考温度的差值，K。作 $\ln g(\alpha)\sim\theta$ 图，即可由斜率确定活化能。该模型后来被进一步修改为 Dharwadkar-Karkhanavala 公式 [81]，如式（2-35）所示。

$$\ln g(\alpha)=\frac{E\theta}{RT_{\mathrm{r}}^2}\left(\frac{100}{T_{\mathrm{f}}-T_{\mathrm{i}}}\right)+c \tag{2-35}$$

式中，T_{i}、T_{f} 分别为反应开始和结束时的温度，K。

② Coats-Redfern 公式 [82]。首先，采用 Taylor 展开取近似，得式（2-36）：

$$\ln\frac{g(\alpha)}{T^2}=\ln\left[\frac{AR}{\beta E}\left(1-\frac{2RT}{E}\right)\right]-\frac{E}{RT} \tag{2-36}$$

由于 $RT/E\sim0$，可得 $1-2RT/E\approx1$。

于是式（2-36）可近似为式（2-37）：

$$\ln\frac{g(\alpha)}{T^2}=\ln\frac{AR}{\beta E}-\frac{E}{RT} \tag{2-37}$$

即可基于斜率和截距值，算出 E 和 A。

③ Flynn-Wall-Ozawa 公式 [83-85]，如式（2-38）所示：

$$\lg\beta=\lg\frac{AE}{Rg(\alpha)}-2.315-0.4567\frac{E}{RT} \tag{2-38}$$

针对不同升温速率 β 下的曲线，取等转化率 α 处的温度 T，作 $\lg\beta\sim 1/T$ 图，由斜率可得到 E。

此外，还有 Zsako 公式 [86] 和 Satava-Sestak 公式 [87] 等，在此不再赘述。

4. 非线性动力学法

随着计算机科学技术的发展，可将动力学三参数的求解转化成一个迭代优化过程，即将各参数代入反应动力学公式，根据所计算热重曲线和实际热重曲线的误差，调整参数，最终基于误差最小原则给出最优动力学三参数值。

Tang 等 [88] 针对 PVC（聚氯乙烯）热解，基于三个平行反应模型构建了动力学计算公式，如式（2-39）所示：

$$\begin{cases}\dfrac{\mathrm{d}\alpha_1}{\mathrm{d}T}=\dfrac{1}{\beta}A_1\exp\left(-\dfrac{E_1}{RT}\right)\times(1-\alpha_1)^{n_1}\\ \dfrac{\mathrm{d}\alpha_2}{\mathrm{d}T}=\dfrac{1}{\beta}A_2\exp\left(-\dfrac{E_2}{RT}\right)\times(1-\alpha_2)^{n_2}\\ \dfrac{\mathrm{d}\alpha_3}{\mathrm{d}T}=\dfrac{1}{\beta}A_3\exp\left(-\dfrac{E_3}{RT}\right)\times(1-\alpha_3)^{n_3}\end{cases} \tag{2-39}$$

总的反应转化率则是三个平行反应的叠加，如式（2-40）所示：

$$\frac{\mathrm{d}\alpha}{\mathrm{d}T}=\frac{\mathrm{d}\alpha_1}{\mathrm{d}T}+\frac{\mathrm{d}\alpha_2}{\mathrm{d}T}+\frac{\mathrm{d}\alpha_3}{\mathrm{d}T} \tag{2-40}$$

对式（2-39）中的三个平行反应进行独立求解，其差分形式如式（2-41）所示：

$$\frac{\alpha_i^1-\alpha_i^0}{\Delta T}=\frac{1}{\beta}A_i\exp\left(-\frac{E_i}{RT}\right)\times\left(1-\alpha_i^0\right)^{n_i}\quad i=1\sim 3 \tag{2-41}$$

具体计算过程中，可采用当前流行的优化求解方法，即遗传算法（genetic algorithm），基于该算法的不断“自然选择 - 繁殖”迭代，直至达到目标拟合精度。式（2-42）给出了评价优化参数好坏的误差函数 ϕ 的表达式。

$$\phi = \gamma \frac{\sum_{i=1}^{M}\left(\dot{\alpha}_{\exp,i}-\dot{\alpha}_{\mathrm{cal},i}\right)^2}{\sum_{i=1}^{M}\left(\dot{\alpha}_{\exp,i}-\overline{\dot{\alpha}_{\exp}}\right)^2}+(1-\gamma)\frac{\sum_{i=1}^{M}\left(\alpha_{\exp,i}-\alpha_{\mathrm{cal},i}\right)^2}{\sum_{i=1}^{M}\left(\alpha_{\exp,i}-\overline{\alpha_{\exp}}\right)^2} \tag{2-42}$$

式中，ϕ 为模型预测结果和实验值之间的误差；γ为实验和模型预测的反应进度速率（DTG）之间的误差占总误差的权重；$\dot{\alpha}_{\exp,i}$为实验测量的反应速率，K^{-1}；$\dot{\alpha}_{\mathrm{cal},i}$为当前动力学三参数下计算出的反应速率，$K^{-1}$；$\overline{\dot{\alpha}_{\exp}}$为实验测量的反应速率的均值，$K^{-1}$；$\alpha_{\exp,i}$为实验测量的无量纲反应进度；$\alpha_{\mathrm{cal},i}$为该动力学三参数下计算出的无量纲反应进度；$\overline{\alpha_{\exp}}$为实验测量的反应进度均值；$M$为在特定升温速率下实验数据点的数目。

本书编著者团队基于遗传算法对交联后的 PE（聚乙烯）的热重曲线的拟合结果如图 2-47 所示[88]，可见在各升温速率下可算出与热重实验曲线吻合度很高的动力学三参数。

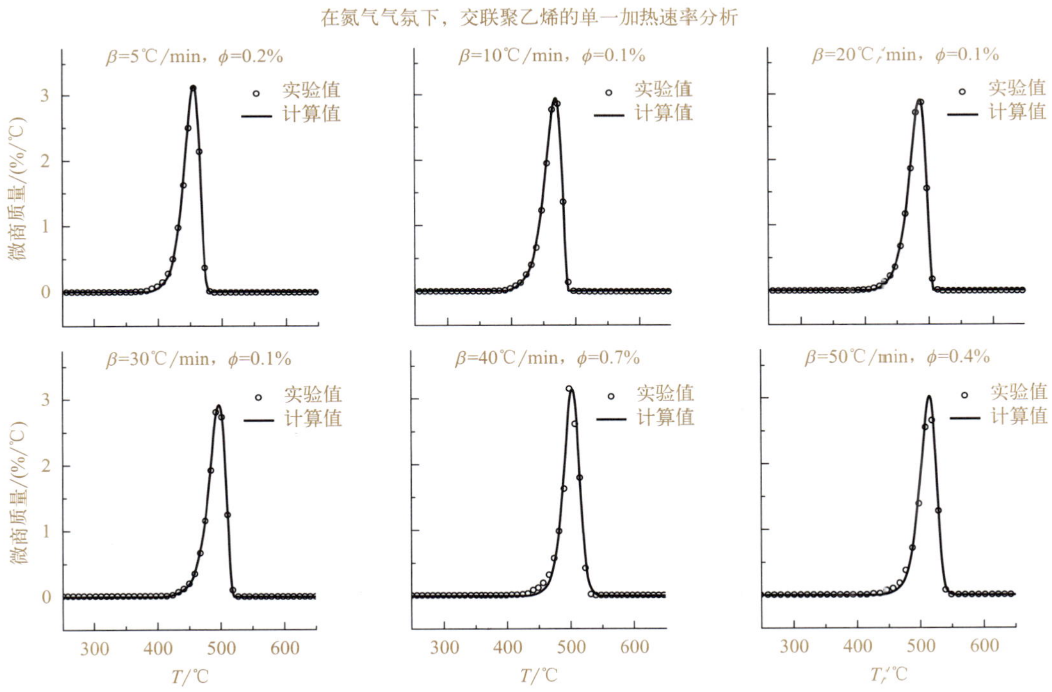

图 2-47　在不同升温速率下得到交联 PE 的 DTG 曲线与基于遗传算法得到的最佳拟合曲线[88]

参考文献

[1] 刘振海，张洪林．分析化学手册　第 8 分册　热分析与量热学 [M]. 3 版　北京：化学工业出版社，2021.

[2] 丁延伟 . 热分析基础 [M]. 合肥 : 中国科学技术大学出版社 , 2020.
[3] 丁延伟 . 热重分析——方法・实验方案设计・曲线解析 [M]. 北京 : 化学工业出版社 , 2022.
[4] 谢启源 , 陈丹丹 , 丁延伟 . 热重分析技术及其在高分子表征中的应用 [J]. 高分子学报 , 2022, 53 (2): 193-210.
[5] 中国国家标准化管理委员会 . 热分析术语 : GB/T 6425—2008 [S]. 北京：中国标准出版社，2008.
[6] 刘振海 . 热分析简明教程 [M]. 北京 : 科学出版社 , 2012.
[7] Schawe J E K. A general approach for temperature modulated thermogravimetry: Extension to non-periodical and event-controlled modulation [J]. Thermochimica Acta, 2014, 593: 65-70.
[8] Moukhina E. Direct analysis in modulated thermogravimetry [J]. Thermochimica Acta, 2014, 576: 75-83.
[9] Budrugeac P. Estimating errors in the determination of activation energy by advanced nonlinear isoconversional method applied for thermoanalytical measurements performed under arbitrary temperature programs [J]. Thermochimica Acta, 2020, 684: 178507.
[10] Budrugeac P. Critical study concerning the use of sinusoidal modulated thermogravimetric data for evaluation of activation energy of heterogeneous processes [J]. Thermochimica Acta, 2020, 690: 178670.
[11] 陈镜泓 , 李传儒 . 热分析及其应用 [M]. 北京 : 科学出版社 , 1985.
[12] 蔡正千 . 热分析 [M]. 北京 : 高等教育出版社 , 1993.
[13] 高家武 . 高分子材料热分析曲线集 [M]. 北京 : 科学出版社 , 1990.
[14] Keattch C J, Dollimore D. Studies in the history and development of thermogravimetry Ⅰ. early development [J]. Journal of Thermal Analysis, 1991, 37 (9): 2089-2102.
[15] Keattch C J, Dollimore D. Studies in the history and development of thermogravimetry Ⅲ. The influence of Kotaro Honda and the Japanese school [J]. Journal of Thermal Analysis, 1993, 39 (1): 97-118.
[16] Duval C. Inorganic thermogravimetric analysis [M]. 2nd ed. Amsterdam: Elsevier, 1963.
[17] 刘振海 , 徐国华 , 张洪林，等 . 热分析与量热仪及其应用 [M]. 2 版 . 北京 : 化学工业出版社 ,2011.
[18] Yao F L, Xu P C, Jia H, et al. Thermogravimetric analysis on a resonant microcantilever [J]. Analytical Chemistry, 2022, 94 (26): 9380-9388.
[19] 全国教育装备标准化技术委员会 . 热分析方法通则　第 4 部分：热重法：JY/T 0589.4—2020 [S]. 北京：中华人民共和国教育部，2020.
[20] 刘振海 . 热分析导论 [M]. 北京 : 化学工业出版社 , 1991.
[21] 全国教育装备标准化技术委员会 . 热分析方法通则　第 5 部分：热重 - 差热分析和热重 - 差示扫描量热法：JY/T 0589.5—2020 [S]. 北京：中华人民共和国教育部，2020.
[22] 刘振海 , 徐国华 , 张洪林 . 热分析仪器 [M]. 北京 : 化学工业出版社 , 2006.
[23] 徐颖 , 李海燕 , 李红喜 . 热分析实验 [M]. 北京 : 学苑出版社 , 2011.
[24] Lu X Y, Dai P, Zhu X J, et al. Thermal behavior and kinetics of enzymatic hydrolysis lignin modified products [J]. Thermochimica Acta, 2020, 688: 178593.
[25] Ma Z Q, Chen D Y, Gu J, et al. Determination of pyrolysis characteristics and kinetics of palm kernel shell using TGA-FTIR and model-free integral methods [J]. Energy Conversion and Management, 2015, 89: 251-259.
[26] 丁延伟 , 郑康 , 钱义祥 . 热分析实验方案设计与曲线解析概论 [M]. 北京 : 化学工业出版社 , 2020.
[27] Wang Y J, Tang L C, Gong L X, et al. Grafting of epoxy chains onto graphene oxide for epoxy composites with improved mechanical and thermal properties [J]. Carbon, 2014, 69: 467-480.

[28] Gu J W, Lv Z Y, Wu Y L, et al. Dielectric thermally conductive boron nitride/polyimide composites with outstanding thermal stabilities via in-situ polymerization-electrospinning-hot press method [J]. Composites: Part A, 2017, 94: 209-216.

[29] 孙晋皓，倪金平，路丹，等. 磷化淀粉的合成及其与聚磷酸铵协效阻燃聚乳酸的性能研究 [J]. 高分子学报，2022, 53 (3): 227-235.

[30] Yang S J, Liu X Y, Tang G, et al. Fire retarded polyurethane foam composites based on steel slag/ammonium polyphosphate system: A novel strategy for utilization of metallurgical solid waste [J]. Polymers For Advanced Technologies, 2022, 33 (1): 452-463.

[31] Yu B, Shi Y Q, Yuan B H, et al. Enhanced thermal and flame retardant properties of flame-retardant-wrapped graphene/epoxy resin nanocomposites [J]. Journal of Materials Chemistry A, 2015, 3: 8034-8044.

[32] 单雪影，台启龙，胡源，等. 本质阻燃聚苯乙烯 / 蒙脱土纳米复合物的制备及性能 [J]. 高等学校化学学报，2013, 34 (10): 2431-2436.

[33] Rychlý J, Matisová-Rychlá L, Csomorová K, et al. Non-isothermal thermogravimetry, differential scanning calorimetry and chemiluminescence in degradation of polyethylene, polypropylene, polystyrene and poly(methyl methacrylate) [J]. Polymer Degradation and Stability, 2011, 96: 1573 -1581.

[34] Miňano J, Puiggalí J, Franco L. Effect of curcumin on thermal degradation of poly(glycolic acid) and poly (ε-caprolactone) blend [J]. Thermochimica Acta, 2020, 693: 178764.

[35] 谭静，卢郁静，付小航，等. 老化竹纸的微观结构变化对性质的影响分析 [J]. 科学通报，2022, 67 (36): 4429-4438.

[36] 陈彪，谭静，付小航，等. 竹纸老化的热解特性及其老化程度的量化评价 [J]. 材料导报，2022, 36 (13): 213-217.

[37] 谭静，卢郁静，顾培玲，等. 原料及制作工艺对富阳竹纸性能的影响 [J]. 林业工程学报，2020, 5 (5): 103-108.

[38] 陈彪，谭静，黄晶，等. 4 种富阳竹纸的耐老化性能 [J]. 林业工程学报，2021, 6 (1): 121-126.

[39] 杨福田，蔡博文，衡航，等. 豆蛋白与丝素复合纳米纤维膜的喷纺制备、结构与性能 [J]. 中国科学：化学，2022, 52 (5): 709-720.

[40] Wang F, Aravind S S J, Wu H, et al. Tunable green graphene-silk biomaterials: Mechanism of protein-based nanocomposites [J]. Materials Science and Engineering: C, 2017, 79: 728-739.

[41] Wang F, Wu H, Venkataraman V, et al. Silk fibroin-poly (lactic acid) biocomposites: Effect of protein-synthetic polymer interactions and miscibility on material properties and biological responses [J]. Materials Science and Engineering: C, 2019, 104: 109890.

[42] Barroso-Bujans F, Alegría A, Pomposo J A, et al. Thermal stability of polymers confined in graphite oxide [J]. Macromolecules, 2013, 46: 1890-1898.

[43] 彭晓萌，王健，田振峰，等. 利用热重分析法测定卷烟纸中碳酸钙的含量 [J]. 造纸科学与技术，2019, 38 (5): 31-35.

[44] 赵军. 热重分析对高分子材料中碳酸钙的定量研究 [J]. 上海计量测试，2002,29 (2):15-17.

[45] 成青. 热重分析技术及其在高分子材料领域的应用 [J]. 广东化工，2008, 35 (12): 50-52.

[46] 何坚刚，高江，吴刚，等. 热重分析法测定三元乙丙复合橡胶中组分 [J]. 化工时刊，2018, 32 (2): 11-15.

[47] 陈波宇，顾瑛，陈生，等. 热重分析法测定橡胶并用比 [J]. 轮胎工业，2021, 4 (6): 395-398.

[48] 左志辉，左文坚，大屋和美. 热重法用于测定无机化合物和有机酸盐类药物的结晶水 [J]. 天津药学，1999, 11 (4): 47-48.

[49] Li S C, Hu B C, Ding Y W, et al. Wood-derived ultrathin carbon nanofiber aerogels [J]. Angewandte Chemie International Edition, 2018, 57 (24): 6947-7254.

[50] Attia A K, Abdel-Moety M M. Thermoanalytical investigation of terazosin hydrochloride [J]. Advanced Pharmaceutical Bulletin, 2013, 3 (1): 147-152.

[51] Mohan D, Gupta V K, Srivastava S K, et al. Kinetics of mercury adsorption from wastewater using activated carbon derived from fertilizer waste [J]. Colloids and Surfaces A, 2001, 177: 169-181.

[52] Oguz E. Adsorption characteristics and the kinetics of the Cr (Ⅵ) on the thuja Oriantalis [J]. Colloids and Surfaces A, 2005, 252: 121-128.

[53] Goworek J, Stefaniak W. Assessment of the porosity of solids from thermogravimetry and nitrogen adsorption data [J]. Thermochimica Acta, 1996, 286: 199-207.

[54] Torralvo M J, Grillet Y, Rouquerol F, et al. Application of CRTA to the study of microporosity by thermodesorption of pre-adsorbed water [J]. Journal of Thermal Analysis, 1994, 41: 1529-1534.

[55] Jaroniec M, Gilpin R K, Staszczuk P, et al. Studies of surface and structural heterogeneities of microporous carbons by high-resolution thermogravimetry [J]. Studies in Surface Science and Catalysis, 1994, 87: 613-622.

[56] Duan Y Y, Zhu M S, Han L Z. Experimental vapor pressure data and a vapor pressure equation for trifluoroiodomethane (CF_3I) [J]. Fluid Phase Equilibria, 1996, 121: 227-234.

[57] An B L, Yang F F, Duan Y Y, et al. Measurements and new vapor pressure correlation for HFO-1234ze(E) [J]. Journal of Chemical & Engineering Data, 2017, 62 (1): 328-332.

[58] Xu W T, Song Q, Song G C, et al. The vapor pressure of Se and SeO_2 measurement using thermogravimetric analysis [J]. Thermochimica Acta, 2020, 683: 178480.

[59] Price D M, Hawkins M. Vapour pressures of hydroxybenzophenone UV absorbers [J]. Thermochimica Acta, 1999, 329: 73-76.

[60] Price D M, Hawkins M. Calorimetry of two disperse dyes using thermogravimetry [J]. Thermochimica Acta, 1998, 315: 19-24.

[61] Chickos J S, Hosseini S, Hesse D G, et al. Heat capacity corrections to a standard state: A comparison of new and some literature methods for organic liquids and solids [J]. Structural Chemistry, 1993, 4: 271-278.

[62] Lerdkanchanaporn S, Dollimore D. An investigation of the evaporation of stearic acid using a simultaneous TG-DTA unit [J]. Thermochimica Acta, 1998, 324: 15-23.

[63] Zhou G C, Roby S, Wei T, et al. Fuel heat of vaporization values measured with vacuum thermogravimetric analysis method [J]. Energy Fuels, 2014, 28: 3138-3142.

[64] Vyazovkina S, Burnham A K, Favergeon L, et al. ICTAC Kinetics Committee recommendations for analysis of multi-step kinetics [J]. Thermochimica Acta, 2020, 689: 178597.

[65] Vyazovkin S, Burnham A K, Criado J M, et al. ICTAC Kinetics Committee recommendations for performing kinetic computations on thermal analysis data [J]. Thermochimica Acta, 2011, 520: 1-19.

[66] Vyazovkin S, Chrissafis K, Di Lorenzo M L, et al. ICTAC Kinetics Committee recommendations for collecting experimental thermal analysis data for kinetic computations [J]. Thermochimica Acta, 2014, 590: 1-23.

[67] Vyazovkin S. Isoconversional kinetics of polymers: The decade past [J]. Macromolecular Rapid Communications, 2017, 38: 16006.

[68] Stanford V L, Liavitskaya T, Vyazovkin S. Effect of inert gas pressure on re-versible solid-state decomposition [J]. The Journal of Physical Chemistry C, 2019, 123: 21059-21065.

[69] Long G T, Vyazovkin S, Gamble N, et al. Hard to swallow dry: Kinetics and mechanism of the anhydrous thermal decomposition of acetylsalicylic acid [J]. Journal of Pharmaceutical

Sciences, 2002, 91: 800-809.

[70] Farjas J, Butchosa N, Roura P. A simple kinetic method for the determination of the reaction model from non-isothermal experiments [J]. Journal of Thermal Analysis and Calorimetry, 2010, 102: 615-625.

[71] Moukhina E. Determination of kinetic mechanisms for reactions measured with thermoanalytical instruments [J]. Journal of Thermal Analysis and Calorimetry, 2012, 109: 1203-1214.

[72] Laidler K J. The development of the Arrhenius equation [J]. Journal of Chemical Education, 1984, 61 (6): 494-498.

[73] Harcourt A V. On the variation with temperature of the rate of a chemical change [J]. Philosophical Transactions of the Royal Society of London A, 1913, 212: 187-204.

[74] Freeman E S, Carroll B. The application of thermoanalytical techniques to reaction kinetics: The thermogravimetric evaluation of the kinetics of the decomposition of calcium oxalate monohydrate [J]. The Journal of Physical Chemistry, 1958, 62 (4): 394-397

[75] Newkirk A E. Thermogravimetric measurements [J]. Analytical Chemistry, 1960, 32 (12): 1558-1563.

[76] Sharp J H, Wentworth S A. Kinetic analysis of thermogravimetric data [J]. Analytical Chemistry, 1969, 41 (14): 2060-2062.

[77] Kissinger H E. Reaction kinetics in differential thermal analysis [J]. Analytical Chemistry, 1957, 29 (11): 1702-1706.

[78] Friedman H L. Kinetics of thermal degradation of char-forming plastics from thermogravimetry. Application to a phenolic plastic [J]. Journal of Polymer Science: Part C,1964, 6: 183-195.

[79] Vachuška J, Vobořil M. Kinetic data computation from non-isothermal thermogravimetric curves of non-uniform heating rate [J]. Thermochimica Acta, 1971, 2 (5): 379-392.

[80] Horowitz H H, Metzger G. A new analysis of thermogravimetric traces [J]. Analytical Chemistry, 1963, 35 (10): 1464-1468.

[81] Dharwadkar S R, Phadnis A B, Chandrasekharaiah M S, et al. A simple method of determining the activation energy of an isothermal solid-state decomposition reaction [J]. Journal of Thermal Analysis, 1980, 18 (1): 185-191.

[82] Coats A W, Redfern J P. Kinetic parameters from thermogravimetric data [J]. Nature, 1964, 201 (4914): 68-69.

[83] Ozawa T. A new method of analyzing thermogravimetric data[J]. Bulletin of the Chemical Society of Japan, 1965, 38 (11): 1881-1886.

[84] Flynn J H, Wall L A. General treatment of the thermogravimetry of polymers[J]. Journal of Research of the National Bureau of Standards, 1966, 70 (6): 487-523.

[85] Flynn J H, Wall L A. A quick, direct method for the determination of activation energy from thermogravimetric data [J]. Journal of Polymer Science Part B: Polymer Letters, 1966, 4 (5): 323-328.

[86] Zsako J. Kinetic analysis of thermogravimetric data [J]. Journal of Physical Chemistry, 1968, 72 (7): 2406-2411.

[87] Šatava V. Mechanism and kinetics from non-isothermal TG traces [J]. Thermochimica Acta, 1971, 2 (5): 423-428.

[88] Tang X Y, Xie Q Y, Qiu R, et al. Development of a relationship between kinetic triplets and heating rates to improve pyrolysis kinetic modeling of polymer [J]. Polymer Degradation and Stability, 2018, 154: 10-26.

THERMAL ANALYSIS

第三章

差热分析与差示扫描量热技术

在随温度变化的过程中，物质的结构和组成的变化往往伴随着热效应的变化，通过测量和分析物质在加热或冷却过程中热效应的变化，可以对物质进行定性、定量分析，为物质科学研究以及新材料的研究和开发提供热性能数据和结构信息。

热分析技术是研究材料在实验过程中产生的热效应的一种常规分析手段[1-3]，其中差热分析（differential thermal analysis，简称 DTA）是一种重要的热分析技术，其常用于实时测定物质在产生热效应时的特征温度，包括物质相变、分解、化合、凝固、脱水、蒸发等物理或化学反应，广泛应用于硅酸盐、陶瓷、矿物金属、航天耐温材料等领域[2]。与差热分析相比，差示扫描量热法（differential scanning calorimetry，简称 DSC）可以更准确地对热量进行定量测定，具有灵敏度高和需要样品量少等特点[1,2]。

第一节
相关术语和定义

一些与实验相关的通用性术语在本书之前章节已作介绍，限于篇幅，本部分内容仅介绍与 DTA 或者 DSC 密切相关的一些术语和定义。

一、与分析技术相关的术语和定义

1. 差热分析[4, 5]

差热分析（differential thermal analysis，简称 DTA）是在程序控温和一定气氛下，测量试样和参比物之间的温度差与温度或时间关系的一种热分析技术[1]。

通过 DTA 可以方便地研究在较宽温度范围内出现的热效应，由于其结构设计较简单，因此确定热效应的准确度和灵敏度较差。

差热分析仪（differential thermal analyzer，简称 DTA 仪）是在程序控温和一定气氛下，连续测量试样和参比物温度差的仪器[4]。除一些特殊领域的超高温差热分析仪外，在目前的商品化仪器中，差热分析仪通常与热重分析技术联用，称为热重 - 差热分析仪（简称 TG-DTA 仪），也称同步热分析仪（简称 STA 仪）。通过这种联用形式，可以同时获得物质在实验过程中的热效应和质量信息。

差热分析曲线（differential thermal analytical curve，简称 DTA curve 或 DTA 曲线）是在程序控温和一定气氛下，由差热分析仪测得的曲线[4]。曲线的纵坐标是对试样量归一化处理后的试样和参比物的温度差（ΔT），横坐标是温度或时间，图中吸 / 放热效应以曲线吸 / 放热标志所示方向为准（通常峰向上表示放热）[5]。

虽然 DTA 曲线的纵坐标习惯标记为 ΔT，理论上温度的单位应该为℃或者 K，但热电偶的输出信号在大多数情况下将随温度而变化，导致记录的测量值通常为输出样品热电偶与参比热电偶之间的电势差 ΔE，其与 ΔT 通常成正比，可以用式（3-1）表示：

$$\Delta T = b\Delta E \tag{3-1}$$

在一些软件中，采集到的温度差数据没有按照上式关系进行换算，显示为电势差的单位，通常用微伏（μV）表示[2]。

2. 差示扫描量热法

差示扫描量热法（differential scanning calorimetry，简称 DSC）是在程序控温和一定气氛下，测量输给试样和参比物的热流速率或加热功率（差）与温度或时间关系的一类热分析技术[4]。

差示扫描量热曲线（differential scanning calorimetric curve，简称 DSC curve 或 DSC 曲线）是由差示扫描量热仪测得的输给试样和参比物的热流速率或加热功率（差）与温度或时间的关系曲线。DSC 曲线的纵坐标为热流（heat flow），单位为 mW，为了便于比较，纵坐标中的热流单位通常对质量或者物质的量进行归一化，单位通常为 mW/mg（或者 W/g）或 mW/mmol（或者 W/mol）；DSC 曲线的横坐标为温度或时间。图中吸 / 放热效应以曲线吸 / 放热标识所示方向为准，如图 3-1 所示。

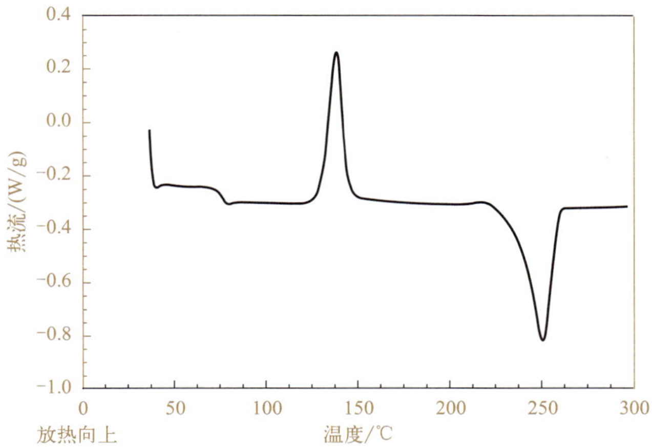

图 3-1　聚对苯二甲酸乙二醇酯（PET）的 DSC 曲线

温度调制差示扫描量热法（temperature modulated differential scanning calorimetry，简称 TMDSC）是在一定气氛和温度调制的温度程序下检测样品和参比物的热流速率（或功率）的差值随温度或时间变化关系的一种热分析技术[4]。该类技术通常是在常规 DSC 的基础上经改进后实现的，可以将其描述为温度调制的差示扫描量热法。在报告中需详细描述温度调制实验所用的调制类型和频率，以及用于对结果进行去卷积处理的数学方法。

按照工作原理不同，DSC 通常分为热流式 DSC 和功率补偿式 DSC 两种类型 [6]。

（1）热流式差示扫描量热法　热流式差示扫描量热法（heat-flux differential scanning calorimetry，简称热流式 DSC 或 heat-flux DSC）又称为热通量式 DSC，是在一定气氛下按程序控温改变试样和参比物温度，测量与试样和参比物温差相关的热流速率与温度或时间关系的一种 DSC 技术。相应的热分析仪器称为热流式 DSC 仪，是在程序控温和一定气氛下，测量与试样和参比物温差成比例流过热敏板的热流速率的一种仪器。在对其进行适当的热量或者热流校准之后，通过实验直接记录样品和参比物之间的温度差作为热流的测量曲线 [6]。

（2）功率补偿式差示扫描量热法　功率补偿式差示扫描量热法（power-compensation differential scanning calorimetry，简称功率补偿式 DSC 或 power-compensation DSC）是在程序控温和一定气氛下，在保持试样和参比物温度相等时测量输入试样和参比物的加热功率差与温度或时间关系的一种 DSC 技术 [4]。相应的热分析仪器称为功率补偿式 DSC 仪，是在程序控温和一定气氛下，当出现热效应时为保持试样和参比物的温度近乎相等进行功率补偿并测量输入二者加热功率差的仪器。

二、与实验相关的术语和定义

1. 分辨率

DTA 仪和 DSC 仪的分辨率是指仪器分辨两个相邻热效应的能力。我国 2012 年发布的国家质量检定规程 JJG 936—2012《示差扫描热量计检定规程》中对 DSC 仪的分辨率检定方法为：取标准物质 Pb 约 5mg 和 KNO_3 约 2mg，质量精确到 ±0.01mg。将装有试样的坩埚放到试样支持器上，分三个步骤测量，即①从 50℃升到 290℃，升温速率为 20℃ /min；②在 290℃时恒温 5min；③以 2℃ /min 升温速率从 290℃加热到 350℃。Pb 及 KNO_3 的 DSC 曲线见图 3-2，按式（3-2）计算两峰的分辨率：

$$R = 100\% \times \left(1 - \frac{y}{y_1}\right) \tag{3-2}$$

式中，R 为分辨率；y 为在两个峰范围内从基线到测量曲线间的最小距离，mW；y_1 为 Pb 峰的高度，mW。

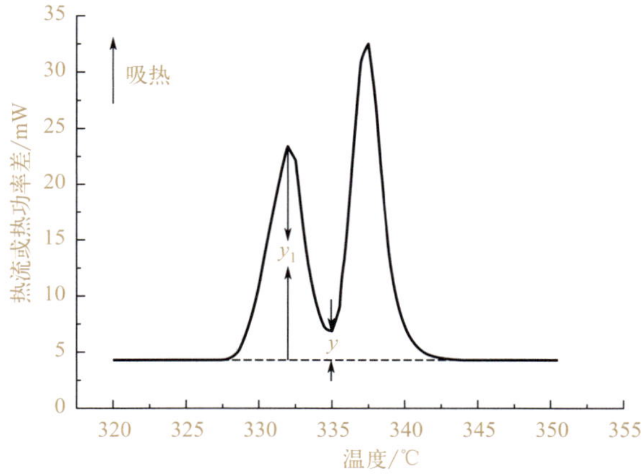

《 图 3-2　用于确定仪器分辨率的 Pb-KNO_3 的 DSC 曲线示意图

2. 灵敏度

根据定义，灵敏度是仪器对所测量的变化的最小响应程度，与检测限（即最小检测量）相关[7]。对于 DTA 和热流式 DSC，灵敏度为单位功率产生的 ΔT 值，或单位功率的热电偶的电动势值，即 $\Delta E / P$。例如，5μV/mW。对于功率补偿式 DSC，灵敏度与以瓦为单位的最小可检测的功率 ΔP 相关。高灵敏度的仪器能够检测到样品在转变中产生的非常小的热效应，并产生非常微弱的信号。在确定仪器的灵敏度时需注意仪器因素和操作因素对结果的影响，这些因素可能会干扰样品自身变化产生的热效应。

3. 时间常数

时间常数（time constant）又称响应时间，是仪器对热效应响应快速性的评价指标。

时间常数越短，则仪器的分辨率越高。DSC 测量系统的时间常数 τ 是试样产生一个阶段式的恒定热流速率并突然停止后，测量信号达到新的最终值的 1/e（即降到两个恒定值之差的 63.2%）所需的时间[8]。

4. 检测限

检测限（detection limit）是指被分析物可确切检知的最小量，可定义为两倍噪声与灵敏度之比，以符号 D 表示：

$$D = 2N / S \tag{3-3}$$

式中，N 为噪声；S 为检测器的灵敏度。

在实际应用中，一些厂商的商品 DSC 仪器所提供的技术参数中的“灵敏度”为 1μW 或者 0.5μW 等，所指即为检测限，即仪器能确切反映的输入量的最小值。

5. 热量校正

热量校正（heat correction）是通过建立标准物质的转变热的仪器测量值 ΔQ_m 和真实值 ΔQ_{tr} 之间如式（3-4）的关系，使仪器测量值与真实值相一致的操作[4]。

$$\Delta Q_{tr} = K_Q(T)\Delta Q_m \tag{3-4}$$

式中，$K_Q(T)$ 为用于热量校正的校正因子。

三、与曲线解析相关的术语和定义

1. 特征温度或时间

在 DSC 和 DTA 曲线中，用来描述特征温度或者时间的物理量主要包括[2, 5, 6]以下几个。

（1）初始温度或时间　由外推起始准基线可确定最初偏离热分析曲线的点，通常以 T_i 或 t_i 表示。

（2）外推始点温度或时间　外推起始准基线与热分析曲线峰的起始边或台阶的拐点或类似的辅助线的最大线性部分所做切线的交点，通常以 T_{eo} 或 t_{eo} 表示。

（3）中点温度或时间　某一反应或转变范围内的曲线与基线之间的半高度差处所对应的温度或时间，通常以 $T_{1/2}$ 或 $t_{1/2}$ 表示。

（4）峰值温度或时间　热分析曲线与准基线差值最大处，通常以 T_p 或 t_p 表示。

（5）外推终点温度或时间　外推终止准基线与热分析曲线峰的终止边或台阶的拐点或类似的辅助线的最大线性部分所做切线的交点，通常以 T_{ef} 或 t_{ef} 表示。

（6）终点温度或时间　由外推终止准基线可确定最后偏离热分析曲线的点，通常以 T_f 或 t_f 表示。

对于已知的转变过程，在以上特征温度或时间符号中有时还会额外使用正体下角标表示转变的类型，如 g (glass transition) 表示玻璃化转变、c (crystallization) 表示结晶、m (melting) 表示熔融、d (decomposition) 表示分解等。

以非等温 DTA 曲线为例，图 3-3 展示出了以上特征温度的表示方法 [5]。

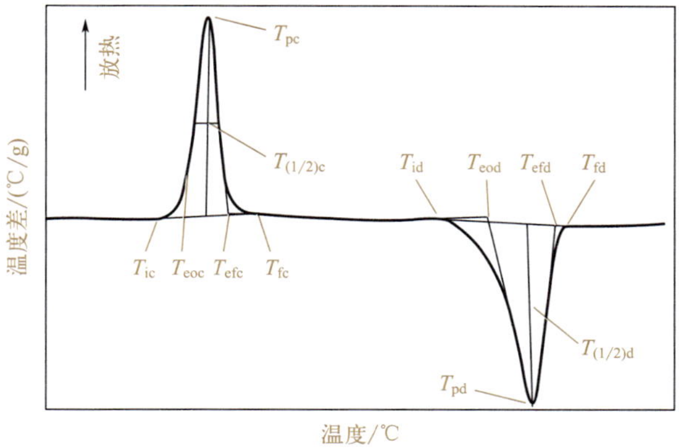

图 3-3　DTA 曲线的特征温度表示方法 [5]

2. 特征峰

热分析曲线中的特征峰是指曲线中偏离试样基线、达到最大或最小，而后又返回到试样基线的部分 [4]。峰主要包括以下几个特征量。

（1）吸热峰　对于 DSC 曲线的吸热峰，指转变过程中试样的温度低于参比物的温度，相当于吸热转变。

（2）放热峰　对于 DSC 曲线的放热峰，指转变过程中试样的温度高于参比物的温度，相当于放热转变。

（3）峰高　准基线到热分析曲线出峰的最大距离，峰高不一定与试样量成比例，通常以 H_T 或 H_t 表示。

（4）峰宽　峰的起、止温度或起、止时间的距离，通常以 T_w 或 t_w 表示。

（5）半高宽　峰高度二分之一处所对应的起、止温度或起、止时间的距离，通常以 $T_{(1/2)w}$ 或 $t_{(1/2)w}$ 表示。

（6）峰面积　由峰和准基线所包围的面积。

对于 DSC 曲线，峰面积对应于产生的吸热或放热的热效应数值，通常以 Q 表示。

以由结晶引起的非等温 DSC 曲线的放热峰为例，图 3-4 展示出了特征峰的各物理量的表示方法 [6]。

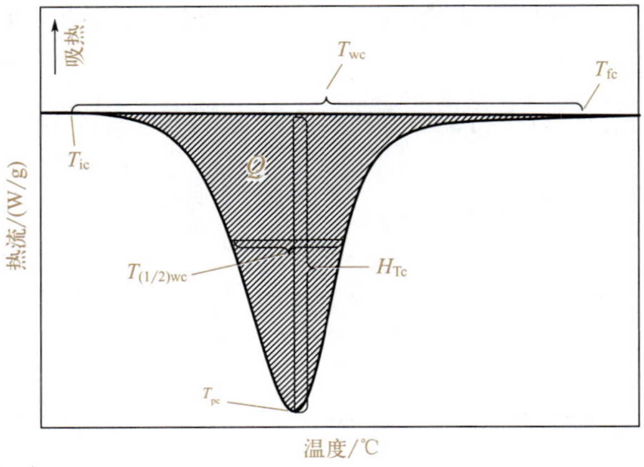

图 3-4 DSC 曲线的特征峰的表示方法[6]

第二节 理论基础

一、热力学基础

在一些应用中，通过 DSC 实验可以确定反应过程的焓变、比热容等信息。在对 DSC 和 DTA 曲线进行解析时，应具有较好的热力学基础，在本部分内容中简要介绍与 DSC 和 DTA 技术密切相关的热力学基本内容。

1. 热力学体系

通常，所研究的体系可以分为开放体系、封闭体系和孤立体系。例如在热分析中，热重分析的研究对象可以看作开放体系，绝热量热分析则为封闭体系，氧弹式量热分析是孤立体系。

由于热量会自发地从温度较高的体系传递到低温体系，因此当两个体系之间存在温差时，将会引起热量的传递，所传递的热量值与体系的质量成正比。

通常定义体系从外界吸收热量为正，而释放的热量则为负，热量的单位是焦耳（J）。热力学主要用来研究体系能量的传递，即热量（Q）和功（W），其目标是建立包括内能

（U）、焓（H）、压力（p）、体积（V）、熵（S）和恒压下的比热容（c_p）等物理量的热力学基本函数。

2. 热力学定律

热力学中的过程（process）是体系从一个平衡状态到另一个平衡状态的变化过程。在热力学中，非平衡热力学涉及不可逆过程，而应用最广泛的平衡热力学则主要涉及可逆过程，主要存在以下的经验定律[9-11]。

① 热力学第零定律：引入了温度的概念，其内容为，如果两个热力学体系中的每一个都与第三个热力学体系处于热平衡（温度相同），则其彼此也处于热平衡。

② 热力学第一定律（能量守恒定律）：热力学体系的内能是状态函数，其值取决于体系的状态，而不取决于路径。因此，在一个热力学循环过程中的内能变化 ΔU=0。

$$\Delta U = W + Q \tag{3-5}$$

式中，ΔU 是内能的变化；Q 是热量；W 是功。

③ 热力学第二定律：在自发过程中，热量不能从低温物体流向高温物体（即克劳修斯表述）；也可以表述为不可能从单一热源吸取热量，使之完全变成功，而不产生其他影响（即开尔文表述）。

④ 热力学第三定律：完美晶体材料在 0K 时的熵为零。

3. 描述热力学体系的物理量

通常用于描述热力学体系的物理量主要包括以下几个[9-11]。

（1）温度　温度是体系中原子或分子平均动能的量度，其中的粒子速度由玻尔兹曼分布描述。温度的变化可以控制两个热力学体系之间的热量流动，热力学第零定律阐明了温度的物理意义。如果体系 A 和体系 B 分别与体系 C 处于热平衡状态，则在平衡状态下所有热力学体系都存在一个重要的状态变量，即温度。通过热力学第二定律可以给出温度的表达式，即温度是恒容条件下体系内能随熵发生变化的量，可用式（3-6）表示：

$$T = \left(\frac{\partial U}{\partial S}\right)_V \tag{3-6}$$

（2）热　热是能量的一种形式，其可以自发地从高温侧流向低温侧。因此，热流被定义为两个热力学体系交换能量的过程，最终达到一种热平衡状态。对于极小的热交换过程，式（3-5）可以改写为

$$dU = \delta Q + \delta W \tag{3-7}$$

在只存在体积功的情况下，可以得到以下关系式：

$$dU = \delta Q + \delta W = \delta Q - pdV \tag{3-8}$$

$$\Delta U = Q + W = Q - \int_{V_1}^{V_2} pdV \tag{3-9}$$

$$\delta Q = dU + pdV = \left(\frac{\partial U}{\partial V}\right)_T dV + \left(\frac{\partial U}{\partial T}\right)_V dT + pdV \tag{3-10}$$

如果一个过程在恒定体积下发生，并且不考虑其他功，则有

$$dU = \delta Q \tag{3-11}$$

式（3-11）表明，内能的变化等于体系获得或释放的热量，此时可以将热量近似看作一个状态函数。

（3）热流（热交换）　通常主要存在三种热流（热交换）形式，即传导、对流和热辐射。

① 当发生热传导时，组成物质的原子或分子会将一部分振动能传递至其相邻部分，因此热量会从物体较热的部分扩散传递到相邻的较冷部分。

② 当发生热对流时，热量从固体表面转移到可以流动的区域（如气体或液体）。

③ 当发生热辐射时，能量以电磁波的形式从体系表面辐射。热辐射现象常发生在固体表面之间，无需借助介质。体系表面温度决定了辐射的强度和频率。

（4）潜热　潜热是材料在相变过程中吸收或释放的热量，在此过程中材料自身的温度保持不变。

（5）焓　对于在恒压下发生的过程，通常引入一个新的状态函数（焓，用 H 表示）来描述体系的状态，用下式表示：

$$H = U + pV \tag{3-12}$$

式中，p 是压力；V 是体积。焓作为状态函数，包含了体积功的因素。实际上，由于固体和液体的体积随温度的变化很小，体积功的影响可以忽略不计。因此，焓和内能之间的差异很小。

对于在恒压下发生的热力学过程，存在着如下关系：

$$dH = dU + pdV \tag{3-13}$$

$$\Delta H = Q \tag{3-14}$$

上式表明，在平衡过程中体系的焓增量等于体系获得的热量。

在 DSC 实验中，焓变由样品端和参比端之间的温度差确定。例如，在熔融等吸热过

程中，体系的焓增加；而在结晶等放热过程中，体系的焓（和内能）则减少。

（6）熵　熵是表征体系无序性的状态函数，可以用下式表示：

$$\Delta S = S_{\mathrm{B}} - S_{\mathrm{A}} \geqslant \int_{\mathrm{A}}^{\mathrm{B}} \frac{\delta Q}{T} \tag{3-15}$$

或

$$\mathrm{d}S \geqslant \frac{\delta Q}{T} \tag{3-16}$$

上式中，符号“≥”中的“＞”部分表示不可逆过程，“=”部分表示可逆过程。因此，在恒定温度 T 下，在体系从状态 A 到状态 B 的可逆过程中，存在如下关系式：

$$S_{\mathrm{B}} - S_{\mathrm{A}} = \Delta S = \frac{1}{T}\int_{\mathrm{A}}^{\mathrm{B}} \delta Q = \frac{Q}{T} \tag{3-17}$$

对于循环过程，根据热力学第二定律，有如下关系式：

$$\oint \frac{\delta Q}{T} \leqslant 0 \tag{3-18}$$

上式中，符号“≤”中的“＜”部分表示不可逆过程，“=”部分表示可逆过程。

在孤立体系中，如果体系的熵增加，则不可逆过程自发进行，有如下形式的关系式：

$$\Delta S > 0 \tag{3-19}$$

（7）亥姆霍兹和吉布斯自由能　通常用亥姆霍兹自由能（F）和吉布斯自由能（G）分别定量表示在恒定温度和体积或压力下内能或焓部分可以转化的功，如下式所示：

$$F = U - TS \tag{3-20}$$

$$G = U - TS + pV = H - TS \tag{3-21}$$

上式表明，内能和焓的可用部分随着温度的升高和熵的增大而减小。

（8）比热容　热容表示物质的温度每升高 1K 时所需的热量，单位物质的量或单位质量的物质的热容称为比热容。比热容的国际单位制为 J/(mol · K) 或 J/(kg · K)。主要有两种形式的比热容：

恒容比热容 c_V：

$$c_V \equiv \left(\frac{\delta Q}{\partial T}\right)_V = \left(\frac{\partial U}{\partial T}\right)_V \tag{3-22}$$

恒压比热容 c_p：

$$c_p \equiv \left(\frac{\delta Q}{\partial T}\right)_p = \left(\frac{\partial H}{\partial T}\right)_p \tag{3-23}$$

在没有化学反应或相变的情况下，DSC 曲线的变化幅度与样品的恒压比热容（c_p）成正比。因此，可以根据以下关系由 c_p 计算 c_V：

$$c_p - c_V = \left[\left(\frac{\partial U}{\partial V}\right)_T + p\right]\left(\frac{\partial V}{\partial T}\right)_p \tag{3-24}$$

可将上式修改为

$$c_V = c_p - V\gamma^2 T\beta_T \tag{3-25}$$

式中，V 为体积；γ 为体积热膨胀系数；β_T 为等温压缩性（体积模量的倒数）[7]。

4. 通过DSC或者DTA研究的热力学过程

在实际应用中，一些热力学过程可以通过 DSC 或者 DTA 技术方便地进行研究，这些过程主要包括以下方面。

（1）相转变　当温度或压力发生变化时，热力学体系通常会从一种相态转变为另一种相态，通常称这种变化过程为相变。物理学家 Ehrenfest 对热力学相变进行分类[12]，提出当自由能与热力学变量（如温度、压力）的一阶偏导数呈现出如体积、熵和焓的不连续性特征的变化称为一级相变，常见的一些过程如熔化、蒸发、升华、晶型转变、结晶、冷凝和沉积等都是一级相变。当一阶偏导数是连续的，而二阶偏导数表现出不连续性时，则为二级相变。在图 3-5 中给出了在一级相变与二级相变过程中的化学势（μ）、焓（h）和比热容（c_p）随温度的变化情况。

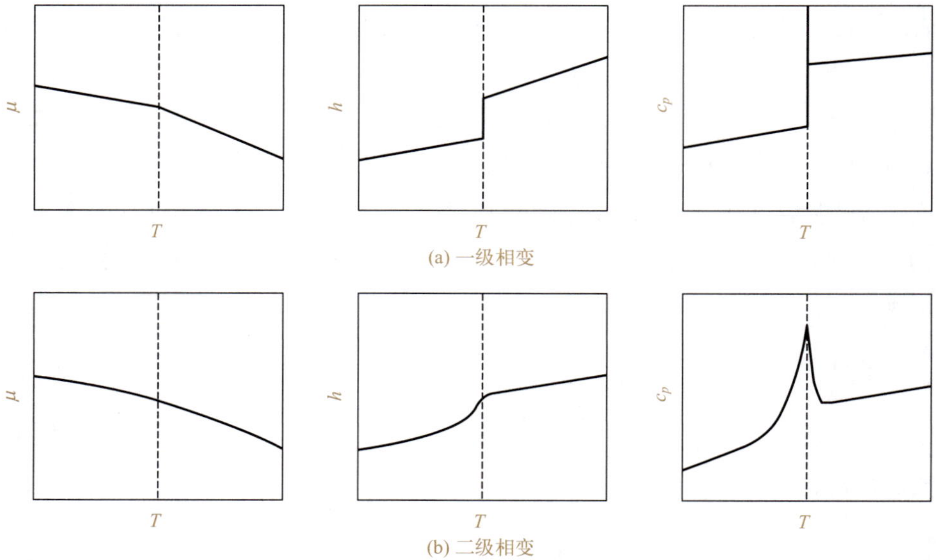

图 3-5　在相变过程中的化学势（μ）、焓（h）和比热容（c_p）随温度变化的关系曲线（图中的虚线垂线所示的为相变温度）

在 DSC 曲线中，c_p 对温度导数曲线的突变（跳跃）现象表明存在二级相变。在实际应用中，一些二级相变还包括居里点的磁相变、液氦的超流体相变以及玻璃或聚合物中的各种玻璃化转变[13,14]。

（2）熔融过程　通常用熔点和熔化热这两个物理量来描述熔融过程，其中熔点（T_m）是晶态固体转变为各向同性液体的温度，熔化热是指单位质量或者单位物质的量的晶体在熔化时转变成同温度的液态物质所需吸收的热量，其数值与单位质量或单位物质的量的同种物质在相同压强的熔点下由液态转变成固态所放出的热量相等，单位通常为 J/kg 或者 J/mol。通过 DSC 或者 DTA 实验得到的曲线中的吸热峰可以确定物质的熔点和熔化热。

（3）结晶过程　结晶温度（T_c）是指各向同性液体在冷却过程中变成结晶固体的温度。由于存在过冷现象，T_c 通常低于 T_m。在 DSC 曲线中，对于低分子量纯物质，结晶放热峰的前沿与外推基线的交点为 T_c。对于半结晶聚合物而言，结晶温度通常指结晶放热峰的最高温度（指定为 T_{c0}，有的也认为是结晶放热峰温度 T_{pc}，有冷、热结晶之分）。在分析 DSC 数据时，除需要确定 T_c 外，通常还应确定结晶峰值温度（用来反映最大结晶速率，T_{pc}）。由于半结晶聚合物的熔融和结晶通常都远未达到平衡，因此在报道这类数据时应注明加热和冷却速率。

（4）玻璃化转变过程　通常用玻璃化转变温度（T_g）来描述玻璃化过程。对于聚合物体系，T_g 可以作为评价聚合物链段长程平移运动难易程度的指标。在加热时，当温度在 T_g 以下时，链段的整体平移运动被冻结，只存在局部的振动状态。当温度在 T_g 以上时，聚合物由玻璃态转变为橡胶或熔融状态。从实验得到的 DSC 曲线形状来看，在玻璃化转变过程中存在着比热容的明显变化，类似于热力学的二级转变。然而，这种比热容的增加并非在平衡热力学所要求的某一个特定温度下自发完成，而是在一定的温度范围内发生的。因此，可以认为玻璃化转变是一种动力学转变过程。

二、差热分析（DTA）技术的理论基础

1. 简介

DTA 是在程序控温和一定气氛下测量加热或冷却过程中试样和参比物之间的温度差的一种热分析技术。图 3-6 中分别给出了在 DTA 实验过程中样品和参比物的温度曲线，由图可见，当试样的温度由于某种反应而升高并超过参比物的温度时，在 DTA 曲线中

将会呈现出一个放热峰；反之，吸热过程将会使样品温度下降并低于参比物的温度，在DTA曲线中出现一个吸热峰。

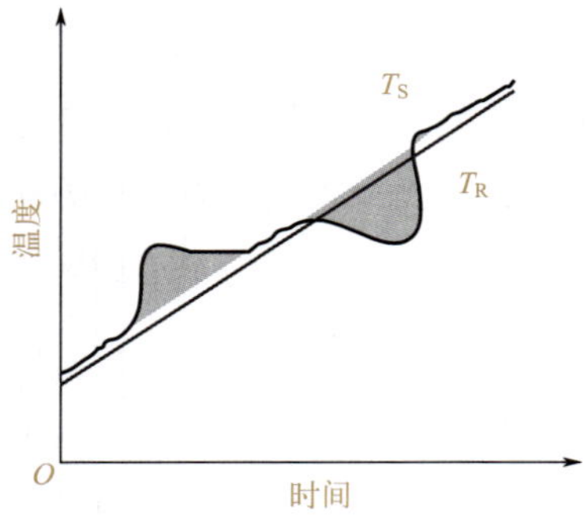

图 3-6　在 DTA 实验过程中样品（T_S）和参比物（T_R）的温度曲线

如果试样和参比物的温度保持一致，得到的温度差曲线（即DTA曲线）理论上是一条水平的直线，如图3-7所示。在实际应用中，如果将所测量的试样与参比物间的温差值ΔT转化为热流差值，则所得到的曲线即为定量DTA曲线（也称为热流式DSC曲线）。

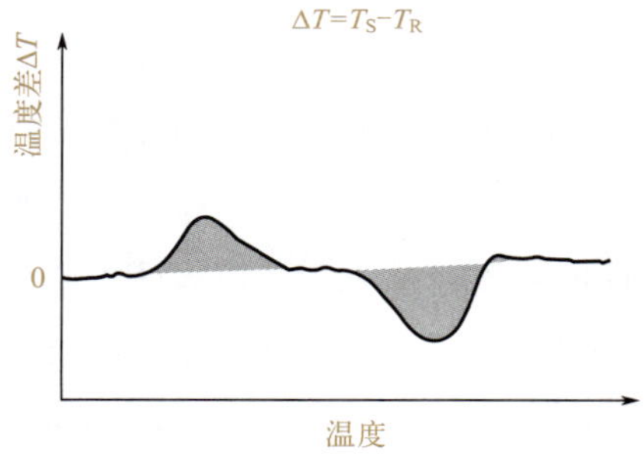

图 3-7　由图 3-6 得到的不同温度下的样品和参比物的温度差 ΔT 曲线（即 DTA 曲线）

2. DTA相关理论

自DTA技术出现以来，对定量DTA曲线的解释提出了不同的理论，所有这些理论都是基于某种模型假设并运用一般的热传递关系，结合仪器结构参数来阐明DTA曲线中的峰面积与样品和仪器的各种参数之间的关系[15]。

下面简要介绍常见的几种DTA理论。

（1）Speil DTA理论模型　Speil等[16]提出，经Kerr和Kulp[17]改进的理论认为DTA曲线所包围的面积可用下列方程表示：

$$\frac{m(\Delta H)}{gK}=\int_{t_1}^{t_2}\Delta T\mathrm{d}t \tag{3-26}$$

式中，m 是反应物质的质量；ΔH 是反应热；g 是仪器的几何形状常数；K 是样品的热导率；ΔT 是试样与参比物之间的温度差；t_1 和 t_2 分别是 DTA 曲线的积分下限和上限。等式（3-26）是一种最简单的表达式，可以通过运用比例常数或近似常数 g 和 K 来定量表示样品反应热和峰面积的关系。需要指出，上述 Speil 方程式中忽略了积分项和样品的温度梯度，并假设峰面积与样品的比热容无关，因此是一个近似关系式。

（2）Vold DTA 理论模型　1949 年，Vold[18] 推导出以下形式的 DTA 曲线的理论表达式：

$$\frac{\Delta H}{C_\mathrm{s}}\times\frac{\mathrm{d}f}{\mathrm{d}t}=\frac{\mathrm{d}y}{\mathrm{d}t}+A(y-y_\mathrm{s}) \tag{3-27}$$

式中，C_s 是样品容器加所含物质的比热容量；f 是在 t 时刻样品转化的分数；y 是温度差；y_s 是在起始条件 $t=t_1$、$y=y_1$ 之后经过一定时间所达到的稳定态温度差值；A 是常数。

（3）Boersma DTA 理论模型　Boersma[19] 采用热导率很高的金属如镍（Ni）制成样品均温块，并将样品支持器的几何形状设计为圆柱形，由此可以用下式定量表示 DTA 曲线中峰的面积：

$$\int_{t_1}^{t_2}\Delta T\mathrm{d}t=\frac{qa^2}{4\lambda} \tag{3-28}$$

式中，t_1 和 t_2 分别是峰的开始和终止时间；q 是单位体积的热效应；ΔT 是试样与参比物之间的温度差；a 是试样容器的内径；λ 是样品的热导率。

对于圆柱形金属样品容器，存在以下关系式：

$$\int_{t_1}^{t_2}\Delta T\mathrm{d}t=\frac{qa^2}{6\lambda} \tag{3-29}$$

对于一维平板形的极端情况，上式可变形为

$$\int_{t_1}^{t_2}\Delta T\mathrm{d}t=\frac{qa^2}{2\lambda} \tag{3-30}$$

对于无限大的陶瓷均温块，在一维和二维的情况下无精确解，但对圆柱形支持器有以下形式的精确解：

$$\int_{t_1}^{t_2}\Delta T\mathrm{d}t=\frac{qa^2}{6}\left(\frac{2}{\lambda_\mathrm{c}}+\frac{1}{\lambda_\mathrm{s}}\right) \tag{3-31}$$

式中，λ_c 为陶瓷材料的热导率；λ_s 为样品的热导率。

上述方程式（3-31）适用于一般DTA装置，实验过程中样品起到两种完全不同的作用，即：①自身产生热效应；②作为热测量阻抗，在此阻抗中热流形成可测量的温差。

为了区分这两种作用，Boersma[19] 建议采用金属材质的样品和参比容器，可以方便地从样品和参比材料的外部测得温度差 ΔT。

结果表明，DTA 曲线的峰面积与反应热之间存在如下关系：

$$\int_{t_1}^{t_2} \Delta T \mathrm{d}t = \frac{mq}{G} \tag{3-32}$$

式中，m 为样品质量；G 为镍质容器与支架之间的热传递系数。Boersma 通过 $CuSO_4 \cdot 5H_2O$ 脱水反应的 DTA 实验定量地证实了以上关系式 [19]。

（4）Pacor DTA 理论模型　对于均温块样品支持器，Pacor[20] 提出了 DTA 曲线峰面积与吸收或放出的总热量之间的关系式。

参比端的理论模型如下：

$$\frac{1}{a_\mathrm{r}}\left(\frac{\partial T_\mathrm{r}}{\partial t}\right) = \nabla^2 T_\mathrm{r} \tag{3-33}$$

式中，T_r 是参比物温度；a_r 是参比物热扩散系数。

同样地，可以用下式的形式表示样品端的理论模型：

$$\frac{1}{a_\mathrm{s}}\left(\frac{\partial T_\mathrm{s}}{\partial t}\right) = \nabla^2 T_\mathrm{s} + \frac{1}{\lambda} Q \tag{3-34}$$

式中，T_s 是试样温度；a_s 是试样的热扩散系数；λ 是热导率；Q 为单位体积转变热。

引入温度差 ΔT，并在时间间隔足够大的整个区间（t_1，t_2）积分，变形后可得下式：

$$\int_{t_1}^{t_2}\left(\frac{1}{a_\mathrm{s}} \times \frac{\partial T_\mathrm{s}}{\partial t} - \frac{1}{a_\mathrm{r}} \times \frac{\partial T_\mathrm{r}}{\partial t}\right)\mathrm{d}t = \nabla^2 \int_{t_1}^{t_2} \Delta T \mathrm{d}t + \frac{Q}{\lambda} \tag{3-35}$$

DTA 的峰面积是由曲线和基线包围的面积：

$$\int_{t_1}^{t_2} \Delta T' \mathrm{d}t = \int_{t_1}^{t_2}\left(\frac{1}{a_\mathrm{s}} \times \frac{\partial T}{\partial t} - \frac{1}{a_\mathrm{r}} \times \frac{\partial T_\mathrm{r}}{\partial t}\right)\mathrm{d}t \tag{3-36}$$

扣除零位线和基线之间的面积，并定义升温速率 $\beta = \mathrm{d}T_\mathrm{r}/\mathrm{d}t$，可得

$$\nabla^2 \int_{t_1}^{t_2} \left(\Delta T - \Delta T'\right)\mathrm{d}t = \frac{Q}{\lambda} = \nabla^2 \frac{S}{\beta} \tag{3-37}$$

式中，S 是峰的面积，对无限长的圆柱形，边界条件为 $r = R\ (S = 0)$，$\nabla^2 T = 0$，于是热电偶放在中心处得到的热效应对应的峰面积的精确解的形式为

$$S=\frac{\beta R^2}{4}\times\frac{Q}{\lambda}=\frac{\beta R^2}{4}\times\frac{Q_{\mathrm{w}}\rho}{\lambda} \tag{3-38}$$

式中，R 是样品容器的半径；Q_{w} 是单位质量的热效应；ρ 是密度。

Melling[21] 详细讨论了样品内温度的分布和样品参数对 DTA 曲线的影响，样品内的温度分布服从著名的扩散方程：

$$\frac{\partial T}{\partial t}-\partial\nabla^2 T=\frac{\partial}{K}\times\frac{\partial q}{\partial t} \tag{3-39}$$

式中，$\partial=K/(\rho C)$, 其中 ρ 是密度，C 是比热容，K 是热导率；$\partial q/\partial t$ 是单位体积内部放热速率。如果样品是圆柱形，其半径为 r，长度为 l，则有下列关系式：

$$\nabla^2 T=\frac{1}{r}\left[\frac{\partial}{\partial r}\left(r\frac{\partial T}{\partial r}\right)\right] \tag{3-40}$$

（5）Gray DTA 理论模型

1968 年，Gray[22] 发展了描述 DTA 曲线的一般理论。

DTA 的测量单元通常包括以下几个部分：

① 样品和样品容器，其温度为 T_{s}；

② 热源，其温度为 T_{p}；

③ 具有一定热阻 R 的热通路。

在实验过程中，热以速率 $\mathrm{d}q/\mathrm{d}t$ 通过此通路流向样品或从样品流出。

作以下假设：

① 样品加容器的总比热容 c_{s} 和可控热阻 R 在所研究的温度范围内是常数；

② 单位时间内样品放出的热量 $\mathrm{d}H/\mathrm{d}t$ 为“+”号，而吸收的热量则为“−”号。

在实验过程中的任何时刻 t，样品均以 $\mathrm{d}H/\mathrm{d}t$ 的热流率放出热量。试样放出的热量既可以增加自身的温度，也可以传递到周围环境。

根据热量守恒定律，这两个效应之和等于 $\mathrm{d}H/\mathrm{d}t$，可用下式表示：

$$\frac{\mathrm{d}H}{\mathrm{d}t}=c_{\mathrm{s}}\left(\frac{\mathrm{d}T_{\mathrm{s}}}{\mathrm{d}t}\right)+\frac{\mathrm{d}q}{\mathrm{d}t} \tag{3-41}$$

根据牛顿定律，热量向周围环境传递的速率受热阻及样品与周围环境间的温差所控制，存在如下关系：

$$\frac{\mathrm{d}q}{\mathrm{d}t}=\frac{T_{\mathrm{p}}-T_{\mathrm{s}}}{R} \tag{3-42}$$

将其代入式（3-41），可得

$$\frac{\mathrm{d}H}{\mathrm{d}t}=c_{\mathrm{s}}\left(\frac{\mathrm{d}T_{\mathrm{s}}}{\mathrm{d}t}\right)+\frac{T_{\mathrm{p}}-T_{\mathrm{s}}}{R} \tag{3-43}$$

在 DTA 仪器的测量装置中采用了两个测量端，其中一个测量端起参比作用，在实验过程中 $\mathrm{d}H/\mathrm{d}t=0$。当试样放出热量时，可用以下表达式来描述其瞬时速率：

$$R\left(\frac{\mathrm{d}H}{\mathrm{d}t}\right)=T_{\mathrm{s}}-T_{\mathrm{r}}+R\left(c_{\mathrm{s}}-c_{\mathrm{r}}\right)\left(\frac{\mathrm{d}T_{\mathrm{r}}}{\mathrm{d}t}\right)+Rc_{\mathrm{s}}\mathrm{d}\frac{T_{\mathrm{s}}-T_{\mathrm{r}}}{\mathrm{d}t} \tag{3-44}$$

上式中，假定参比端的热阻 R 与试样端相同，而参比物的比热容 c_{r} 不同于样品的比热容 c_{s}。参比物的升温速率 $\mathrm{d}T_{\mathrm{r}}/\mathrm{d}t$ 与试样的升温速率 $\mathrm{d}T_{\mathrm{s}}/\mathrm{d}t$ 相同，为常数。

图 3-8 中给出了 DTA 曲线方程表达式（3-44）与 DTA 曲线部分对应关系示意图。

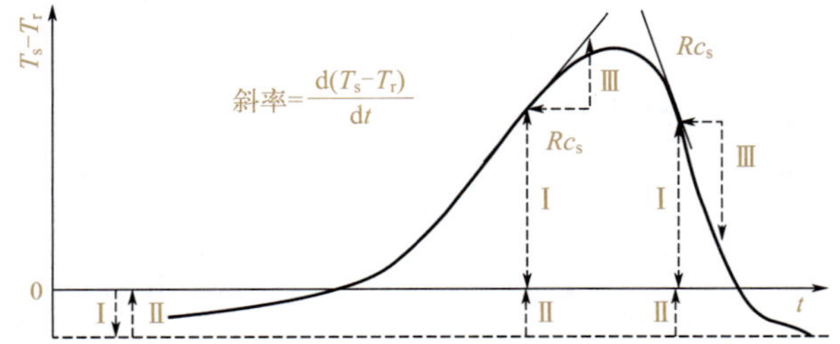

图 3-8　DTA 曲线方程表达式与 DTA 曲线部分对应关系示意图[22]

由方程式（3-44）可以看出，在任一时刻 t，$R\mathrm{d}H/\mathrm{d}t$ 可以看作下述三项之和（图 3-8）。

第Ⅰ项：$T_{\mathrm{s}}-T_{\mathrm{r}}$，为 DTA 曲线中的温度差；

第Ⅱ项：$R\,(c_{\mathrm{s}}-c_{\mathrm{r}})\,(\mathrm{d}T_{\mathrm{r}}/\,\mathrm{d}t)$，为基线相对于零的水平偏移；

第Ⅲ项：$Rc_{\mathrm{s}}\,[\mathrm{d}(T_{\mathrm{s}}-T_{\mathrm{r}})\,/\,\mathrm{d}t]$，曲线在任一点上的斜率乘以常数 Rc_{s}，Rc_{s} 称为系统的时间常数。

在曲线上任一点，有

$$R\left(\frac{\mathrm{d}H}{\mathrm{d}t}\right)=\text{Ⅰ}+\text{Ⅱ}+\text{Ⅲ} \tag{3-45}$$

当曲线中的斜率为负值时，存在如下关系：

$$R\left(\frac{\mathrm{d}H}{\mathrm{d}t}\right)=\text{Ⅰ}+\text{Ⅱ}-\text{Ⅲ} \tag{3-46}$$

因此，在确定了 Rc_{s} 之后即可绘制 DTA 曲线，通过曲线可以直接反映样品在实验过程中的瞬间热行为。

三、差示扫描量热技术的理论基础

热流式 DSC 和功率补偿式 DSC 的理论基础差别较大，其中热流式 DSC 相关的理论是在 DTA 理论基础上发展起来的，又称定量 DTA。

1. 热流式DSC的理论基础

对于 DSC 曲线，Gray[22] 建立的模型如下：

$$\frac{\mathrm{d}H}{\mathrm{d}t}=-\frac{\mathrm{d}q}{\mathrm{d}t}+\left(c_{\mathrm{s}}-c_{\mathrm{r}}\right)\frac{\mathrm{d}T_{\mathrm{p}}}{\mathrm{d}t}-Rc_{\mathrm{s}}\frac{\mathrm{d}^{2}q}{\mathrm{d}t^{2}} \tag{3-47}$$

与上述 DTA 理论方程相似，式（3-47）右端包括三项，但 DSC 和 DTA 之间存在着以下差别：

① 热阻 R 只存在于方程的第三项之中；

② 曲线中峰的面积与热效应 ΔH 成正比，在准确确定热效应时仍然需要标定比例系数。

为了更准确地从理论上描述得到的 DSC 曲线，Flynn[23] 提出了一种更加复杂的处理方法，引入了 DSC 曲线的三个临界参数：

① 温度增量线性增加，引入比例系数与界面的传导率项；

② 引入起始温度 T_{i}，可通过斜率与基线的交点得到；

③ 用常数 K_{i} 表示转变完成时返回基线。

可用冷却过程的牛顿定律来描述曲线的斜率：

$$\frac{\mathrm{d}q}{\mathrm{d}t}=Ah\left(T_{2}-T_{1}\right) \tag{3-48}$$

式中，h 是界面热导率；A 是界面面积；T_2-T_1 是样品和支持器之间的温度差，可用下式表示样品的温度 T_1：

$$T_{1}=T_{0}+\frac{1}{mc}\int\frac{\mathrm{d}q}{\mathrm{d}t}\mathrm{d}t \tag{3-49}$$

式中，T_0 是初始温度；m 是样品质量；c 是样品比热容。当发生转变时，T_1 将仍处于停留时间 t_{i} 的转变温度 T_{i}，可通过下面方程来求得热效应：

$$\int_{0}^{t+t_{\mathrm{i}}}\frac{\mathrm{d}q}{\mathrm{d}t}\mathrm{d}t=m\Delta H_{\mathrm{i}} \tag{3-50}$$

式中，ΔH_{i} 是转变热。

根据以上这些方程，可以得出以下信息。

① 对于恒定的比热容来说，熔融转变中的斜率为

$$斜率 = \beta hA = K_m \beta c_m \tag{3-51}$$

② 起始温度 T_i 为

$$T_i = T_m + \frac{\beta c_m}{hA} = T_m + \frac{\beta}{K_m} \tag{3-52}$$

③ 在转变终止阶段的衰变常数为

$$衰变常数 = \frac{hA}{c_m} = K_m \tag{3-53}$$

在 DSC 曲线中，通常假定参比端的温度变化速率与设定的程序温度相等。在实际应用中，Brennan[24] 指出温度变化速率会受到参比端时间常数的影响。

热流式 DSC 的理论模型可以看作基于欧姆定律提出的热当量，其热流模型可以用下式表示 [25]：

$$\frac{dH}{dt} = \frac{\Delta T}{R} \tag{3-54}$$

式中，dH/dt 为热流率；ΔT 为样品和参比传感器之间的温差；R 为热阻。

在冷却过程中，根据牛顿定律，可得以下形式的方程式：

$$-\frac{dT}{dt} = K\left(T - T_{sur}\right) \tag{3-55}$$

式中，冷却曲线的斜率（不包括转变）等于温差乘以常数 K。等式（3-55）中的斜率用负号表示，表示它是一个冷却过程，T 为任何时间 t 的温度，T_{sur} 为周围环境的温度。

2. 功率补偿式DSC的理论基础

对于功率补偿式 DSC，样品池和参比池之间的温度差（ΔT）与维持两个量热池近似相等温度所需的功率成正比。可通过以下方程式表示进入样品和参考量热池的热流量 [25]：

$$\frac{dH_r}{dt} = \lambda\left(T_r^{meas} - T_r\right) = W_{av} \tag{3-56}$$

$$\frac{dH_s}{dt} = \lambda\left(T_s^{meas} - T_s\right) = W_{av} + W_d \tag{3-57}$$

式中，dH/dt 为热流率；T_r^{meas} 为由铂温度计测量的参比池温度；T_r 为真实参比池温度（T_s^{meas} 与 T_s 的定义类似）；λ 为热导率；下标 s 和 r 分别代表样品和参比物；W_{av} 为来自平均

放大器的功率；W_d 为来自差分放大器的功率，用于平衡样品池和参比池的温度。在实验过程中，样品和参比池中的量热器都根据温度变化进行实时调整，以使仪器及时产生响应，将 $1/2W_d$ 加到样品池中，并从参比池中减去 $1/2W_d$。理论上，总的 W_d 等于来自反馈回路的放大器增益信号 X 乘以参比池和样品池之间的测量温度差，因此有如下关系式：

$$W_d = X\left(T_s^{meas} - T_r^{meas}\right) = X\Delta T^{meas} \tag{3-58}$$

因此，上述关系式类似于热流式 DSC 测定 ΔT，而功率补偿式 DSC 则考虑了来自加热器的功率反馈。因此，有如下关系式：

$$\lambda\left(T_s^{meas} - T_s\right) = \lambda\left(T_s^{meas} - T_r\right) + W_d \tag{3-59}$$

$$W_d = -\lambda\Delta T^{meas} + \lambda\Delta T \tag{3-60}$$

式中，ΔT 为样品和参比物之间的实际温差。

$$W = \lambda\Delta T \tag{3-61}$$

上式中，W 为实现样品和参比物之间等温条件所需的真实差分热流。由该方程可以得出以下结果：

$$\Delta T^{meas} = \frac{W - W_d}{\lambda} \tag{3-62}$$

如果 $\lambda \ll X$，则有：

$$W = W_d\left(\frac{\lambda}{X} + 1\right) \approx W_d \tag{3-63}$$

式（3-63）描述了达到相同样品温度和参比温度所需的热流。另外，该式还表明，如果放大器增益信号 X 非常大，则由差分功率（W_d）产生的热量近似等于实际热量 W，因此 $\lambda / X \ll 1$。

综上所述，对于功率补偿式 DSC 仪，样品池和参比池用平均放大器加热，以获得恒定的平均加热速率。在 DSC 实验过程中，差分放大器（W_d）的功率为程序温度的函数。当没有化学反应或热转变时，W_d 与样品的比热容近似成正比。

四、温度调制差示扫描量热技术及其应用

传统的 DSC 法具有分析时间短（t ＜ 30min）、不需特殊制样、温度范围宽、定量程度好等优点。但尚有如下一些不足之处：

① 由于基线的倾斜与弯曲，实际的灵敏度降低。

② 仪器灵敏度与分辨率之间存在矛盾，如果提高灵敏度则必须快速升温，但这样会降低分辨率。相反地，如果提高分辨率则会降低灵敏度。

③ 观测到的多种转变过程可能相互重叠，无法分别对这些过程进行测量。

④ 无法在恒温或反应过程中测定比热容。

⑤ 需要多次实验或改变体系的基本物理参量才能获得一个结果。

Reading 在 1992 年发明了一种新型的调制变温 DSC 技术 [26, 27]，该技术是在常规的差示扫描量热的线性升、降温的基础上叠加一个正弦调制信号用以控制温度程序，后来又相继出现了在线性温度上叠加锯齿形波、方波和脉冲等多种调制 DSC 技术 [28]。

一般地，DSC 样品的热流信号可分为显热流 ϕ_{sens} 和潜热流 ϕ_{lat} 两个部分 [29, 30]。

$$\phi\left(T,t\right)=mc_p\beta+m\Delta h_{\mathrm{r}}\frac{\mathrm{d}\alpha}{\mathrm{d}t} \tag{3-64}$$

式中，$mc_p\beta$为显热流，对应于样品的比热容，依赖于样品的升降温速率；$m\Delta h_{\mathrm{r}}\frac{\mathrm{d}\alpha}{\mathrm{d}t}$为潜热流，对应于样品中发生的如化学反应、结晶过程或蒸发过程等物理化学过程，依赖于远离平衡态的内部变量的变化，不具有升降温速率依赖性。然而，潜热流所带来的样品组分变化会影响显热流所对应的比热容。传统 DSC 技术只能测定总热流随温度或时间的变化，无法有效地区分潜热流和显热流。另外，传统 DSC 技术也无法测量等温过程的比热容 [29]。由于显热流给出的是一个可逆信号，而潜热流大多反映不可逆热过程，因此在线性温度程序上叠加一个很小的温度调制项可以区分可逆和不可逆热流信号，这种方法即为温度调制差示扫描量热法（TMDSC）。

在较慢的线性升温速率的基础上叠加了一个较快速周期性变化的温度调制项之后，由 DSC 热流曲线可以得到兼具较高的灵敏度和分辨率的热流信号。通过对总热流信号进行去卷积处理，可以实现重叠热效应的有效分离以及准等温过程可逆比热容的测量。

目前最常用的 TMDSC 是正弦波模式的温度调制技术，其温度程序为 [26, 30]：

$$T\left(t\right)=T_0+\beta_0 t+A_{\mathrm{T}}\sin\left(\omega t\right) \tag{3-65}$$

其瞬时热流量的方程为 [31]：

$$\mathrm{d}H/\mathrm{d}t=c_p\left[\beta_0+A_{\mathrm{T}}\omega\cos(\omega t)+f'(t,T)+A_{\mathrm{T}}\sin(\omega t)\right] \tag{3-66}$$

式中，T_0 为开始温度；β_0 为基础升温速率；$\omega=2\pi/t_{\mathrm{p}}$ 为调制频率；c_p 为比热容；A_{T} 为温度调制幅度；$\beta_0+A_{\mathrm{T}}\omega\cos(\omega t)$ 为测得的升温速率；$f'(t, T)$ 为无温度调制的动力学响应。图 3-9 中给出了正弦波形和三角波形 TMDSC 的温度程序 [29]。

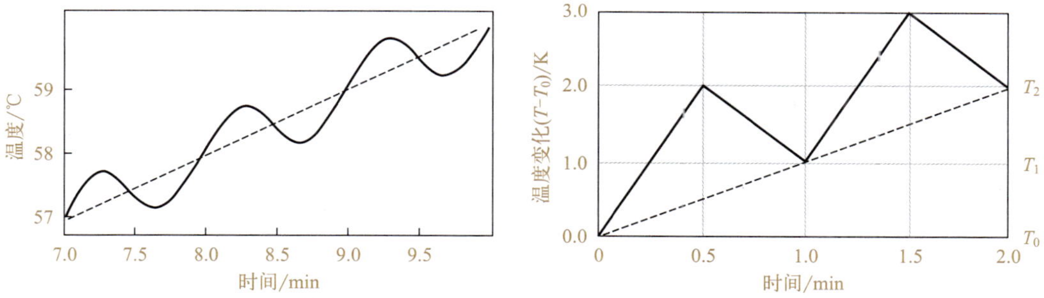

(a) 正弦波形 (b) 三角波形

图 3-9 温度调制程序示意图 [29]

图 3-9（a）为正弦波形 TMDSC 的典型温度程序示意图，实线是正弦 TMDSC 的典型温度 - 时间曲线，调制幅度为 0.5K，调制周期为 60s，虚线是其在 1K/min 下的基本升温速率 [32]；图 3-9（b）为三角波形 TMDSC 的典型温度与时间关系，虚线为 1K/min 下的基本升温速率，实线分别代表升温 4K/min 和降温 2K/min 速率。

图 3-10（a）是实验测得的调制热流信号，该调制热流信号是对温度程序的正弦同步响应，其相对温度程序存在相位差 φ 的滞后。对图 3-10（a）中热响应信号进行平均计算得到总热流 $\phi_{\mathrm{tot}}(t)$ 曲线，如图 3-10（b）所示：

$$\phi_{\mathrm{tot}}(t)=\frac{1}{t_{\mathrm{p}}}\int_{t-\frac{t_{\mathrm{p}}}{2}}^{t+\frac{t_{\mathrm{p}}}{2}}\phi(t')\mathrm{d}t' \tag{3-67}$$

式中，t 为时间；t_{p} 为周期时间；$\phi(t')$ 为 t' 时热流函数。总热流曲线相当于常规 DSC 曲线，由总热流可求出总比热容。

对图 3-10（a）曲线进行 Fourier 变换，得到对加热速率无滞后的周期性热流分量 $\phi_{\mathrm{c}}(t)$，如下式所示：

$$\phi_{\mathrm{c}}(t)=\frac{2}{t_{\mathrm{p}}}\int_{t-\frac{t_{\mathrm{p}}}{2}}^{t+\frac{t_{\mathrm{p}}}{2}}\phi(t)\cos\omega\mathrm{d}t \tag{3-68}$$

由 $\phi_{\mathrm{c}}(t)$ 可计算可逆热流 $\phi_{\mathrm{rev}}(t,\omega)$［图 3-10（b）］，如下式所示：

$$\phi_{\mathrm{rev}}(t,\omega)=\frac{\phi_{\mathrm{c}}(t,\omega)}{T_{\mathrm{a}}\omega}\beta_0 \tag{3-69}$$

式中，β_0 为基础加热速率，可逆热流与加热速率有关，并且依赖于频率 ω。

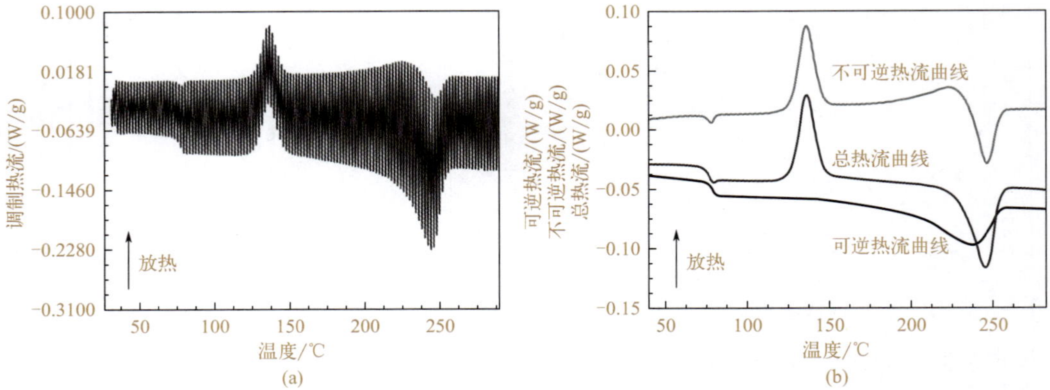

图 3-10 正弦信号 TMDSC 曲线的调制热流曲线（a）和分离出的总热流曲线、可逆热流曲线及不可逆热流曲线（b）

用总热流减去可逆热流可以得到不可逆热流 $\phi_{\text{non}}(t,\omega)$，如下式所示：

$$\phi_{\text{non}}(t,\omega)=\phi_{\text{tot}}(t)-\phi_{\text{rev}}(t,\omega) \tag{3-70}$$

该不可逆热流也受频率的影响。

在实际应用中，近年来还提出了基于锯齿形波调制的 TMDSC 方法[29]。这种 TMDSC 的升降温程序耗时比较长，需提供足够长的反应时间以保证样品在由升温转换为降温（或者由降温转换为升温）之前达到稳态。一般每个升温或降温过程都需要至少 30s 的仪器调整时间来达到热响应信号的稳定值。这种技术首先对锯齿形 TMDSC 的响应信号进行平均计算得到基本信号，由基本信号可以求出总的比热容信号：

$$mc_{p,\text{total}}=\frac{\langle HF\rangle}{\langle q\rangle} \tag{3-71}$$

锯齿形 TMDSC 的热流信号无需傅里叶变换处理，可直接由升降温的热流信号计算得到可逆比热容，该结果的准确度与标准 DSC 相同。由总比热容减去可逆比热容可以得到不可逆比热容，但是这种处理往往过高地估计可逆比热容，容易导致不可逆信号成为负值。

采用常规正弦波调制时，在高分子熔融峰温度范围内常常将其解读为熔融重结晶的信号，因此需要计算不平衡比热容来反映不可逆比热容的真实趋势。

$$mc_{p,\text{imbalance}}=\frac{HF_{\text{h}}}{q_{\text{h}}}-\frac{HF_{\text{hc}}}{q_{\text{c}}} \tag{3-72}$$

$c_{p,\text{imbalance}}$ 用于反映不可逆热流在升降温中的差异，对准确了解晶体熔融等复杂过程的不可逆比热容部分有重要意义[32]。

与可逆热流和不可逆热流分量对应的分别为显热流和潜热流，潜热流与频率 ω 无关。然而，由于包括正弦温度调制 DSC 在内的单频常规 TMDSC 受实验条件限制，测定的数据可能显著偏离显热流和潜热流这两个热流分量。尤其是由于不可逆热流的频率依赖性，因此用相关计算程序得到的可逆热流和不可逆热流分量不能按照热力学来分析，这也是将被分离的热流部分称为可逆和不可逆热流的原因[33]，有时也分别称这两种热流为与比热相关项和与动力学相关项。

通过温度调制技术可以有效提高热效应的分辨率[9]，主要包括以下两个方面：

① 当研究过程中同时包括一个可逆热效应和不可逆热效应时，通过温度调制可以实现有效分离；

② 通过温度调制中包含的不断变化的加热速率实现两个转变的有效分离，有时也可以通过使用冷却附件来实现温度调制，有效分离重叠的两个过程。

第三节 差热分析仪与差示扫描量热仪

一、DTA 与 DSC 仪器发展过程概述

1. 早期的DTA与DSC仪器

1887 年，法国科学家 Le Chatelier 利用单根热电偶测量黏土类矿物的温度，这可以看作 DTA 的起源。1899 年，英国科学家 Roberts-Austen 第一次运用一对热电偶测量和记录试样与参比物间的温度差，有效提高了实验的重复性和灵敏度[34]。

早期的 DTA 实验装置大多采用将热电偶插入试样中的做法，1955 年 Boersma 提出将试样或参比物放入坩埚内，并将热电偶置于坩埚底部避免两者直接接触[19]。这种方法一直沿用至今，并得到了商业化和微量化的应用。后来，在此基础上发展成为热流式差示扫描量热仪（简称热流式 DSC），通过 DSC 曲线可以获得样品的定量量热信息。

2. 商品化的DTA与DSC仪器

1963 年，美国 Perkin-Elmer 公司推出了世界上第一款商用功率补偿式的差示扫描量热仪（DSC-1 型，简称功率补偿式 DSC）[9]。同时期，Watson 和 O′Neill 首次提出了“差示扫描量热（differential scanning calorimetry，简称 DSC）”的概念，即在温度程序控制下测量作为温度的函数样品和参比物的热流率差，在恒定的加热或冷却速率下确定材料的比热容、熔化和结晶温度、熔化热以及化学反应的各种热参数。

在 20 世纪 60 年代，相继出现了商品化的 DTA 仪器、DSC 仪器以及与热重分析（TG）同步的热分析仪。20 世纪 70 年代初，Mackenzie 主持编写了有关 DTA 的两本专著，书中涵盖了 DTA 方法的背景、理论、设备及其在材料领域的广泛应用，对这种技术的发展和成熟具有里程碑式的意义 [25]。

随着 20 世纪 60 ～ 70 年代电子技术和计算机科学的不断发展，DSC 仪在小型化、微量化、自动化以及人性化设计等方面得到了迅速发展，数据曲线记录也从通过记录笔得到纸质数据曲线，发展为由计算机自动记录并可进行数据重复处理与计算。

近年来，相继出现了一些可以用于特殊领域的 DSC 技术，如高压 DSC、光照 DSC 等实验技术 [7]。另外，关于 DSC 的测量传感器技术与测量模式也在不断地进行改进，例如美国 TA 仪器公司在 2001 年推出的 Tzero 技术被认为是量热原理上的重大改进，瑞士梅特勒公司于 2006 年推出的 DSC 热电堆传感器 HSS7 被认为是世界上灵敏度最高的 DSC 传感器。另外，1992 年出现的温度调制 DSC（简称 TMDSC）技术、2005 年上市的多频温度调制 DSC 技术 (简称 TOPEM DSC) 以及步进扫描 DSC 技术（简称 Step-scan DSC）和 2010 年推出的闪速 DSC（Flash DSC）技术，使得 DSC 的实验功能变得更加强大，同时其灵敏度、分辨率和精密度也得到了很大的提升。

目前，DSC 实验的温度范围已扩展到 −180 ～ 2500℃，升温和降温速率范围可以覆盖 0.01 ～ 3.0×10^6K/min，试样量可从毫克到纳克量级。此外，可以用于 DSC 实验的自动进样器使得仪器的操控性能更好、自动化程度和效率更高。21 世纪初，日本日立公司推出了最新设计的可视化 DSC 技术，使得热分析技术可以更好地应用于原位观测试样在温度变化过程中的形貌和相态变化（图 3-11）。随着科学研究的不断深入和交叉学科、新技术、新材料的不断涌现，DSC 技术及其应用领域也在不断地发展和扩大，覆盖了从无机物质、有机物质到高分子材料，从医药、食品到航空和国防材料，从地质、考古材料到外空间物质分析等多个领域。热分析技术在被应用于先进材料科学研究的同时，也有效地推动了无

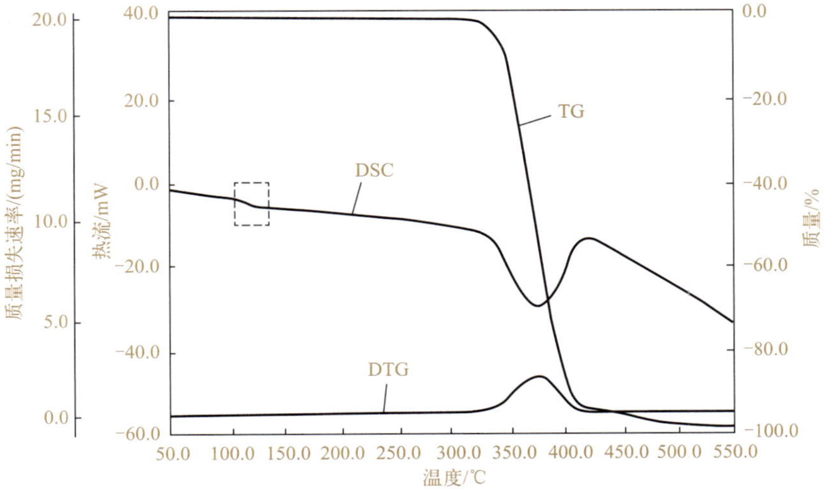

◇ 图 3-11　高分子材料在可视化 DSC 下测得的曲线及样品在不同温度下的状态 [9]

机化学、分析化学、有机化学、高分子聚合物、石油化工等学科的发展。

经过一个多世纪的发展，DTA 和 DSC 技术已经日趋成熟并得到了广泛应用。通过 DSC 实验不仅可以获得材料的玻璃化转变温度、比热容、相变温度、热焓值，还可以快速方便地对材料进行纯度测定、固化度分析等方面的表征，以及对液晶转变、固化、热降解和热氧化降解以及聚合物结晶等反应进行动力学分析 [9]。DSC 实验具有快速、简便、无需前处理、实验温度范围宽泛以及操作简便等优点，同时功能不断优化发展的操作软件显著提高了实验效率，缩短了实验数据处理时间。然而，在实际应用中，DSC 实验方法的正确运用和曲线解析仍然是使用者必须关注的主要问题。

二、仪器的工作原理、结构及组成

1. 差热分析仪的工作原理、结构及组成

（1）工作原理　在 DTA 实验过程中，处在加热炉和均热块内的试样（s）和参比物（r）在相同的条件下加热或冷却，炉温由控温热电偶监控。试样和参比物处于同一加热体系，试样热电偶和参比热电偶反向串接，组成差示热电偶。当试样不发生热效应时，试样和参比物温度相同，两只热电偶的电势大小相等、方向相反，因此相互抵消，T_s 和 T_r 相

等，即 $\Delta T=0$。此时，DTA 曲线为一水平线。当样品发生热效应时，$\Delta T=T_s-T_r\neq 0$，差示热电偶有信号输出，经适当放大，可以得到 DTA 峰。在用毫克级试样时，ΔT 通常是一个很小的值，不超过 10K，产生的热电势为几十微伏至几百微伏[35]。在分析温度范围内，参比物是一种比热容与试样相接近而在研究的温度范围没有相变的物质，即没有吸热或放热效应。T_s 和 T_r 分别代表试样和参比物的温度，以温度差 $\Delta T=T_s-T_r$ 对温度或时间作图，得到的曲线即为 DTA 曲线（图 3-7）。

通过 DTA 曲线上各种吸热和放热峰的个数、形状和位置与相应的温度可以对物质进行定性分析，判断依据主要包括偏离基线的二级转变、熔融转变引起的吸热峰以及由结晶或者相变引起的放热峰等[15]。通常，向上方向的峰表示放热，向下则表示吸热。理论上，定量 DTA（即热流式 DSC）曲线的峰面积 A 与试样热效应的焓变 ΔH 成正比。目前，DTA 技术一般与热重分析技术（TGA）组合成同步热分析仪器进行实验[1]。

（2）仪器结构及组成　DTA 是在程序控温和一定气氛下，测量试样和参比物温度差与温度或时间关系的一种热分析技术，DTA 仪的基本组成如图 3-12 所示，其主要包括以下几个组成部分：

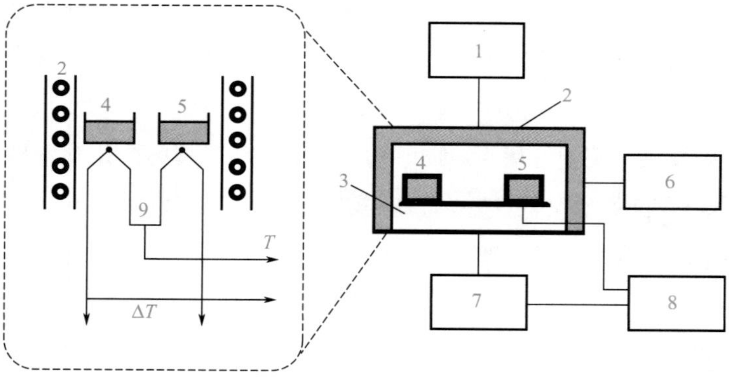

图 3-12　差热分析仪基本组成示意图（图中虚线框内部分为基本原理图）

1—气氛控制；2—加热炉；3—差示测量；4—样品盘；5—参比物盘；6—程序控温；7—记录；8—微伏放大器；9—热电偶

① 气氛控制系统：用于控制实验时的气氛种类、流速以及环境压力（必要时）。

② 加热系统：通常称为炉体，用于对样品端和参比端进行程序加热。

③ 程序温度控制系统：用于程序控制实验时的升温速率、实验温度范围等条件。

④ 温度差测量系统：通过热电偶测定样品与参比物间的温差，并进行放大和输出信

号。该系统由样品支持器、坩埚、热电偶等组成。热电偶也称为温度测敏器，既是测温工具，又是传输信号工具，可根据实验要求具体选择。

⑤ 记录系统：主要用于实现数据的采集和处理。

2. DSC仪的工作原理、结构及组成

DSC 是在程序控温和一定气氛下测量输入试样和参比物的功率差或者热流差与温度或时间关系的一种热分析技术，根据工作原理不同通常分为功率补偿式和热流式 DSC 仪。

（1）热流式 DSC 仪　热流式 DSC 仪主要基于定量 DTA 的原理，其基本组成与 DTA 相似，不同之处在于前者在试样与参比物支持装置下侧放置了匀热片（图 3-13）。实验时，温度控制单元在程序控制温度下通过匀热片同时改变试样和参比物的温度，使之受热均匀。通过差示热电偶实时测量试样与参比物之间的温度差 ΔT，然后通过热流方程将 ΔT 换算为 ΔH，即可得热流式 DSC 曲线。

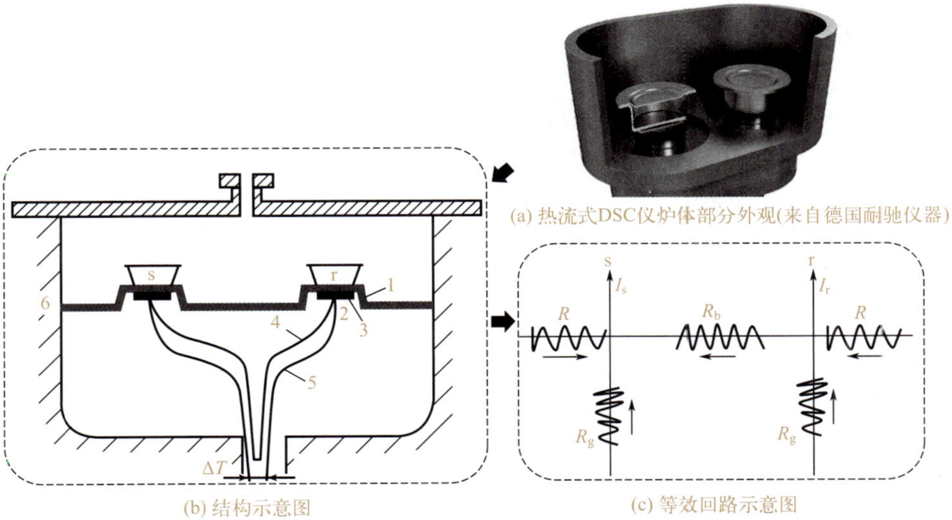

图 3-13　热流式 DSC 仪的炉体外观、结构示意图以及等效回路示意图

1—康铜盘；2—热电偶结点；3—镍铬板；4—镍铝丝；5—镍铬丝；6—加热炉体

在实验过程中，热流式 DSC 仪利用康铜盘把热量传输到试样和参比物，康铜盘同时作为测量温度的热电偶结点的一部分。传输到试样和参比物的热流差通过试样和参比物平

台下方的镍铬板与康铜盘的结点所构成的镍铬 - 康铜热电偶进行监控，如图 3-13（b）。试样温度由镍铬板下方的镍铬 - 康铜热电偶进行监控，如图 3-13（b）。热流式 DSC 的等效回路如图 3-13（c）所示。其中，R 为试样和参比物的臂热阻；R_b 为桥式热阻；R_g 为通过净化气体的泄漏热阻；I_s 和 I_r 分别为试样和参比物的热流。

根据 Kirchoff 热功当量定律，可得下列方程式：

$$\frac{T-T_s}{R}+\frac{T-T_s}{R_g}+\frac{T_r-T_s}{R_b}=I_s \tag{3-73}$$

$$\frac{T-T_r}{R}+\frac{T-T_r}{R_g}+\frac{T_s-T_r}{R_b}=I_r \tag{3-74}$$

式中，T 为炉温；T_s 为试样温度；T_r 为参比物温度。

将等式（3-74）与等式（3-73）两式相减，并设 $\Delta T=T_r-T_s$，可得：

$$\Delta T=\frac{I_s-I_r}{\frac{1}{R}+\frac{1}{R_g}+\frac{2}{R_b}} \tag{3-75}$$

因此，通过上式可以得到试样与参比物间的热流差 dH/dt。

设 dH/dt=I_s-I_r，$R_{th}=1/\left(\frac{1}{R}+\frac{1}{R_g}+\frac{2}{R_b}\right)$，则上式可简化为：

$$\frac{\mathrm{d}H}{\mathrm{d}t}=\frac{T_r-T_s}{R_{th}} \tag{3-76}$$

由于温差 ΔT 由热电偶测量，因此仍需定义如下式所示的热电偶灵敏度 S：

$$S=\frac{V}{\Delta T} \tag{3-77}$$

式中，V 为热电势。

于是可以得到以下关系式：

$$\frac{\mathrm{d}H}{\mathrm{d}t}=\frac{V}{R_{th}S}=\frac{V}{E} \tag{3-78}$$

式中，热电势 V 为传感器的电信号；乘积$R_{th}S$ 称为传感器的量热灵敏度，R_{th} 和 S 与温度有关。

令

$$R_{th}S=E \tag{3-79}$$

则 E 与温度的关系可用数学模型进行定量描述[36]。

在 DSC 曲线中，热流的单位为瓦 / 克（W/g）时，等同于焦耳 /(克 · 秒)[J/(g · s)]。以峰面积为例，由热流对时间（s）的积分可以得到试样的焓变 ΔH，单位为焦耳 / 克（J/g）[21]。通常，峰方向向上表示放热，向下则表示吸热（ICTAC 规则），如图 3-14（a）。在实际应用中，也存在与 ICTAC 规则相反的表示方法，即峰向上表示吸热，如图 3-14（b）。无论采用以上何种表示方式，在 DSC 曲线中都应明确标注峰方向的含义。

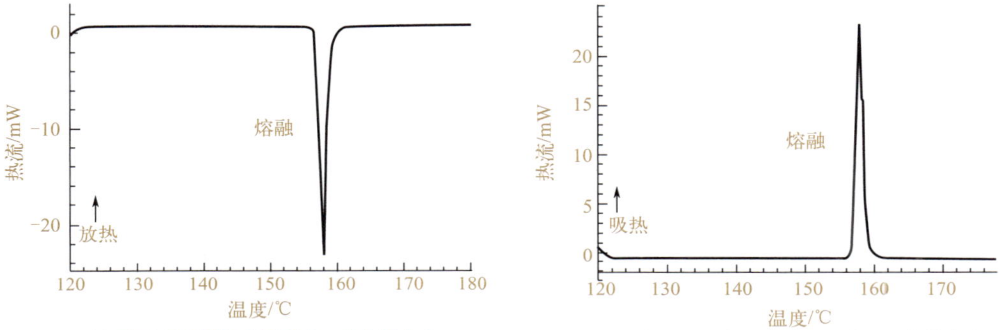

(a) ICTAC 规则的表示形式，放热峰向上　　(b) 与ICTAC 相反的表示形式，吸热峰向上

图 3-14　热流式 DSC 曲线的表示方式

（2）功率补偿式 DSC 仪　功率补偿式 DSC 仪的基本组成与热流式 DSC 仪相似，其不同之处在于前者的试样端和参比物端分别具有独立的加热器和温度传感器，如图 3-15（a）～（c）。整个仪器由两个控制系统组成，如图 3-15（d）所示。其中一个系统用于控制温度，使试样和参比物在预先设定的加热速率下升温或降温，另一个则用于补偿由试样自身引起的吸热或放热效应而产生的与参比物之间的温度差。通过功率补偿单元使试样和参比物的温度保持相同，由补偿的功率而直接得到热流速率。

功率补偿式 DSC 仪的工作原理是在试样池和参比池的温度始终保持相同的条件下，测定为满足此条件而在样品池和参比池两端所需的功率差，并直接以功率差 ΔW（或者 $\mathrm{d}H/\mathrm{d}t$ 热流差）的信号形式输出。实验时，由于试样池和参比池之间没有发生热传递，在定量计算时精度比较高 [37]。简言之，功率补偿式 DSC 仪在工作时始终保持试样池和参比池的温度相同。当试样因发生相变而产生热效应时，在试样和参比物之间将会产生温度差。此时放置于试样池和参比池下的差示热电偶将产生温差电势，经信号放大后输入功率补偿放大器，功率补偿放大器通过自动调节补偿加热丝的电流进行功率补偿，使试样和参比物之间的温度差趋于零，在该过程中补偿的功率即为试样在单位时间的热效应。这种类

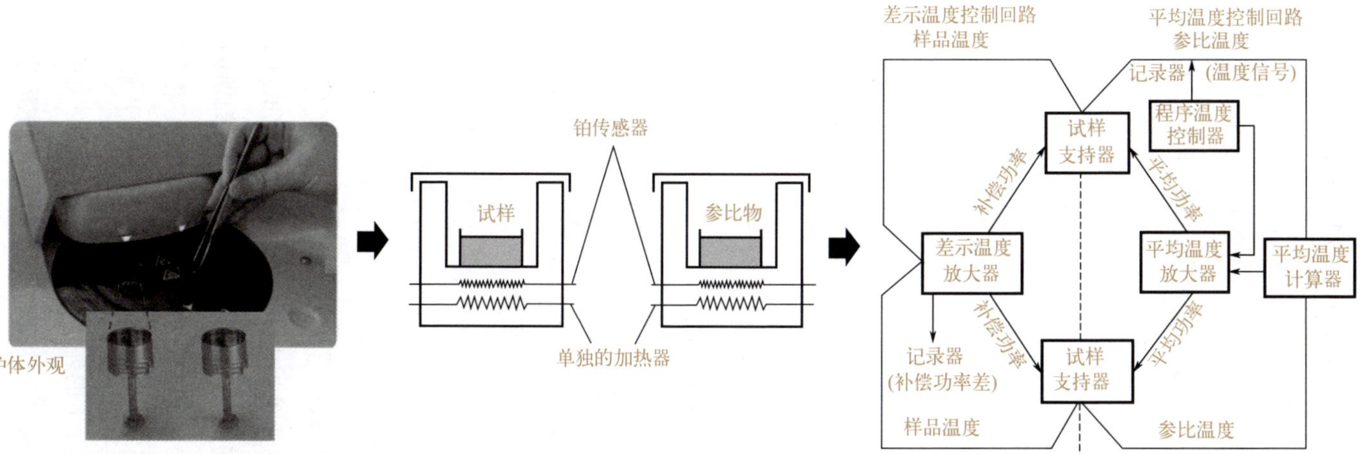

(a) 炉体外观

(b) 炉体与样品支持器局部外观

(c) 结构示意图

(d) 等效回路图

图 3-15　功率补偿式 DSC 仪

型的 DSC 直接测定补偿功率 ΔW，即可得到流入或流出试样的热流，无需再通过热流方程式进行换算。理论上，补偿功率 ΔW 可用下式表示：

$$\Delta W=\frac{\mathrm{d}Q_\mathrm{s}}{\mathrm{d}t}-\frac{\mathrm{d}Q_\mathrm{r}}{\mathrm{d}t}=\frac{\mathrm{d}H}{\mathrm{d}t} \tag{3-80}$$

式中，Q_s 为输给试样的热量；Q_r 为输给参比物的热量；$\mathrm{d}H/\mathrm{d}t$ 为单位时间的焓变，即热流，J/s。

由于试样加热器的电阻 R_s 与参比物加热器的电阻 R_r 相等，即 $R_\mathrm{s}=R_\mathrm{r}$，因此当试样不发生热效应时，有如下关系式：

$$I_\mathrm{s}^2R_\mathrm{s}=I_\mathrm{r}^2R_\mathrm{r} \tag{3-81}$$

式中，I_s 和 I_r 分别为试样加热器和参比加热器的电流。

如果试样发生热效应，则输入试样的补偿功率为

$$\Delta W=I_\mathrm{s}^2R_\mathrm{s}-I_\mathrm{r}^2R_\mathrm{r} \tag{3-82}$$

设 $R_\mathrm{s}=R_\mathrm{r}=R$，于是有

$$\Delta W=R\left(I_\mathrm{s}+I_\mathrm{r}\right)\left(I_\mathrm{s}-I_\mathrm{r}\right) \tag{3-83}$$

由于总电流 $I_\mathrm{T}=I_\mathrm{s}+I_\mathrm{r}$，因此有如下关系式：

$$\Delta W=I_\mathrm{T}R\left(I_\mathrm{s}-I_\mathrm{r}\right) \tag{3-84}$$

即

$$\Delta W=I_\mathrm{T}\left(V_\mathrm{s}-V_\mathrm{r}\right)=I_\mathrm{T}\Delta V \tag{3-85}$$

式中，ΔV 为两个炉体加热器的电压差。

式（3-85）表明，如果总电流 I_T 不变，则补偿功率即热流 ΔW 与 ΔV 成正比。

功率补偿式 DSC 可以分为内热式与外热式两种。内热式 DSC 的单个炉体体积很小，质量约为 1g[24]，热惯性很小，便于实现快速升温与降温。外热式功率补偿式 DSC 炉体结构与内热式的差别在于，当前者采用一个外热式炉子加热时，其传热的热阻要比内热式大得多，同时炉子的热容量也比内热式大得多，因而很难进行快速升、降温，但在制造上外热式功率补偿式 DSC 比内热式功率补偿式 DSC 要求低得多。不论是外热式还是内热式，功率补偿测定的原理是相似的[38]。通常，功率补偿式 DSC 曲线峰的方向向上表示吸热，向下表示放热（如图 3-16）。

在实际应用中，经常采用一种灵敏度较高的固定池结构的微量差示扫描量热仪（简称 microDSC）来研究在溶液中发生的一些如大分子构象变化引起的微小热效应[39-42]。microDSC 与普通的功率补偿式 DSC 仪器的工作原理相似，其结构图如图 3-17 所示。

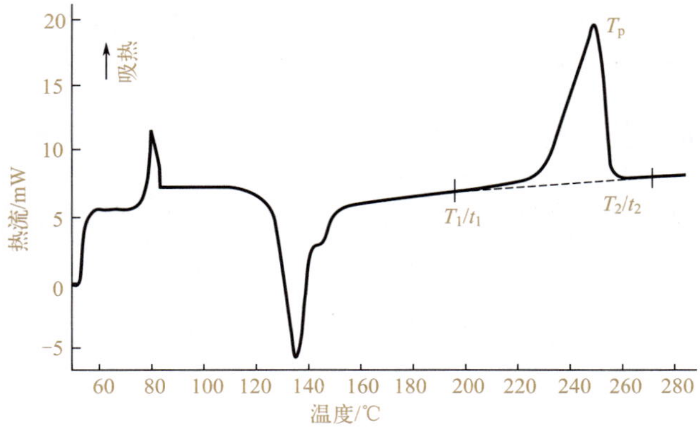

图 3-16　功率补偿式 DSC 曲线

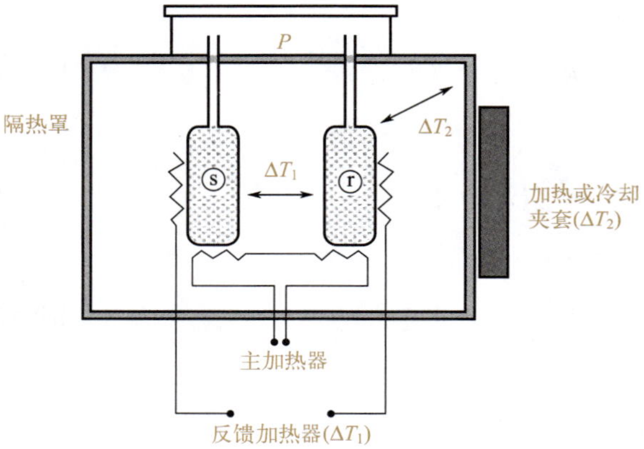

图 3-17　microDSC 的工作原理

基于以上结构特点，microDSC 具有样品用量少、灵敏度高（0.2μW）和分辨率高（0.08μJ/s）等特点，可以直接用于测量各种物理和化学过程中的微小热效应。例如可以直接测量生化、生物代谢等生物学过程的热效应，也可以对一些较弱热效应的反应过程进行自动跟踪和检测。

近年来出现的 Flash DSC 技术也是基于功率补偿式的原理，其具有 6 个数量级以上的扫描速率以及精准的温度控制等优势，将研究温度区间延长至高过冷度的低温区[43-48]，有效弥补了常规 DSC 研究高分子结晶动力学的局限性。目前 Flash DSC 技术已应用于材料的结晶、成核以及熔融动力学等研究领域，在本章的典型应用部分将结合实例详细介绍这种技术。

2023 年，瑞士梅特勒托利多公司发布了可以同时实现热流式和功率补偿式的新型 DSC 5+（图 3-18），该仪器的工作原理基于 MMS1 传感器技术。这种传感器采用 MultiSTAR™ 热电偶堆技术和创新多层设计，包括两层共 136 对热电偶以测量热流信号，两个用于功率补偿的加热器，以及独立的样品和参比温度传感器。在同一炉体内传感器中独立的两个加热器可以独立加热样品侧和参比侧，对测量过程中的 ΔT 进行补偿，从而实现了功率补偿模式。当样品焓值改变时，加热功率将精确反映用于补偿的能量，从而获得分辨率极高的热流信号。通过含有 136 对热电偶的 MMS1 传感器检测样品温度和参比温度，形成温度差 ΔT，从而计算出对应的热流，实现热流模式。

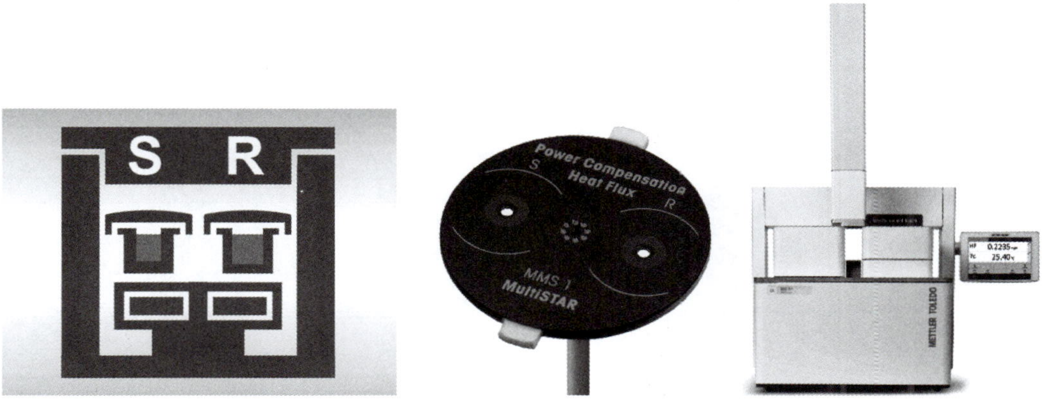

(a)　　(b)　　(c)

图 3-18　DSC 5+ 功率补偿模式和热流模式的结构示意图（a）、MMS1 传感器实物图（b）和 DSC 5+ 外观实物图（c）

三、仪器的校正

DTA 或者 DSC 仪器的校正通常包括温度校正和热量校正两部分，应按照相应的检定规程或者校准规范进行校正。

为了叙述方便，下面以 DSC 实验为例来介绍仪器特征物理量值的校正方法。

1. 温度的校正

由于金属的熔融过程较短且具有较显著的热效应，通常采用高纯度的金属标准物质例如高纯铟对 DSC 仪的温度进行校正。校正时，按照常规的升温速率例如 10℃ /min 进行加热，通常需要从低于标定的特征峰 50℃开始温度扫描，在特征峰结束回到水平基线约 50℃后停止 DSC 扫描实验，以确保曲线中峰的完整性。如图 3-19 是校正后得到的 In 的 DSC 曲线，图中的吸热峰向下。

在图 3-19 中，T_1 为加热开始的温度，T_2 为达到稳态条件的温度，T_3 为由于杂质而开始熔化的温度，T_m 为熔点；在 T_4 ～ T_5 范围，试样的温度在熔化过程中保持恒定；T_p 为峰值温度，自 T_6 开始，试样温度开始与参比温度保持一致；当温度高于 T_6 时，实验重新回到了稳态；当温度为 T_7 时，停止加热，记录最终的等温曲线。在图 3-19（b）中，样品的熔点为吸热峰的前沿斜率最大点的切线与基线的相交点 T_m。

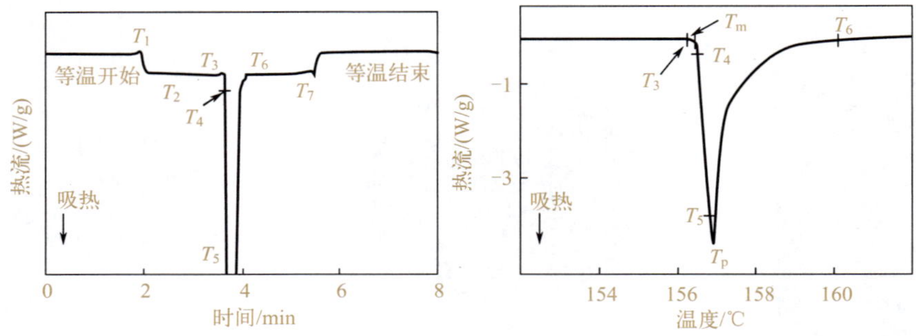

(a) 全过程的DSC 曲线　(b) 局部放大的DSC 曲线

图 3-19　铟熔化过程的 DSC 曲线

大多数现代商用仪器采用线性温度校正方法，当测量温度范围较宽时，需要用 2 ～ 3 个不同温区的标样对 DSC 仪器进行校正。由于热传导因素，升温速率会影响试样的熔点。校正时，应根据实验的需要选用不同的加热速率。

2. 热效应(热量)的校正

通过对实验得到的 DSC 曲线的基线或峰面积进行校正，可以得到定量的热效应信息。在校正热效应时，首先需要由仪器测定已知转变温度和转变焓的标准物质的 DSC 曲线，然后通过仪器生产商提供的分析软件来确定单位面积所代表的热量，并将此数值与标准物质提供者提供的标准值进行比较来校正热效应[6]。另外，也可以通过功率校正的方法对 DSC 的热效应进行校正。

理论上，DSC 测量的热效应 ΔH 与温度差 ΔT 之间存在以下关系[8]：

$$\Delta H = \frac{K'}{m}\int_{t_0}^{t_e} \Delta T \mathrm{d}t \tag{3-86}$$

式中，ΔH 为热焓；m 为质量；t_0 为峰的起始温度；t_e 为峰的终止温度；K' 为热效应校正常数（与温度有关的因子）。实验得到的校正常数 K' 与温度之间的关系如图 3-20 所示，K' 值一般可通过调节 DSC 仪达到最佳的线性关系。

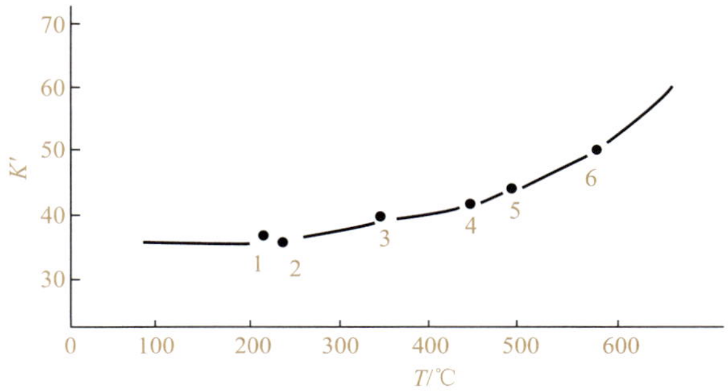

《 图 3-20　热效应校正常数 K' 与温度的关系

1—$AgNO_3$；2—Sn；3—KNO_3；4—Ag_2SO_4；5—CsCl；6—K_2SO_4

假设热流用下式表示：

$$\frac{\mathrm{d}H}{\mathrm{d}t} = K'\Delta T \tag{3-87}$$

则等式（3-86）可变形为下式的形式：

$$\Delta H = \frac{1}{m}\int_{t_0}^{t_e} \Delta Q \mathrm{d}t \tag{3-88}$$

如果等式（3-88）左侧的热效应为 $\Delta H_{参比物}$，右侧的热效应为 $\Delta H_{测量}$，则可以引入常数 K 使两边相等，可得

$$K = \frac{\Delta H_{参比物}}{\Delta H_{测量}} \tag{3-89}$$

通过已知相变热焓值材料进行热量校正可以确定式（3-89）中的 K 值。

在进行热量校正时选择合适的标准物质十分重要。目前可以作为 DSC 热量校正的推荐标准物质共有 14 种，一共包括 17 个相转变温度，温度范围为 0 ～ 670℃ [6]。表 3-1 中列出了可用于温度和热量校正的部分标准物质 [6]，表 3-2 中给出了常用于温度和热量校正的更宽的温度范围（−40 ～ 2500℃）标准物质的熔融温度，标准物质的纯度通常应在 99% 以上。

表3-1 用于温度和热量校正的标准物质[6]

标准物质名称	标准物质编号	熔融温度 /℃ (*K*=2)	熔融热 /(J/g) (*K*=2)	相变温度 /℃ (*K*=2)
In	GBW(E)130182	156.52±0.26	28.53±0.30	—
Sn	GBW(E)130183	231.81±0.06	60.24±0.18	—
Pb	GBW(E)130184	327.77±0.46	23.02±0.28	—
Zn	GBW(E)130185	420.67±0.60	107.6±1.3	
KNO_3	GBW(E)130186	—	—	130.45±0.44
SiO_2	GBW(E)130187	—	—	574.29±0.94
Ga	GBW(E)130443	30.03±0.20	79.90±0.48	—
$C_{13}H_{10}O_3$（水杨酸苯酯）	GBW(E)130444	41.82±0.34	88.66±0.62	—

注：表中所列数值为参考值，实际应用中的具体数据以标准物质提供者所赋予的值为准。

表3-2 更宽温度范围(-40 ~ 2500℃)标准物质的熔融温度[6]

标准物质名称	熔融温度 /℃
Hg	−36.9
H_2O	0
$C_{12}H_{10}O$（二苯醚）	26.9
$C_7H_6O_2$（苯甲酸）	122.4
In	156.6
Bi	271.4
Pb	327.5
Zn	419.6
Sb	630.7
Al	660.4
Ag	961.9
Au	1064.4
Cu	1084.5
Ni	1456
Co	1494
Pd	1554

续表

标准物质名称	熔融温度 /℃
Pt	1772
Rh	1963
Ir	2447

注：表中所列数值为参考值，实际应用中的具体数据以标准物质提供者所赋予的值为准。

四、仪器的维护

1. 仪器工作状态的判断方法

仪器正常的工作状态是获得正确的实验数据的基本前提，通常应从以下几个方面来判断仪器的工作状态。

（1）工作环境检查　在判断仪器的工作状态时，首先应检查仪器所处的环境因素，主要包括以下几个方面：

① 电源交流电压（220±10）V，电流 10A 或更大，频率为（50±2.5）Hz，确保电压处于稳定的波动范围；

② 地面应保持平整，确保仪器放置平稳，避免振动；

③ 仪器工作环境的温度波动范围为 10 ～ 35℃，避免在有很大温差处安装使用，另外，仪器所处环境的湿度范围在 20% ～ 80%RH 之间；

④ 实验室应有良好的通风环境，在以液氮为冷源的场合，由于液氮的大量蒸发会引起窒息，更应注意环境的良好通风；

⑤ 仪器工作过程中应避免阳光直射或暴晒、较大的振动源、较高的局部接地电流和高压、电闸噪声等强磁场和强电场、大功率加热器或空调制出的热空气或冷空气等干扰因素。

（2）功能性检查　在确保实验室环境满足以上要求后，还应从以下几个方面对仪器进行功能性检查：

① 在仪器开启和运行时，是否显示正常；

② 用标准样品或者已知数值的样品进行验证实验，检查仪器所测得的特征温度和热焓与理论值的偏差是否在规定范围内；

③ 加热炉实际工作温度是否与程序温度保持一致；

④ 流量计的气体流量是否稳定，气体流量保持正常是获得稳定的基线的前提，也可以通过检测尾气的流量确认仪器的气密性。

2. 仪器的维护方法

（1）炉体和样品支架的维护　DSC 和 DTA 的炉体和样品支架分别包括加热元件和温度传感器，是与试样及逸出气体接触最紧密的关键部件，也是仪器中最易受损坏的部分。对这类关键部件的良好维护可以使其工作寿命延长多年，而不良的操作习惯或意外因素则会使其精度快速下降，寿命明显缩短。因此，在实际应用中对这类部件的维护工作十分重要，主要包括以下几个方面：

① 尽可能详细了解待测样品的性质。实验前，应了解待测样品的特征转变温度的大概范围、是否与坩埚发生反应、在温度变化过程中是否会逸出有害气体等信息。对于未知样品，较高的温度将可能导致试样发生分解、蒸发、炭化等现象而污染加热炉和支架，在正式开始实验之前应尽量避免直接升至过高的温度。

② 严格控制仪器的最高工作温度。实验时应根据仪器工作温度范围和所用的支架和坩埚类型合理选择实验的温度范围。如果选择铝坩埚作为实验容器，最高工作温度不应超过 600℃，否则铝坩埚会发生熔化而污染样品支架，导致样品支架发生不可逆损坏。

③ 规范加载试样。通常，应在室温附近加载试样。在低温下加载试样时，往往会出现炉子结霜的现象。在高温下加载试样时，试样可能在高温下发生反应，从而影响曲线的正确性。

④ 规范清洗污染物。当发现仪器的精度有所下降或曲线中出现异常的峰时，应注意检查加热炉及支架等部件是否被污染。如果受到了污染，则可以小心地用酒精棉签擦拭样品支架，注意不能将液态清洗剂 (例如酒精、丙酮等) 直接倒在样品池内进行洗涤。清洗完成后应打开加热炉一段时间，使有机物挥发彻底。

（2）低温操作与维护　仪器的低温附件主要包括机械制冷和液氮制冷两种不同方式，在操作与维护这些附件时应注意以下几个方面：

① 目前应用于商品化 DSC 仪器的机械制冷附件通常有两种形式，其中，1P 型采用单级制冷模式，其最低制冷温度为 −60℃；2P 型则采用二级制冷模式，其最低制冷温度可以达到 −90℃（2021 年，美国 TA 仪器公司推出了采用三级制冷模式的 3P 型机械制冷装置的 DSC 仪，最低温度可达到 −120℃）。实验中采用机械制冷附件来冷却的最大优势是其便捷性。对于室温以上的实验，可使用机械制冷附件提高降温速率。另外，虽然

机械制冷机的柔性管可以进行一定程度的自然弯曲，但不能转急弯或打结，制冷机出风口严禁阻塞或覆盖。

② 液氮制冷最低制冷温度可达 −170℃（有些厂商的仪器可以达到更低温度），为了提升实验精度，在低温下工作时通常使用氦气作为吹扫气体，而不采用氮气。原因主要是氮气在接近液氮的温度下流动性变差，不容易获得重复性很好的基线，而氦气的凝结温度要比液氮的温度低得多，可以提升实验精度。在采用液氮制冷时，DSC 仪器的最高工作温度一般不应超过 300℃。在大体积液氮容器的搬运过程中，应始终保持安全阀处于工作状态。如果液氮灌得太满，可能会有液氮从泄压口喷出，应避免造成人员的低温烧伤。

③ 当实验需要在较低的温度下运行较长时间时，DSC 仪器的主机容易出现结霜现象。这种结霜现象往往会影响实验数据，使曲线中连续出现较为尖锐的异常峰。另外，在运行低温实验时，应尽量缩短加样和取样操作时间，并适当延长炉温的平衡时间。

（3）程序温控系统的常见故障及处理　目前商品化的 DTA 和 DSC 仪器均包括程序温控系统，不同型号的仪器其温度控制原理也不尽相同，这种差异主要表现在程序温度发生器方面。早期的仪器主要采用同步电动机带动旋转电位器的方法来实现温度控制，之后的仪器普遍采用数字电路以及 D/A 转换器的方法。当前商品化仪器大多采用微处理器单片机的原理，而且尽可能采用软件来代替硬件。例如，以前采用多个运算放大器组成的理想两极管分段折线法的原理来实现热电偶线性化，现在普遍采用单片机软件查表法来代替，这样不仅成本低而且体积小、可靠性高、调试方便[7]。温度控制系统大多采用比例、积分、微分（PID）控制算法（模拟 PID 电路或数字 PID 在单片机程序内调节），触发系统采用专用模块式集成触发器（移相、零触发或固体继电器等）。

随着商品化仪器的集成化程度进一步提高，当仪器的温度控制系统无法正常工作时，很难像其他部件一样直接对故障位置进行排除，通常只能采用整体替换的方式来排除故障。考虑到目前有些集成化程度较低的仪器仍有部分实验室在使用，因此表 3-3 中列出了 DTA 和 DSC 仪中常见的故障现象、原因及维修措施，供读者在实际应用中参考。

表3-3　常见温控故障现象、原因和措施[7]

温控故障现象	原因	措施
按下电路接通按钮，指示灯不亮	接触器线圈损坏	换接触器
	接通按钮按下去时，指示灯亮，放手后指示灯不亮	接触器自保触头断开

续表

温控故障现象	原因	措施
按下升温工作开关，炉子不升温	程序温度开关方式放在恒温或降温挡	转到升温挡
	可控硅电路熔丝断开	换熔丝
	电炉丝断	换炉丝
	拖动温度电位器的同步电动机损坏，或电位器损坏	换同步电动机或换电位器
	微机温控程序发生器不工作或程序出错	换微机温控 CPU 或按复位开关
	可控硅击穿	换可控硅
	偏差放大器损坏	更换
	冷端温度补偿电阻断	更换
	热电偶温度过高熔断	更换
	触发电路无触发脉冲	检查触发模块或触发变压器是否损坏
高温升不上去	一个可控硅损坏，或只有半周触发，接头脱落	换可控硅； 查触发电路或模块，查触发变压器
炉温振荡（波动过大）	PID 值整定得不好	重调 PID 值，降低放大倍数
炉温无规则波动	电热偶老化，接触不良	更换电热偶
	偏差放大器老化或者外界干扰过大	更换偏差放大器，检查接地是否良好，周围是否有大功率开关工作
程序温度虽然低于炉温，但一开动升温工作时，炉压有几十伏乃至 220V	PID 调节器中的积分电容放电来不及放完	等几分钟，待放电电容放完电荷
	炉丝断，炉压表通过漏电显示高电压	用万用表测炉丝电阻是否正常，否则换炉丝
显示器上无温度显示（黑屏）	显示器坏或显示器亮度放在最低位置	换显示器或把亮度放在最亮位置
	显示器无电源	检查电源或熔丝
	在计算机主机板上显示卡坏	更换显示卡或者显示芯片
显示器上温度无规律波动	接插件接触不良或虚焊	检查焊点、熔化孔和接插件

第四节
影响差热分析与差示扫描量热分析实验的因素

DTA 和 DSC 实验结果通常受包括仪器、操作条件等多方面因素的影响，在实验前应对这些因素进行全面的了解，以得到符合预期的实验结果。

一、仪器因素

概括来说，仪器的影响因素主要包括样品支持器、热电偶位置及其形状等方面，通常通过基线扣除的方法来消除仪器因素的影响。

1. 样品支持器

热量从热源向样品传递和反应性试样内部放出或吸收热量的速率会直接影响 DTA 和 DSC 曲线的形状，因此仪器结构设计形式、制造工艺、试样支持器与参比物支持器的形状对称程度及其在炉子中的位置与传热情况都对最终的实验结果有不同程度的影响[49]。通过系统对比样品支持器的形状和位置对 DTA 曲线的影响[50, 51]和理论模拟，可以得到样品支持器在各种时间常数 RC 下的 DTA 曲线，如图 3-21（a）所示。结果表明，随着样品支持器时间常数的增大，曲线形状发生畸变，这种变化是由支持器扩散系数降低和（或）比热容增大引起的。

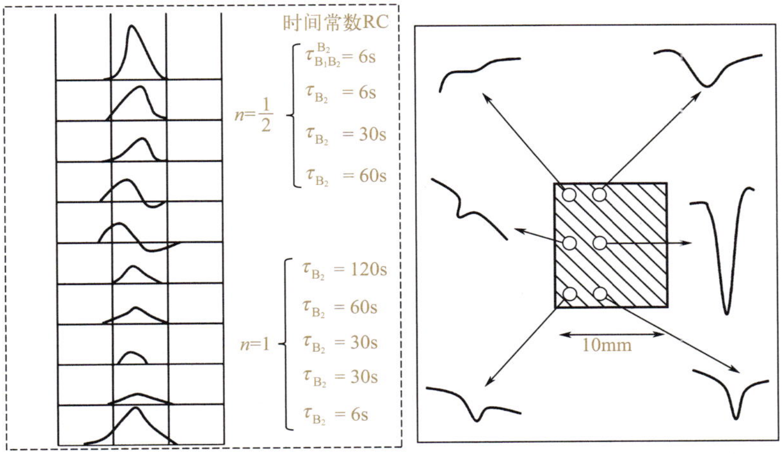

图 3-21 样品支持器扩散系数（a）和热电偶的位置对 DTA 曲线的影响（b）

2. 热电偶位置及其类型

实验过程中，不同位置的温度梯度对热效应大小、特征温度等均会产生不同程度的影响，因此仪器中热电偶的类型和尺寸均会影响DTA和DSC曲线的形状和位置[49]。商品化仪器所采用的差示热电偶多数是置于样品盘底部的一种平板式热电偶，性能优于之前的球形接点热电偶。通过研究DTA仪器的差示热电偶在同一水平面的不同放置位置时所发生的SiO_2的$\alpha \rightarrow \beta$相转变[52]，得到的DTA曲线如图3-21（b）所示。结果表明，DTA和DSC曲线的峰形只有热电偶在中心位置时最大。

在DTA实验中，测温方法会影响最终的分析结果[53]。当产生热效应时，不可避免地会发生热量损失，导致峰面积减小，最终由热电偶直接检测的热效应可能不到理论值的40%。另外，热电偶及其接点尺寸同样也影响峰面积[54]。通常采用热电偶测量温度和温差，在特殊情况下为了达到高灵敏度也可使用热敏电阻[55]，但热敏电阻可以应用的温度范围较窄。

3. 均温块体及支架形状

DTA和DSC仪器的均温块体（比如样品支持器）的结构和材质是影响最终得到的曲线形状和位置的主要因素。目前，商品化仪器中普遍采用镍、铝、银、镍铬钢、铂和刚玉之类的材料制作均温块体，均温块体的主要作用是传热到试样，其传热性能与所用材料的热导率和比热容有关。与导热性好的材料（比如镍）所制的均温块体相比，低热导率材料（陶瓷）制的均温块体对吸热效应的分辨率更高，而金属均温块体则对于放热反应的分辨率更高[56]。

二、操作条件因素

操作条件的影响因素主要包括制样条件、温度控制程序、气氛气体种类及流速、坩埚材质及形状等方面，这些因素会不同程度影响最终得到的DTA和DSC曲线的形状和位置。

制样时，采用的样品量、装填方式等制样条件会影响最终的曲线。

（1）样品量　根据DTA和DSC的有关理论，峰面积正比于热效应和试样质量。通常，峰面积反比于热导率K，而正比于密度ρ和反应热ΔH，与比热容无关[57]，其关系式如下：

$$A \propto \frac{\rho r^2 \Delta HL}{K} \tag{3-90}$$

式中，A为峰面积（$\Delta T \times$ 时间 t）；r为样品半径；L为样品厚度。

考虑样品体积时，上式可以变形为

$$A = \frac{\rho V \Delta H}{K} \tag{3-91}$$

式中，V 为样品体积。

于是，有

$$A = \frac{G m \Delta H}{K} \tag{3-92}$$

式中，G 为校正因子；m 为样品质量。

由上式可见，曲线中由热效应产生的峰面积正比于试样的质量。试样量不宜过大，否则会引起温度梯度和热量传递延迟，从而改变曲线的形状。试样量越多，内部传热时间越长，形成的温度梯度越大，DTA 峰形将变宽，易使相邻两峰重叠，分辨率下降，峰值温度移向高温，即温度滞后现象会更严重。

（2）样品粒度和装填方式　试样的热传导性会对 DTA 曲线产生较大的影响，若涉及气体参与或释放的反应，则还与气体的扩散等因素有关。显然这些影响因素除与试样量密切相关之外，还与试样的粒度、装填的均匀性和密实程度以及稀释剂等密切相关。

实际应用中，试样装填的均匀性和密实程度也会对 DTA 和 DSC 曲线产生比较显著的影响，试样装填的密实程度直接影响试样内部的导热性能、试样和坩埚间的热阻大小以及分解产物（气体）逸出的难易程度。为了更好地重现实验结果，对同一系列不同次的实验结果有效地进行比较和对比计算，应选择适宜的装填方法。在每次实验中，试样装填的程序、稀释程度应严格保持一致，甚至每次装填时坩埚在工作台上轻敲振动的次数和方式也应尽可能一致。图 3-22（a）所示为在不同研磨条件下得到的高岭土样品的 DTA 曲线，由图可见这些曲线的峰形和峰顶温度都发生了较为显著的变化。研磨前样品的峰值温度为 161℃，经细磨后的样品的峰值温度移到 166.5℃。经高温熔化之后，重新加热三个样品得到的 DTA 曲线的形状和位置将保持一致。图 3-22（b）所示为不同装填方式对 DTA 曲线的影响，图中曲线 4 是高岭土样品放入坩埚后轻轻敲打使样品密实所得到的曲线，而曲线 5 则是样品经小的玻璃棒压紧后得到的曲线。在这两种条件下得到的曲线未出现较为显著的变化，表明这两种制样方式对曲线的影响不大。

（3）参比物和稀释剂的影响　由于 α-Al_2O_3 在较宽的温度范围内热惰性较好，因此在实验中通常被用作参比物或者稀释剂。DTA 和 DSC 实验中的稀释通常是指将惰性参比物以某种方式加入试样中的过程，稀释剂与试样均匀混合后可以起到使试样与参比物比热容接近的效果。如图 3-23 为添加了不同稀释剂后的羟基喹啉的 DTA 曲线。用碳化硅稀释后得到的 DTA 曲线在 76.3℃处存在一个吸热峰；而用氧化铝稀释后得到的 DTA 曲线在更高的温度下出现了一个较弱的吸热峰，这是由于氧化铝和羟基喹啉形成了一种新的配合物。因此，在使用稀释剂时应注意其是否与试样发生反应，最好先获得不稀释的 DTA（或 DSC）曲线以进行对照。

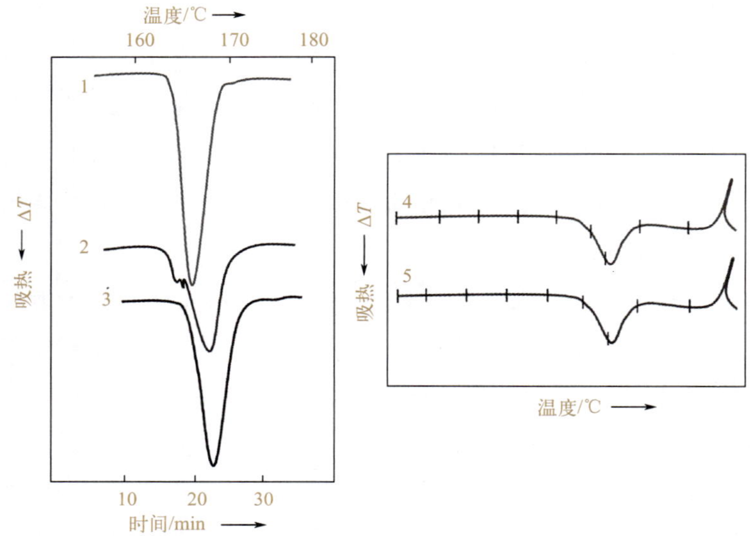

(a) 不同研磨条件下的高岭土的DTA 曲线　(b) 高岭土不同装样情况下的DTA 曲线

图 3-22　不同研磨和装填方式得到的 DTA 曲线

1—原试样；2—稍微研磨试样；3—细磨试样；4—轻敲；5—压实

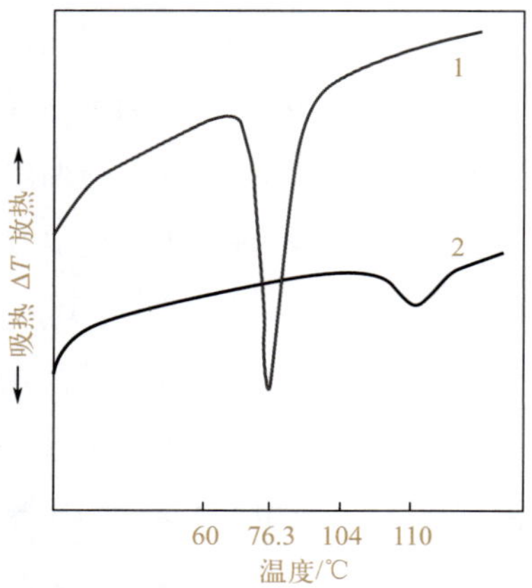

图 3-23　添加不同稀释剂后羟基喹啉的 DTA 曲线

1—用碳化硅稀释，试样占 9.6%；2—用 Al_2O_3 稀释，试样占 5.9%

（4）温度控制程序的影响　实验时所采用的温度变化速率会影响 DTA 和 DSC 曲线中峰的形状、位置和相邻峰的分辨率。温度变化速率越大，单位时间内产生的热效应越大，产生的温度差随之变大，峰也变得越尖锐。同时，由于升温速率增大，热惯性变大，峰值温度随之升高，向高温方向迁移。如图 3-24 为不同升温速率下高岭土脱水过程的 DTA 曲线，由图可见，在慢的升温速率下，体系接近平衡条件，得到宽而弱的吸热峰；在较高的加热速率下，吸热峰较为显著。因此，采用较高的升温速率有利于检测较弱的相变，提高检测的灵敏度。

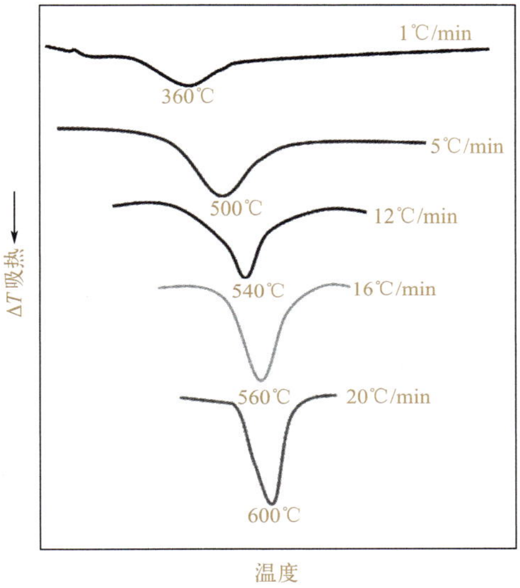

《 图 3-24　不同升温速率对高岭土脱水过程 DTA 曲线的影响

理论上，较高的加热速率使试样分解偏离平衡状态的程度变大，容易导致基线漂移并引起相邻两个峰重叠、分辨率下降，如图 3-25 所示[58]。另一方面，较慢的温度变化速率可以更好地分离相邻峰，提高分辨率。但较慢的温度变化速率所需要的测定时间长，要求仪器的灵敏度高。

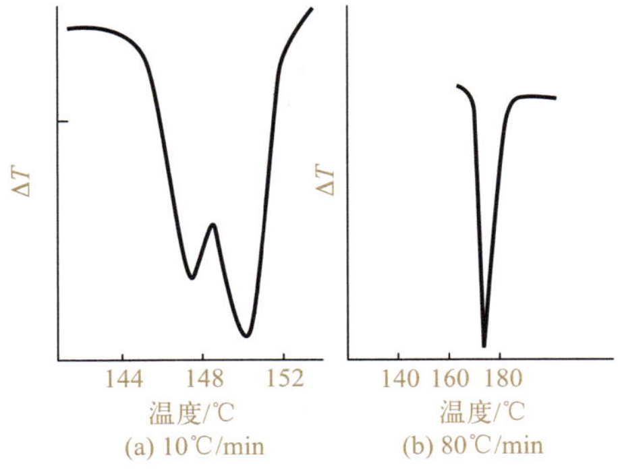

《 图 3-25　不同升温速率对聚合物的 DTA 曲线的影响[58]

（5）试样容器的影响　通常称在 DTA 和 DSC 实验中所用的试样容器为坩埚，在实验过程中坩埚应对试样、中间产物、最终产物和气氛保持惰性，既不能有反应活性，也不能有催化活性。选择坩埚时，应注意坩埚的最高使用温度范围以及是否会与试样、气氛气体、高温下的分解产物发生反应等相关信息，如果坩埚在实验过程中会产生变化，则应选择在实验条件下性质更稳定的其他材质坩埚。

在 DTA 和 DSC 实验中所采用的坩埚材质通常包括 α-Al_2O_3、石英和铂等，如图 3-26 所示。

图 3-26　用于 DTA 和 DSC 实验的各种类型坩埚

坩埚的材质和形状对曲线会产生不同程度的影响。研究结果表明[59]，在 500℃左右碳酸钠会与石英或陶瓷坩埚中的 SiO_2 反应形成硅酸钠，导致碳酸钠在石英或陶瓷坩埚中的分解温度比在铂金坩埚中低。因此，对于碱性物质（如 Na_2CO_3）不能用玻璃、陶瓷类坩埚；含氟高聚物（如聚四氟乙烯）会与硅形成化合物，也不能使用玻璃、陶瓷类坩埚；铂具有高稳定性和抗腐蚀性，高温时常选用这种坩埚，但其不适用于含有 P、S 和卤素的试样。另外，Pt 对许多有机、无机反应具有催化作用。图 3-27 中，使用 Pt 坩埚所得到的 DTA 曲线与使用石英坩埚所得到的曲线相比形状发生了明显的变化，表明坩埚中的 Pt 对分解起到了促进作用[15]。

（6）气氛气体的影响　在 DTA 和 DSC 实验中所用实验气氛通常有两种方式：静态气氛，通常是封闭体系；动态气氛，气体流经炉子或样品。采用前一种方式时，由于包围试样的气氛受到试样逸出的气体和炉内对流现象的影响，浓度不断变化，因此实验结果较难重复。目前商业化的热分析仪器具有很好的控制气氛系统。在实验过程中，若反应有气体逸出或试样与气氛的组分发生反应，所用动态气氛气体的种类和流速对曲线中峰的位置和

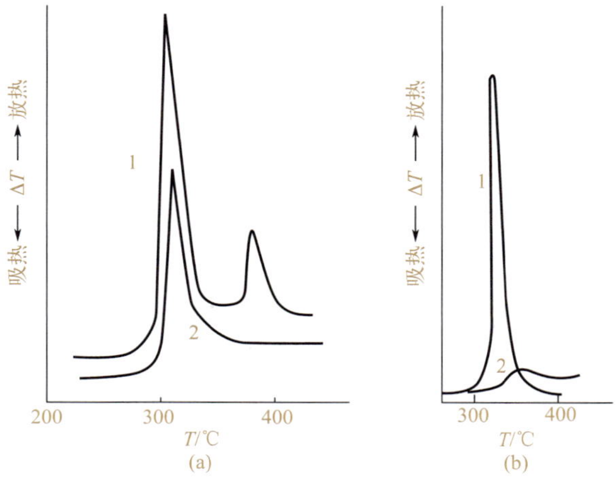

图 3-27　聚丙烯腈（a）和棉纤维（b）的 DTA 曲线[15]
1—铂坩埚；2—石英坩埚

形状会产生较显著的影响。对于气氛参与试样反应的过程，气氛的组成将对曲线产生较大的影响。图 3-28（a）为褐煤在空气和氮气气氛下的 DTA 曲线，不同种类的气氛对曲线中峰的数量、种类和位置产生了较为显著的影响。对于不涉及气相的物理过程，如晶型转变、熔融、结晶等，气氛种类产生的影响通常可以忽略，曲线基本不变。图 3-28（b）为不同气氛下碳酸锶热分解反应过程中的 DTA 曲线[60]。由图可见，$SrCO_3$ 在 927℃时的晶型转变温度（由立方晶型转变为六方晶型）基本不变，而分解温度则变化很大。在反应过程中不断生成的 CO_2 影响了平衡向右移动，由此导致了分解温度向高温移动。

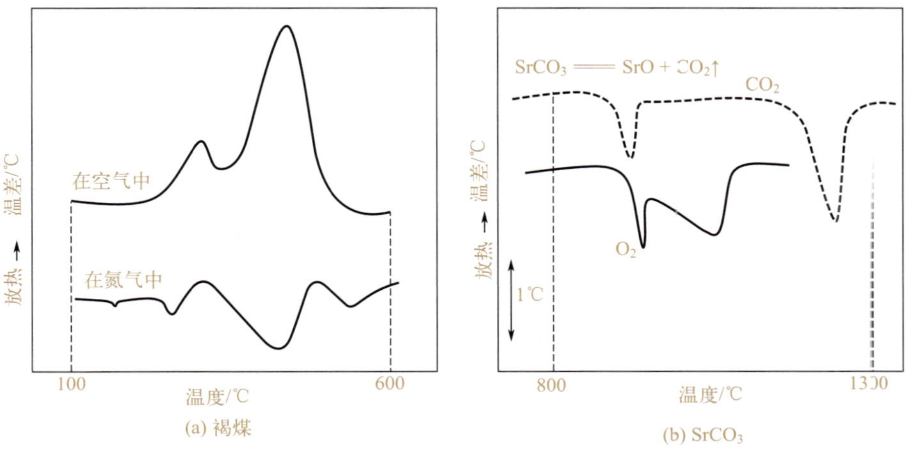

图 3-28　不同气氛下的 DTA 曲线

（7）数据采集频率　DTA 和 DSC 的数据采集频率，也就是单位时间里采集的字节数会影响曲线的峰形和灵敏度。对于反应速率较大、过程较多的反应，如果数据采集频率低就会出现峰变形和峰变宽的现象。

三、其他因素

在实验过程中，除了以上所列的仪器因素和操作条件因素外，仪器工作状态、冷凝物等因素也会影响实验结果，限于篇幅本部分内容不作展开介绍。

第五节 实验过程

一、概述

在正式开始 DTA 或 DSC 实验前，除了需要了解实验影响因素外，还应结合实验目的、仪器性能和样品性质设计合理的实验方案。首先应确认仪器处于正常的工作状态，以确保结果的准确性。同时，应考虑仪器的性能参数是否适用于待测的样品。之后开始运行实验，实验过程通常包括实验准备、制样、仪器测试等几个阶段。

二、实验准备阶段

实验条件的正确选择是实现实验目的的首要条件。例如，升温速率会影响峰的形状、位置和相邻峰的分辨率。当实验过程中有气体逸出或试样与气氛的组分反应时，气氛气体也会影响实验曲线，因此应选取合适的实验气氛。另外，试样的密度、比热容、导热性、反应类型和结晶等性质以及实验用量也会影响实验曲线。对于一级相变，峰温 T_p 值与试样量有关。对于反应级数小于 1 的化学反应，峰变窄，起始温度（T_i）升高，而峰温（T_p）降低。

在正式开始实验之前，应根据实验目的和样品的实际情况，按照以下原则选择合适的实验条件[61]：

① 根据 DSC 仪的要求和样品性质，选择合适的试样用量进行实验，并确定是否选用参比物和稀释剂。对于系列样品和重复实验的样品而言，每次实验时，应确保试样的装填尽量一致且松紧适宜，以得到良好的重现性。DSC 仪在实验时一般用空坩埚作为参比物。此外，还需考虑坩埚的材质、形状是否合适，是否需要加盖，加盖后是否需要扎孔等情况。对参比坩埚的处理应该与样品坩埚一致。固定池 microDSC 主要用于溶液样品的实验，应结合仪器的灵敏度选择合适的溶液浓度和参比溶液。

② 根据实验需要选用合适的气氛气体种类、流量或压力，以及与温度范围相应的冷却附件等。

③ 根据实验要求设定温度范围、升温或降温速率等温度控制程序参数。一些灵敏度较高的 DSC 仪不宜用于研究分解过程，实验前应尽可能准确了解样品的分解温度（必要时通过热重实验确定），据此确定最高的实验温度。在进行温度调制 DSC 实验时，应根据所用仪器的控制软件的要求选择调制参数。

温度变化速率是温度控制程序的重要部分，对实验曲线的形状和位置影响较大，应合理选择升 / 降温速率[38]：当需要减小热滞后效应时，应选择较慢的升温速率；当需要提高信号的灵敏度时，则应使用较快的升温速率。通常条件下，当实验中采用了较少的试样量时，可以适当加大加热速率。例如，在对熔化和结晶过程的研究中，应根据实验目的选用合适的温度程序。在聚合物熔融实验中，较快的升温速率有助于避免熔融过程中的重组过程，这也是 Flash DSC 应用的意义之一。在加热速率较慢的情况下，所测得的熔化曲线往往并非反映样品中原始晶体的熔化曲线，而是包含了原始晶体的熔化开始、熔化过程中晶体的完善程度、重组晶体的熔化情况（多种熔化现象）。另外，在玻璃化转变测量时所用的升温速率通常为 10 ～ 20℃ /min，而纯度测定则通常采用 1℃ /min 的加热速率[38]。

④ 坩埚是在实验时用于装载试样的容器，实验中使用的坩埚在实验条件下不得与试样发生任何形式的作用。DSC 实验的铝坩埚通常为一次性使用，不宜重复使用。使用坩埚之前应确认坩埚内无异物。

⑤ 对于较快的转变，实验时数据采集的时间间隔应较短。对于耗时较长的实验，宜适当延长数据采集时间间隔。

三、制样阶段

规范的制样操作和选择合适的样品容器是获得理想实验结果的第一步。

可用于 DTA 和 DSC 研究的样品几乎覆盖全范围的天然材料、生物材料、有机材料、无机材料以及复合材料。由于这些样品具有完全不同的物理特性，因此应根据样品的实际情况和实验目的制定合理的制样方案。

对于传统的 DTA 和 DSC 实验，取样前，选取合适的样品盘（坩埚），用差减法称取适量试样置于试样坩埚内（精确到 ±0.01mg），使其与试样坩埚底部紧密接触。在制样过程中，传感器与盘中的样品之间保持良好的热接触和较低的热阻至关重要。在制备样品时，必须尽可能考虑所有可能影响热接触的因素。坩埚底部务必保持平整，无锯齿形或弯曲，否则容易导致传热不良。

表 3-4 中详细列举了不同类型样品的制样方法，供读者在实验时参考。

表3-4　不同类型样品的制样方法

序号	样品状态	制样方法
1	晶态固体样品	对于一些晶态固体样品，过度研磨样品可能会破坏其结晶度。例如，研磨五水合硫酸铜可能会产生碱式硫酸盐。对于一些在研磨过程中可能具有爆炸性的样品，可以采用以下方法： ① 在较低的温度下轻轻研磨样品； ② 通过挥发等方式浓缩溶液，使其样品沉积在样品盘中
2	粉末状固体样品	许多有机物、无机染料和矿物以及复合材料等样品通常为粉末形式，可以直接装入样品盘中，并加盖压实。轻微研磨稳定的矿物和有机物的块状样品，也是获得粉末的一个方法，但应避免样品研磨时被污染。对于一些关于颗粒尺寸影响的研究，可以使用一系列的分样筛分离粉末样品。一些柔性聚合物和橡胶在高于其玻璃化转变温度时极难进行研磨，而在液氮中冷却后，它们可变脆且易于研磨。但是这样处理可能会在样品中引入水分
3	多孔粉末和纤维样品	一些低密度的粉末、絮状物和纤维可以使用以下两种方法来装载样品： ① 首先将其放置在与坩埚材质相同的金属薄片（例如铝或铂）的中心位置，然后将它们折叠成小块，或将样品封存在较小的胶囊状的空间中，再将该胶囊放入样品盘中，并用盖子密封压实； ② 使用垫片或内盖来加载样品，再密封
4	薄膜固体样品	可以制成半径略小于样品盘的圆片，然后直接装入坩埚中，尽可能保证试样平整，并保持与坩埚底部充分接触
5	液体样品和溶液样品	可以用标有刻度的注射器、微量进样器或滴管将少量的液体装入样品盘中。由于液体表面张力，有时液体会扩散到样品盘的边缘，可以用细棒（丝）搅拌，使液体均匀分散在坩埚内
6	糊状样品和黏性液体样品	使用药匙或刮刀将这类试样装入，然后加盖，此类试样最好使用液体坩埚，因为它们稍微受热会变液态。一些具有较低表面张力的流体将会过度地铺展，因此可以使用高边缘的坩埚
7	挥发性液体样品	通常这些易挥发的样品在密封样品盘或密封玻璃毛细管中进行，而且在周围的空间中填充导热材料，以取得良好的接触效果

对于固定池 microDSC 实验，在向量热池中加入溶液（或溶剂）时，应先进行脱气处理。脱气时间和脱气温度应结合样品的性质来确定，不应在脱气过程中改变溶液的浓度或使其变质。

四、仪器测试阶段

1. 仪器状态检查

实验开始前需要对所用热分析仪器的外观和各部件进行工作正常性检查，若发现外观异常、关键部件受损或污染，则应及时排除问题，再进行温度和检测物理量的校正。在向仪器中加入样品坩埚和参比坩埚之前，应对仪器进行例行检查，主要包括：

① 检查气氛气体是否充足、气路连接及密封性是否正常；

② 实验室室温应在 20～30℃范围内保持恒定，以确保实验结果精确度和重复性较高；

③ 若仪器长期不使用，在重新使用时应先进行两或三次加热实验，基线符合要求后方可正式开始实验；

④ 仪器工作时应避免仪器附近有较为明显的振动，实验过程中勿打开加热炉盖，否则易导致 DSC 曲线中出现明显的异常峰。

2. 设定实验参数

根据实际的实验要求和目的，依据仪器操作说明书设置实验条件。设置的参数主要包括：所要采集的 DSC 曲线的文件名和存储路径、样品名称、试样质量、实验气氛与流量、升 / 降温速率、温度范围和步骤以及数据采样频率等。

3. 加载试样并运行实验

打开气氛气体并调节流速，平衡一段时间后开始加载试样。打开加热炉，手动或者通过自动进样器将称量好的试样坩埚和参比坩埚分别放至仪器检测器的相应位置，加载时应注意样品是否沾在坩埚边缘，以免污染传感器。关闭加热炉，平衡后开始运行实验，通过软件自动采集数据。

4. 测试结束

仪器测试结束后，在软件中自动保存实验数据。待加热炉温度至室温附近时，小心开启 DSC 的炉盖，用镊子轻拿轻放坩埚，以免炉盖损坏或实验人员烫伤。如仪器长期不用，需及时关闭气体和仪器。

第六节 数据处理及分析

一、实验数据的基本处理与作图

实验结束后，利用仪器配套的数据处理软件可以打开实验过程中生成的数据文件，在软件中可获得 DTA 或者 DSC 曲线转变过程的特征温度或特征时间和热量变化等信息。如果出现多个转变，则应分别报告每个转变的特征温度或特征时间。对于出现多个峰的转变，需由曲线分别确定每个独立的吸热或放热峰的峰面积，或根据仪器热量校正系数 K 计算吸热或放热（如熔融或结晶）的 Q 值，或用热分析数据处理软件直接确定 Q 值。图 3-29 为经仪器数据处理软件处理后的硝酸钾在 0 ～ 350℃的 DSC 曲线，图中标注了每个吸热峰的特征温度和峰面积信息。

在实际应用中，需要在专业数据处理软件如 Origin 软件中对由仪器数据处理软件导出的数据进一步处理，在作图时应符合相关规范。

1. DTA曲线的作图规范

DTA 曲线的作图规范如下[5]：

① DTA 曲线的纵坐标用对样品质量归一化后的温度差表示，常用的单位为℃ /mg 或 μV/mg。

② 对于线性加热 / 降温的实验，横坐标为温度，单位常用℃表示。进行热力学或动力学分析时，横坐标的单位一般用 K 表示。

③ 对于含有等温条件的 DTA 曲线，横坐标应为时间，纵坐标中增加一列温度。只需显示某一温度下的等温曲线时，则不需要在纵坐标中增加一列温度。

④ 应在图的显著位置（通常为左上角）用向上或向下的箭头注明 DTA 曲线的吸放热方向，通常峰向上表示放热。

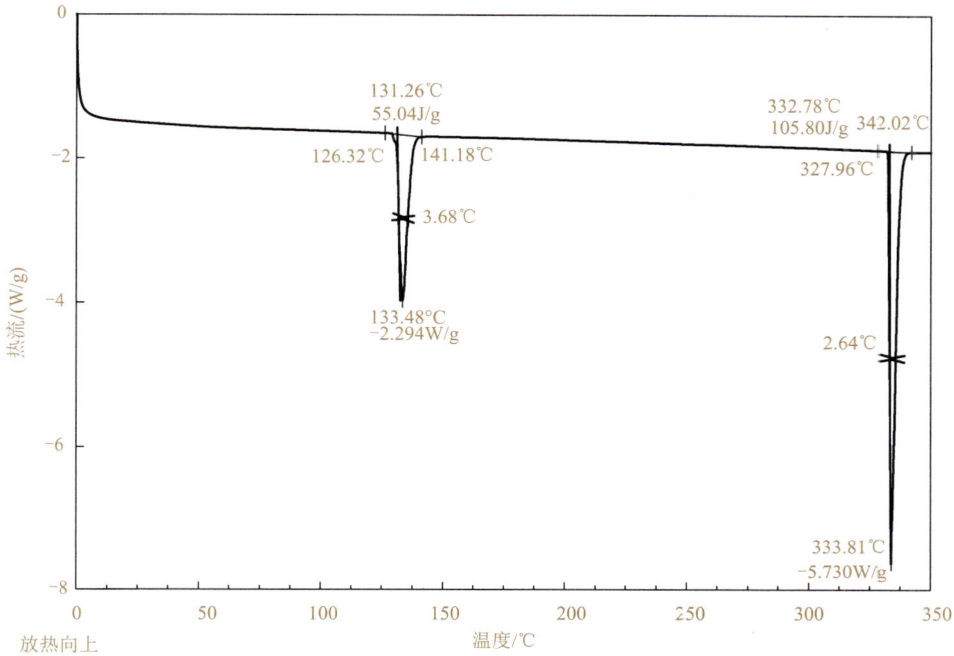

图 3-29　经仪器数据处理软件处理后的硝酸钾在 0 ~ 350℃的 DSC 曲线

2. DSC曲线的作图规范

DSC 与 DTA 曲线类似，只是纵坐标为热流差或功率差（mW），获得转变过程的特征温度（特征时间）和热量变化等信息与 DTA 曲线的表示基本一样。

二、DTA 和 DSC 曲线的解析

1. 曲线中特征量的确定

在本章第二节中以 DTA 曲线为例介绍了不同特征温度和峰面积的确定方法，在此不再重复介绍。以非等温 DSC 曲线为例，图 3-30（a）展示出了特征温度的表示方法[6]。对于已知的转变过程，图中的特征温度或特征时间符号中以正体下角标表示转变的类型，如 g（glass transition）表示玻璃化、c（crystallization）表示结晶、m（melting）表示熔融、d（decomposition）表示分解等。以结晶引起的非等温 DSC 曲线的放热峰为例，图 3-30（b）显示出了特征峰的各物理量的表示方法。

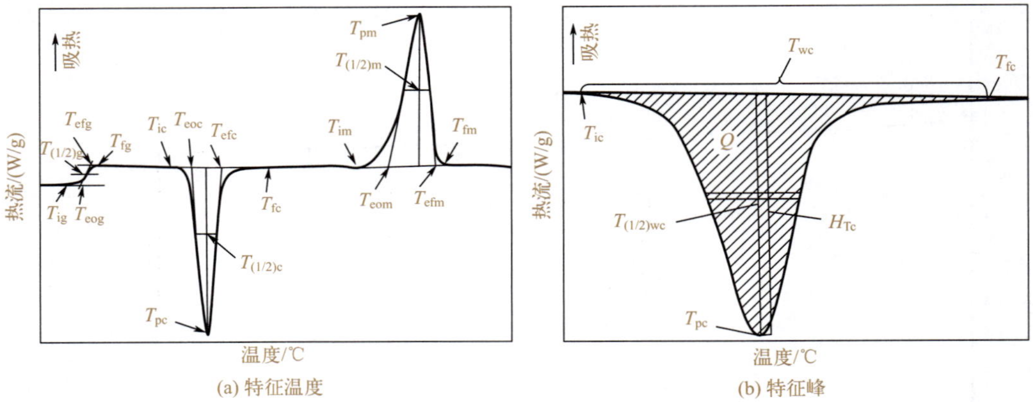

图 3-30 DSC 曲线中特征量的表示 [6]

DSC 和 DTA 曲线中，在热效应转变之外的区域，曲线也会出现变化，这种变化通常与比热容有关。如图 3-31 中的 DSC 曲线出现了比热容突变与吸热峰。图中，①处出现的基线台阶对应于试样在加热过程中的比热容变化（一般是玻璃化转变过程）；②处的虚线指的是基线，此处的基线同样是以台阶的形式出现，可以认为在转变过程中出现了比热容变化；③处的峰是指吸热峰，由扣除基线之后所得到的峰面积 A 可以通过下式得到焓变 ΔH：

$$\Delta H = KA \tag{3-93}$$

式中，K 为比例系数或者仪器常数，可以通过实验测定。

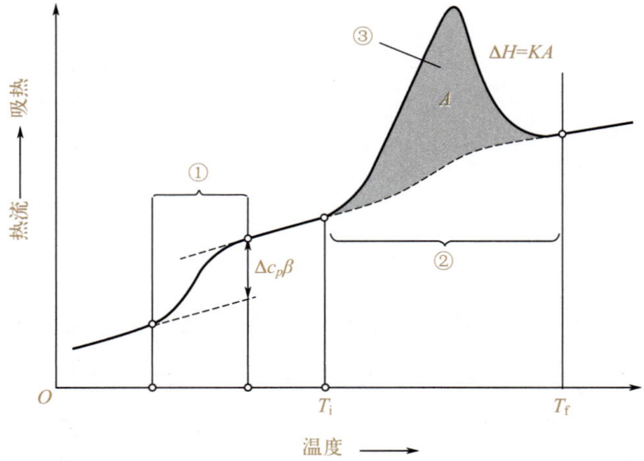

图 3-31 出现比热容突变与吸热峰的 DSC 曲线

确定峰面积时，选取的虚拟基线的形状对面积的影响很大，不同峰形的基线确定方法不同，通常需要考虑热变化过程中的比热容变化。如图 3-32 为不规则峰的峰面积和基线的确定方法。需要注意的是，一些复杂的峰无法通过基线确定其是绝对放热还是吸热，此时可以通过对曲线微分来辅助确定临界点。

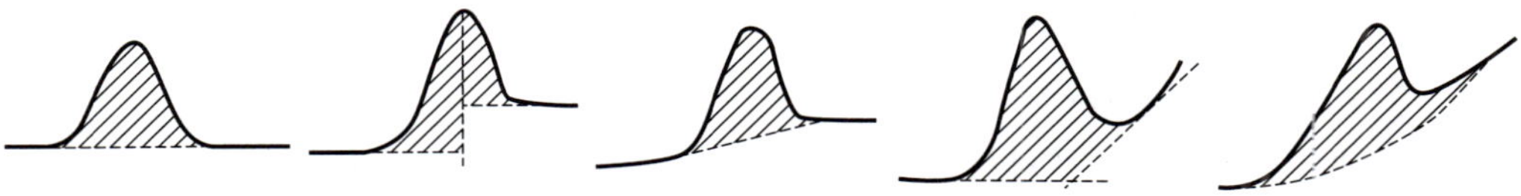

图 3-32　不规则峰的峰面积和基线的确定方法

在确定 DSC 和 DTA 曲线的峰面积时，常用的基线主要包括以下几种。

（1）转变前后基线不发生漂移的峰　通常通过直接连接转变开始前和转变终止后基线进行积分，以求得峰面积。

（2）转变前后基线发生漂移的峰　可以通过以下几种方法求得：

① 分别作转变开始前和转变终止后的基线延长线，偏离基线的点分别是 T_i（反应始点）和 T_f（反应终点），用直线连接 T_i 和 T_f 可得峰面积，如图 3-33（a）所示。

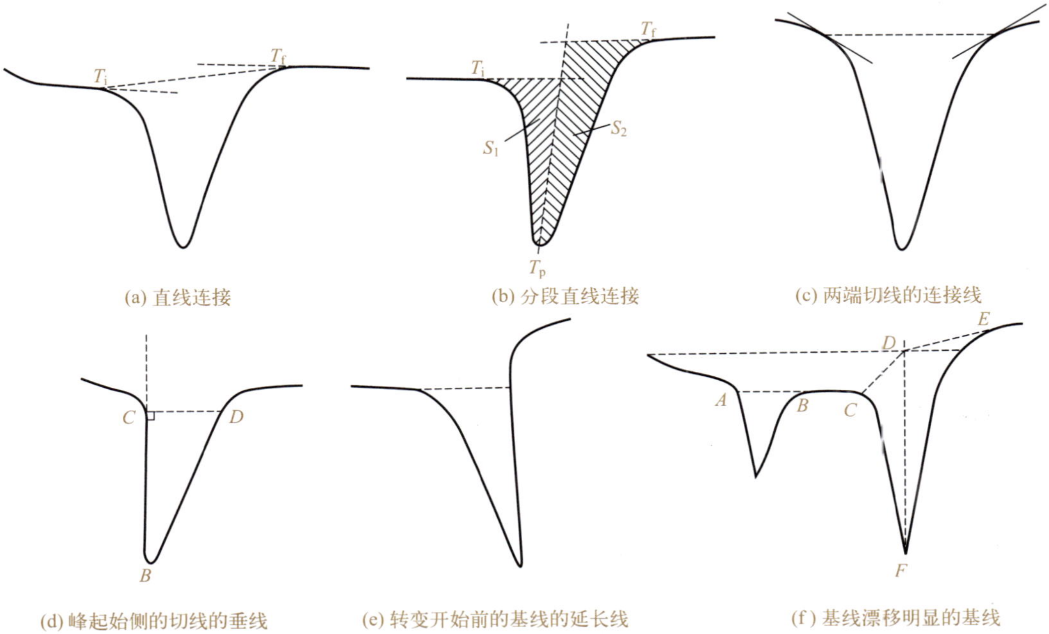

图 3-33　转变前后的基线不在同一水平线上的虚拟基线

② 如图 3-33（b）所示，由基线延长线和通过峰顶 T_p 处作垂线，与 DTA 或 DSC 曲线的两个半侧所构成的两个近似三角形面积 S_1 和 S_2(图中以阴影表示) 之和为峰面积，即

$$S = S_1 + S_2 \tag{3-94}$$

上式可以用来表示峰面积，这种求面积的方法认为 S_1 中减少的部分与 S_2 中多余的部分可以得到一定程度的抵消。

③ 由峰两侧的曲线发生转折的拐点连接线得到峰面积，这种确定方法只适用于对称峰，如图 3-33（c）所示。

④ 对峰的起始侧的切线与曲线的交点作垂线，将所得三角形的面积作为所求的峰面积，这种确定基线的方法适用于拖尾峰，如图 3-33（d）所示。

⑤ 对于峰形很明确且基线有漂移的吸热峰，可采用直接延长原来基线的简单方法来进行积分以得到峰面积，如图 3-33（e）所示。

⑥ 对于基线有明显漂移的峰形，确定峰面积的方法较为烦琐，需借助参考线。从有明显漂移的基线（图中的 *BC*）连接 *AB*，显然这是视 BC 为产物的基线，而不是第一反应的持续。第二部分面积是 *CDEF*，*DF* 是从峰顶到基线的垂线，如图 3-33（f）所示。

另外，在对转变前后基线发生漂移的峰进行积分时，通常采用如图 3-34（a）所示的 S 形虚拟基线和如图 3-34（b）所示的反曲形虚拟基线。

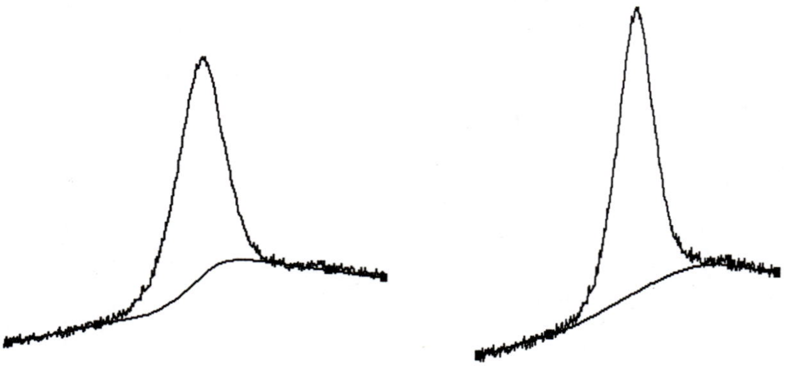

(a) S形虚拟基线　　(b) 反曲形虚拟基线

图 3-34　非直线形式的虚拟基线的确定方法示意图

需要特别指出，一些仪器的分析软件中带有手动基线的功能，使用这类基线所得到的积分结果应与由以上方法所得到的结果进行比较，结果不应出现较为明显的差别。

2. DTA和DSC曲线的描述

DTA 和 DSC 曲线中的变化通常以峰或者台阶的形式出现，在描述这类曲线的形状时应详细说明曲线中出现的峰或台阶的个数、位置以及强度等信息，并通过相应的特征物理量来定量描述其变化规律。在论文或者报告中通常从以下几个方面描述曲线的形状。

（1）描述曲线的基本形状和位置等信息　在描述 DTA 或 DSC 曲线的形状时，应详细说明这些变化形式的个数、位置以及强度等信息。例如，可以按照以下方式描述硝酸钾在加热过程中得到的 DSC 曲线（图 3-29）的基本形状：

由图 3-29 可见，在实验过程中，硝酸钾的 DSC 曲线分别在 126.3 ～ 141.2℃和 328.0 ～ 342.0℃范围内出现了两个较为尖锐的吸热峰，且低温范围的吸热峰比高温范围的弱。

（2）展开描述每一个特征变化　在描述了曲线的大体形状后，接下来需要分别对其中的每一个特征变化进行描述，通常从图中的横坐标和纵坐标所对应的物理量变化的角度分别进行描述。例如，可以用以下文字来展开描述图 3-29 中 DSC 曲线出现的每一个特征变化：

在图 3-29 中，硝酸钾在 126.3 ～ 141.2℃范围的吸热峰的外推初始温度为 131.3℃，峰值温度为 133.5℃；在 328.0 ～ 342.0℃范围的吸热峰的外推初始温度为 332.8℃，峰值温度为 333.8℃。在 DSC 曲线中，吸热峰的面积代表该过程发生的热效应的大小。因此，126.3 ～ 141.2℃范围的吸热过程的热效应为 55.0J/g，而在 328.0 ～ 342.0℃范围的吸热过程的热效应则为 105.8J/g。从热效应的角度来看，第二个吸热过程明显强于第一个吸热过程，热效应约为第一个吸热过程的 1.9 倍。另外，从图 3-29 中还可看出，在 126.3 ～ 141.2℃范围的吸热峰的半峰宽大于 328.0 ～ 342.0℃范围的半峰宽，但峰高比后者弱 2.5 倍，表明高温范围的吸热过程明显快于低温过程。

（3）多条曲线的描述方法　在描述多条曲线时，通常采用列表的形式列举与每条曲线对应的特征物理量，对比图中每条曲线的异同并说明变化规律。在实际应用中，有时以作图的形式来形象地说明这种变化规律。

3. DTA和DSC曲线的分析

在实际应用中，应密切结合实验中所用样品的结构、成分、性质、制备条件或处理条件等信息，并结合所使用的 DTA 或者 DSC 方法自身的特点和实验条件对曲线进行解析。在解析时应遵循科学性、规范性、准确性、合理性、全面性等原则[61]。《热分析实验方案设计与曲线解析概论》[61] 一书中对这些原则进行了较为详细的介绍，限于篇幅本部分内容中不作重复性介绍。

三、TMDSC 的数据处理与分析

1. TMDSC实验过程简介

TMDSC 实验操作过程与常规 DTA 和 DSC 实验的整个流程几乎一样，主要包括样品制备、实验条件设置和数据采集与分析等过程。在正式实验前的校准程序中，通常用蓝宝石进行比热容的校准，另外，在制样、温度程序的设定和数据处理等过程中需要注意以下几个方面 [29]。

（1）样品质量　TMDSC 实验操作与常规 DSC 基本相同。TMDSC 要求样品与坩埚的热传递良好，因此，样品质量和厚度越小越好，样品质量太大会导致热滞后效应加剧，响应周期延长，测量的有效频率和振幅范围减小。

（2）温度程序

① 正弦波模式温度调制得到的计算结果精度较高，但要求热响应信号呈线性且平稳变化。而锯齿模式温度调制的数据处理无需进行傅里叶分析，因此可以直接在时间域中分析不可逆过程以及慢热过程，但应保证在实验过程中样品处于稳态，避免由基线不稳定导致的分析误差 [29]。因此，在实际实验时需要根据实验要求选择不同的温度调制模式。

② TMDSC 的温度控制参数包括基础升温速率、调制频率以及调制振幅。TMDSC 的基础升温速率较慢，通常在 1 ～ 3K/min，以保证热流信号具有较高的分辨率。而调制振幅和调制频率需要保证在实验的热效应范围内出现 4 ～ 5 个振荡周期。通常温度振幅为 0.5 ～ 2K，调制周期通常为 30 ～ 120s。调制振幅和调制频率过高时，会超出仪器的响应周期。而当调制振幅和调制频率过低时，热流信号会受到基线漂移的影响，而且快速相转变过程中的有效调制周期数过少，信号分辨率下降 [62-67]。

③ 在研究熔融 / 重结晶过程时，设定 TMDSC 的参数应保证振荡升温速率的变化从零到一个正值，而不包含冷却的过程。

④ 在研究较弱的转变时，需使用较大的振幅 (＞ ±1.0℃)。而研究温度较接近的不同转变，通常使用较小的振幅 (＜ ±0.5℃)。

⑤ 可以通过 TMDSC 实现步阶式准恒温（stepwise quasi-isothermal）过程，实验时使样品在恒定温度下保持一定时间，然后将恒定温度提高 1 ～ 2℃，再恒温一定时间，重复上面的过程直至该过程覆盖整个转变的温度范围。由于温度的振荡，恒温下的热流值不为零，而是在一个有固定周期的很小的温度范围内上下振荡，这样可以同时获得调制热流和调制升温速率的值，两者之间的比值即为材料的比热容 c_p，如等式（3-95）所示。

$$c_p = \frac{C\mathrm{HF}}{\beta m} \tag{3-95}$$

式中，C 为池常数；HF 为调制热流；β 为升温速率；m 为样品的质量。

2. TMDSC数据的基本处理过程

实验结束后，利用仪器自带的数据处理软件打开实验中生成的数据文件，可以得到总热流曲线、可逆热流曲线和不可逆热流曲线，并可根据实验目的对所选取的曲线进行计算。处理过程与传统 DSC 方法相似，限于篇幅不作重复介绍。

3. TMDSC曲线的解析

（1）确定相变等转变过程　在数据处理软件中可以对 TMDSC 实验数据进行数学处理，最终得到可逆热流与不可逆热流曲线。图 3-35 是利用步进扫描 DSC（step scan DSC）对 Nylon/ABS 合金进行实验得到的曲线，在图中可以看到两个非常明显的玻璃化转变过程。

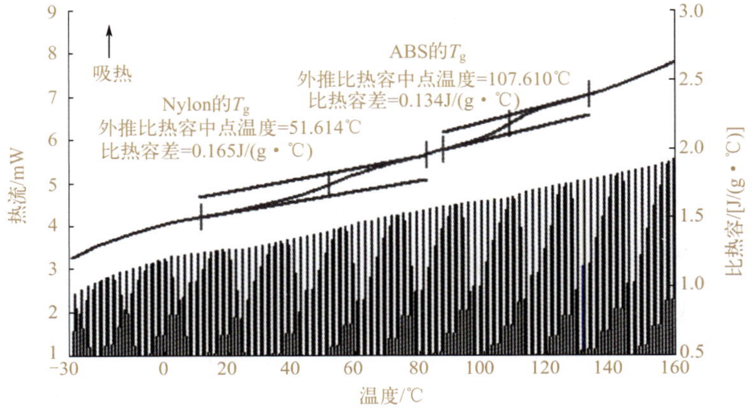

图 3-35　步进扫描 DSC（SSDSC）测量 Nylon/ABS 合金

DSC 的灵敏度和分辨率均受升温速率的影响，而 TMDSC 是将两个不同的升温速率方式（即叠加慢速线性升温和瞬时快速升温）同时作用于试样，在同一实验中既可以得到良好的分辨率又保持较高的灵敏度。利用 TMDSC 可以分离并检测出间距不到 2℃的两个弱转变，如图 3-36 为通过 TMDSC 实验得到的曲线[68]，实现了对亚硝酸钠在 163 ～ 165℃之间的两个相变的分离与检测。

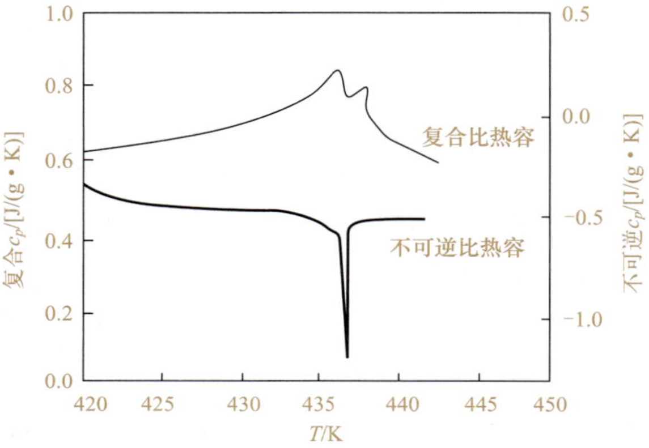

图 3-36 利用 TMDSC 测得亚硝酸钠相转变的复合比热容和不可逆比热容[68]

（2）确定比热容 当需要确定非常精确的比热容数据时，通常选用尽可能低的加热速率（准等温条件）。例如，图 3-37 中给出了聚苯乙烯在 1K/min 的加热和冷却速率下经历玻璃化转变期间的比热容曲线。玻璃化转变区域的滞后效应随时间变化，导致曲线有所不同。另外，通过准低温条件得到的比热容数据不受这种时间依赖性影响。当温度调制周期小于 30s 时，测得的 c_p 值显著降低。如果调制周期超过 60s，则 c_p 的测量误差应小于 3%。TMDSC 测量 c_p 的典型条件如下：样品质量 10 ～ 15mg；恒定加热速率 0 ～ 5K/min；温度调制振幅 ±0.5 ～ ±1.0K；调制周期 80 ～ 100s；氦气吹扫 25mL/min；数据采集频率 1 数据点 /s。描述 TMDSC 的通用热流方程假设在没有动力学现象发生的区域，样品会瞬时响应温度调制，因此调制热流与调制加热速率相差 180°（图 3-38）。然而，这种假设并不完全有效。由于样品支架组件到样品的非瞬时热传递，调制热流和调制加热速率之间存在相位差。

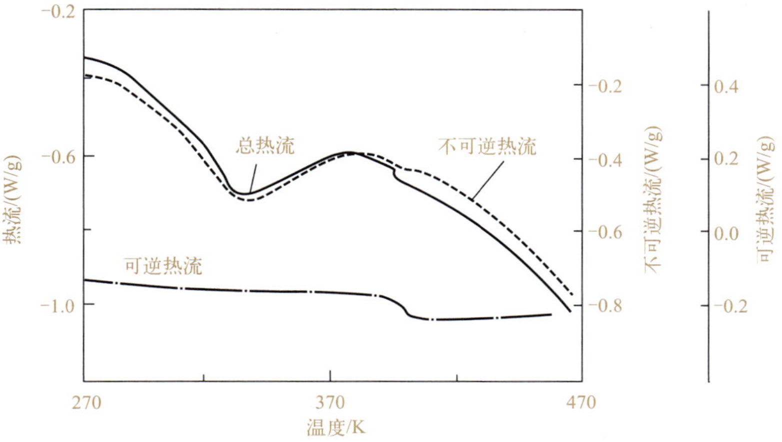

图 3-37　在加热、冷却和等温条件下分别测得的聚苯乙烯样品的 c_p
（实验参数：$\beta = \pm 1$K/min，$p = 60$s，$A_T = \pm 0.5$K）

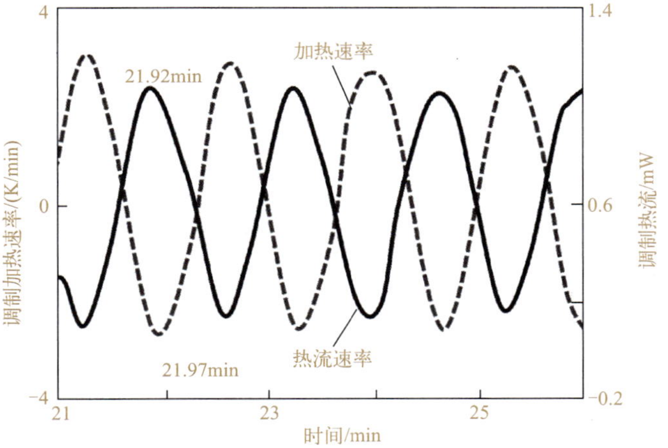

图 3-38　TMDSC 曲线中调制温度和热流之间的相位差

因此，TMDSC 测量的比热容可以看作一种复合比热容，用 c_p* 表示。复合比热容由两部分组成，分别为与温度调节同相的成分 c_p'（动力学比热容）和异相的成分 c_p''，存在如下关系式：

$$c_p^* = \left(c_p'^2 + c_p''^2\right)^{\frac{1}{2}} \tag{3-96}$$

为了获得 c_p'' 的定量值，必须首先对仪器进行校准，以确定与实验效应相关的相位差。

例如，样品容器和样品支架组件之间通常存在不完全热接触。通过检查转变区外的样品基线并调整相位角进行校正，可以避免相位差。然后，通过在转变区检测到的任何相位差来计算 c_p'' 和 c_p'。

图 3-39 中给出了无定形 PET 玻璃化转变时 c_p'' 的一个小峰值，其对 c_p' 测量值的影响小于 1%。对于未保持稳定状态的熔体，c_p'' 的影响变得显著。

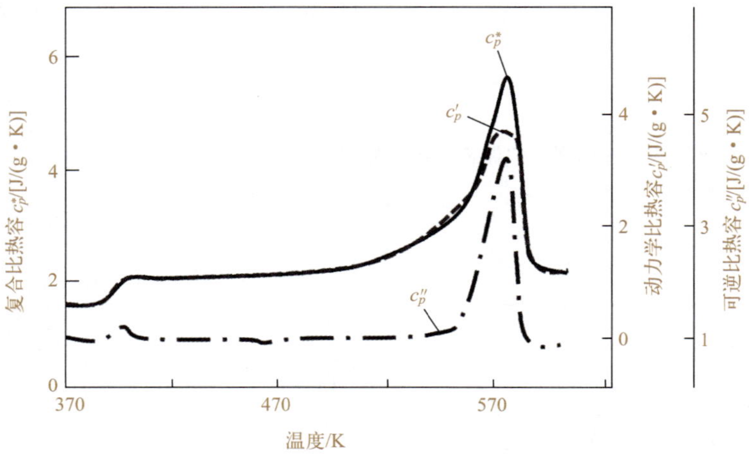

图 3-39 淬火 PET 样品的复合比热容（c_p^*）

四、曲线解析中常见问题分析

在对曲线进行解析时，除了应结合样品性质、实验条件外，还应考虑以下几个方面。

1. 基线漂移

基线是影响特征物理量的重要因素。理论上，不产生热效应的曲线应基本保持水平，不会产生较大的偏移。实际上，由于样品自身比热容随温度的变化以及坩埚、支持器等结构上的差异影响，得到的曲线通常会出现向上或向下的偏移，尤其在出现热效应前后，基线漂移现象更加明显，这种漂移现象会影响对峰的判断和计算。

通常采用以下方法简单处理这种基线漂移现象。

（1）基线扣除法　先扫描一段空白基线，实验条件与试样曲线具有相同温度区间、升/降温速率与气氛，进行自动或手动扣除这条空白基线，可以改善样品曲线的基线轮廓。对于实际测得的 DSC 和 DTA 曲线，很有必要对基线进行修正。

（2）软件处理法　对于向一个方向漂移的基线，可以通过数据处理软件对所研究温区内出现线性漂移的曲线部分进行斜率校正或者通过旋转操作以减弱基线的漂移程度。

（3）确认结构变化程度　当样品发生缓慢分解或者溶剂挥发时，基线会出现一定程度的漂移。因此，在分析基线漂移原因时，应确认样品是否出现了较为明显的质量损失现象。

2. 残留溶剂对曲线形状的影响

在实验过程中，样品中残留的少量溶剂尤其是水会随着温度变化而产生热效应，导致在加热过程中出现吸热峰。例如，对于自低温开始的加热实验，样品中残留的水会出现从固态冰转变为液态水的融化过程，从而出现较为显著的吸热峰。

3. DSC曲线中的热钩

对于 DSC 曲线而言，当按照恒定的加热速率进行实验时，在曲线的开始阶段通常会伴随出现一种向吸热方向的急剧下降现象（如图 3-40 所示），通常称这种现象为热钩（start-up hook，也称“启动钩”）现象。这是由于在 DSC 升温扫描之前，通常会经历达到指定的开始温度的平衡、等温、开始变温等阶段，其目的是使加热炉内的温度保持均匀。此时参比盘与样品盘之间处于热平衡，热流信号趋近于零（即 $\Delta T = 0K$）。若令加热炉以设定的温度变化速率控制温度，则炉内的加热器所产生的热量经由导热性非常好的金属薄板到达参比盘与样品盘，导致二者以同样的温度上升。但由于这两个盘的质量（或比热容）不同，样品盘内包含了待测样品的质量，需要较多的热能流入，因此启动钩会随着样品量的增大而增大，或者会随着升温速率的增加而增大。升温一段时间后，样品盘多吸收的热流量会趋于一稳定值（ΔT = 常数），炉内达到另一个平衡状态，此时的热流信号会趋近于直线。在此之前，启动钩对应于非平衡状态，不能用于检测样品。通常，从启动钩开始出现到稳定态的持续时间为 2 ～ 3min。

可以通过向参比盘内增加不同质量的盘盖达到减弱启动钩的效果（图 3-41），由图可见在此条件下采用 1.5 倍的盘盖增加量的效果最佳。

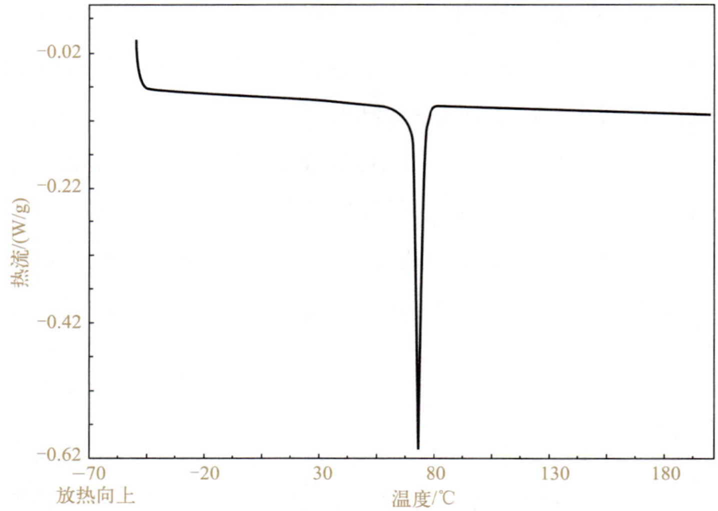

图 3-40　典型的 DSC 曲线的启动钩

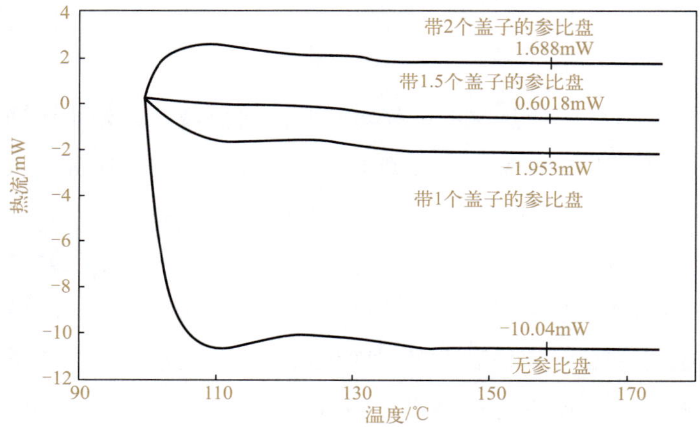

图 3-41　向参比盘中加入不同质量的铝坩埚盖减弱启动钩

另外，启动钩与实验开始的温度无关，主要取决于实验时的加热速率和样品量。图 3-42 为在不同的实验开始温度下得到的 DSC 曲线，加热速率均为 10℃ /min，铝坩埚中未加入样品。由图可见，不同的实验开始温度对启动钩曲线的形状没有产生较为明显的影响。图 3-43 为在不同加热速率下得到的 DSC 曲线，由图可见，随着加热速率的升高，启动钩的形状变化越明显。另外，不同结构形式的 DSC 仪器在传感器类型、炉体尺寸等方面存在着一定的差异，由这些仪器得到的启动钩的形状之间也存在着差异。

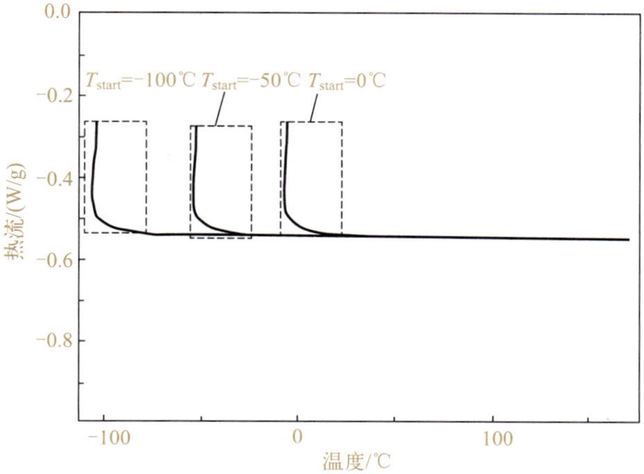

图 3-42　不同的实验开始温度对 DSC 曲线启动钩的影响

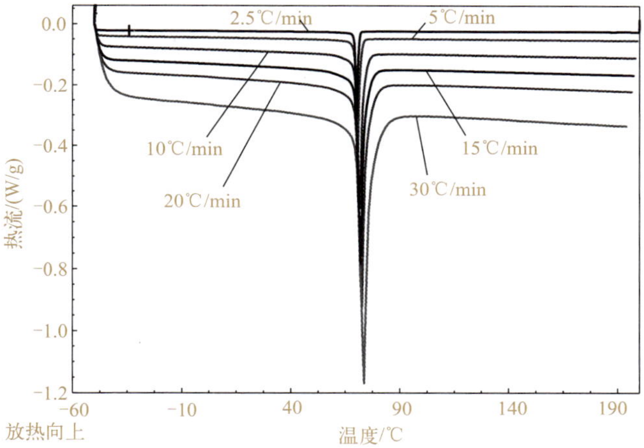

图 3-43　不同加热速率对启动钩的影响

由以上分析可知，启动钩是 DSC 测量方法本身对曲线产生的影响，与测量样品的结构关系不大，其主要受样品量和温度程序的影响。图 3-44 为不同样品量的 α-Al_2O_3 的 DSC 曲线，实验时用的坩埚为铝坩埚，加热速率为 10℃ /min。由图可见，不司的样品量对启动钩的形状有较为明显的影响。随着样品量的增加，启动钩现象越发明显。

综合以上分析，在对 DSC 曲线进行解析时，不应对曲线中的这种启动钩现象进行过多的解释，更不应将这种现象当作样品的一种特征变化来进行解析。

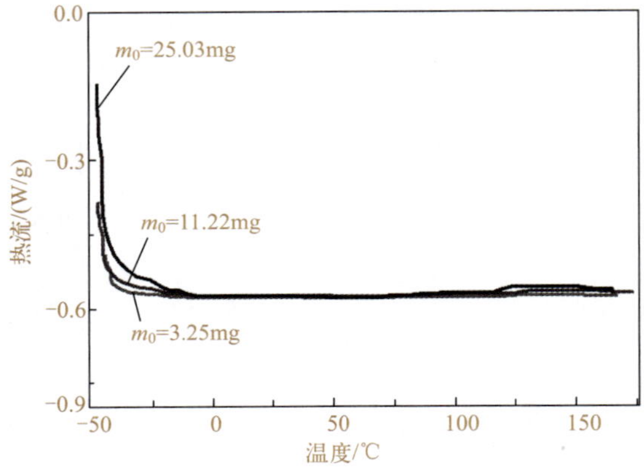

图 3-44 不同样品量的 α-Al_2O_3 的 DSC 曲线

4. 实验室环境变化对曲线的影响

实验室环境的变化对一些灵敏度较高的实验影响较大，这些影响主要包括实验室的环境温度变化、湿度变化以及意外的振动等。

对于一些较为灵敏的量热仪，其容易受实验室环境温度波动的影响。图 3-45 中给出了室温环境变化对 micro DSC 曲线的影响程度，这类仪器要求环境的温度变化控制在 2℃以内。在对这类曲线进行解析时，应充分考虑环境温度的波动是否在可控范围之内。

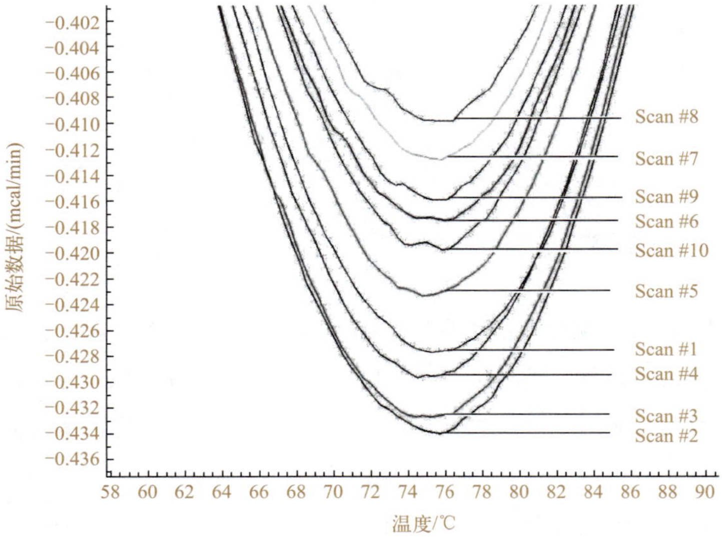

图 3-45 室温环境变化对 micro DSC 曲线的影响（1cal=4.186J）

第七节
差热分析与差示扫描量热技术的典型应用

本部分内容将结合实例介绍 DTA 和 DSC 技术在不同领域中的典型应用，主要包括：①组成的确定；②熔融与结晶过程的研究；③相变过程的研究；④比热容的测定；⑤纯度的测定；⑥相图的测定；⑦结晶度的测定；⑧热导率的测定；⑨ Flash DSC 技术的应用。

一、组成的确定

相同质量而组分含量不同的试样，受热后所产生的热效应（吸热或放热）不同，其相应的 DTA 或 DSC 峰面积也不同，且峰面积与其含量成正比 [69]，其数学表达式为

$$Q = KA \tag{3-97}$$

式中，Q 为热效应；A 为 DTA 曲线的峰面积；K 为比例系数，在一定温度范围内可以认为是常数。

把曲线中某一个峰定为“特征峰”，特征峰的面积与其热效应成正比，而热效应又与被测试样中某物质的含量成正比，因此可建立峰面积与含量的关系式，从而用 DTA 测量物质的含量，主要包括单峰法和面积比法。

1. 单峰法

顾名思义，单峰法是采用曲线中的某一特征峰来定量。该方法要求被测试样与纯样在完全相同的条件（即升温速率、气氛条件、坩埚材质及大致相同的试样用量和颗粒度等）下进行测定，根据特征峰的面积比来计算样品中某一物质的含量。计算公式如下：

$$\frac{m_i}{m_\mathrm{p}} = \frac{S_i}{S_\mathrm{p}}, \quad m_i = \frac{m_\mathrm{p}}{S_\mathrm{p}} S_i \tag{3-98}$$

式中，m_p 为纯样的量；S_p 为纯样的 DTA 特征峰的面积；m_i 为样品中被测组分的量；S_i 为样品中被测组分的 DTA 特征峰面积。

由式（3-98），可以根据试样的 DTA 曲线中特征峰的面积求出该组分的量 m_i，以确

定待测组分的含量。实验时若无法获得 100% 含量的纯试样，也可以使用通过化学分析或其他方法确定准确含量的试样，用准确称好的这种已知含量的试样量乘以其含量来代替式（3-98）中的 m_p，其他计算不变。

也可以将纯试样与稀释剂（稀释剂为在实验过程中自身不发生热效应且与试样不发生反应的物质，常用参比物 α-Al_2O_3 作稀释剂）按 5%、10%、15%、…、100% 配成一系列试样。在相同试样量和相同的操作条件下测 DTA 曲线，计算相应的峰面积 S_1、S_2、…、S_n，然后与对应的含量作图（图 3-46），得到含量 - 峰面积曲线。再以相同的试样量在完全相同的操作条件下测 DTA 曲线，求出其峰面积，即可根据含量 - 峰面积曲线求含量。

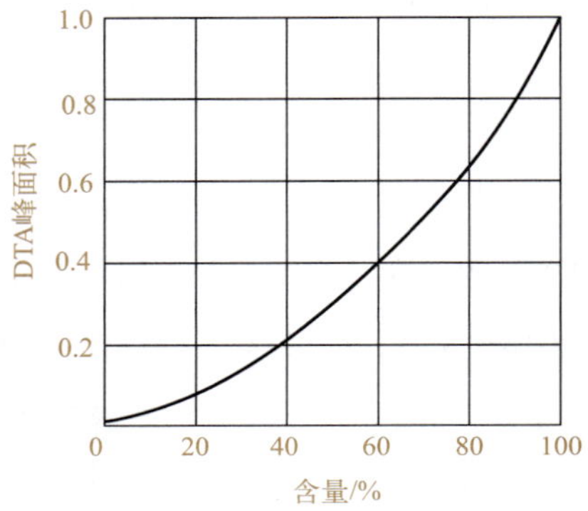

图 3-46 DTA 峰面积与对应的含量的关系 [69]

在实际应用中，利用 DSC 确定了褐煤中水分的类型及每种水分的含量 [70]。通过 DSC 曲线确定了褐煤中含有两种类型的水分，即结合水和自由水，其热焓值与褐煤中水分含量的关系曲线如图 3-47 所示，根据水的焓值和斜率，可以计算出两种水的含量。

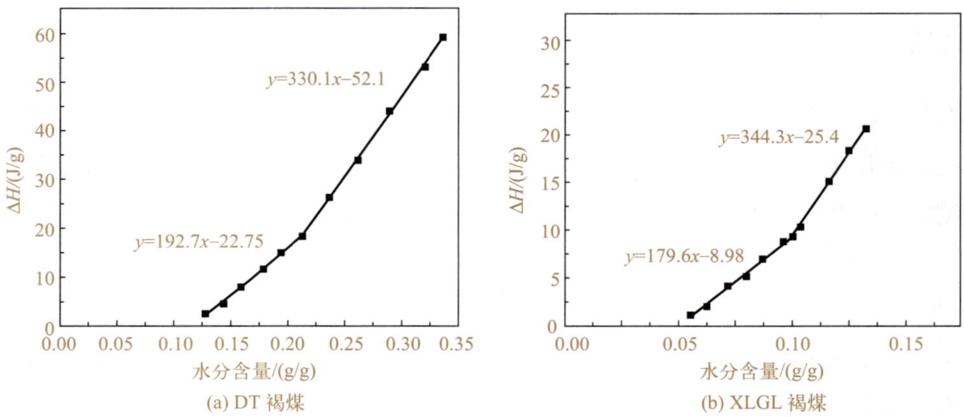

图 3-47 褐煤冻结时放出的热量 [70]

另外，TG/DSC 技术还可以用于确定岩石中有机物的含量[71]。实验时，将约 20mg 岩石样品粉末放入氧化铝（Al_2O_3）坩埚中，在氧化性气氛（合成空气）或惰性气体（氮气）、温度范围为 40 ～ 1000℃和气体流速为 50mL/min 的条件下进行实验，实验曲线如图 3-48 所示。基于 DSC 曲线中相关峰面积对反应焓进行定量评估，检测到样品中有机质的燃烧焓在 50 ～ 970J/g 之间，并且与有机物的含量呈线性相关（图 3-49）。

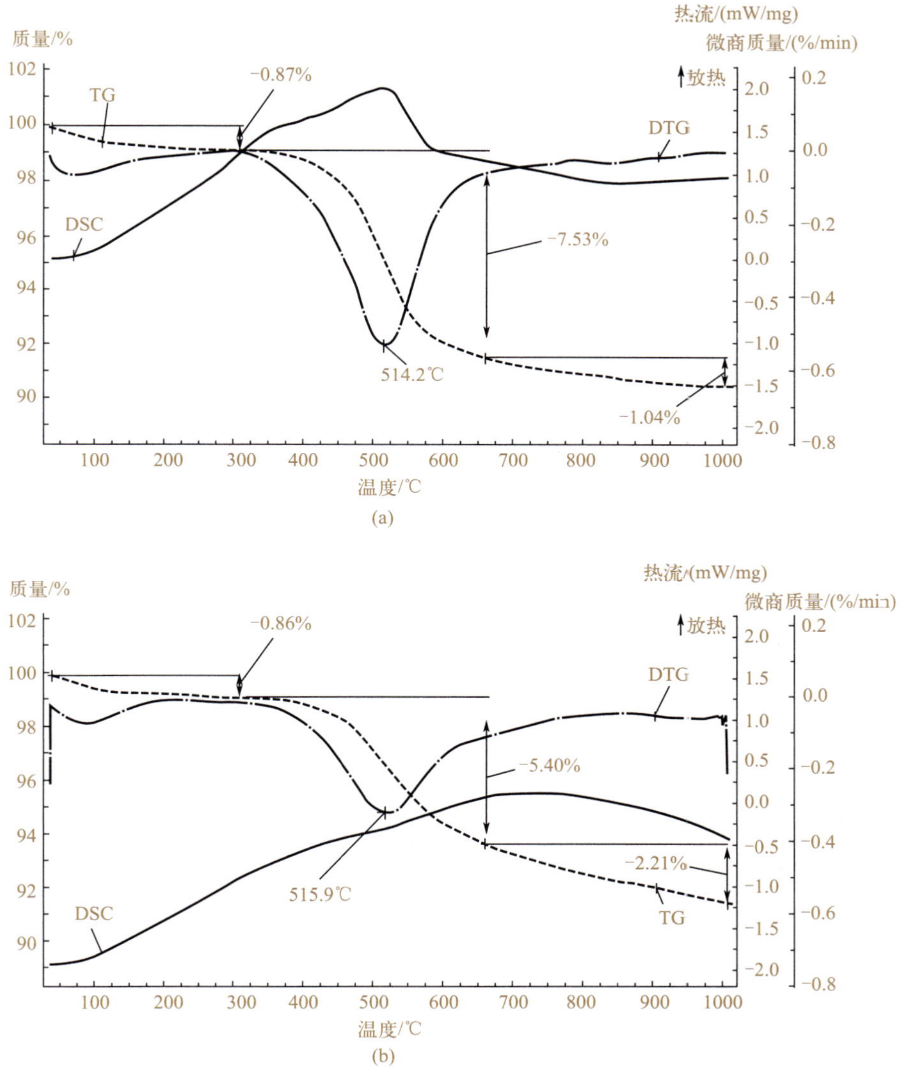

图 3-48　岩石样品在氧化性气氛（a）和惰性气氛（b）下的 TG、DTG 和 DSC 曲线[71]

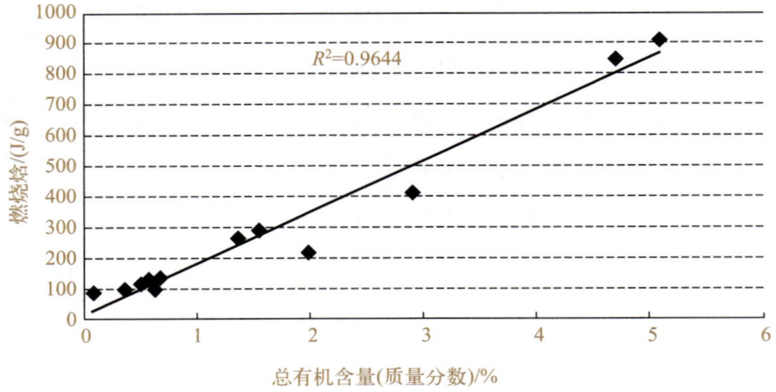

图 3-49 有机质燃烧焓与总有机含量的关系 [71]

2. 面积比法（双峰或多峰法）

设某试样中只含有 A 与 B 两组分，其在 DTA 或者 DSC 曲线中的特征峰面积分别为 S_a 与 S_b，相应的热效应值分别为 q_a 与 q_b。另外，设 Q_a 与 Q_b 分别代表 1mol 纯 A 组分与 1mol 纯 B 组分的热效应值，x 为试样中 A 组分的摩尔分数，则对 A 组分有如下关系式：

$$q_a = Q_a x \tag{3-99}$$

则

$$\frac{q_a}{q_b} = \frac{S_a}{S_b} \times \frac{Q_a x}{Q_b(1-x)} \tag{3-100}$$

式中，Q_a 与 Q_b 在组分确定后均为常数。

定义：

$$\frac{Q_a}{Q_b} = K \tag{3-101}$$

则 K 也应为常数，可以用等物质的量的纯 A 与纯 B 的混合试样进行一次实验，并由其两个特征峰的面积比求得 K 值。

在确定未知试样时，采用与确定 K 值时相同的操作条件测定 DTA 或者 DSC 曲线，求得两个特征峰面积，分别为 S_a 与 S_b，则

$$\frac{S_a}{S_b} = K\frac{x}{1-x} \tag{3-102}$$

根据上式可以求得

$$x = \frac{S_a}{S_a + KS_b} \tag{3-103}$$

式中，x 为试样中 A 组分的摩尔分数。B 组分的摩尔分数为 $1-x$。

二、熔融与结晶过程的研究

1. 熔融过程研究[72]

结晶物质从固态变成液态的过程即为熔融，熔融后所形成的液体状态称为熔融状态。熔融是结晶聚合物的两个主要一级相变之一。熔融是体系无序度增加的过程，过程中伴随着熵增加。熔融时需要从外界吸收热量，而温度保持不变，直到熔融结束。熔融是一个吸热反应，在 DSC 曲线中显示为吸热峰。测定低分子量物质和大分子晶体的熔点及熔化热是 DSC 的重要应用之一。

图 3-50 为物质熔融的各种 DSC 曲线。纯物质熔融峰的低温侧几乎为直线（图 3-50 中曲线 a），熔点为起始温度。含共熔杂质的物质呈现两个峰（如图 3-50 中曲线 b），第一个峰为共熔峰，后面的峰为熔融主峰。有时共熔体为非晶态，此时只有熔融主峰。半结晶聚合物由于微晶的尺寸分布很宽，呈现出特别宽的熔融峰（图 3-50 中曲线 c）。许多有机化合物在熔融时发生分解，分解反应可以是放热（图 3-50 中曲线 d）过程，也可以是吸热（图 3-50 中曲线 e）过程。液晶物质在熔融后仍呈各向异性，由于中间相转变而产生的一个或多个小的尖锐熔融峰，最后成为各向同性液体（图 3-50 中曲线 f）。

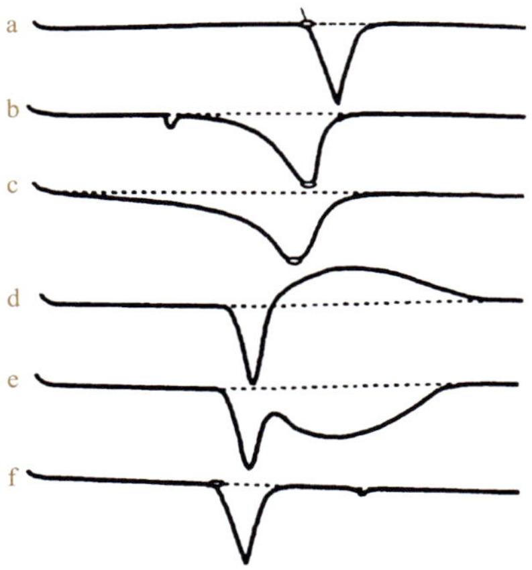

图 3-50　各种物质熔融的示意 DSC 曲线[1]

a—非聚合物类纯物质；b—含共熔杂质的物质；c—半结晶聚合物；d—熔融时发生放热分解的物质；e—熔融时发生吸热分解的物质；f—液晶物质

2. 结晶过程研究[72]

原子、离子或分子按一定的空间次序排列而形成的固体称为晶体。物质从液态（溶液或熔融状态）形成晶体的过程称为结晶，物质结晶的温度称为结晶温度，结晶时放出热量，但温度保持不变，直到结晶结束。结晶是聚合物热分析中遇到的两种一级转变之一，是材料从非晶态转变为结晶态的过程，从溶液或熔体转变为结晶态。

图 3-51 为各种物质结晶的示意 DSC 曲线图。纯物质成核后快速结晶的峰几乎垂直向上（图 3-51 中曲线 a)。如果液相为若干个液滴，则每个液滴的过冷度不同，可在 DSC 降温曲线中观察到若干个峰（图 3-51 中曲线 b)。结晶能力差的物质在冷却时形成玻璃态固体（图 3-51 中曲线 c)。加热时这种无定形固体会在玻璃化转变温度以上结晶，该过程称为冷结晶，继续加热，晶体发生熔融（图 3-51 中曲线 e)。当冷却含共熔杂质的物质熔体时，主组分通常析出结晶（图 3-50 中曲线 d)，但也可能会固化成玻璃态固体（图 3-51 中曲线 c，降温过程无结晶峰)。如果共熔体为无定形，则观察不到低共熔峰。半结晶聚合物结晶前过冷约为 30K（图 3-51 中曲线 f)。许多聚合物在骤冷时生成玻璃态固体（图 3-51 中曲线 c)。当液晶熔体冷却时，先发生中间相转变，常常没有过冷现象，以后的结晶过程呈现出过冷过程（图 3-51 中曲线 g）[1]。

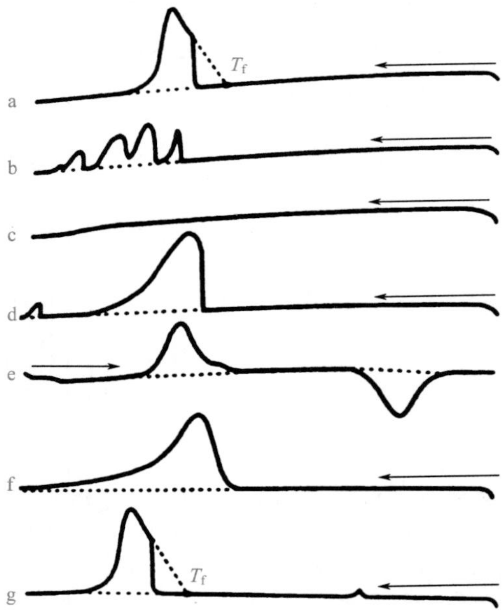

≪ 图 3-51 各种物质结晶的示意 DSC 曲线 [1]

a—纯物质；b—单独液滴以各自不同的过冷度凝固；c—熔体固化为无定形；d—含共熔杂质的物质；e—骤冷的熔体加热时冷结晶；f—半结晶聚合物；g—液晶

3. 等温熔融结晶研究[72]

在用 DSC 技术研究结晶过程时，首先使样品熔化，并加热到超过平衡熔点，以完全消除任何热历史。在样品熔化温度下恒温 2 ～ 10min，用于平衡温度和破坏有序区域。然后温度迅速降低至等温结晶温度（T_c），并在此温度下使样品结晶，直到基线水平。常用 Avrami 方程定量描述等温结晶的动力学过程。Avrami 方程是一个理想化的方程，描述了晶体的生长随时间的变化。

低分子量物质的 Avrami 方程具有以下形式：

$$\alpha(t)=1-\exp\left[-K\left(t-\tau_0\right)^n\right] \tag{3-104}$$

式中，$\alpha(t)$ 为在时间 t 时等温结晶过程中的结晶度；K 为结晶速率常数；t 为时间，min；τ_0 为结晶诱导时间，表明核出现的时间，min；n 为 Avrami 指数。τ_0 通常为零，尤其是对于多相成核。但是对于均相成核，τ_0 不为零。

由于大分子在熔融结晶过程中从未达到 100% 结晶度，因此将聚合物结晶的方程式修改为以下形式：

$$\frac{\alpha(t)}{\alpha(\infty)}=1-\exp\left[-K\left(t-\tau_0\right)^n\right] \tag{3-105}$$

式中，$\alpha(\infty)$ 为结晶过程完成时的结晶度。

变形之后，上述方程可以改写为

$$\ln\left\{-\ln\left[1-\frac{\alpha(t)}{\alpha(\infty)}\right]\right\}=\ln K+n\ln\left(t-\tau_0\right) \tag{3-106}$$

该方程可以绘制成一条直线，直线在 y 轴上的截距为 $\ln K$，直线的斜率即为 Avrami 指数。

利用 DSC 和 Step-scan DSC 技术可以研究不同压力下制备的聚乳酸材料的熔融行为和等温结晶动力学机制[73]。图 3-52 给出了原样和 2 ～ 6MPa 压力下制备的聚乳酸的 DSC 曲线以及 3MPa 下制备的样品经历不同等温结晶后的 DSC 曲线，在 130 ～ 160℃区间显示出由双峰到单峰的熔融峰形态。

4. 非等温熔融结晶研究

在聚合物的常规 DSC 结晶测量中，通常采用非等温结晶方法。该方法比较简单，结

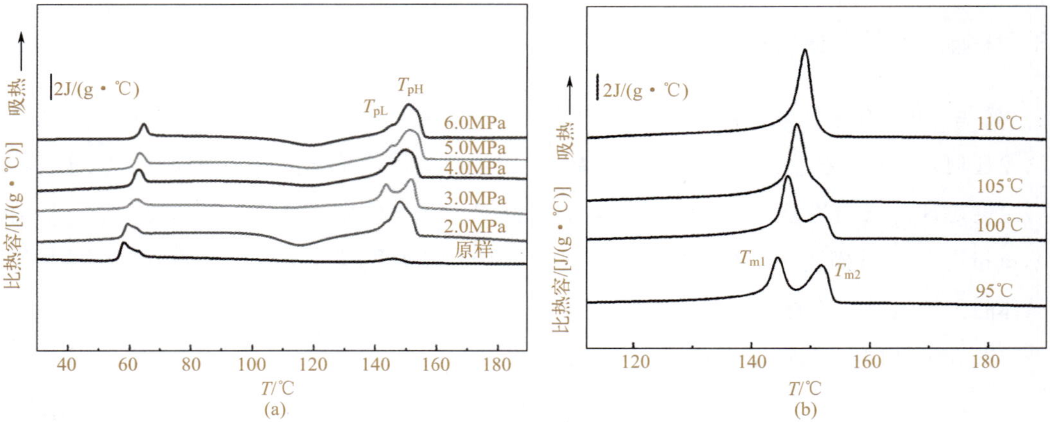

图 3-52 不同压力下制备的聚乳酸的 DSC 曲线（a）和在不同温度下等温结晶后的 DSC 曲线（b）[73]

果实用。进行 DSC 实验时，先将样品加热超过聚合物的平衡熔点，在平衡熔点下恒温几分钟以熔化所有晶体，然后以恒定的速率冷却至室温或以下，记录结晶放热过程。通过此类实验，通常可以确定结晶起始温度（T_{c0}）、外推结晶起始温度（$T_{c,onset}$）和结晶峰值温度（T_{cp}）三个特征温度，其中 T_{cp} 为在给定冷却速率下的最大结晶速率。

5. 非等温冷结晶

非等温冷结晶是指聚合物在玻璃态温度以上持续加热时从非晶态到结晶态的过程。进行 DSC 实验时，熔融聚合物必须经过淬火（以极高的速率冷却），以便在结晶发生之前将其冻结为非晶态玻璃。然后对其以相对缓慢的加热速率进行加热，使材料有足够的时间完成结晶，检测结晶过程中的热量变化。

通过 DSC 技术可以研究加热速率变化对支化聚乳酸（B-PLA）结晶行为的影响[74]，实验得到的 DSC 曲线如图 3-53 所示。由图可见，随着升温速率的提高，B-PLA 样品的冷结晶峰的峰强减弱，当升温速率为 40℃ /min 时，B-PLA 样品的冷结晶峰基本消失。

本书编著者团队利用气悬浮无容器技术制备出了稀土离子共掺杂的 TiO_2-La_2O_3-ZrO_2 (TLZ) 发光玻璃，并利用差热分析（DTA）技术研究了该类新型稀土掺杂 TiO_2 基上转换发光玻璃的热稳定性[75]。通过如图 3-54 所示的实验曲线可以确定玻璃化转变温度 T_g、析晶起始温度 T_c 以及结晶峰值温度 T_p 等参数，并采用 Kissinger 和 Friedman 两种热分析动力学计算方法得到 TLZ 玻璃的析晶活化能值和指前因子。

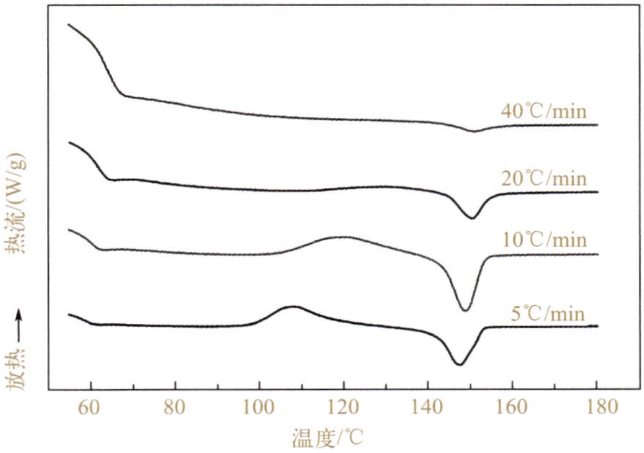

《 图 3-53　B-PLA 在不同升温速率下的 DSC 非等温冷结晶曲线[74]

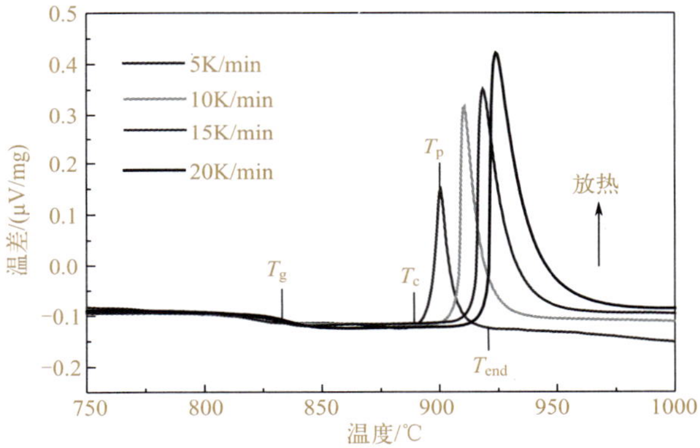

《 图 3-54　TLZ 氧化物玻璃在不同升温速率下的析晶曲线[75]

三、相变过程的研究

在材料研究中可以通过研究相转变来进行物质的鉴定，具有稳定相变过程的物质还可以用作校正温度的标准物质。例如，熔点是物质从固相到液相的转变温度，是鉴别物质特别是有机化合物的重要依据之一。不论是相转变还是磁性转变，在转变过程中都伴有热效应，可以方便地利用 DTA 和 DSC 技术研究这些过程。

除了一般的固、液和气之间的转变外，相转变还包括晶型的转变、介质相转变和玻璃化转变等。如图 3-55 所示，根据自由能 - 温度曲线可以对相变进行分类。n 级相变即自由能的第 n−1 阶微商在相变温度处是连续的，而自由能的第 n 阶微商是不连续的。例如熔融和汽化过程都属于一级相变，其在转变点自由能的一级微商 $-\left(\frac{\partial G}{\partial T}\right)_p = S$ 不连续，即一级相变过程中伴随着相变热，在 DTA 和 DSC 曲线中将出现吸热峰或者放热峰。对于较高级数的转变，其相应的较高一级微商的自由能不连续。例如，玻璃化转变在转变点处的二级微商 $-T\left(\frac{\partial^2 G}{\partial T^2}\right)_p = c_p$ 是不连续的，属于二级相变。二级相变过程不产生转变热效应，仅发生比热容的变化，因此在 DTA 和 DSC 曲线中出现了相应的台阶而非转变峰。

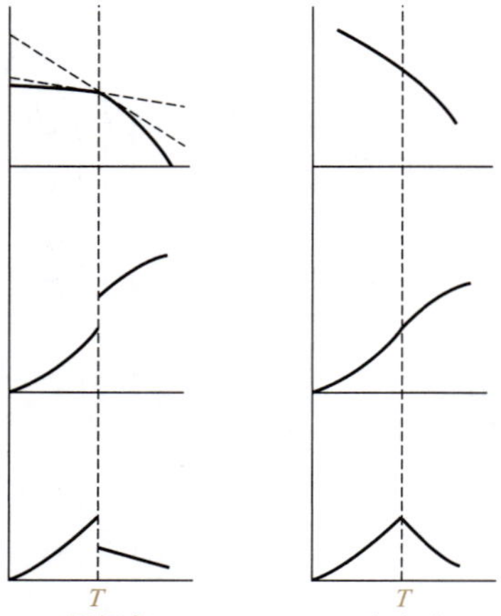

图 3-55 常见相变的分类图 [37]

1. 晶型的转变

晶型转变即晶体结构变化过程中伴随着热效应，通常在加热过程中得到的 DTA 或者 DSC 曲线中出现吸热峰。如果在曲线中出现了放热峰，则表明晶体处于非平衡状态。

通过 DSC 实验可以确定钛合金零件在退火后的相变行为 [76]。以 5℃ /min 的加热速率升温到 1400℃，在曲线中可以观察到两种相转变过程，其中 600 ～ 650℃范围对应于马氏体 α′ 相转变为 α+β 相；850 ～ 950℃温度范围对应 α ⟶ β/B2 转变（图 3-56）。

近年来，本书编著者团队利用 DSC 技术系统研究了 VO_2 在不同升降温速率下的可逆相变过程 [77]。VO_2 是一种典型的过渡金属氧化物，具有单斜 M1 相与四方 R 相之间的多晶型转变特性，在 68℃左右发生可逆的固固相变。当升温速率不同时，VO_2 的 DSC 曲线也不相同。二氧化钒样品在不同升降温速率（5℃ /min、10℃ /min、15℃ /min 和 20℃ /min）下的 DSC 曲线如图 3-57 所示。在 5℃ /min 升温速率下，峰值温度为 68℃。随着升温速率的增加，峰值温度向高温移动，相变速率随之增加，在更短的时间内发生了更多的相变，而且相变吸热峰也向高温处移动。同样地，随着降温速率的增加，峰向低温移动，相变速率随之增加，而且相变放热峰也向低温方向移动。

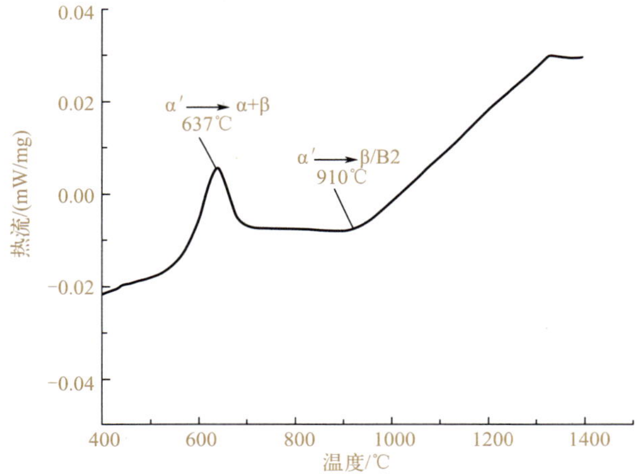

图 3-56　SLM（选区激光熔化）技术制备的 Ti-22Al-25Nb 粉末混合物样品的 DSC 曲线 [76]

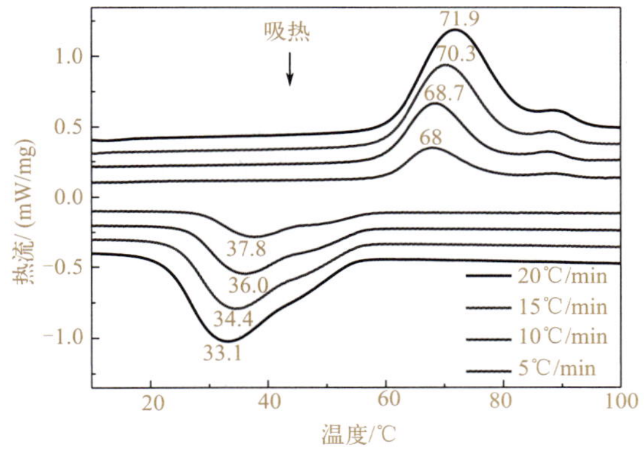

扫码看彩图

图 3-57　VO_2 在不同升降温速率下发生可逆相变的 DSC 曲线 [77]

2. 介晶相转变

介晶相转变是液晶化合物特有的性质。对于近晶相转变成向列相（或胆甾相），近晶相、向列相（或胆甾相）转变成液相，以及不同类型近晶相之间的转变，其相变热效应均比较小，因此通常采用灵敏度较高的 DSC 技术来研究这类相变过程。

例如，在通过 DSC 对聚乙烯醇 (PVA) 和液晶单体 (LCM) 组成的聚合物分散液晶 (PDLC) 薄膜的液晶相变研究中 [78]，在加热速率为 10℃ /min 的条件下从 20℃加热到 200℃得到的 DSC 曲线如图 3-58 所示，LCM 在 107.5℃出现了一个强的吸热峰。结合偏光显微镜，在 91.5 ～ 110.7℃范围出现的相变峰可以确定为 LCM 从晶相到液晶相再到各向同性相的转变。

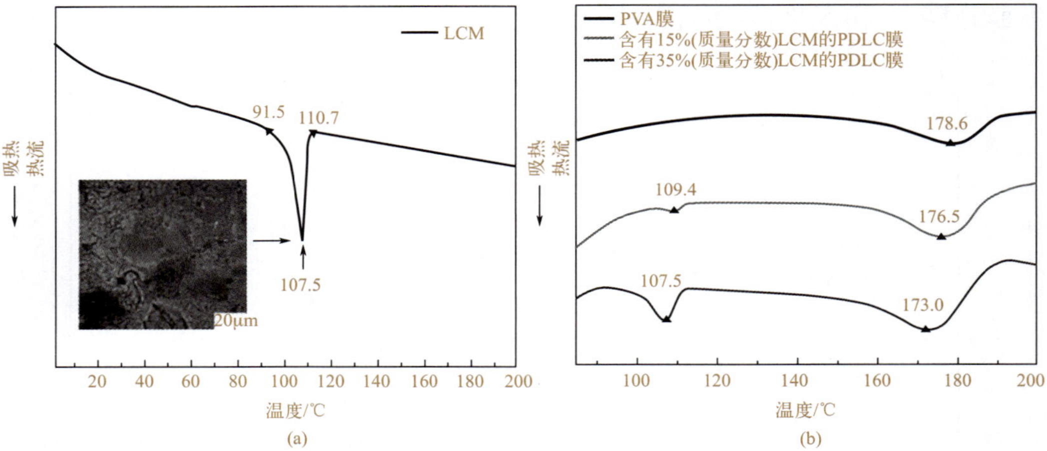

图 3-58　LCM（a）、纯 PVA 和 PDLC 薄膜（b）的 DSC 曲线[78]

扫码看彩图

3. 玻璃化转变

橡胶态或熔融态转变为玻璃态的温度称为玻璃化转变温度（T_g），玻璃化转变是很多材料非常重要的性质。对于许多聚合物来说，通过 T_g 可以确定材料的最高使用温度，同时还可以确定可能的最低加工温度。在 T_g 以上，聚合物处于熔融或橡胶态；在 T_g 以下，材料处于玻璃态，即刚性状态。

在 DSC 实验中，玻璃化转变温度通常为比热容增加一半高度处的温度。图 3-59 给出

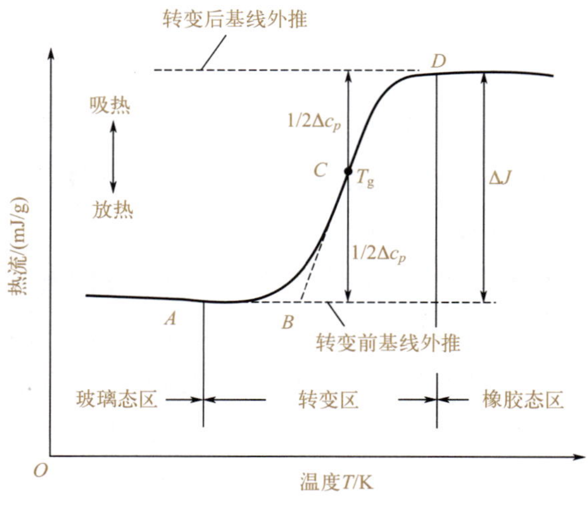

图 3-59　DSC 曲线中玻璃化转变过程特征物理量的确定方法[37]

了通过六个点的位置确定该温度的方法，其中两个点应位于玻璃态 DSC 曲线的线性部分，两个点应位于橡胶态 DSC 曲线的线性部分，两个点应位于转变区本身。图 3-59 中，A 点为开始偏离基线的点，把转变前和转变后的基线延长，两线间的垂直距离 ΔJ 为阶差。在 $1/2\Delta J$ 处可以确定 C 点，从 C 点作切线，与前基线延长线相交于 B 点。ICTAC 建议用 B 点对应的温度作为玻璃化转变温度 T_g，在一些应用中也有取 C 点或 D 点的温度作为 T_g。目前，仪器的数据分析软件可以自动测定 T_g。

4. 磁性转变的测定

通常将晶体从铁磁体转变成顺磁体的温度称为居里点。在磁性转变过程中伴有比热容的变化，即 $-T\left(\dfrac{\partial^2 G}{\partial T^2}\right)_p = c_p$ 是不连续的，属二级相变。在大多数情况下，转变热效应都较小。例如 Fe_2O_3 和 Ni 在所测定的 DTA 或者 DSC 曲线中都呈现出小的转变峰。

通过 DSC 或者 DTA 技术测定居里点的优势在于试样不必是单晶体且晶体也不要求按偏振轴取向，同时试样用量少和方法简便。

四、比热容的测定[72]

热容表示样品的温度升高 1℃所需的热量，在平衡热力学中，热容是状态函数。单位质量物质的热容称为比热容，指的是将 1g 或 1mol 材料的温度升高 1℃需要的热量。其单位为 J/(g · K) 或 J/(mol · K)。比热容包括恒容比热容 c_V（恒定体积下的比热容）和恒压比热容 c_p（恒压下的比热容）。恒容和恒压比热容的数学定义由以下等式给出：

$$c_V \equiv \left(\frac{\partial Q}{\partial T}\right)_V = \left(\frac{\partial U}{\partial T}\right)_V \tag{3-107}$$

$$c_p \equiv \left(\frac{\partial Q}{\partial T}\right)_p = \left(\frac{\partial U}{\partial T}\right)_p \tag{3-108}$$

通过 DSC 实验可以方便地测量大多数凝聚态物质的 c_p，DSC 信号与样品的比热容成正比。DSC 的主要优点是测量比热容的速度快且测量的准确度可以达到 ±1%。

c_V 虽然不能直接测量，但可以使用以下关系之一从 c_p 计算得到：

$$c_p = \frac{\mathrm{d}Q}{\mathrm{d}T} = c_V + \left[\left(\frac{\partial U}{\partial V}\right)_V + p\right]\left(\frac{\partial V}{\partial T}\right)_p \tag{3-109}$$

$$c_p = c_V + T\left(\frac{\partial p}{\partial T}\right)_V\left(\frac{\partial V}{\partial T}\right)_p \tag{3-110}$$

$$c_p = c_V + \frac{TV\gamma^2}{\beta_{\mathrm{T}}} \tag{3-111}$$

式中，$\gamma = \frac{1}{V}\left(\frac{\partial V}{\partial T}\right)_p$，为体积膨胀系数；$\beta_{\mathrm{T}} \equiv -(1/V)/(\partial V/\partial p)_T$，为恒温压缩系数。

在没有化学过程的情况下，比热容随温度升高而增大。因此，液体的比热容总是高于玻璃态或晶态。此外，对于大多数聚合物，玻璃态的比热容接近于晶态。

1. 传统DSC技术测量比热容

通常采用间接法（通常称为三线法）测定物质的比热容（图 3-60）。图 3-60（a）中分

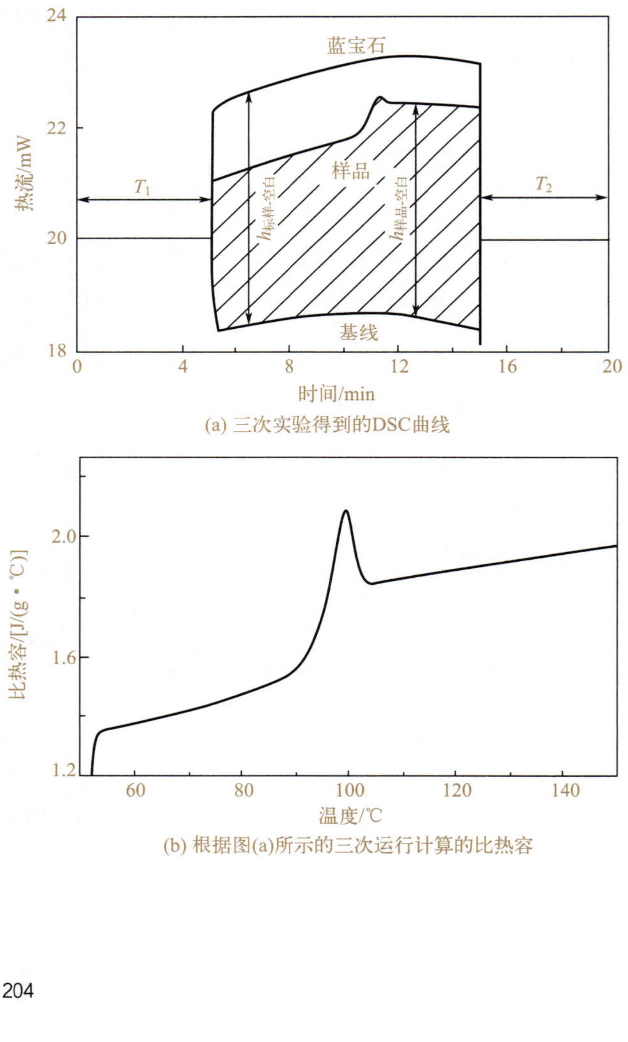

(a) 三次实验得到的DSC曲线

(b) 根据图(a)所示的三次运行计算的比热容

图 3-60 间接法计算比热容示意图 [72]

别给出了由空白实验（使用两个空坩埚进行，通常称为基线）、标准物质实验和试样实验三次实验得到的DSC曲线。在三次实验中，DSC曲线在温度 T_1 下保持较短时间的等温，然后开始以恒定的加热速率加热。加热开始后，DSC曲线开始偏离等温线，然后达到稳定状态。在温度 T_2 时，加热停止，然后在该温度下保持较短时间的等温。由于样品曲线和基线所包围的区域，即图3-60（a）中的阴影区域，与样品中的热流成正比，因此可以从以下关系中计算 T_1 ～ T_2 范围的平均比热容[72]：

$$\overline{c_p} = \frac{Q}{T_2 - T_1} \tag{3-112}$$

例如，DSC技术可以用于含能材料HNIV（六硝基六氮杂异纤锌矿型结构烷烃）与HMX（环四亚甲基四硝胺）共晶材料（2HNIW · HMX）的比热容测定[79]，计算得到的比热容数据如图3-61所示，2HNIW · HMX共晶的比热容在283.15～333.15K范围内与温度呈现精细的三次多项式关系。与文献值相比，共晶的实验值显著低于文献中混合物的比热容，表明共晶不同于混合物。

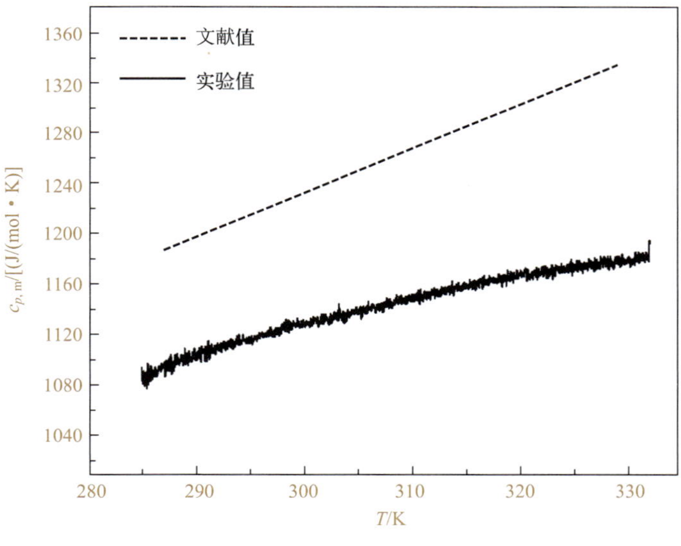

图3-61　共晶的比热容实验结果与文献中 $2c_{p,m}(\varepsilon\text{-HNIW}) + c_{p,m}(\beta\text{-HMX})$ 的比热容比较[79]

2. 准等温模式下用调制温度DSC测量比热容[80]

TMDSC技术可以通过准等温方式对 c_p 进行高精度测量。由于 c_p 与温度的关系需要逐点确定，因此需要较长的测量时间。但在 TMDSC 中，调制热流的振幅用于确定不可逆比热容，因此无需像传统 DSC 中那样需要稳定的基线。

因此，在 TMDSC 中，使用以下公式确定可逆比热容：

$$c_{p,\mathrm{rev}} = \frac{热流振幅}{加热速率振幅} K\left(c_{p,\mathrm{rev}}\right) \tag{3-113}$$

式中，$K(c_{p,\mathrm{rev}})$ 为可逆比热容的校准常数，如果不进行调整，则为传统的 DSC 校准常数。

在比热容测定中，需要采用足够缓慢的调制温度程序，以确保样品和传感器之间能够实现良好的热传递。如果调制期间所给予时间不足，则热流的振幅将降低，进而得到的可逆比热容值将减小。建议温度调制为 0.5 ～ 1.0℃，调制周期为 100 ～ 120s。

在应用中，通过 DSC 实验和理论计算可以得到多聚脯氨酸在固体状态下的振动比热容 c_p[81]，结果表明计算得到的比热容 c_p 可作为 DSC 实验值的参考基准（图 3-62），用于进行胶原蛋白和胶原 - 水体系相变过程中 c_p 的定量分析。

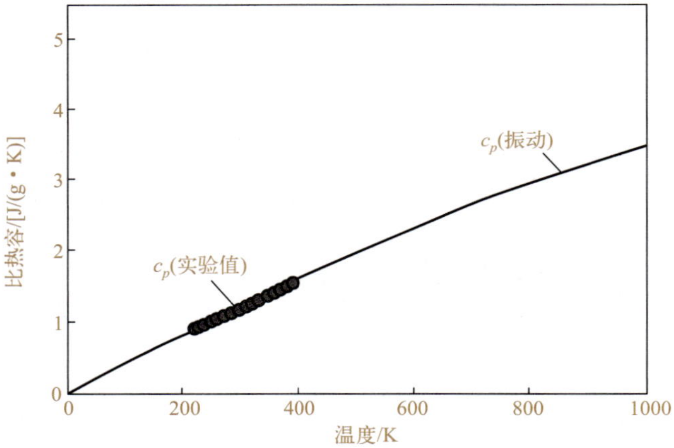

图 3-62　DSC 实验测得的多聚脯氨酸的 c_p 以及与文献数据的对比 [81]

五、纯度的测定

DSC 法测定低分子量有机晶体化合物的纯度具有简单、快速的优势，测量原理是杂质引起材料的熔点降低行为，可以用范特霍夫方程定量描述 [82]：

$$T_{\mathrm{m}}^{\circ}-T_{\mathrm{m}}=\frac{RT_{\mathrm{m}}^{\circ 2}x_{\mathrm{imp}}}{\Delta H_{\mathrm{f}}} \tag{3-114}$$

式中，R 为气体常数，8.314J/(mol · K)； T_{m}° 为 100% 纯样品的熔点；T_{m} 为含有杂质的样品的熔点；x_{imp} 为杂质的摩尔分数；ΔH_{f} 为主要成分的熔化热，J/mol。

对于杂质浓度较高的样品，可以通过以下等式准确确定其纯度 [72]：

$$T_{\mathrm{m}}^{\circ}-T_{\mathrm{s}}=\frac{RT_{\mathrm{m}}^{\circ 2}x_{\mathrm{imp}}^{2}}{\Delta H_{\mathrm{f}}}\times\frac{1}{F} \tag{3-115}$$

式中，T_{s} 为样品温度；F 为熔融至 T_{s} 时材料（主要成分）的分数。F 可通过用从开始熔化到温度 T_{s} 时的熔化峰积分值除以整个熔融峰的面积确定，如下式所示：

$$F=\frac{\Delta H_{\mathrm{f}F}}{\Delta H_{\mathrm{f}}} \tag{3-116}$$

因此，可以作出 $1/F$ 关于 T_{s} 的直线。杂质的摩尔分数可以通过这条直线的斜率计算，而外推到 F=1 就可以确定 100% 纯材料的熔点。

在通过 DSC 测定纯度过程中，应尽量遵循以下原则 [83]：

① 样品量应尽可能少，以保持样品的熔融接近平衡条件，最高 5mg。

② 加热速率应尽可能缓慢（通常为 0.5℃ /min 或 1℃ /min），以接近平衡条件。

③ 坩埚与测量池之间的接触面积应尽可能大。在纯度测量期间，降低外部和内部热阻是至关重要的，应确保 DSC 坩埚底部和测量池之间以及样品和 DSC 坩埚底部之间保持最大接触面积。因此，不建议对大尺寸的样品进行实验。此外，在对粉末样品进行实验时，粉末的粒度应尽可能小。如果可能，应先熔化再结晶样品，以使样品完全覆盖于坩埚的底部。通常使用第二次加热时得到的 DSC 曲线来确定样品的纯度。

④ 实验用 DSC 仪器的校准条件应与样品实验条件相同。

在应用中，通过 DSC 技术可以方便地测定 Betulin（BE）的纯度 [83]。实验时首先以吸热峰面积对样品质量作图，绘制标准曲线（图 3-63）。按照以下公式计算 BE 的纯度：

$$x_{\mathrm{DSC}}=\left[1-\frac{\left(T_0-T_{\mathrm{m}}\right)\Delta H}{RT_0^2}\right]\times 100\%=\left[1-\frac{QMF\left(T_0-T_{\mathrm{m}}\right)}{mRT_0^2}\right]\times 100\% \tag{3-117}$$

式中，x_{DSC} 为纯度；Q 和 m 分别为锡校准的热值和质量；M 为 BE 的摩尔质量；T_0 为纯化合物的熔化温度；T_{m} 为实际熔化温度；R 为气体常数；ΔH 为摩尔熔化焓；F 为在 T_{m} 下熔化时的样品分数。计算得到 BE 的平均纯度为 99.56%。

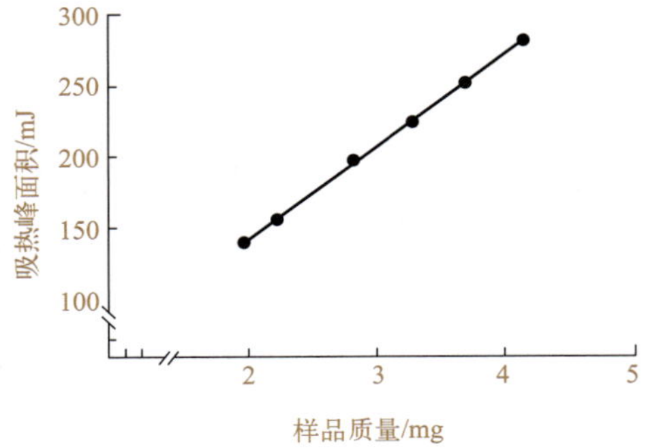

《 图 3-63 BE 样品的吸热峰面积对质量的标准曲线图 [83]

六、相图的测定

合金、熔盐体系、液晶混合体系以及工业合成产品等都是多元体系。无论是在理论上还是在实践中，多元体系相平衡的研究都有着重要的意义。例如，可以根据合金冶炼过程中的相变研究合金成分、结构和性能之间的关系，可以研究多元体系的状态随浓度、温度、压力等变量的变化规律。以上这些关系通常用相图来表示，通过相图可以表示多元体系的熔点、溶解度和温度的关系。

对于简单的二元体系，即两个组分在液相是互溶的且固相由两个纯组分所组成，其相图如图 3-64 所示。

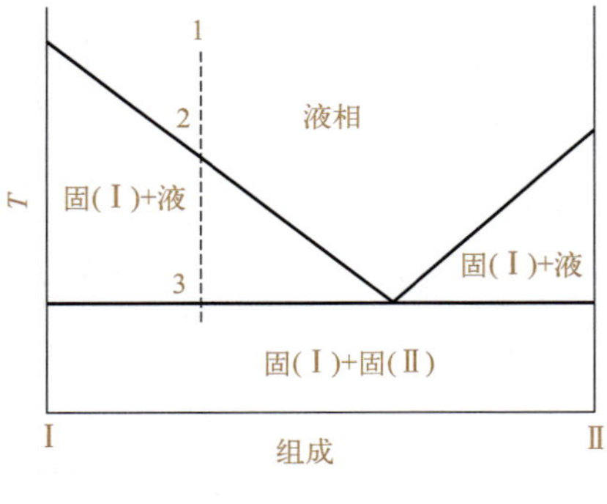

《 图 3-64 简单二元体系相图 [1]

如果相图中某一组成从液相开始冷却直到以低共熔混合物析出，如图 3-64 中虚线所示，则可得到一条相应的冷却曲线，见图 3-65。根据传统实验方法测定一条冷却曲线比较费时，而由 DTA 或者 DSC 实验则可简便地测出与冷却曲线相应的曲线，如图 3-66 所示。

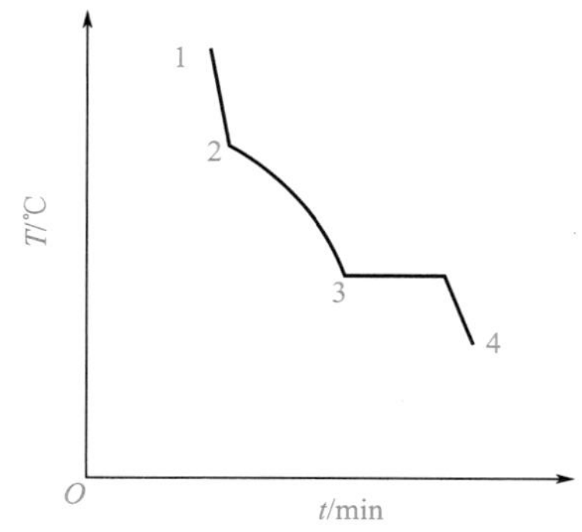

《 图 3-65　冷却曲线 [1]

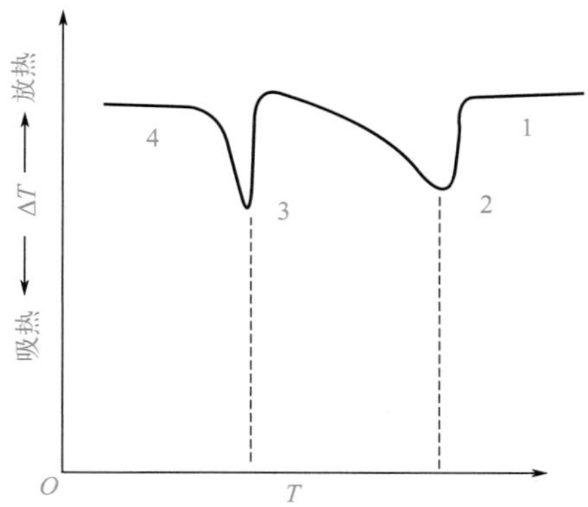

《 图 3-66　与冷却曲线相应的 DTA 曲线 [1]

为了避免发生过冷现象，所测定的 DTA 曲线一般为加热曲线。通过对比冷却曲线和 DTA 曲线，可以进一步确定 DTA 测定相图的基本原理。

在应用中，通过 DTA 曲线可以得到体系的温度 - 组成相图，而由 DSC 曲线不仅可测定温度 - 组成相图，还可测定焓 - 组成图，有利于进一步确定混合体系相态结构。

例如，通过系列组成的尼美舒利（NIM）和烟酰胺 (NIC) 混合物的 DSC 曲线可以研究体系的共晶行为 [84]，DSC 曲线如图 3-67 所示。当 NIM∶NIC 的物质的量比为 1∶2 时，出现单一吸热峰，表明形成共晶。通过在相应的 DSC 曲线中取固相线和液相线上的点制作相图（如图 3-68 所示），并将其用作共晶形成的确认参数。得到的相图具有“V”形特征，证实形成了共晶。

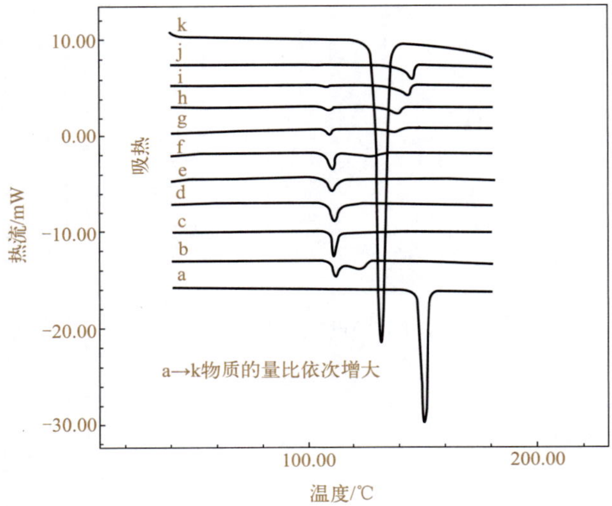

《 图 3-67 不同物质的量比的尼美舒利（NIM）和烟酰胺（NIC）所形成共晶的 DSC 曲线 [84]

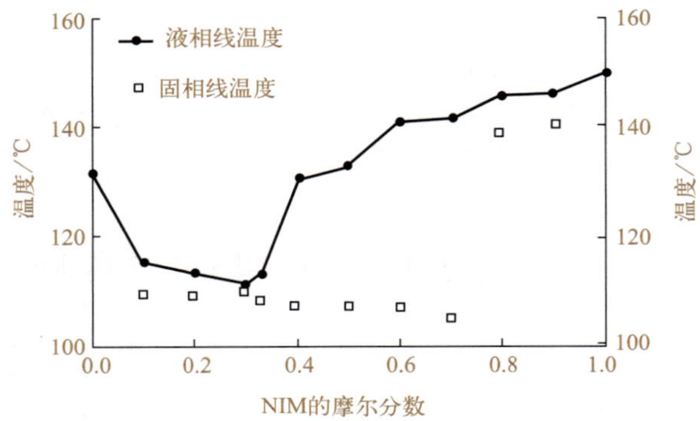

《 图 3-68 尼美舒利和烟酰胺的温度 - 组成相图 [84]

七、结晶度的测定

假设聚合物具有严格的双态行为，可以根据 DSC 曲线中的熔融峰对其结晶度进行估计。在这种情况下，假定聚合物由不同的、非相互作用的非晶和结晶区域组成，其中聚合物结构的重新排序仅在结晶组分的熔融温度下发生。可通过以下公式计算结晶度（X_c）：

$$X_c = \frac{\Delta H}{\Delta H_{100}} \tag{3-118}$$

式中，ΔH 和 ΔH_{100} 分别为样品的测量熔融焓和同一聚合物的 100% 纯结晶样品的熔融焓。对于大多数聚合物，结晶度不可能无限接近 100%，因此常用每摩尔化学重复单元的熔融焓 (ΔH_u) 来代替 ΔH_{100}。由于存在低分子量稀释剂，均聚物的平衡熔融温度（T_m^0）降低，通过 Flory 关系式可以计算 ΔH：

$$\frac{1}{T_m}-\frac{1}{T_m^0}=\left(\frac{R}{\Delta H_u}\right)\left(\frac{V_u}{V_1}\right)\left(v_1-x_1v_1^2\right) \tag{3-119}$$

式中，T_m 为聚合物稀释剂体系的熔融温度；V_u 和 V_1 分别为重复单元和稀释剂的摩尔体积；v_1 为稀释剂的体积分数；x_1 为热力学相互作用参数。可以通过查阅手册或者文献得到一些聚合物的 ΔH_u 值。如果 ΔH_u 未知，则需要确定 ΔH_{100} 的值。目前主要有四种获得 ΔH_{100} 的方法：

① 查询文献中已报道过的数据。

② 如果某种物质可以得到 100% 结晶度的样品，也可利用 DTA 或 DSC 方法测其熔融热，即得 ΔH_{100}。

③ 取已知结晶度的试样，由 DTA 或 DSC 实验确定其熔融焓，即可求出 ΔH_{100} 的数值。为了提高 ΔH_{100} 的准确性，也可以分别用 DTA 或 DSC 测一组已知结晶度试样的熔融焓，用外推作图法确定其平衡熔融焓。

④ 将试样在不同温度下退火结晶，然后对退火后的试样进行 DSC 测定，测得一系列熔点 T_m 和结晶温度 T_c，并作图。然后外推到 T_m=T_c，便可求得平衡熔点，如图 3-69 所示。达到平衡熔点时试样的熔融焓即平衡熔融焓 ΔH_{100}。

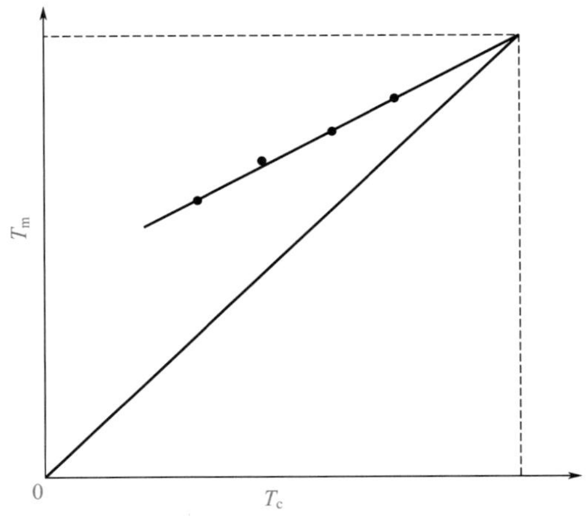

《 图 3-69　外推法确定平衡熔点

通过闪速 DSC 可以研究超声波焊接对碳纤维增强聚苯硫醚（CF/PPS）接头焊接界面结晶度的影响[85]，得到的 DSC 曲线如图 3-70 所示，可以计算不同条件下制备的 CF/PPS 的结晶度。结果表明，在最低的冷却速率下制备，其结晶度最高（图 3-71）。

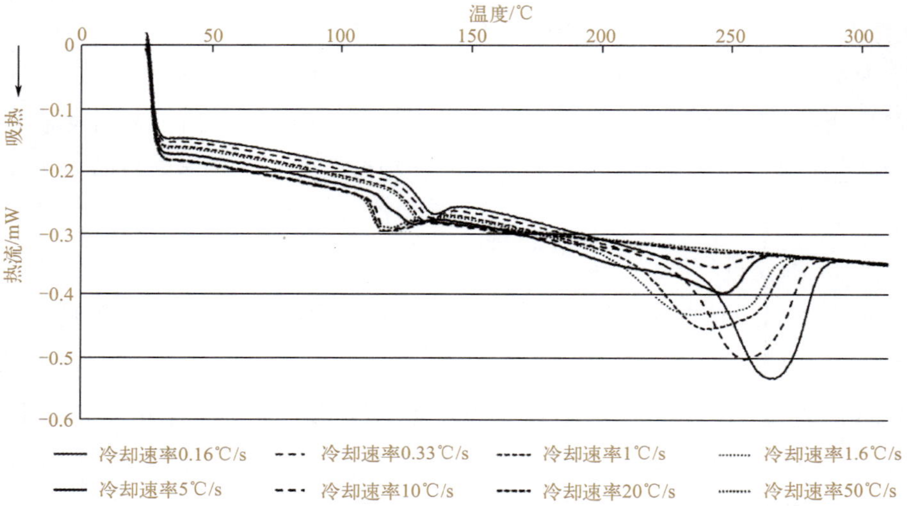

扫码看彩图

图 3-70　在 8 种不同的冷却速率下从 320℃冷却到室温后得到的 CF/PPS 的 DSC 加热曲线（加热速率为 1000℃ /s）[85]

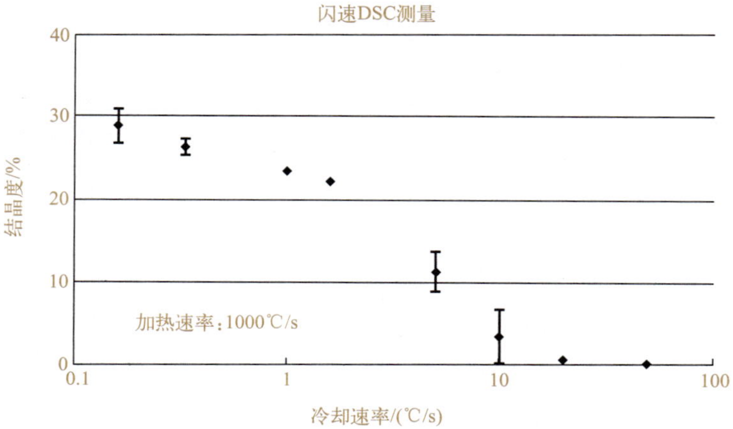

图 3-71　结晶度对冷却速率的依赖关系（可以确定抑制结晶的临界冷却速率为 20℃ /s）[85]

八、热导率的测定

导热性能是材料的一种重要性质，通过改造后的 DSC 仪器可以得到材料的热导率。实验时，使样品与检测器直接接触，以便仪器能够记录样品一侧的温度和热流。将已知温度的散热器放置在与样品另一侧接触的位置，在确定样品尺寸、检测器和散热器之间的温差以及记录的热流后，可根据下式计算样品的热导率：

$$\frac{\mathrm{d}Q}{\mathrm{d}t}=\kappa A\frac{\mathrm{d}T}{\mathrm{d}x} \tag{3-120}$$

式中，Q 为接收到的热量，J；t 为时间，s；κ 为样品热导率，W/(m·K)；T 为温度，K；x 为样品厚度，m；A 为样品横截面积，m^2。

在实际应用中，还可以通过 TMDSC 确定材料的热导率，由不同厚度的两个样品分别进行实验可以得到热导率[86]。首先选择一个薄样品进行实验，测量样品的比热容。其次选择较厚的样品进行 TMDSC 实验，温度调制仅发生在与样品支架接触的样品部分，厚样品的其余部分起到散热片的作用。可通过以下公式计算材料的热导率（κ_{ref}）：

$$\kappa_{\mathrm{ref}}=\frac{8xc_p^2}{cmd^2p} \tag{3-121}$$

式中，x、d 和 m 分别为样品厚度、直径和质量，mm、mm 和 g；c 和 c_p 分别为样品比热容和表观热容，J/(g · K) 和 J/K；p 为调制周期，s。

九、闪速差示扫描量热技术的应用

近年来出现的快速扫描芯片量热技术（fast-scan chip-calorimeter，FSC）对推动高分子结晶学研究进展发挥了重要的作用。南京大学胡文兵教授研究组在国内最早通过此类技术开展高分子结晶和熔融行为研究，在总结晶动力学、晶体成核动力学、成核剂和填料对结晶的影响、共聚单元对结晶的影响、多重熔融峰的鉴定、折叠链片晶的不可逆和可逆熔化以及极性大分子晶体的熔融等领域取得了突破性的进展，有助于更好地理解高分子结晶、退火和熔融行为的微观机理。2019 年，该团队在国际上首次采用 Flash DSC 技术对薄膜横截面的热导率进行测量[87]。薄膜样品和铟颗粒放置的位置如图 3-72 所示，在图 3-73 中给出了实验得到的 DSC 曲线。结果表明，由于薄膜的存在，铟颗粒的第二个熔融峰随着升温速率升高而出现了明显偏移。根据放置在薄膜表面和空传感器表面的两个铟颗粒的熔点对加热速率的线性依赖性的差异，可以推导出表征薄膜横截面热导率的方程。

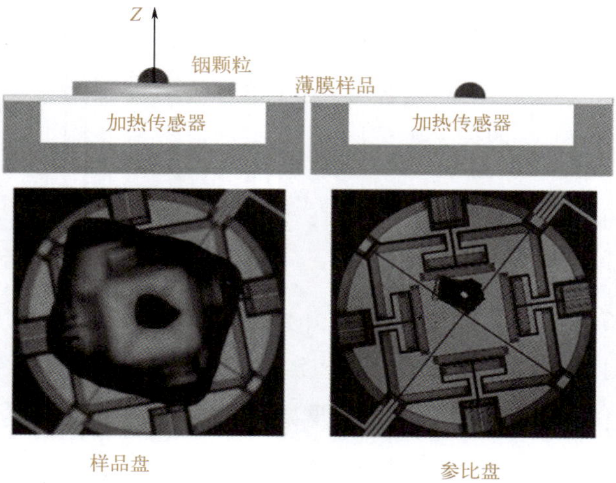

图 3-72　两个铟颗粒分别放置在样品盘中的薄膜样品上表面和参比盘中的空传感器的上表面的示意图和照片（尺寸为 500μm）[87]

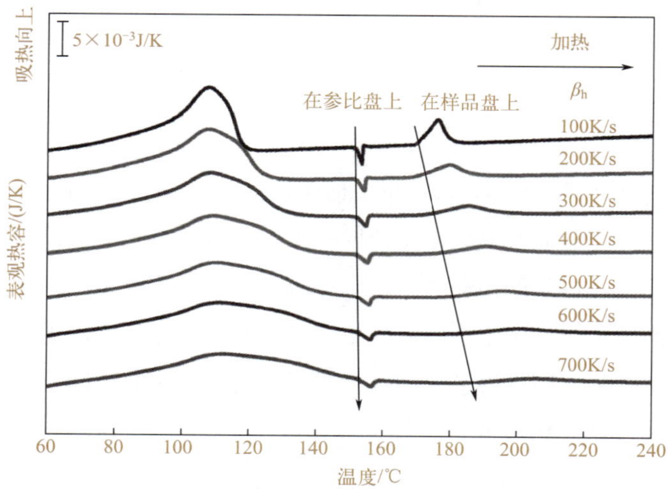

图 3-73　不同加热速率下聚合物薄膜的热容 [87]

参考文献

[1] 刘振海 . 热分析简明教程 [M]. 北京 : 科学出版社 , 2012.

[2] 丁延伟 . 热分析基础 [M]. 合肥 : 中国科学技术大学出版社 , 2020.

[3] 刘振海 , 张洪林 . 分析化学手册 第 8 分册 热分析与量热学 [M]. 3 版 . 北京 : 化学工业出版社 , 2021.

[4] 中国国家标准化管理委员会 . 热分析术语 : GB/T 6425—2008 [S]. 北京 : 中国标准出版社，2008.

[5] 全国教育装备标准化技术委员会 . 热分析方法通则 第 2 部分：差热分析 : JY/T 0589.2—2020 [S]. 北京 : 中华人民共和国教育部 , 2020.

[6] 全国教育装备标准化技术委员会 . 热分析方法通则 第 3 部分：差示扫描量热法： JY/T 0589.3—2020 [S]. 北京 : 中华人民共和国教育部 , 2020.

[7] 刘振海 , 徐国华 , 张洪林 . 热分析与量热仪及其应用 [M]. 2 版 . 北京 : 化学工业出版社 , 2011.

[8] 刘振海 , 皇山畠子 , 陈学思 . 聚合物量热测定 [M]. 北京 : 化学工业出版社 , 2002.

[9] Brown M E. Introduction to thermal analysis: Techniques and applications[M]. Cambridge, 1988.

[10] Klotz I M, Rosenberg R M. Chemical thermodynamics: Basic theory and methods [M]. 5th ed. New York: John Wiley & Sons, 1994.

[11] 傅鹰 . 化学热力学导论 [M]. 北京 : 科学出版社 , 1963.

[12] Oonk H A J. Phase theory: The thermodynamics of heterogeneous equilibria [M]. Amsterdam: Elsevier, 1981.

[13] Heijboer J. Dynamic mechanical properties and impact strength [J]. Journal of Polymer Science Part C: Polymer Symposia, 1967, 16 (7): 3755-3763.

[14] Sacher E. The impact strength of polycarbonate [J]. Journal of Macromolecular Science, Part B: Physics, 1974, 9 (1): 163-167.

[15] 陈镜泓 , 李传儒 . 热分析及其应用 [M]. 北京 : 科学出版社 , 1985.

[16] Speil S, Berkelhamer L H, Pask J A, et al. Differential thermal analysis, its application to clays and other aluminous minerals [M]. Washington: US Government Printing Office, 1945.

[17] Kerr P F, Kulp J L. Multiple differential thermal analysis [J]. Journal of Earth and Planetary Materials, 1948, 33 (7/8): 387-419.

[18] Vold M J. Differential thermal analysis [J]. Analytical Chemistry, 1949, 21 (6): 683-688.

[19] Boersma S L. A theory of differential thermal analysis and new methods of measurement and interpretation [J]. Journal of the American Ceramic Society, 1955, 38 (8): 281-284.

[20] Pacor P. Applicability of the du pont 900 DTA apparatus in quantitative differential thermal analysis [J]. Analytica Chimica Acta, 1967, 37: 200-208.

[21] Melling R, Wilburn F W, McIntosh R M. Study of thermal effects observed by differential thermal analysis. Theory and its application to influence of sample parameters on a typical DTA curve [J]. Analytical Chemistry, 1969, 41 (10): 1275-1286.

[22] Gray A P, Porter R F, Johnson J M. Analytical calorimetry [M]. New York: Plenum Press, 1968.

[23] Flynn J H. An analytical evaluation of DSC observing metastability in: Status of thermal analysis [J]. Special NBS Publication, 1970, 338: 119.

[24] Brennan W P, Miller B, Whitwell J C. Rate of change of reference temperature in DSC and DTA [J]. Thermochimica Acta, 1971, 2 (4): 354-356.

[25] Mackenzie R C. Differental thermal analysis 1&2 [M]. London: Academic Press, 1970&1972.

[26] Reading M, Luget A, Wilson R. Modulated differential scanning calorimetry [J]. Thermochimica Acta, 1994, 238: 295-307.
[27] Reading M, Elliott D, Hill V L. A new approach to the calorimetric investigation of physical and chemical transitions [J]. Journal of Thermal Analysis, 1993, 40 (3): 949-955.
[28] Duan M, Qiu T, Huang C, et al. Synthesis of poly(acrylate-styrene)/poly(acrylate-styrene) core/shell latex and TOPEM-DSC characterization [J]. Progress in Organic Coatings, 2013, 76 (1): 216-223.
[29] 陈咏萱，周东山，胡文兵．示差扫描量热法进展及其在高分子表征中的应用 [J]. 高分子学报，2021, 52 (4): 423-444.
[30] Reading M, Hourston D J. Modulated temperature differential scanning calorimetry. Theoretical and practical applications in polymer characterisation[M]. Dordrecht: Springer, 2006.
[31] Wunderlich B, Chen X M. Temperature-modulated differential scanning calorimetry[J]. Thermochimica Acta, 1996, 270(1-2): 1-24.
[32] Hu W, Wunderlich B. Data analysis without Fourier transformation for sawtooth-type temperature-modulated DSC [J]. Journal of Thermal Analysis and Calorimetry, 2001, 66 (3): 677-697.
[33] 陆立明．随机温度调制 DSC 技术 TOPEM 的理论和应用 [J]. 高分子通报，2009 (3): 13.
[34] Honda K, Simidu T. On the thermal and electrical conductivities of carbon steels at high temperatures [J]. Science Reports of Tohoku University, 1917, 1 (6): 219-33.
[35] 蔡正千．热分析 [M]. 北京：高等教育出版社，1993.
[36] 肖珍芳，李浩锋，罗建明，等．差示扫描量热仪的原理与应用 [J]. 中国石油和化工标准与质量，2018, 38 (19): 131-132.
[37] 李余增．热分析 [M]. 北京：清华大学出版社，1987.
[38] 刘振海．热分析导论 [M]. 北京：化学工业出版社，1991.
[39] Lin L N, Brandts J F, Brandts J M, et al. Determination of the volumetric properties of proteins and other solutes using pressure perturbation calorimetry [J]. Analytical Biochemistry, 2002, 302: 144-160.
[40] Dong M J, Zhang J C, Liu L, et al. Volume shrinkage mechanism of gutta-percha point studied by differential scanning calorimetry and volume dilatometer in vitro [J]. Polymer Testing, 2019, 73: 115-123.
[41] Sasahara K, Nitta K. Pressure-induced unfolding of lysozyme in aqueous guanidinium chloride solution [J]. Protein Science, 1999, 8 (7): 1469-1474.
[42] Wen J, Arthur K, Chemmalil L, et al. Applications of differential scanning calorimetry for thermal stability analysis of proteins: Qualification of DSC [J]. Journal of Pharmaceutical Sciences, 2012, 101 (3): 955-964.
[43] Toda A, Androsch R, Schick C. Insights into polymer crystallization and melting from fast scanning chip calorimetry [J]. Polymer, 2016, 91: 239-263.
[44] 李照磊，周东山，胡文兵．高分子结晶和熔融行为的 Flash DSC 研究进展 [J]. 高分子学报，2016(9): 1179-1197.
[45] Di Lorenzo M L, Androsch R, Rhoades A M, et al. Handbook of thermal analysis and calorimetry: Analysis of polymer crystallization by calorimetry [M]. Amsterdam: Elsevier Science B V, 2018.
[46] Gao Y, Zhao B, Vlassak J J, et al. Nanocalorimetry: Door opened for in situ material characterization under extreme non-equilibrium conditions [J]. Progress in Materials Science, 2019, 104: 53-137.
[47] Mathot V B F. Molecular structure and driving force to metastable states: Janus faces in

polymer crystallization [J]. Polymer International, 2019, 68 (2): 179-200.
[48] 何裕成，谢科锋，王优浩，等．超快扫描量热技术表征高分子结晶动力学 [J]. 物理化学学报，2020, 36 (6): 1905081.
[49] 高家武．高分子材料热分析曲线集 [M]. 北京：科学出版社，1990.
[50] Wilburn F W, Hesford J R, Flower J R. Use of an analog to improve the performance of a differential thermal analysis apparatus [J]. Analytical Chemistry, 1968, 40 (4): 777-788.
[51] Watson E S, O'Neill M, Justin J, et al. Differential scanning calorimeter quantitative differential thermal analysis [J]. Analytical Chemistry,1964, 36(7):1233.
[52] Jankowski B. Les inspecteurs de police: Contraintesorganisationnelles et identité professionnelle [J]. Déviance et Société, 1996, 20 (1): 17-35.
[53] Smyth H T. Temperature distribution during mineral inversion and its significance in differential thermal analysis [J]. Journal of the American Ceramic Society, 1951, 34 (7): 221-224.
[54] Vassallo D A, Harden J C. Precise phase transition measurements of organic materials by differential thermal analysis [J]. Analytical Chemistry, 1962, 34 (1): 132-135.
[55] Pakulak J M, Leonard G W. Thermistorized apparatus for differential thermal analysis. Application for determination of thermograms of nitrate esters of cellulose and pentaerythritol [J]. Analytical Chemistry, 1959, 31 (6): 1037-1039.
[56] Garn P D. Thermoanalytical methods of investigation [M]. London: Academic Press, 1965.
[57] Smothers W J, Chiang Y. Handbook of differential thermal analysis[M]. 2nd ed. New York: Chemical Publishing Co, 1966.
[58] Barrall E M, Porter R S, Johnson J F. Characterization of block and random ethylene-propylene copolymers by differential thermal analysis [J]. Journal of Applied Polymer Science, 1965, 9(9): 3061-3069.
[59] Newkirk A E, Aliferis I. Drying and decomposition of sodium carbonate [J]. Analytical Chemistry, 1958, 30 (5): 982-984.
[60] Johnson J F, Miller G W. The thermal analyses of mesophases [J]. Thermochimica Acta, 1970, 1 (4): 373-381.
[61] 丁延伟，郑康，钱义祥．热分析实验方案设计与曲线解析概论 [M]. 北京：化学工业出版社，2020.
[62] 徐颖，李海燕，李红喜．热分析实验 [M]. 北京：学苑出版社，2011.
[63] Wunderlich B, Jin Y, Boller A. Mathematical description of differential scanning calorimetry based on periodic temperature modulation [J]. Thermochimica Acta, 1994, 238: 277-293.
[64] Wunderlich B, Boller A, Okazaki I, et al. Temperature-modulated differential scanning calorimetry of reversible and irreversible first-order transitions [J]. Thermochimica Acta, 1999, 330 (1/2): 21-38.
[65] Wunderlich B, Androsch R, Pyda M, et al. Heat capacity by multi-frequencies sawtooth modulation [J]. Thermochimica Acta, 2000, 348 (1/2): 181-190.
[66] Androsch R, Moon I, Kreitmeier S, et al. Determination of heat capacity with a sawtooth-type, power-compensated temperature-modulated DSC [J]. Thermochimica Acta, 2000, 357: 267-278.
[67] Lukaszewski G M. Differential thermal analysis. Ⅶ - The nature of the heat transfer problem (Heat transfer problems associated with thermal analysis, discussing influence of rate of heat transport on heat transfer process) [J]. Laboratory Practice, 1966, 15: 431-434.
[68] 张建策．温度调制式差示扫描量热法及其应用 [J]. 贵州化工，2004, 29 (1): 3.
[69] 于伯龄，姜胶东．实用热分析 [M]. 北京：纺织工业出版社，1990.
[70] Li Y, Zhang S, Zhao M, et al. Study on the water in lignite by DSC [C]. Matec Web of Conferences, EDP Sciences, 2017, 100: 02005.

[71] Labus M, Lempart M. Studies of Polish Paleozoic shale rocks using FTIR and TG/DSC methods [J]. Journal of Petroleum Science and Engineering, 2018, 161: 311-318.

[72] Menczel J D, Prime R B. Thermal analysis of polymers: Fundamentals and applications [M]. New York: John Wiley & Sons, 2008.

[73] Sheng S J, Wang F, Ma Q Y, et al. Impact of foaming air on melting and crystallization behaviors of microporous PLA scaffolds [J]. Journal of Thermal Analysis and Calorimetry, 2015, 122 (3): 1077-1088.

[74] Chen P, Yu K, Wang Y, et al. The effect of composite nucleating agent on the crystallization behavior of branched poly (lactic acid) [J]. Journal of Polymers and the Environment, 2018, 26 (9): 3718-3730.

[75] 于惠梅，潘秀红，张明辉，等．Nd^{3+}/Yb^{3+} 离子共掺的氧化钛基上转换发光玻璃的热学和力学性能 [J]. 物理化学学报，2014, 30(2): 227-231.

[76] Polozov I, Sufiiarov V, Kantyukov A, et al. Selective laser melting of Ti_2AlNb-based intermetallic alloy using elemental powders: Effect of process parameters and post-treatment on microstructure, composition, and properties [J]. Intermetallics, 2019, 112: 106554.

[77] Zhang H, Yu H M, Zhang C, et al. Thermal kinetic analysis of metal-insulator transition mechanism in W-doped VO_2 [J]. Journal of Thermal Analysis and Calorimetry, 2016, 126: 949-957.

[78] Li Y, Gong C, Li C, et al. Liquid crystalline texture and hydrogen bond on the thermal conductivities of intrinsic thermal conductive polymer films [J]. Journal of Materials Science & Technology, 2021, 82: 250-256.

[79] Zhang S, Zhang J, Kou K, et al. Standard enthalpy of formation, thermal behavior, and specific heat capacity of 2HNIW · HMX co-crystals [J]. Journal of Chemical & Engineering Data, 2018, 64 (1): 42-50.

[80] Hoohne G, Hemminger W, Flammersheim H J. Differential scanning calorimetry: An introduction for practitioners [M]. Heidelberg: Springer-Verlag, 1996.

[81] Pyda M, Zawada P, Drogon A, et al. Vibrational heat capacity of collagen and collagen-water [J]. Journal of Thermal Analysis and Calorimetry, 2019, 138: 3389-340.

[82] Hatakeyama T, Quinn F X. Thermal analysis: Fundamentals and applications to polymer science [M]. New York: John Wiley & Sons, 1999.

[83] Zhang L, Yuan P H, Yang D Z, et al. Purity and uncertainty study of CRM Betulin by DSC [J]. Natural Products and Bioprospecting, 2020, 10 (5): 317-324.

[84] Patel R D, Raval M K, Bagathariya A A, et al. Functionality improvement of Nimesulide by eutectic formation with nicotinamide: Exploration using temperature-composition phase diagram [J]. Advanced Powder Technology, 2019, 30 (5): 961-973.

[85] Koutras N, Amirdine J, Boyard N, et al. Characterization of crystallinity at the interface of ultrasonically welded carbon fibre PPS joints [J]. Composites Part A: Applied Science and Manufacturing, 2019, 125: 105574.

[86] American Society for Testing and Materials. Standard test method for thermal conductivity and thermal diffusivity by modulated temperature differential scanning calorimetry: ASTM E1952-17 [S]. 2017.

[87] He Y, Li X, Ge L, et al. Cross-plane thermal conductivity of thin films characterized by Flash DSC measurement [J]. Thermochimica Acta, 2019, 677: 21-25.

THERMAL ANALYSIS

THERMAL ANALYSIS

第四章
热膨胀分析技术

早在十八世纪，人们就已经开始对物体的热膨胀现象进行研究。当对物体进行加热或冷却时，通常会发生热胀冷缩现象。但有些材料在一定温度范围内具有负热膨胀性，即这一温度区间的平均线膨胀系数和体膨胀系数为负值[1, 2]；也有些非立方晶系结构的固体材料在一个方向上收缩，在其他方向膨胀，总体呈现负体积膨胀性质[3]；还有些金属、陶瓷、聚合物等材料在加热或冷却时由于发生了相变等过程而出现体积异常膨胀或收缩[4–6]。在实际应用中，通过样品尺寸随温度的变化信息可以研究材料微观组织结构的变化规律。

热膨胀系数是材料热物理性能的基本参数之一，是表征材料物理性质的重要特征量，也是材料设计、构件和零部件等热结构设计以及材料质量评定的重要依据，广泛应用于新材料研发及精密加工等领域。不同的工程应用领域对材料的热膨胀性能提出了不同要求，如电子封装行业要求材料具有一定的膨胀系数，以保证不同材料之间的密封性；对于高精度光学器件、精密机械及精密仪器仪表等的零部件，需保证材料在工作温度范围内具有良好的尺寸稳定性，因而要求材料具有低热膨胀系数；而用于热继电器等的高灵敏度热双金属则需要二者具有不同的高热膨胀系数。经过多年的发展，热膨胀分析已成为材料研究的一种常用分析技术。

第一节
相关术语与定义

一、与方法相关的术语

1. 热膨胀法

热膨胀法（thermodilatometry 或 dilatometry，通常简称为 TD 或者 DIL）是在程序控温和一定气氛下，测量试样的尺寸（长度）或体积的变化与温度或时间关系的一种热分析技术[7]。

固体材料受热膨胀是由其原子间的作用力（引力和斥力）变化引起的，材料体积随温度变化过程在微观上与原子在平衡位置热振动的振幅增大有关。当温度升高时，材料中的原子（或分子）随之发生振动或移动。如果原子相对于平衡位置做简谐振动，而且相对于平衡位置做等距离左右移动时所受的作用力相等，则原子振动的振幅发生改变，但原子间距并未改变，即原子振动的平衡位置未发生改变，则材料不会产生热膨胀[8]。换言之，只有当温度升高，原子振动的振幅增大使得原子间距变大，相当于点阵产生了膨胀，才会引起材料的热膨胀。

图 4-1 中给出了原子间引力、斥力及合力的势能函数。势能曲线的谷底代表了原子的最小能量，对应于原子静止状态时原子间距的平衡位置 r_0。随着温度升高，固体的能量增加，原子相对平衡位置振动的振幅增大。对于给定能量，势能曲线上的两个值分别代表振幅的大小及最大势能值。由于原子间的斥力项较引力项变化更快，势阱呈非对称特征，因此当温度升高时对应于某一增大的势能，平衡的原子间距增加，如图中“·”对应的位置发生偏移，即随着温度升高，材料发生膨胀。

由于原子的热振动引起材料的体积变化与其所含能量的增加密切相关，因此热膨胀系数随温度的变化趋势与热容随温度变化相似。在低温时，热膨胀系数增加很快，高于德拜温度后，热膨胀系数趋于恒定。结构中形成的弗仑克尔缺陷或肖特基缺陷等，使得高于德拜温度时热膨胀系数仍呈现逐渐增加的趋势[9]。

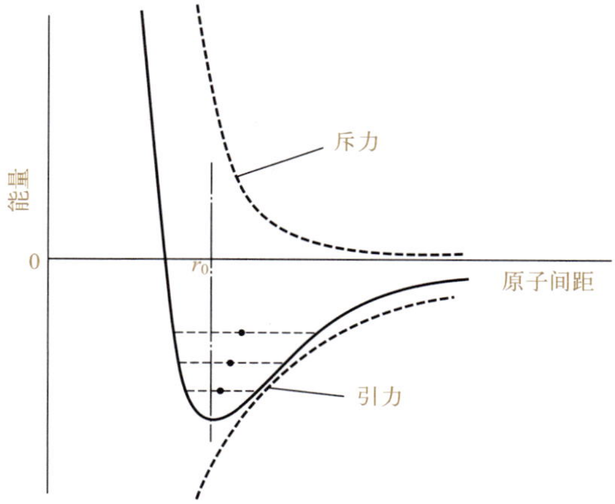

《 图 4-1　热膨胀产生的原理示意图

常用的热膨胀测量方法主要包括线膨胀法和体积膨胀法两种[7]。

2. 线膨胀法

线膨胀法（linear dilatometry）是在忽略应力下，测量试样长度与温度或时间关系的一种热分析技术。

3. 体积膨胀法

体积膨胀法（volume dilatometry）是在忽略应力下，测量试样体积与温度或时间关系的一种热分析技术。

二、与实验相关的术语

1. 热膨胀仪

热膨胀仪（dilatometer）是在程序控温和忽略负载下，测量试样尺寸与温度关系的一类热分析仪器[7]。

常用的热膨胀仪主要包括线膨胀仪（linear dilatometer）和体膨胀仪（volume dilatometer）两种[7]。其中，①线膨胀仪是在程序控温和忽略负载下，测量试样的长度与温度关系的热膨胀仪器；②体膨胀仪是在程序控温和忽略负载下，测量试样的体积与温度关系的热膨胀仪器。

2. 顶杆

顶杆（push rod）是在进行热膨胀实验时用来给位移传感器传递试样位置信号的一种装置，其一端与位移传感器相连，一端与样品接触。通常，在进行热膨胀实验时，施加在顶杆与试样之间的作用力比较小，一般可以忽略。常用顶杆的材质有石英、氧化铝等。

三、与热膨胀测量数据表达和应用相关的术语

1. 线膨胀系数

线膨胀系数（coefficient of linear thermal expansion）是每单位长度变化 ΔL 和单位温度变化 ΔT 时材料长度 L 的可逆增量 [7]。

线膨胀系数 α_L 是温度变化引起的试样单位长度变化，以 $\Delta L/L_0$ 表示；其中 ΔL 是从起始温度 T_0 至所需温度 T 之间观测到的长度变化，L_0 是环境温度 T_0 下试样的原始长度，一般采用 20℃为基准起始温度，若采用的温度不同于 20℃，则应在报告中予以注明 [10]。

2. 瞬时线膨胀系数

瞬时线膨胀系数（coefficient of instantaneous linear thermal expansion）也称微分线膨胀系数（differential coefficient of linear thermal expansion），是材料在某一温度 T 和恒压 p 下三维任意方向的膨胀系数（以℃ $^{-1}$ 为单位）[7]。

瞬时线膨胀系数对应于在温度 T 下，与温度变化 1℃相应的线性热膨胀值，以 α_{LT} 表示，其表达式用下式表示 [10]：

$$\alpha_{LT} = \frac{1}{L_{T_i}} \lim_{T_2 \to T_1} \frac{L_2 - L_1}{T_2 - T_1} = \frac{1}{L_{T_i}} \times \frac{dL}{dT} \left(T_1 < T_i < T_2\right) \tag{4-1}$$

式中，α_{LT} 为温度 T 下的瞬时热膨胀系数，℃ $^{-1}$，常用 10^{-6}℃ $^{-1}$ 表示；L_1 为温度 T_1 下试样的长度，mm；L_2 为温度 T_2 下试样的长度，mm；L_{T_i} 为指定温度 T_i 下试样的长度，mm；dL/dT 为指定温度下试样的长度 L_{T_i} 对温度的微分值，mm/℃；T_1、T_2 为测量曲线中选取的两个温度（$T_1 < T_2$），℃。α_{LT} 也称为微分线膨胀系数或物理线膨胀系数。

3．平均线膨胀系数

平均线膨胀系数（mean coefficient of linear thermal expansion）是材料在恒压 p 下三维的任意方向在某一温度范围的膨胀系数（以 10^{-6}℃ $^{-1}$ 为单位），常用 $\bar{\alpha}_L$ 表示[7]，也称为工程线膨胀系数。

在温度 T_1 和 T_2 的范围内，$\bar{\alpha}_L$ 为与温度变化 1℃相应的试样长度的相对变化[10]，可以用下式表示：

$$\bar{\alpha}_L = \frac{1}{L_0} \times \frac{L_2 - L_1}{T_2 - T_1} = \frac{1}{L_0} \times \frac{\Delta L}{\Delta T} (T_1 < T_2) \tag{4-2}$$

式中，L_0 为环境温度 T_0 下试样的原始长度，mm；ΔL 为从起始温度 T_1 至所需温度 T_2 之间所观测到的长度变化，μm。

由等式（4-2）可见，平均线膨胀系数 $\bar{\alpha}_L$ 是线膨胀系数 α_L 除以温度变化所得的商，单位为每摄氏度（℃ $^{-1}$），一般表示为 10^{-6}℃ $^{-1}$ 的形式。

在各向异性的晶态固体中，线膨胀系数依赖于样品测量方向，沿不同晶轴有不同值，可能有多至 6 个不同的膨胀结果[11]。

4．体膨胀系数

体膨胀系数（volume expansion coefficient），或称“体胀系数”，为当物体温度改变 1℃时，其体积的变化和它在开始温度时体积 V_0 之比，通常用符号 α_V 表示。

相应地，固体样品的体膨胀可以用平均体膨胀系数 $\bar{\alpha}_V$ 描述。

平均体膨胀系数 $\bar{\alpha}_V$ 是指体积相对于温度的变化，即

$$\bar{\alpha}_V = \frac{1}{V_0} \times \frac{\Delta V}{\Delta T} \tag{4-3}$$

对于立方晶系的晶体，各方向的膨胀特性相同，沿不同晶轴的膨胀系数相等，晶体尺寸随温度的变化是对称的。设其边长为 L，线膨胀系数为 α。当温度从 T_1 上升到 T_2 时，体积也从 V_1 上升到 V_2，则可以用下式的形式表示体膨胀系数 α_V：

$$\alpha_V = \frac{V_2 - V_1}{V(T_2 - T_1)} = \frac{\left[L_1 + \alpha L_1 (T_2 - T_1)\right]^3 - L_1^3}{L_1^3 (T_2 - T_1)} = 3\alpha + 3\alpha\Delta T + 3\alpha^2 \Delta T^2 + \alpha^3 \Delta T^3 \tag{4-4}$$

由于膨胀系数一般比较小，可忽略高阶无穷小，取一级近似，可得下式：

$$\alpha_V \approx 3\alpha_L \tag{4-5}$$

在测量技术上，体膨胀系数比较难测，对于各向同性材料通常应用式（4-5）来估算材料的体膨胀系数 α_V，各向异性材料的 α_V 为不同方向 $\bar{\alpha}_L$ 之和。

第二节 热膨胀技术的发展与现状

对于基础研究、新型材料制备及工程设计与应用等领域，精确测量材料的线膨胀性能具有十分重要的意义。线膨胀性能的表征依赖于热膨胀测试设备，经过多年的不断发展，当前商品化热膨胀仪在测试方法上不断地进行技术革新，测试更加便捷，测试领域及温度范围更宽，测量精度及灵敏度也向着更高的方向发展。

一、技术发展过程 [12,13]

最早的热膨胀测量装置由荷兰科学家 Musschenbrock 设计完成，装置以蜡烛为热源，通过简单的齿轮组放大实现样品膨胀量的测量。1805 年，Lavoisier 和 Laplace 在此基础上进行了改进，在测量部分以光学杠杆放大装置替代了齿轮组。Callender、Holborn 与 Day 又先后对 Ramsden 的双筒远程显微镜测量热膨胀系数的装置（即比长仪）进行了改进。1864 年 Fizeau 采用光干涉技术测量了某一材料的绝对膨胀，并将其作为参比材料，受当时技术条件的制约，其他材料都只能获得以其为参比的热膨胀。直到 1902 年，Scheel 首次使用光干涉法实现了材料热膨胀的绝对测量，为高精度热膨胀测试奠定了基础。

自 20 世纪 60 年代起，科技进步促使热膨胀测试装置快速发展，测量的精准度、便捷度、广泛度大大提高。可以采用多种方式进行测量，如光学法（包括光学成像法和光学干涉法）和顶杆式热膨胀法等。

1. 光学法

光学法膨胀仪可以精确测量材料的尺寸变化，常用于参比物的验证、热膨胀系数非常低的材料（如 Zerodur 微晶玻璃、因瓦合金等）及小尺寸样品的测量等。这类膨胀仪的测量系统主要包括三种主要类型 [11]，分别为：

① 光学成像法、光学比长仪或双远距离显微镜。这类仪器可以准确测量基于样品图像和样品末端或长度方向上其他标记的空间移动信息，其光学路径垂直于位移方向，通过背景照明得到轮廓效果或通过样品本身的辐射光成像。

② 干涉测量法。通过测量样品相对表面反射光的路径差来确定位移。由于缺少足够精确的空气或惰性气体的折射率，大部分测试在真空中进行。

③ 散斑干涉测量法。通过试样表面的干涉图的变化确定位移。

自 20 世纪 70 ～ 80 年代开始，基于 Fizeau 和 Michelson 干涉法的膨胀装置常用来对标准物质的热膨胀系数进行定值测试 [14,15]，例如可以准确测定黄铜标准物质在 20 ～ 800K 范围的热膨胀系数。在测定的 1500 ～ 2800K 范围标准物质钼的热膨胀系数中，经与已报道数据比较，在 2800K 时的误差小于 2%。同时期研制成功的激光干涉膨胀仪和偏振干涉膨胀仪的灵敏度更高，测量精度达到了纳米量级 [13]。自 20 世纪 70 年代起，日本也对线膨胀测量装置开展了大量研究 [16-20]，Okaji 等 [19] 于 1997 年将 Roberts 等设计的激光干涉和激光偏振干涉两种膨胀仪进行了融合，研制出一套偏振光干涉膨胀测量装置，具有灵敏度高、功能多等特点，长度变化量的精度提高到 0.4nm，温度精度提高到 50mK。基于光学外差干涉技术研制的膨胀测量装置主要用于材料热膨胀的绝对测量，其测量温度可以达到 1300 ～ 2000K[18]。在 −10 ～ 60℃范围测量钢和氧化锆样品的热膨胀，得到的长度和温度的测量精度很高，分别为 1nm 和 1mK，线膨胀系数的标准不确定度为 $1\times10^{-9}K^{-1}$[17]。

2. 顶杆法

顶杆法测量热膨胀系数是近年来应用最为广泛的测量方法，在许多领域得到了应用。根据测量原理不同可以将其分为机械放大式、光学放大式以及电磁放大式三种类型 [8]。

① 机械放大式膨胀仪。其使用机械放大并检测试样的热膨胀量，包括简易机械式和机械杠杆式膨胀仪。

② 光学放大式膨胀仪。该类仪器应用较为广泛且精度高，利用光学杠杆放大试样的膨胀率，同时用标样的伸长量标出试样的温度，通过照相方法自动记录膨胀曲线。按照光学杠杆机构安装方式，又分为普通光学膨胀仪和示差光学膨胀仪，后者在相变测试方面更加灵敏。

③ 电磁放大式膨胀仪。利用非电量的电测法，可以把试样的长度变化转换为相应的电信号，进行放大处理和记录，包括电感式、应变电阻式以及电容式膨胀仪等。

顶杆法不是绝对测量方法，在测试前需要进行修正，需与已知参比物比较得到未知样品的热膨胀系数。

二、我国热膨胀仪的研制现状

近三十年来，我国也开展了自主研制热膨胀测试装置的工作，目前已逐渐达到国际相当水平。2004 年，北京理工大学等单位利用双光束电子散斑干涉法研制了热膨胀测量装置[21]，但测试温度太高会降低对散斑的识别能力和材料精度。2006 年，中国计量科学研究院[22]利用激光偏振干涉法研制了热膨胀测量装置。通过这种装置可以测量样品的绝对膨胀信息，在 300 ～ 770K 范围内测量了美国国家标准技术研究院（NIST）提供的 SRM738 不锈钢样，结果与 NIST 公布值的相对偏差在 1.7% 以内。2008 年，武汉科技大学葛山教授研究组针对耐火材料的结构特性自行研制了适合大试样的顶杆式膨胀仪，具有较好的重复性，仪器采用步进式升温并进行校正，相对误差可以控制在 5% 以内[23]。2014 年，航天材料及工艺研究所研制了一套顶杆法膨胀仪[24]，成功用于测试室温～ 500℃固体材料的平均线膨胀系数，相对误差小于 2%。

顶杆法膨胀仪由于其适用的材料种类多、温度范围广、操作方便，目前已发展成为标准的测试方法[10, 25, 26]，本章将以顶杆法（电磁放大式）分析技术为例进行阐述。

第三节
热膨胀分析仪器

一、工作原理、结构及组成

1. 工作原理

实验时，将一定长度、形状规则的试样放置在加热炉中，在程序控温条件下线性升温、线性降温或恒温等，通过无摩擦顶杆将试样的长度变化连续传递到位移传感器，即线性可变差动变压器（LVDT），获得长度变化率随时间或温度变化曲线。

线性可变差动变压器（LVDT）的基本组成包括一个线框和一个铁磁芯，在线框上设置一个原绕组和两个对称的副绕组，铁磁芯放在线框中央的圆柱形孔中。铁磁芯由磁性能高的材料（如镍铁合金）制成，与顶杆的末端相连，图 4-2 为 LVDT 的原理图。当交流电通过原绕组时，两个副绕组中产生感应电动势。当铁磁芯处于中央位置时，输出电压为零。样品膨胀产生位移时，根据样品位移方向和大小，线圈内的铁磁芯发生移动并产生测量信号，位移信号最高可放大 20000 倍 [27]。

实验过程中，由支架、顶杆及挡片等系统膨胀引起的误差将通过在数据处理时扣除基线的方式进行消除。此外，顶杆有多种可能的排布方式。其中，双顶杆平行排布式热膨胀仪（即差示热膨胀仪）通过同时测试样品和参比物的膨胀过程进行修正。

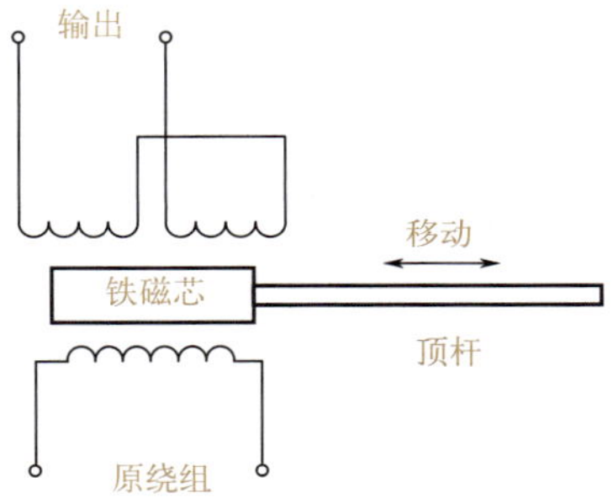

图 4-2　线性可变差动变压器（LVDT）原理图

2. 仪器结构与组成

热膨胀仪的基本结构如图 4-3 所示，LVDT 与顶杆相连，通过顶杆的移动获取样品长度的变化信号。由载荷控制装置通过顶杆给样品施加载荷，确保顶杆和样品之间保持充分接触，该载荷很小，可以忽略不计。

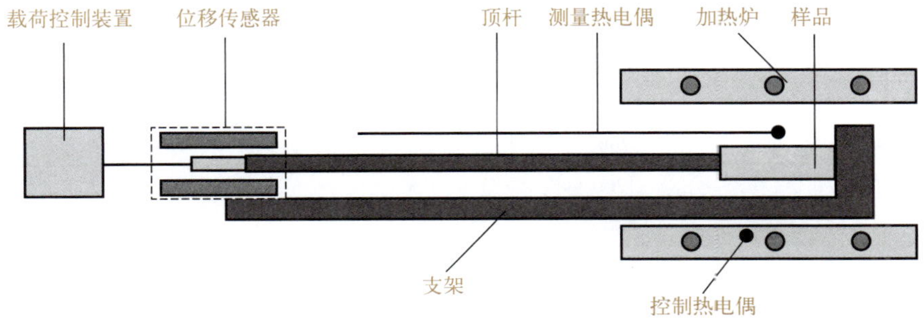

图 4-3　顶杆热膨胀仪的结构示意图

热膨胀仪主要包括温度控制系统（加热炉和冷却装置）、温度测量系统（测量热电偶）、位移测量系统（位移传感器和顶杆）、试样支架部分（氧化铝、石英玻璃、石墨支架、挡片、支撑环等）以及载荷控制部分。

① 加热炉由发热体、保护套管和炉体热电偶构成。根据测试温度范围不同，可以采用铜炉（−180 ～ 500℃）、碳化硅炉（室温～ 1650℃）和石墨炉（室温～ 2000℃）等加热炉。

② 仪器的 LVDT 位移传感器应始终处于接近室温的温度可控环境，从而减小环境温度变化引起的信号漂移，保证膨胀信号稳定，一般通过外接循环制冷机来保持温度恒定。

③ 顶杆是热膨胀仪的关键部件之一，用于把试样的位移信号传递到传感器。针对不同温度的仪器，顶杆两端产生的温差甚至超过 2000℃，因此要求其尺寸稳定性好、微观结构与物理化学性能稳定。顶杆材料的选择标准要求其重复性好、具有确定的低热膨胀系数。根据使用温度范围不同，支架和顶杆构成的组件材质通常包括石英支架 / 顶杆（−190 ～ 1000℃）、多晶氧化铝支架 / 顶杆（使用温度≤ 1600℃）以及各向同性的石墨支架 / 顶杆（使用温度 25 ～ 2000℃）。其中，由于石英的热膨胀系数低，以其作支架 / 顶杆可以减小系统误差，提高测试精度。但其测试温度范围窄，工作温度通常低于 900℃，以防高温发生析晶等不可逆相变而影响测试精度。石墨材质的支架 / 顶杆的使用温度范围最宽，但必须抽真空后在惰性气体保护下工作，而且应特别注意避免与样品发生作用。氧化铝材质的支架 / 顶杆使用温度范围较宽，且不受气氛影响，化学惰性好，对测试材料没有特殊要求。

④ 根据炉体类型和测试温度范围不同，可用于实验的热电偶主要包括 E 型、K 型、S 型（Pt-PtRh）以及 B 型（PtRh-PtRh）等。表 4-1 中列出了八种可用的热电偶 [11]。当对测温有较高要求时，通常选择贵金属热电偶，例如 B 型、R 型或 S 型，其不确定度可达到 0.1%。

表4−1　常用于热膨胀实验的热电偶类型[11]

类型	材料	最高温度 /℃	灵敏度 / （μV/℃）		
			20℃	100℃	500℃
B	Pt30%Rh/Pt30%Rh	1700	0	0.9	5.1
E	Ni-Cr 合金 /Cu-Ni 合金	870	60.5	67.5	81.0
J	Fe/Cu-Ni 合金	760	51.5	54.4	56.0
K	Ni-Cr 合金 /Ni-Al 合金	1260	40.3	41.4	42.7
N	Ni-Cr 合金 /Ni-Si 合金	1300	26.6	29.6	38.3
R	Pt13%Rh/Pt	1400	5.9	7.5	10.9
S	Pt10%Rh/Pt	1400	5.9	7.4	9.9
T	Cu/Cu-Ni 合金	370	40.3	46.7	

⑤ 对于惰性气氛要求较高的样品，测试前可通过气体置换方式实现，通过外接真空泵进行洗气操作，一般应洗气 2 或 3 次，以保证试样所处环境气氛的均匀性。

二、仪器的校准

仪器校准是使仪器处于正常工作状态的有力措施，应定期使用标准物质对热膨胀仪进行校准，以确保仪器的性能参数满足实验要求。实验过程中，当热膨胀仪出现检测数据异常、仪器出现重大故障并修复，以及支架、热电偶等关键部件更换时，均应及时对温度和位移等参数进行校准。

1. 温度校正

在实验过程中，热膨胀仪的加热炉内温度场的分布、样品自身的导热性能（决定了样品表面与芯部的温度梯度）、样品室气氛的导热性能、热电偶的位置以及升温速率等因素都容易导致样品热电偶的测量温度 T_m 与样品实际温度 T_s 之间出现温度差 ΔT，因此需要对仪器的温度进行校正。通过校正 ΔT，可以得到样品的真实温度 T_s。

常用的温度校正方法主要包括以下两种。

（1）金属标样熔融的 c-DTA 法　将带有缺口平台的氧化铝标样的膨胀过程和金属标样的熔化过程同步进行测试，样品放置形式如图 4-4 所示。根据软件中的 c-DTA 模式计算金属标样的熔点，确定 In、Sn、Au、Ni 等多个金属标样的熔点。金属标样熔点的理论值及推荐使用的类型见表 4-2，根据日常测试范围选取标样，然后通过类似于 DSC 或 DTA

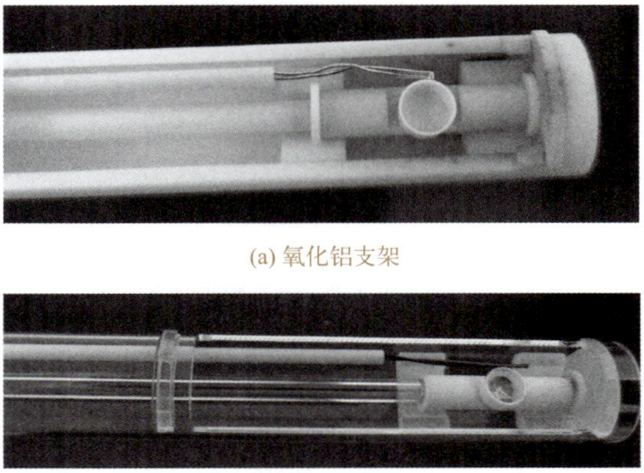

(a) 氧化铝支架

(b) 石英支架

图 4-4　金属标样熔融的 c-DTA 法温度校正时样品放置实物图

仪器的温度校正方式进行热膨胀仪温度校正。实验时，将带有缺口的氧化铝圆柱夹持在顶杆和挡片之间，缺口平台水平朝上。坩埚放在平台上，将一定形状的金属标样放置其中，热电偶应尽可能靠近坩埚（图 4-4），以增强 c-DTA 信号。

表4-2　热膨胀仪配备的金属标样

标准物质	In	Sn	Bi	Zn	Al	Ag	Au	Ni
文献值或者证书中的熔点/℃	156.6	231.9	271.4	419.5	660.3	961.8（N_2）	1064.2	1455
石英支架	√	√	√	√	√			
氧化铝支架	√	√	√	√	√	947℃（空气）	√	√

（2）金属标样熔融收缩法　实验时，将金属标样夹在两个垫片之间，将该“三明治”结构的金属标样和垫片放置在短膨胀标样和顶杆之间，如图 4-5 所示。通过施加预加载力使顶杆与试样保持充分接触，然后开始加热。当温度升至其熔点时，样品出现熔融，曲线出现快速收缩。曲线上由收缩引起的转折部分的切线交点作为实测熔点，将其与标样的文献值或者证书中的熔点进行比较，进行温度校正。测试时，调整测量热电偶位置，尽可能使其位于熔融标样位置，以保证温度的准确性。

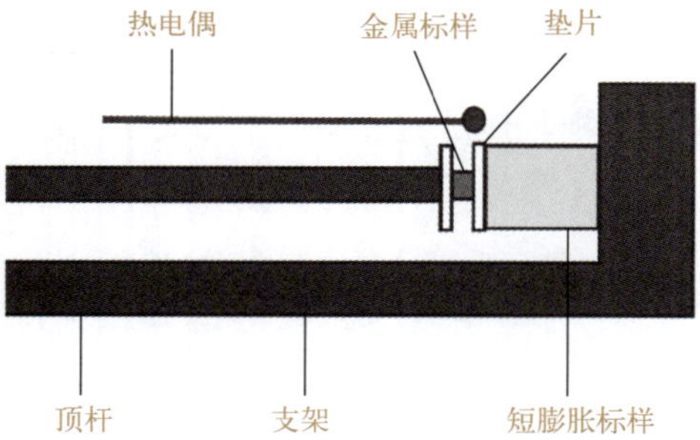

图 4-5　金属标样熔融收缩法测试示意图

2. 位移校正

为了获得精确的膨胀数据，需要校准位移传感器。通常采用专用的校正工具对 LVDT 传感器显示的位移值进行校正，该工具由不锈钢棒和测微计构成。通过比较热膨胀仪 LVDT 传感器和测微计的读数进行位移校正，读数范围 0 ～ 300mm，以 20mm 为间隔。重复多次这种校正，将得到的平均值绘图。如果LVDT传感器和测微计的读数呈现非常好的线性关系，则位移校正完成。另外，校正时用的测微计也应定期进行校准[28]。

此外，位移传感器的校准还可以借助一组不同长度范围的标准量块或其他等效的装置来完成[10]，但这种方法主要适用于室温下的位移校正。

在高温下校准时还应考虑系统膨胀等因素，此时需要对整个系统进行校正。首先采用标样进行系统基线的测试，在实验温度范围内以足够慢的速率加热，一般不应超过5℃/min，然后在与确定基线相同的实验条件下得到已知热膨胀系数的标准试样的膨胀曲线，将由曲线计算得到的膨胀系数值与标准样品证书中的值进行比较，确定位移传感器的准确性。常用的标准样品有不锈钢（SRM738）、熔融石英（SRM739）、钨（空气气氛下不超过300℃，惰性气氛下不超过1500℃）、铜（空气气氛下不超过300℃，惰性气氛下不超过800℃）、硅（空气下不超过700℃，惰性气氛下不超过1000℃）、氧化铝等。表4-3和表4-4中分别给出了常用的标准物质在不同温度下的热膨胀系数。校正时，应按照仪器操作规程的要求，设置一个试验方法，用一个已知长度变化率的标准物质（如铝块、铜块或SRM739熔融石英等标样）进行膨胀测试，将仪器测到的长度变化率与标准物质的已知值进行比较和校正。

表4-3　不同温度下多晶氧化铝Al_2O_3的热膨胀系数

温度/℃	dL/L_0/%	温度/℃	dL/L_0/%	温度/℃	dL/L_0/%
−200.0	−0.05960	125.0	0.06270	450.0	0.30826
−175.0	−0.5835	150.0	0.07937	475.0	0.32894
−150.0	−0.5598	175.0	0.09663	500.0	0.34980
−125.0	−0.5190	200.0	0.11419	525.0	0.37085
−100.0	−0.04634	225.0	0.13218	550.0	0.39208
−75.0	−0.03935	250.0	0.15058	575.0	0.41346
−50.0	−0.03078	275.0	0.16938	600.0	0.43500
−25.0	−0.02063	300.0	0.18850	625.0	0.45669
0	−0.00924	325.0	0.20789	650.0	0.47855
25.0	0.00337	350.0	0.22754	675.0	0.50056
50.0	0.01693	375.0	0.24742	700.0	0.52273
75.0	0.03140	400.0	0.26750	725.0	0.54506
100.0	0.04665	425.0	0.28778	750.0	0.56754

续表

温度 /℃	dL/L_0 /%	温度 /℃	dL/L_0 /%	温度 /℃	dL/L_0 /%
775.0	0.59018	900.0	0.70576	1025.0	0.82515
800.0	0.61298	925.0	0.72935	1050.0	0.84945
825.0	0.63594	950.0	0.75309	1075.0	0.87389
850.0	0.65906	975.0	0.77697	1100.0	0.89847
875.0	0.68233	1000.0	0.80099		

注：1．本表引自德国耐驰制造认证依据的两个标准：DIN 51 045 第 1 部分和 DIN EN 10 204−2.1。
2．L_0 是基于 20℃的值。

表4−4　不锈钢和熔融石英标准物质的线膨胀率和热膨胀系数[10]

温度 T/℃	不锈钢（SRM738）		熔融石英（SRM739）	
	线膨胀率（$\Delta L/L_0$）$\times 10^6$/(μm/m)	热膨胀系数 / ($10^{-6}\cdot C^{-1}$)	线膨胀率（$\Delta L/L_0$）$\times 10^6$/(μm/m)	热膨胀系数 / ($10^{-6}\cdot C^{-1}$)
−193	—	—	−1	−0.07
−173	—	—	−13	−0.53
−153	—	—	−22.5	−0.53
−133	—	—	−28.5	−0.38
−113	—	—	−32	−0.24
−93	—	—	−32.5	−0.1
−73	—	—	31	0.13
−53	—	—	−27.5	0.23
−33	—	—	−22	0.32
−13	—	—	−14	0.39
7	—	—	−6	0.45
20	—	9.76	—	0.48
27	69	9.81	—	—
47	—	—	13.5	0.53
67	466	10.04	24.5	0.56
107	872	10.28	47.5	0.60
147	1288	10.52	72	0.62
187	1714	10.76	97	0.63

续表

温度 T/℃	不锈钢（SRM738）		熔融石英（SRM739）	
	线膨胀率（$\Delta L/L_0$）$\times10^6$/(μm/m)	热膨胀系数/($10^{-6}\cdot C^{-1}$)	线膨胀率（$\Delta L/L_0$）$\times10^6$/(μm/m)	热膨胀系数/($10^{-6}\cdot C^{-1}$)
227	2149	11.00	122	0.63
267	2593	11.23	—	—
287	—	—	159	0.61
307	3408	11.47	—	—
327	—	—	183	0.59
347	3511	11.71	—	—
367	—	—	206	0.56
387	3984	11.95	—	—
407	—	—	228	0.54
427	4467	12.19	—	—
447	—	—	249	0.51
467	4959	12.42	—	—
487	—	—	269	0.49
507	5461	12.66	—	—
527	—	—	288	0.47
567	—	—	307	0.44
607	—	—	324	0.42
647	—	—	340	0.40
687	—	—	356	0.38
727	—	—	371	0.37

三、仪器的维护与工作状态判断

1. 仪器的维护

在进行热膨胀实验时，应使仪器处于最佳的工作状态和理想的工作环境。在日常使用中应按照相关的操作规范对仪器进行维护，确保其处于最佳状态。对热膨胀仪的维护主要包括以下几个方面。

（1）工作环境　热膨胀仪的工作环境应尽量远离振动源和用电量大的仪器设备，同时放置仪器的实验台应具有良好的防震性能。

（2）仪器工作状态　热膨胀仪的循环恒温水浴需使用去离子水或蒸馏水，水温通常设置为较室温高 2 ～ 3℃。仪器主机或循环水重新开启后，应等待 1 ～ 2h，待仪器状态稳定后才能进行测试。当仪器使用频率较高时，仪器在非工作时间保持待机状态。

（3）仪器关键部件维护　实验正式开始前应尽可能详细地了解待测样品的组成以及熔点、分解温度等信息，确保样品在实验过程中不液化。对于非晶玻璃材料，应注意其软化点的范围，避免样品在发生快速软化变形后与顶杆、支撑环、垫片及挡片等接触物粘连，图 4-6（a）为氧化物玻璃样品软化收缩后与顶杆等粘连的照片。在测试过程中，应密切关注热膨胀曲线。当曲线开始呈现快速收缩的特征时（图 4-6），需立刻终止测试，保存数据，完成实验。也可利用仪器的控制软件进行自动软化点检测，设定测试条件，确定试样的软化点和发生软化之后的性质，以降低仪器损坏的风险。

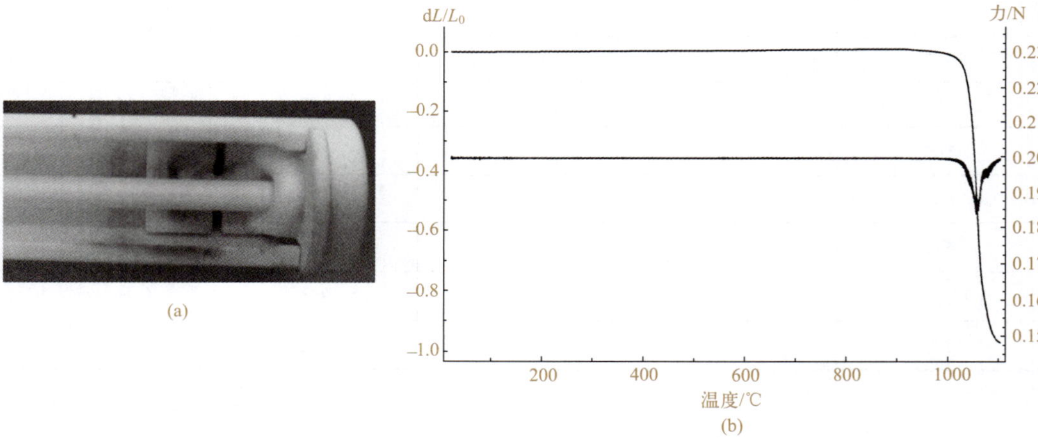

图 4-6　实验结束后样品与顶杆粘连图（a）及氧化物玻璃样品的软化收缩曲线（b）

当实验结束后出现样品软化粘连现象时，应采取以下措施。

① 轻轻移动挡片，试着将顶杆轻轻地推出支架。如果是氧化物玻璃样品，顶杆与支架是氧化铝材质，则可通过氢氟酸擦拭或浸泡处理，而后用去离子水清洗干净。氢氟酸的腐蚀性很强，操作时务必注意人员安全。应清理彻底，避免顶杆等处有玻璃残留，防止再

次出现粘连，图 4-7 所示为处理后的顶杆在重新进行加热后发生垫片与顶杆粘连。垫片的作用主要是防止高温下某些样品粘连或污染顶杆或挡片等，测试时通常在样品两端各放置一片薄的垫片。

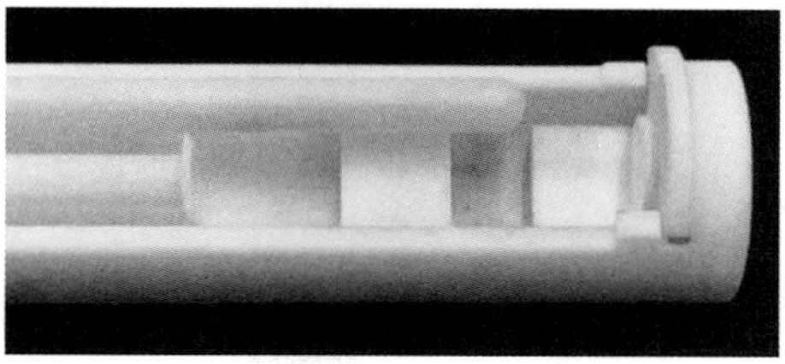

《 图 4-7 顶杆与垫片粘连及热电偶保护管图片

② 对于一些聚合物或高分子样品，加热时可能产生炭黑等污染，在空气气氛下空烧到 500℃以上即可去除。如果发生如图 4-8 所示的聚合物等样品熔化粘连，则需小心将顶杆移出，并将其浸泡在有机溶剂中，将粘连的样品充分溶解。对于聚酰亚胺材料，可以尝试使用 *N*,*N*- 二甲基乙酰胺溶剂进行浸泡处理。浸泡后需认真清洗，去除残留物。

《 图 4-8 聚酰亚胺样品熔化收缩粘连

③ 对于易挥发的金属样品，在实验开始之前应查阅了解其蒸气压，确保在测试温度范围内不挥发，以免对热电偶、支架或炉体等造成无法去除的污染。对于高温热膨胀仪，由于 Pt-PtRh 热电偶离样品较近，一些样品中的游离碳、硅等元素会在高温时与 Pt-PtRh 发生作用，导致热电偶性质发生改变，如图 4-9 所示。高温测试后发现 Pt-PtRh 热电偶大幅度向样品弯曲靠近，冷却后两根电偶丝变脆且合为一根。即使仍有温度信号，也容易对测温精度产生影响，而且由于弯曲幅度过大，更换热电偶时很难取出。有时虽未发现热电偶明显破坏，但可见颜色改变，热电偶局部合并，也可能产生无信号现象。为了尽量避免或减小热电偶损伤，可以在热电偶外面套上保护管（图 4-7）。此外，如果在高温下分解出的气体产物可能污染仪器，在测试时应适当增大吹扫气体的流量。

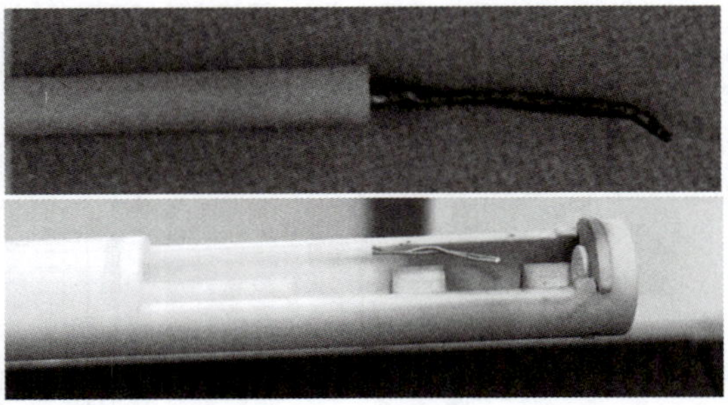

《 图 4-9 因高温反应造成的热电偶损坏

2. 仪器工作状态的判断方法

在实际应用中，可通过观察测试过程中热膨胀曲线形状的异常变化来初步判断仪器工作状态。曲线形状的异常变化主要包括曲线中是否有抖动台阶、台阶出现的频率和位置是否具有规律等方面。

另外，在实验时还应观察气体流量的稳定性，气体流量的突然变化也会引起样品的微小抖动，从而出现曲线异常。

第四节
影响热膨胀分析实验的因素

影响热膨胀测量结果的因素主要包括仪器因素、实验条件因素和其他因素，这些因素会不同程度影响最终得到的曲线，在实验前应尽可能充分地了解这些因素对实验的影响程度。

一、仪器因素

热膨胀仪的自身结构和性能参数对实验曲线有不同程度的影响，在实验前应确认所选用仪器的这些因素是否可以满足实验需求。例如，图 4-10 中分别给出了碳化硅炉和铜炉两种炉体在相同的石英玻璃支架 / 顶杆和挡片条件下对 ϕ6mm×25mm 的氧化铝标样的热膨胀曲线。由图可见，在 200ºC 以下低温范围内曲线形状基本重合。随着温度升高，两条曲线之间的差异逐渐增大，这表明炉体对热膨胀测试有一定的影响，需通过基线修正来消除这种因素影响。

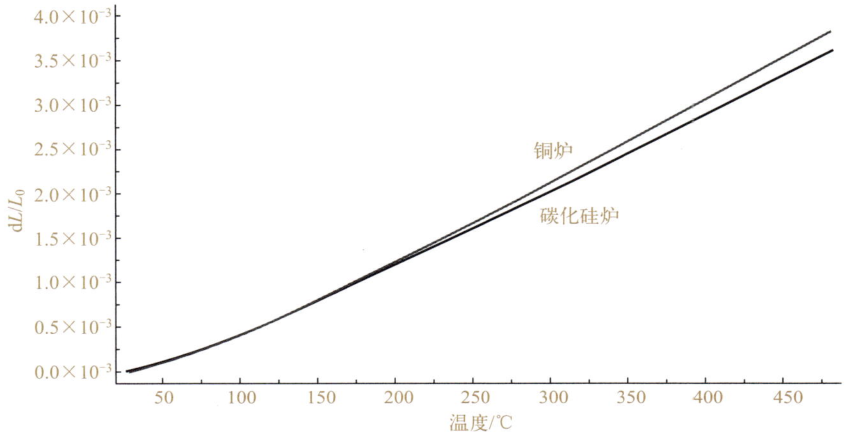

图 4-10　炉体对热膨胀测试的影响

二、实验条件因素

在实验过程中，制样、操作条件（温度程序、支架类型、气氛）、数据采集频率等因素均会对最终得到的实验曲线产生不同程度的影响，应结合实验目的和样品性质合理确定这些条件。

1. 制样条件

用于热膨胀实验的样品的典型形状是圆柱形，在制样时尽量与标样尺寸相同。如样品加工困难，则对侧面方向不作严格要求，形状可以为圆形或方形，但测试夹持的两个端面必须平行且光滑。根据仪器要求制备满足尺寸要求的样品，样品尺寸在直径方向一般为 5 ～ 10mm，长度为 20 ～ 50mm。在保证样品放置稳定的前提下，样品的径向尺寸应尽可能小，有利于减小样品表面与内部的温度梯度，提高结果的准确性。理论上，长度为 5 ～ 50mm 的样品均可用于热膨胀测试。较长样品的测量精度更高，但过长的样品也会增大轴向温度不均匀的风险，通常选用 25mm 左右的尺寸进行实验。这种尺寸既可以保证较大的绝对膨胀量，减小系统误差的影响，又可以保证该方向上的温度梯度较小，使测试结果更准确。

2. 温度控制程序

进行热膨胀实验时，样品表面和内部之间在较快的动态升温下容易出现温度梯度。为了使样品内外温度尽量保持一致，应选用较慢的升温速率，典型的升温速率为 5℃ /min。虽然理论上升温速率越慢越好，但若升温速率过低，会大幅度延长测试时间，导致测试效率下降。针对大部分的金属、陶瓷等常规尺寸样品，在测试温度区间较宽时，一般选择 5℃ /min 的升温速率。对于低导热的结构致密材料和较大尺寸样品，升温速率可以为 2 ～ 5℃ /min 或者更低。另外，当测量的温度范围较窄时，也常选用较低的升温速率。对于高导热和直径较小的材料，可选用≥ 5℃ /min 的升温速率，但通常选择 5℃ /min。当升温速率较快时，容易出现相变点等特征温度升高或相变过程重合、膨胀系数异常等问题。

此外，实验时的控温方式也会影响实验曲线的形状，常用的控温方式包括炉体控温和样品温度控制两种。

（1）炉体控温模式　炉体控温是热膨胀测试中常用的控温模式，测试过程中炉体随着控制程序加热，由于初始阶段样品的温度滞后于炉体，样品温度与程序温度之间出现一定的温度差。在实际测试中，根据样品需要达到的目标温度设置程序时应提高最终温度大约 30℃，以保证测量热电偶的测试温度达到样品需要的温度。这种炉体控温模式的优点是样品初始阶段测试时的温度波动小，在常规的热膨胀测试中通常选择该种模式。

（2）样品温度控制模式　样品温度控制模式（sample temperature control，简称 STC 模式）是通过样品附近的热电偶测量的温度来控制温度的方法，这种模式下样品温度与程序温度始终保持一致，不存在温度滞后现象，但在升温初始阶段以及动态 - 恒温变化阶段容易出现较为明显的温度曲线波动。

此外，为了保证样品和基线测试时的初始状态完全相同，基线扣除效果好，在开始测量前一般在温升程序中添加一条“初始等待”程序，等待时间设置大约 20min。温度程序中的“结束等待”主要用于测试结束后的自动降温并恒温等待一段时间，防止样品在较高的温度下发生氧化。

3. 支架和顶杆

在热膨胀实验中应根据样品的测试温度范围选取合适的支架和顶杆。由于石英玻璃在高于 900℃以上时易发生晶化，影响测量精度，因此石英顶杆 / 支架常用于 900℃以下（包括低于室温时）的测试；氧化铝材质则可以在室温～ 1600℃ 使用。由于两种材质自身的膨胀行为存在很大差异（熔融石英玻璃的热膨胀系数为 $0.5\times10^{-6}℃^{-1}$，较氧化铝的 $8\times10^{-6}℃^{-1}$ 低一个数量级），导致分别使用这两种支架 / 顶杆的系统误差差异较大。如图 4-11 中给出了在炉体、标样、气氛、升温速率等条件相同情况下，分别使用氧化铝和石英两种不同材质的支架 / 顶杆组件得到的氧化铝标准物质的热膨胀曲线。由图可见，使用氧化铝材质的支架 / 顶杆组件所测标样的热膨胀系数明显高于使用石英材质的，因此在测试低膨胀系数的样品时，在温度允许范围应优先选用石英玻璃支架 / 顶杆组件，以得到更高精度的数据。以上分析结果表明，支架 / 顶杆材质的影响相比炉体类型更加显著。

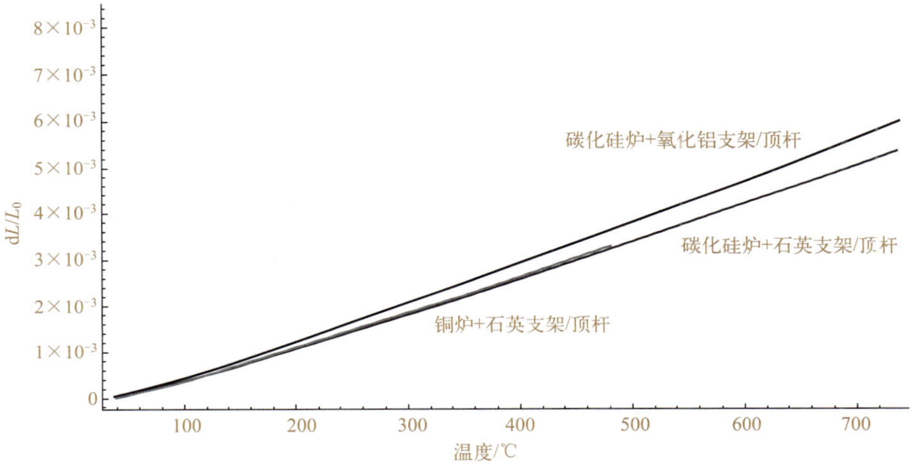

图 4-11　炉体及支架 / 顶杆材质对热膨胀测试的影响

4. 气氛

在热膨胀实验中，通常应根据样品的特性和模拟实际工艺环境需要选择合适的实验气氛。由于热膨胀仪的炉腔较大，实验时采用动态吹扫气氛有利于炉内温度保持均匀。吹扫气体的种类和流速对得到的膨胀曲线会产生不同程度的影响。对于易氧化的金属或合金、碳材料及树脂等高分子材料，通常选择惰性气氛作为吹扫气。对于一些在高温时可能会和 N_2 发生氮化反应的样品，应选择氦气或者氩气作为吹扫气氛。对于一些陶瓷和氧化物玻璃等性质稳定的材料，可以使用空气气氛。在低于室温条件下（例如低于 −150℃）实验时，为了防止气体发生部分冷凝，需选择 He 气作为吹扫气。此外，由于 He 气的传热性能好，低温（低于 −100℃）测试时选择 He 气作为吹扫气氛。

5. 数据采集频率

在进行样品测试时，还应根据实验时间在控制软件中设置数据采集频率，常用的采点频率为 1 数据点 /s。对于实验周期很长的实验可以用较小的采点频率，如 0.1 数据点 /s。相反地，对于一些较快的反应，则需使用较高的采点频率记录下实验过程中的每一个细节变化。一般来说，采点频率越高，得到的实验曲线的信噪比越差。

三、其他因素

在热膨胀实验中，除了以上介绍的仪器和实验条件因素外，样品自身性质、仪器工作状态以及实验环境变化也会影响曲线的形状。

1. 样品自身影响因素

样品的结构、组成以及自身性质均会影响热膨胀曲线的形状，在分析曲线时应考虑这些因素的影响。

（1）相变的影响　在实验过程中，当样品发生相变时，其体积通常会出现变化，从而导致膨胀曲线出现相应的改变。当材料发生同素异构相转变时，点阵结构重排，体积会随之出现明显的突变，引起热膨胀系数的不连续变化。图 4-12 所示为石英晶体的热膨胀曲线，由其一阶导数曲线可以看出与 573.7℃峰温位置对应的热膨胀曲线的斜率发生了明显的变化，这是由于该温度下发生了由 α 相到 β 相的同素异构相转变过程[29]。这两相结构的原

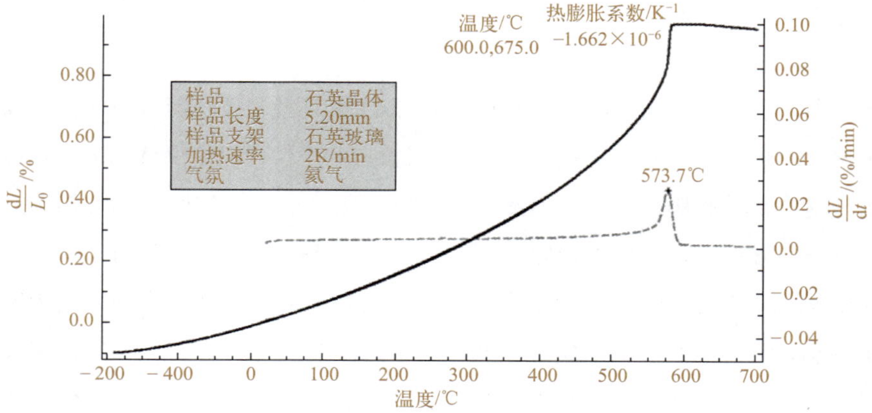

图 4-12　石英晶体的热膨胀曲线[29]

子排列方式不同，导致 α 相具有压电性，而 β 相则不具备这种性质。当材料在温度升高的过程中发生了从有序到无序的相转变时，膨胀曲线中也会在该转变对应的温度处出现拐折，表明膨胀系数发生了改变。当材料为有序结构时，原子间的作用力变得更强，由此导致热膨胀系数变小。此外，当材料的晶型在加热过程中发生改变时，热膨胀系数也会发生明显的变化。例如，当 ZrO_2 加热到 1000℃时，晶型从单斜相向四方相转变，体积减小了 4%。

（2）合金元素的影响　当材料由两种或两种以上的组分构成时，无论是形成合金、固溶体，还是化合物状态，其中的元素种类及含量均对材料的热膨胀产生明显的影响。

① 当形成多相合金时，热膨胀系数受各相性质和含量影响，可按照各相体积占比并由 Fox 定律近似计算该合金的热膨胀系数。对于钢铁材料，其热膨胀系数受合金元素溶于铁素体或者形成碳化物的机制影响，形成碳化物的合金元素使其热膨胀系数增加，而溶于铁素体时的变化则相反。

② 当形成固溶体时，热膨胀系数与溶质元素原子浓度有关。例如，当单一金属与非铁磁性金属组成均匀固溶体时，其热膨胀系数介于两组元热膨胀系数之间。当金属与过渡金属组成固溶体时，热膨胀系数的变化没有明显的规律性。

③ 当形成化合物时，由于原子严格按照规律排列，原子间结合力强，因此热膨胀系数比固溶体的小。

（3）化学组成与晶体结构的影响　材料的热膨胀系数与其化学组成、晶体结构、键合强度、结晶状态密切相关。对于化学组成相同的物质，不同的结构将导致膨胀系数存在差异。对于结构致密的晶体，其热膨胀系数较大；结构疏松的固体中由于内部空隙较多，温度升高导致原子间距增加，增大的一部分间距被结构内部空隙所容纳，从而热膨胀系数变小。例如，石英玻璃的平均线膨胀系数为 $0.5\times10^{-6}K^{-1}$，石英晶体则为 $12\times10^{-6}K^{-1}$。另外，键合强度高的材料的热膨胀系数较低，例如金刚石的平均线膨胀系数为 $2.5\times10^{-6}K^{-1}$，钨的为 $5.12\times10^{-6}K^{-1}$。

在应用中，一些样品具有织构等特点，由此导致晶体在各晶向原子排列密度出现变化，宏观表现为物理性能具有各向异性，这种性质导致不同方向的热膨胀系数出现较大的差异。立方晶系的晶体属于例外情况，由于其各晶轴方向的晶格常数相同，因此各个方向的膨胀系数相同。对于非等轴晶体，沿不同轴向的热膨胀系数存在差异。随着温度升高，两个轴向的热膨胀系数比值有减小的趋势。例如，石墨具有层状结构，在层间和层内的结合力具有很强的方向性，层内的热膨胀系数较层间小得多，层内（垂直于 c 轴方向）的热膨胀系数为 $1\times10^{-6}K^{-1}$，层间（平行于 c 轴）的为 $27\times10^{-6}K^{-1}$[9]。

（4）晶格缺陷及内部裂纹的影响　晶体材料中形成的各种热缺陷也会导致局部点阵畸

变和膨胀。随着温度的升高，热缺陷浓度呈指数增加，对晶体热膨胀性质的影响增大。

对于由多晶相组成的复合材料，不同相之间的热膨胀系数及结晶状态的差异而形成的应力导致复合体中产生微裂纹。受微裂纹的影响，复合体或多晶体的热膨胀系数出现滞后现象，这种现象在不同晶向热膨胀系数差别较大的多晶材料中变得更加明显。另外，在由不同膨胀系数的物质组成的复合材料中也常出现这种现象[9]。

（5）反常热膨胀现象的影响　一些铁磁合金（如铁镍合金）的热膨胀曲线中还会出现反常膨胀现象，即在正常的膨胀曲线上出现了额外的膨胀峰，且在各自的居里点附近的膨胀系数将会急剧上升，而后快速恢复正常。这种现象是由铁磁金属或合金在自发磁化过程中产生的体积磁致伸缩效应引起的。

2. 仪器工作状态

在仪器没有出现污染、没有更换支架及挡板等条件下，每隔一段时间（一般三个月左右）需要用标准物质验证仪器的工作状态。当在实验过程中出现了顶杆松动、挡片或垫片污染、样品支撑环（底座）不平整等现象时，通常会导致样品放置不平稳或顶杆移动不畅，从而引起曲线出现抖动等现象。经重复测试后如果仍然出现这些现象，则可以认定为仪器的工作状态不佳，需进行维护和校准。

3. 实验室环境

热膨胀仪的工作环境要求洁净、无振动、远离大型用电设备，以避免造成膨胀曲线失真。当曲线中出现无法解释的异常抖动现象时，需要确认实验室环境是否出现了异常。

第五节
实验过程

一、概述

在正式开始热膨胀实验之前，除了需要了解实验影响因素外，还应结合实验目的、仪器性能和样品性质设计合理的实验方案。首先应确认仪器是否处于正常的工作状态，以确保结果的准确性。同时，应考虑仪器的性能参数是否适用于待测样品。之后开始运行实验，实验过程通常包括实验准备、制样、仪器测试等阶段。

二、实验准备阶段

在正式开始实验之前，应依据样品测试要求制定合理的实验方案。方案内容主要包括检验实验仪器的性能参数（工作温度范围、加热速率、支架及顶杆类型、测量精度等）是否可以满足要求，确定合理的制样条件（样品的尺寸、形状等信息）、仪器的实验参数（温度控制程序、气氛条件等）等信息。

依据实验方案选定或更换炉体、支架、顶杆、热电偶及支撑环等基本配置，开机并待仪器状态稳定后测定系统基线。基线的参数设置应与样品保持一致，终止温度可高于样品测试温度，通常以不高于 5℃ /min 的升温速率加热，按照测试要求选择相应的气氛条件。放入标准样品并对样品施加一个可以忽略的载荷，使顶杆与标准样品之间充分接触。

一般情况下，如果仪器的炉体、支架、热电偶等配置不变，且仪器状态稳定，则相同气氛下的系统基线可以重复使用。通常三个月左右需重新做基线，避免仪器经长时间使用后基线发生略微改变。

三、制样阶段

热膨胀试样通常以圆柱状或方条状为主，具体尺寸依据热膨胀仪的配置而定，在制备条件允许的前提下尽量与标准样品尺寸规格相近。制样时应根据需要在大块材料中取样，取样应具有代表性。样品加工过程中，必须保证测量方向的两个端面平行、光滑且与轴线垂直。加工完成后，应对试样进行清洁、干燥并保存。

四、仪器测试阶段

在室温下，用游标卡尺、螺旋测微器或者通过仪器的控制软件对待测样品的长度（或者待测方向）进行精确测量。在确认样品表面未受污染的前提下，将其放置在具有一定尺寸规格的支撑环上。样品一侧贴紧支架挡片，另一侧通过移动顶杆与之充分接触。为了防止样品在高温时与顶杆或挡片之间发生意外粘连现象，可在样品两侧分别放置一个平整的薄氧化铝垫片。放置时应注意保持样品稳定，且样品与顶杆处于同轴状态，可通过更换支撑环规格进行调整。

根据样品尺寸调整热电偶位置，使其位于样品中间且不影响样品在支撑环上的移动，并尽量靠近样品。关闭加热炉，打开气体开关，调整压力待气体稳定。

在仪器的控制软件中设定温度程序、测试模式、气体种类及流量、样品尺寸、名称、编号、文件名等参数，保存后开始自动测量。

需要注意，在测试过程中尽量避免碰触仪器或台面，禁止随意调整气氛，同时减少震动，防止测试曲线出现抖动台阶，导致测试数据不可用。

测试结束后，一般低于 100℃下打开加热炉，取出样品。

第六节
实验数据的处理与分析

实验结束后，利用仪器配套的数据处理软件可以打开实验过程中生成的数据文件，通过软件可以确定几种形式的热膨胀系数及不同温度范围的平均热膨胀系数等热物理性能参数，也可以得到某些变化过程的特征值。

一、实验数据的基本处理与作图

运行仪器配套的数据处理软件，导入实验原始数据文件，在软件界面中可以显示出样品的热膨胀曲线，即 $\Delta L/L_0$ 曲线。另外，在软件中还可以进行扣除空白基线、平滑、求导、多曲线对比以及数据导出等操作。

对于选中的热膨胀曲线，可以利用仪器配套软件的数据处理功能转换得到瞬时线膨胀系数曲线、物理热膨胀系数曲线、微商热膨胀曲线等信息（如图 4-13 所示）。以某一温度为参考温度，可以获得指定温度到参考温度范围的平均热膨胀系数值、某一温度下的瞬时热膨胀系数值等。另外，还可以在软件中方便地标注曲线中出现的相变、玻璃化转变、软化等过程的特征温度。

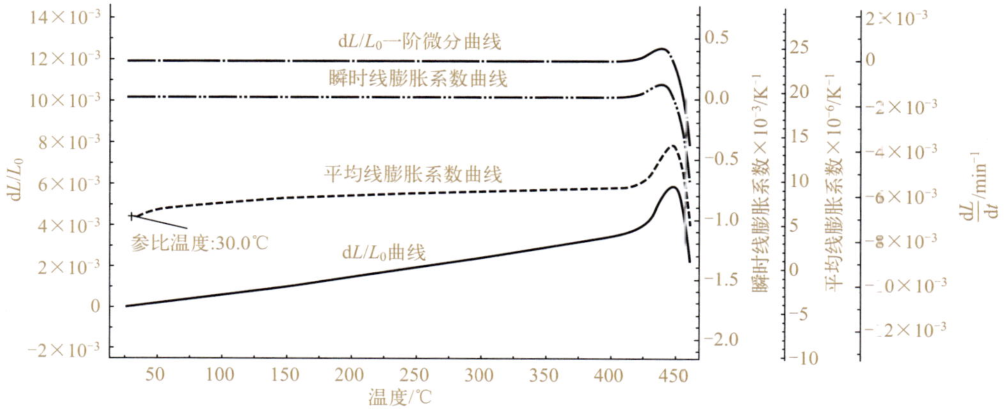

图 4-13 仪器软件中得到的非晶玻璃的热膨胀曲线及衍生曲线

在实际应用中，有时还需要在专业数据处理软件如 Origin 软件中对由仪器数据处理软件导出的数据进一步处理，在作图时应符合相关规范。

二、曲线的解析

1. 曲线中特征量的确定

当曲线中出现玻璃化转变过程时，通常采用外切起始点的方法确定玻璃化转变温度 T_g，定义峰值温度为软化点。如图 4-14 所示。通常通过如下方法确定曲线中对应的各个特征点。

（1）拐点温度 曲线上某一局部的斜率最大点，通过 dL/L_0 曲线的一阶微分曲线的峰值点来确定。

（2）起始温度 定义沿曲线发生拐折前后的斜率方向的切线的交点为起始温度。如玻璃化转变点，或者表征烧结过程的收缩处的起始温度。

（3）特征温度 某些特征温度使用曲线上某一局部区域的最高或最低点，即峰值温度来表征，如玻璃软化点。

（4）终止温度 与起始点相似，即曲线发生拐折前后斜率方向的切线交点，表示一个过程结束的温度。

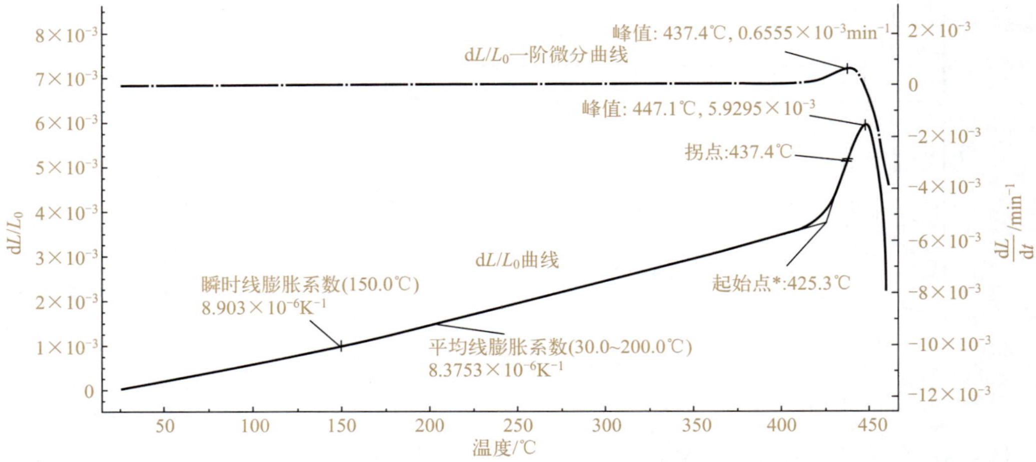

图 4-14　非晶玻璃特征温度的确定

对于一些金属或陶瓷材料的相变过程曲线，通常采用以下两种方式确定其相变点[8]。

（1）切线法　采用切离点作为相变点的方法称为切线法。图 4-15 为一种钢的热膨胀曲线，由图可见在 800 ～ 900℃间由于发生相变产生了明显的收缩现象。根据膨胀曲线上偏离正常热膨胀曲线的开始点（也称为切离点）来确定该过程的起始点，曲线上的 T_s 点为相变的开始点。相应地，相变结束回到正常膨胀曲线的 T_f 点为结束点。实际上，通过这种方法不易确定切离点。为了减小目测的误差，应采用高精度的膨胀测量装置得到清晰的曲线，提高确定切离点的准确性。

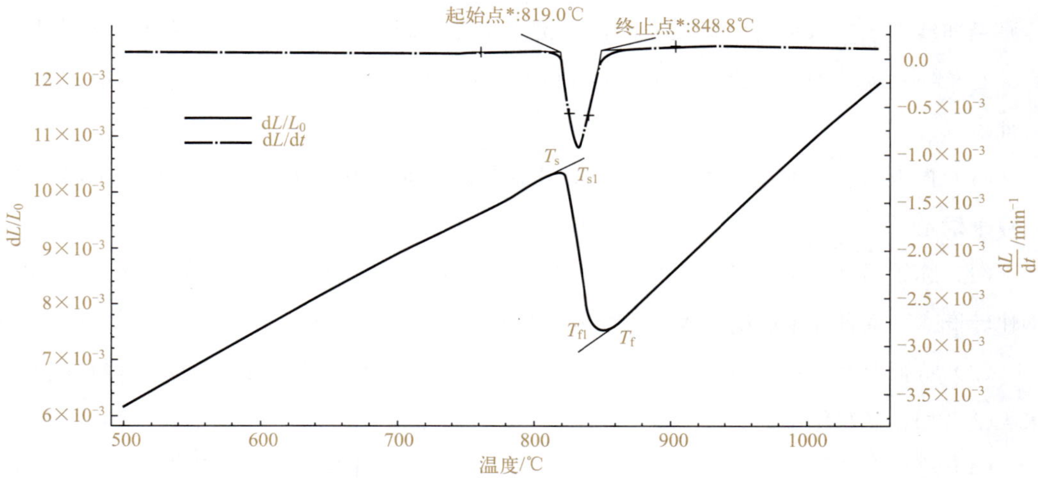

图 4-15　钢相变点的确定

（2）极值法　根据热膨胀曲线上的极值确定相变点的方法称为极值法。曲线上的 T_{s1} 和 T_{f1} 分别表示钢相变的开始点和结束点，可以对 dL/L_0 曲线的一阶微分曲线上的峰的开始和结束点进行外推获得相变点。尽管确定的极值点与真实值之间存在着一定的偏差，但通过这种方法可以方便地判断极值温度。在研究材料原始组织、加热及冷却速率对相变点的影响时，可采用该方法进行对比分析。

2. 曲线的描述

在描述热膨胀曲线时，应从曲线的形状、出现拐点的位置、数量等角度来描述曲线中的变化。例如，图 4-14 为非晶玻璃样品的热膨胀曲线，在 400℃以下膨胀率与温度呈近似线性增加的关系。在 425.3 ～ 437.4℃范围，膨胀率随温度升高出现了快速增加。之后，随着温度进一步升高，膨胀率快速下降。

3. 曲线的分析

在分析热膨胀曲线时，应准确描述由曲线可以得到的平均线膨胀系数，形状发生变化的开始、终止温度等信息。例如，从图 4-14 中可以看出，样品在 30 ～ 410℃范围可以近似看作线性膨胀阶段，在 30 ～ 200℃范围内的平均线膨胀系数为 $8.38\times10^{-6}K^{-1}$。样品在 150℃时的瞬时线膨胀系数为 $8.90\times10^{-6}K^{-1}$，在 425℃处开始发生玻璃化转变，膨胀系数变大，膨胀曲线的斜率增加。437.4℃处为其拐点，对应 dL/L_0 曲线的一阶微分曲线的峰值温度。样品加热至 447.1℃时发生软化，对应于 dL/L_0 曲线的峰值。在顶杆的作用下，样品发生软化收缩。

三、实验和曲线解析中常见问题分析

1. 实验中常见问题分析

实验过程中，可能出现仪器的控制软件与所连接的设备通信失败的现象，在这种情况下应立即停止设备实验，待温度降至室温附近后重新开机连接。另外，在实验过程中也可能会出现温度信号异常的现象，这种情况大多是由热电偶故障（如接触不良、开路等）造成的。曲线有时会突然出现较尖锐的台阶或者峰状抖动，这可能是在实验期间仪器附近发生的振动引起的，也可能是样品放置不稳发生移动所致。

在热膨胀实验中，还会出现实验最高温度设置不当引起样品与支架、顶杆粘连的现象，在实验前应对样品的组成和基本性质进行充分了解，避免试样在实验过程中出现大面积熔融和分解现象。对于在实验中可能发生熔融的样品，除了应在曲线出现快速收缩时停止实验之外，还应在实验前加载试样时在其与顶杆和支架固定端之间加载平整的氧化铝垫片，以避免粘连对支架和顶杆的损害。

2. 曲线解析中常见问题分析

在对曲线进行分析时，有时会发现平均热膨胀系数曲线在 100℃ 以下的低温段出现异常现象，如出现负值或较大的波动，这是由基线校正引起的，应重新进行基线校正和样品测试以获得正常的热膨胀曲线。另外，在瞬时线膨胀系数曲线上也会出现由 dL/L_0 曲线上的小波动引起的异常峰或十分陡峭的台阶，此时应重新进行实验。

第七节 热膨胀分析技术的典型应用

热膨胀分析是用来测量样品尺寸随温度变化的一种热分析技术，其在材料相关研究领域中得到了十分广泛的应用。例如，除了用于确定材料在特定温度范围的热膨胀系数外，还可以用来研究淬火钢的马氏体相变、陶瓷坯体烧结收缩、玻璃化转变、玻璃析晶、固态晶体的相变等过程。

一、确定材料的热膨胀系数

根据热膨胀系数的定义，通过实验曲线可以确定样品的平均热膨胀系数和瞬时热膨胀系数。但是对于一些材料，由于其内部存在织构等组织会产生热膨胀系数的各向异性，如单晶、并纺纤维、吹塑薄膜、纤维复合材料等，此时需对不同方向进行分别测试从而确定材料的热膨胀系数。

六方氮化硼（h-BN）具有与石墨相似的层状结构，在物理性能方面具有各向异性。以 $3Y_2O_3$-$5Al_2O_3$ (物质的量比为 3∶5) 为烧结助剂原位反应生成液相 $Y_3Al_5O_{12}$ (YAG)，制得

h-BN/YAG 复相陶瓷，其热膨胀曲线如图 4-16（a）所示。由图可见，四种不同 YAG 含量的热压 h-BN/YAG 复相陶瓷平行于 c 轴取向和垂直于 c 轴取向的热膨胀性能存在明显的差异。织构化程度的提高使得样品在垂直于烧结压力方向的热膨胀系数更小，而平行于烧结压力方向的热膨胀系数则更大。图 4-16（b）为 h-BN/YAG 样品在平行和垂直于 c 轴两个方向上相对于 50℃参考温度的平均热膨胀系数曲线。由图可见，平行于 c 轴的样品的热膨胀系数约为 $14\times10^{-6}K^{-1}$，而垂直于 c 轴的样品的热膨胀系数约为 $3\times10^{-6}K^{-1}$[30]。

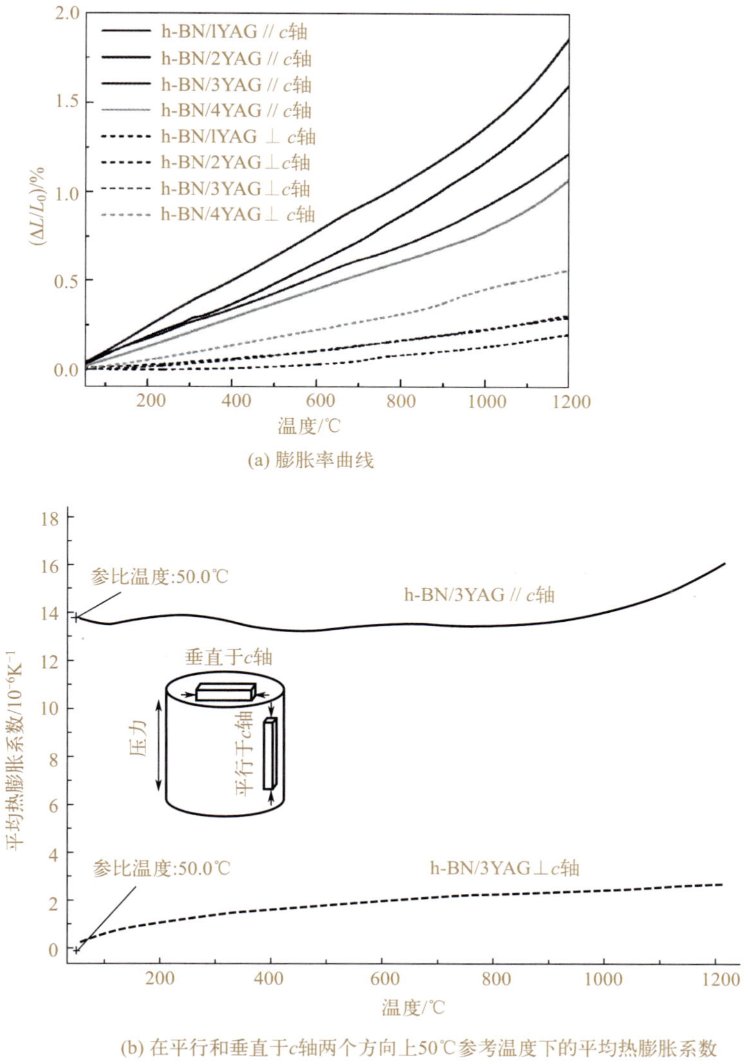

图 4-16　h-BN/YAG 复相陶瓷热膨胀曲线[30]

再如，碳纤维增强聚合物具有轻质、耐蚀、高比强度等优点，广泛应用于不同领域。由沿不同方向测得的样品热膨胀曲线[29]（图 4-17）可以确定该材料在平行和垂直纤维方向上存在着明显的各向异性，其中沿纤维方向的热膨胀系数较小，只有 $3.427\times10^{-6}K^{-1}$，材料呈现出接近于碳纤维的膨胀特性；而在垂直纤维的方向测得的热膨胀系数则很大（$86.285\times10^{-6}K^{-1}$），表现出聚合物基体本身的膨胀特性，且在 45℃左右出现膨胀斜率的变化，与聚合物在该温度区间的玻璃化转变有关。

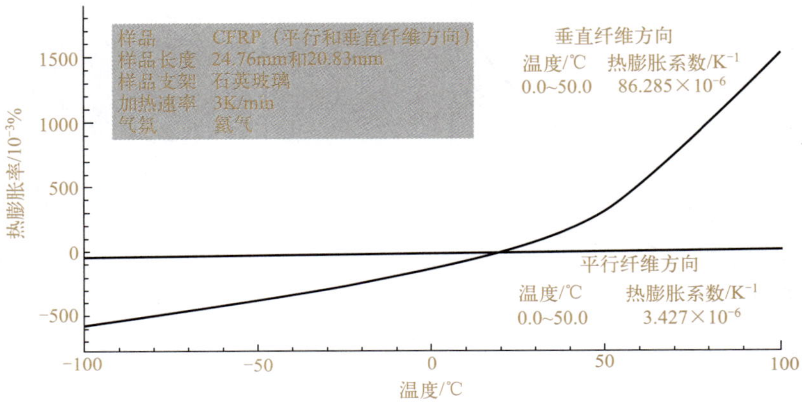

图 4-17 碳纤维增强聚合物在不同方向上的热膨胀曲线[29]

二、相变研究

由于一些材料在发生相变时体积会突然收缩或膨胀，因此可以通过测得的热膨胀曲线研究其相变行为，为材料的加工及实际应用提供参考数据。

例如，部分稳定氧化锆陶瓷由于具有低热导、相对高的热膨胀系数及优异的高温性能而广泛用于热障材料。为了进一步增强氧化锆基陶瓷高温下的热稳定性及降低热导率，通常需要向其中掺杂一定量的稀土氧化物。图 4-18 为 $Sm_xZr_{1-x}O_{2-x/2}$ $(0.2\leqslant x\leqslant0.5)$ 陶瓷的热膨胀曲线，由图可见，当 $0.2\leqslant x\leqslant0.5$ 时，材料的热膨胀曲线随温度升高而上升，呈现出典型的固体材料温度升高原子间距增大的特性。但当 x=0.1 时，$Sm_{0.1}Zr_{0.9}O_{1.95}$ 陶瓷的热膨胀曲线出现了明显的拐折，在 1015 ～ 1095K 间热膨胀曲线迅速下降，然后在 1095 ～ 1673K 范围呈逐渐上升的趋势，这种现象是由材料内发生了单斜相 t 向四方相 m 的转变引起的[31]。这一相变过程通常伴有 7% ～ 9% 的体积收缩，是氧化锆基陶瓷高温下产生破坏的主要原

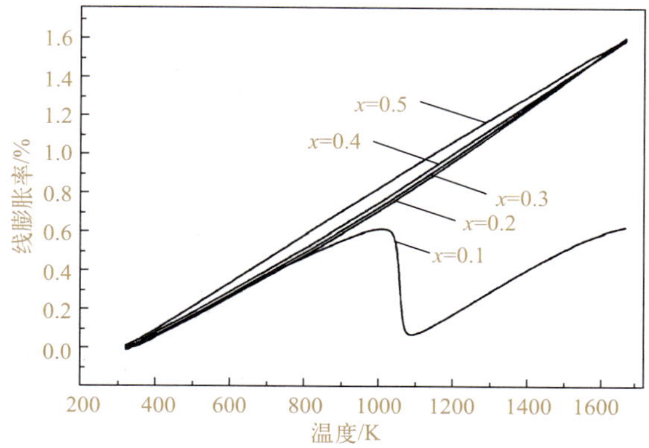

图 4-18　$Sm_xZr_{1-x}O_{2-x/2}$ 陶瓷的膨胀曲线 [31]

因，可以通过控制材料的相组成和改变晶粒尺寸分布等方法改变 t → m 的相变温度，进而改善氧化锆基陶瓷的抗热震性。

三、烧结工艺研究

热膨胀仪常用来研究陶瓷材料的烧结行为。在陶瓷致密化过程中，通常伴随着气孔的排除和试样尺寸的减小等。通过热膨胀实验可以直观研究陶瓷素坯在温度作用下的收缩情况，获得不同温度下所对应的烧结信息，以确定最佳的烧结工艺条件。

$Bi_{3.15}Nd_{0.85}Ti_3O_{12}$(BNdT) 与 $CoFe_2O_4$(CFO) 相结合成为磁电复合材料，在信息存储、传感器等领域极具潜在应用价值 [32-36]。通过热膨胀实验测得的 BNdT 和 0.8BNdT-0.2CFO 两个样品的实验曲线分别如图 4-19（a）和图 4-19（b）所示，图中分别给出了在相同测试条件下长度方向（dL_L/L_0）和厚度方向（即压力方向，dL_T/L_0）线收缩率曲线。通过线收缩率 dL/L_0 的二次微分曲线可以准确确定不同烧结致密化过程的转变温度（或临界温度）。由图 4-19（a）可见，BNdT 两个方向的线收缩率变化一致，仅在收缩率的绝对数值上存在略微差异，但不影响对临界烧结温度和烧结机制的评判。根据二次微分曲线的极值点，可以将烧结过程依据温度区间分为 790 ～ 990℃、990 ～ 1120℃以及 1120 ～ 1250℃三个阶段，各阶段的终止温度所对应的收缩率分别为：(1.5±0.2)%、(4.5±0.2)% 以及 (13.2±0.2)% [36]。图 4-19（b）为 0.8BNdT-0.2CFO 复合陶瓷素坯的长度收缩率及其二阶微分曲线。由图可见，其烧结过程也分为三个阶段，分别为：895 ～ 1066℃、1066 ～ 1145℃以及 1145 ～ 1195℃。对比纯相 BNdT 的热收缩曲线，在复合陶瓷粉体的素坯烧结过程中，每一阶段的起始温度均明显升高，尤其是烧结初始温度由纯相 790℃升高到了 895℃。另外，复合陶瓷粉体各烧结阶段的温度区间明显变窄。表明复合材料较难发生烧结，但其烧结致密化过程变得更加迅速。复合陶瓷素坯的最终线收缩率为 (23.4±0.2)%，几乎达到了纯相 BNdT 材料线收缩率的 2 倍。通过对陶瓷烧结收缩 - 膨胀曲线的分析，可以为制定两种陶瓷的烧结工艺提供有利的数据参考。

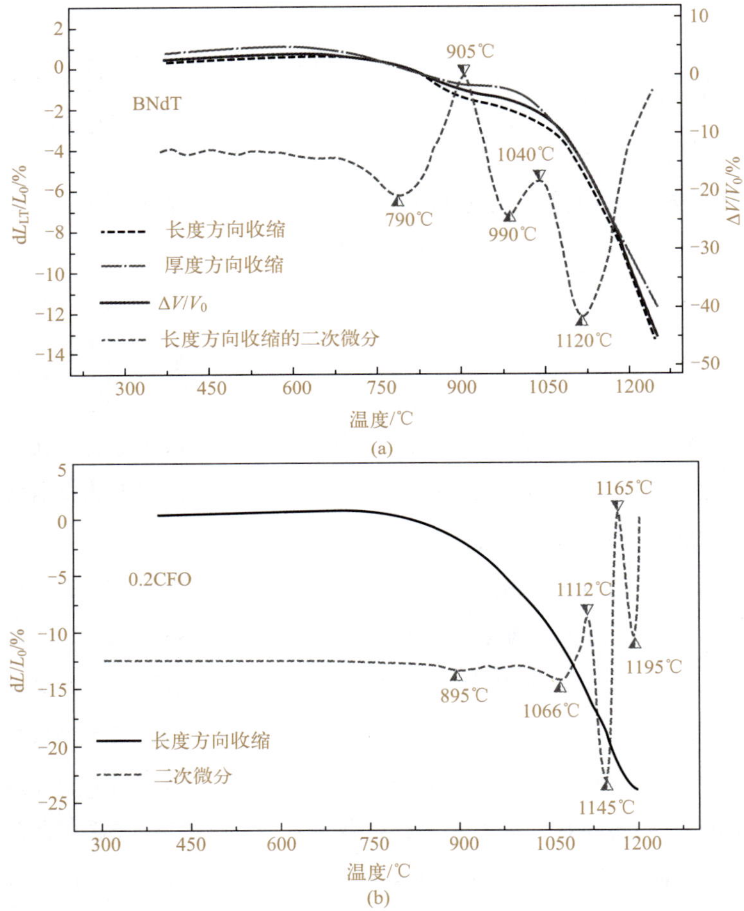

扫码看彩图

图 4-19 纯 BNdT（a）及 0.8BNdT-0.2CFO 复合材料（b）的烧结收缩曲线[36]

四、陶瓷产品质量检验

地砖、瓦片等陶瓷产品在使用过程中往往会受环境温度变化的影响，因此在产品生产过程中需考虑在这种气温循环变化条件下其是否会产生尺寸上的不可逆变化而产生开裂等质量问题，生产中常通过热膨胀系数来检验该类产品的质量。图 4-20 所示为从一批产品中选取的瓦片样品在 −20 ～ 25℃下进行热循环测试得到的热膨胀曲线。其中，图 4-20（a）为质量优异的瓦片在 −20 ～ 25℃下的热循环测试曲线，由图可见产品在升 / 降温过程中基本呈现线性膨胀 / 收缩，其尺寸变化是完全可逆的；图 4-20（b）为劣质瓦片的热循环测试结果，由图可以明显看出该产品在升降温过程中出现了明显的不可逆的尺寸变化，这种变化是由材料孔隙内吸附水分的结冰和融化过程引起的[29]。

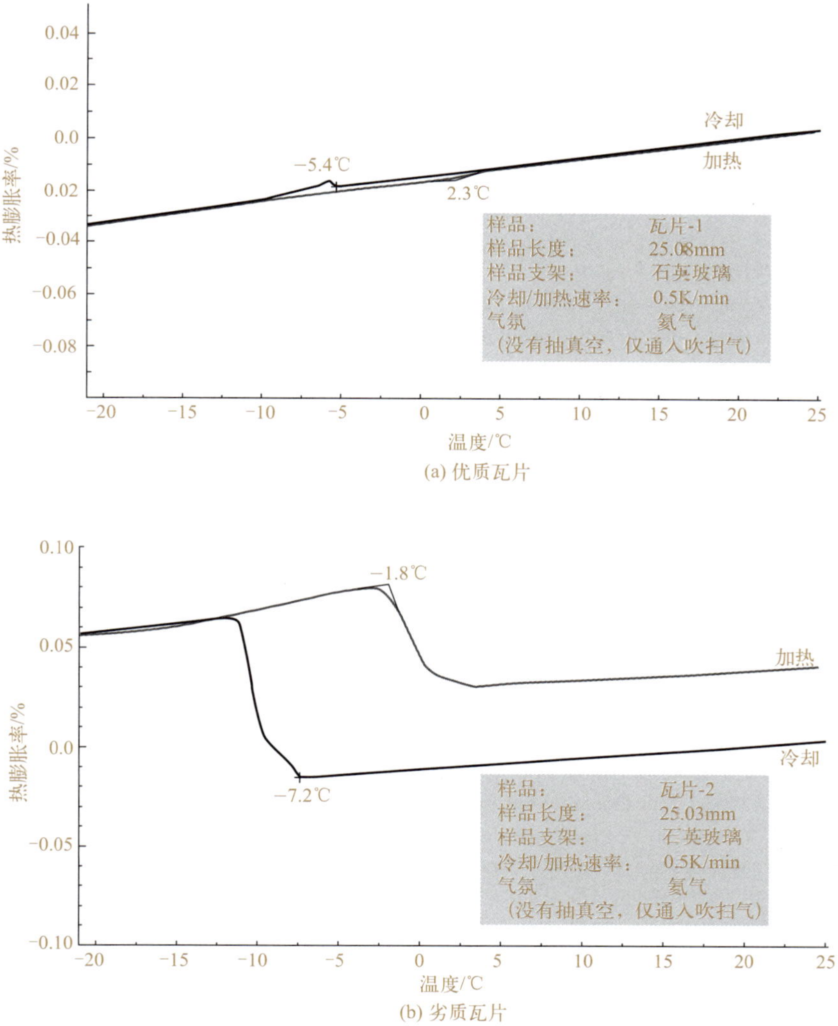

图 4-20　不同质量的瓦片 -20 ～ 25℃下的热循环测试[29]

因此，通过对比这两种产品的热膨胀曲线可以清晰地判断产品的优劣，从而为产品的质量控制提供有力的支撑。

参考文献

[1] Song Y, Shi N, Deng S, et al. Negative thermal expansion in magnetic materials [J]. Progress in Materials Science, 2021, 121: 100835.1-36.
[2] Ahadi A, Matsushita Y, Sawaguchi T, et al. Origin of zero and negative thermal expansion in severely-deformed superelastic NiTi alloy [J]. Acta Materialia, 2017, 124: 79-92.
[3] Grimvall G. Thermophysical properties of materials [M]. Amsterdam: Elsevier Science BV, 1999.
[4] 周玉 . 陶瓷材料学 [M]. 2 版 . 北京 : 科学出版社 , 2004.
[5] 崔忠圻 , 覃耀春 . 金属学与热处理 [M]. 北京 : 机械工业出版社 , 2020.
[6] 江磊 , 沈烈 , 郑强 . 聚合物的热膨胀 [J]. 功能材料 , 2004, 2 (35): 142-144.
[7] 中国国家标准化管理委员会 . 热分析术语 : GB/T 6425—2008[S]. 北京：中国标准出版社，2008.
[8] 陈騑騢 . 材料物理性能 [M]. 北京 : 机械工业出版社 , 2006.
[9] Kingery W D, Bowen H K, Uhlmann D R. 陶瓷导论 [M]. 2 版 . 清华大学新型陶瓷与精细工艺国家重点实验室，译 . 北京 : 高等教育出版社 , 2010.
[10] 中国国家标准化管理委员会 . 金属材料热膨胀特征参数的测定：GB/T 4339—2008 [S]. 北京：中国标准出版社，2009.
[11] Horst C, Tetsuya S, Smith L. Springer handbook of materials measurement methods: Part C measurement methods for materials properties [M]. Berlin: Springer Science+Business Media, Inc, 2006.
[12] 奚同庚 , 王梅华 . 固体热物理性质导论 [M]. 北京 : 中国计量出版社 , 1987.
[13] 杨新圆 , 孙建平 , 张金涛 . 材料线热膨胀系数测量的近代发展与方法比对介绍 [J]. 计量技术 , 2008, 7: 33-36.
[14] Hahn T A. Thermal expansion of copper from 20 to 800 K-standard reference material 736 [J]. J Appl Phys, 1970, 41: 5096-5101.
[15] Miiller A P, Cezairliyan A. Thermal expansion of molybdenum in the range 1500-2800 K by a transient interferometric technique [J]. Int J Thermophys, 1985, 6: 695-704.
[16] Watanabe H, Yamada N, Okaji M. Development of a laser interferometric dilatometer for measurements of thermal expansion of solids in the temperature range 300 to 1300 K [J]. Int J Thermophys, 2002,26: 543-554.
[17] Watanabe H, Yamada N, Okaji M. Laser interferometric dilatometer applicable to temperature range from 1300 to 2000 K [J]. Int J Thermophys, 2001, 22: 1185-1200.
[18] Okaji M, Yamada N, Moriyama H. Ultra-precise thermal expansion measurements of ceramic, steel gauge blocks with an interferometric dilatometer [J]. Metrologia, 2000, 37: 165-171.
[19] Okaji M, Yamada N. Precise versatile interferometric dilatometer for room temperature operation: Measurements on some standard reference materials [J]. High Temperature-High Pressure, 1997, 29: 89-95.
[20] Wang H, Yamada N, Okaji M. Thermal expansion of some silica glasses in the range from −50 to 250℃ by push-rod Dilatometry. [J]Japan journal Thermophysical properties, 1999, 13: 49-57.
[21] 陈思颖 , 黄晨光 , 陈捷 , 等 . 用电子散斑干涉法测量材料热膨胀系数 [J]. 强激光与粒子束 , 2004, 16 (6): 681-684.
[22] 孙建平 , 范开果 , 荆卓寅 , 等 . 激光干涉法测量材料线膨胀系数的实验研究 [J]. 计量技术 ,

2007, 5: 13-16.

[23] 葛山，李楠，尹玉成，等．大试样热膨胀仪的研制与应用 [J]. 耐火材料，2008, 42 (5): 397-398.

[24] 杨阳，徐辉，邓建兵．顶杆法热膨胀仪的研制及不确定度分析 [J]. 宇航材料工艺，2014, 6: 68-70.

[25] 中国国家标准化管理委员会．精细陶瓷线热膨胀系数试验方法　顶杆法：GB/T 16535—2008 [S]. 北京：中国标准出版社，2009.

[26] 中国国家标准化管理委员会．玻璃平均线热膨胀系数的测定：GB/T 16920—2015 [S]. 北京：中国标准出版社，2016.

[27] Michael E B. Introduction to thermal analysis: Techniques and applications [M]. London: Kluwer Academic Publishers, 2004.

[28] Lee J, Kim D. Push-rod dilatometer calibration and thermal expansion coefficient measurement of standard material [J]. High Temperatures-High Pressures, 2021, 50: 287-293.

[29] 耐驰科学仪器商贸（上海）有限公司．热分析应用文集 -DIL 典型应用 [M]. 2013.

[30] Zhang Z, Duan X, Tian Z, et al. Texture and anisotropy of hot-pressed h-BN matrix composite ceramics with in situ formed YAG [J]. Journal of Advanced Ceramics, 2022, 11 (4): 532-544.

[31] Liu Z G, Ouyang J H, Wang B H, et al. Thermal expansion and thermal conductivity of $Sm_xZr_{1-x}O_{2-x/2}$ ($0.1 \leqslant x \leqslant 0.5$) ceramics [J]. Ceramics International, 2009, 35 (2): 791-796.

[32] Pineda-Flores J L, Chavira E, Reyes-Gasga J, et al. Synthesis and dielectric characteristics of the layered structure $Bi_{4-x}R_xTi_3O_{12}$ (R_x = Pr, NdGd, Dy) [J]. J Eur Ceram Soc, 2003, 21: 839-850.

[33] Caffrey N M, Fritsch D, Archer T, et al. Spin-filtering efficiency of ferromagnetic spinels $CoFe_2O_4$ and $NiFe_2O_4$ [J]. Phys Rev B,2013, 87: 024419-024427.

[34] Moshnyaga V, Damaschke B, Shapoval O, et al. Structure phase transition at the percolation threshold in epitaxial $(La_{0.7}Ca_{0.3}MnO_3)_{1-x}$: $(MgO)_x$ nanocomposite films [J]. Nat Mater, 2003, 2: 247-252.

[35] Bibes M, Barthelemy A. Towards a magnetoelectric memory [J]. Nat Mater, 2008, 7: 425-426.

[36] Zhang H, Ke H, Zhang L, et al. Effect of magnetic $CoFe_2O_4$ component on sintering densification process of $Bi_{3.15}Nd_{0.85}Ti_3O_{12}$ ceramics [J]. Journal of the European Ceramic Society, 2017, 37: 2115-2122.

THERMAL ANALYSIS

第五章
静态热机械分析技术

在加热或冷却过程中，材料的机械性能通常会出现不同程度的变化。热机械分析（thermal mechanical analysis，简称 TMA）技术主要用于研究物质在接近实际应用环境的应力作用（具有规则形状的样品受到可控的应力）下的行为。实验时，压缩应力、拉伸应力、弯曲应力或者扭转应力，甚至是以上几种应力的复杂形式均可作用于样品，可以根据施加于样品的应力种类来选择合适的样品夹持装置和力的施加方式。

广义的 TMA 是指在程序控温和一定的载荷下，测量试样的形变或力学性质与温度或时间关系的一类热分析技术 [1, 2]，包括静态热机械分析和动态热机械分析。

但在实际应用中，TMA 通常是指静态热机械分析，即研究在一定的非振荡性荷载下试样的形变与温度或时间的关系 [2]。此处所指的静态热机械分析是与动态热机械分析相比较而言的，其形变模式主要包括压缩、针入、拉伸或弯曲等。而动态热机械分析施加的则为振荡性荷载。TMA 通常也包括热膨胀测量技术，即在同一台 TMA 仪器中通过选择不同形状的探头和载荷分别进行热机械和热膨胀实验。测量热膨胀系数时所用的载荷很小，可以忽略不计 [3, 4]。目前，静态热机械分析技术广泛应用于塑料、橡胶、薄膜、纤维、涂料、陶瓷、玻璃、金属材料与复合材料等领域。通过仪器的各种附件和特殊模式，可以研究材料的蠕变、应力松弛、拉伸性能、弯曲性能、尺寸稳定性等性质 [5, 6]。

本书第四章介绍的热膨胀法可以看作静态热机械分析的一种特例，即当静态力很小且在实验过程中保持不变条件下进行的热机械分析实验。关于热膨胀技术的相关内容在本章中不再进行重复介绍，仅介绍与静态热机械分析相关的内容。

第一节 相关术语与定义

一、与方法相关的术语与定义

1. 热机械分析

热机械分析（thermomechanical analysis，简称 TMA）是在程序控温和一定的载荷下，测量试样的形变（包括压缩、针入、拉伸或弯曲等不同形式的形变模式）与温度或时间关系的技术[1]。

如本书第一章所述，广义的热机械分析主要包括静态热机械分析、热膨胀法和动态热机械分析三类。

2. 静态热机械分析

静态热机械分析（static thermomechanical analysis，简称 sTMA）是在程序控温和非振荡性载荷下，测量试样的形变（形变模式包括压缩、针入、拉伸或弯曲等不同形式）与温度或时间关系的一种热分析技术[2]。

在实际应用中，由于静态热机械分析一般在恒定的非振荡性载荷条件下进行，因此通常称静态热机械分析为热机械分析，简称 TMA。

二、与实验相关的术语与定义

1. 热机械分析仪

热机械分析仪（thermomechanical analyzer，简称 TMA 仪）是在程序控温和一定的载荷下，测量试样的形变（形变模式包括压缩、针入、拉伸或弯曲等不同形式）与温度或时间关系的一类热分析仪器。

常用的热机械分析仪主要包括静态热机械分析仪和动态热机械分析仪两种。

2. 静态热机械分析仪

静态热机械分析仪（static thermomechanical analyzer，简称 sTMA 仪）是在程序控温和非振荡性的载荷下，测量试样的形变与温度或时间关系的一类仪器[2]。

由于通常所指的热机械分析仪为静态热机械分析仪，因此通常将静态热机械分析仪简称为 TMA 仪。

3. 夹具

夹具（clamp）是在进行静态热机械分析和动态热机械分析时用来夹持试样的一种装置，其一端与力的驱动装置相连，另一端与试样保持充分接触。

常用夹具的材质主要为石英、氧化铝、合金等，夹具类型包括拉伸、压缩、剪切、扭转、弯曲等，实验中应根据需要选择合适材质和类型的夹具。

4. 静态实验模式

静态实验模式主要用于静态热机械分析中，也适用于动态热机械分析仪中的静态模式（即应力或应变的频率为 0 时）。常用的静态实验模式主要包括以下几种。

（1）恒应力模式　在线性温度变化模式下，试样所受到的力保持恒定，测量试样的位移（或应变）变化，从而得到材料的力学性质。另外，也可以在恒定的温度下，使试样的受力保持恒定，测量试样的位移随时间的变化曲线。

（2）恒应变模式　在线性温度变化模式下，使试样的应变保持恒定，测量试样维持恒定的应变所需要的应力的变化，这种模式可用于评价薄膜 / 纤维材料的收缩力。另外，也可以在恒定的温度下，使试样的应变保持恒定，测量试样的应力随时间的变化关系曲线。

（3）应力扫描模式　在恒温条件下，测量试样在线性变化的力或应力的作用下所产生的应变，从而得到应力（或力）- 应变曲线和模量的信息。

（4）应变扫描模式　在恒温条件下，测量试样在线性变化的应变作月下所产生的应力，从而得到应力（或力）- 应变曲线和模量的信息。

根据应力（或力）- 应变曲线的形状变化，可以确定材料在外力作用下发生的脆性、塑性、屈服、断裂等形变过程。

（5）蠕变模式　蠕变实验是在恒温的条件下对试样施加恒定应力，从而得到其应变随时间的变化信息。

（6）应力松弛模式　应力松弛实验是在一定的温度下对试样加载应力（或力）一定时间，然后撤销部分或全部的载荷以保持总变形量不变，测定应力随时间的降低值，这种曲线即为松弛曲线。

5. 温度调制TMA模式

在温度调制TMA（TM-TMA）测量模式中，样品经历线性温度变化和既定振幅与周期的正弦温度变化的共同作用，所得到的原始信号通过傅里叶变换得到总位移和热膨胀系数（如图5-1所示）。二者都可以被解析成可逆和不可逆信号：可逆信号包含由尺寸变化引起的效应（如T_g）；不可逆信号包含具有时间依赖性的动力学过程（如应力松弛）。

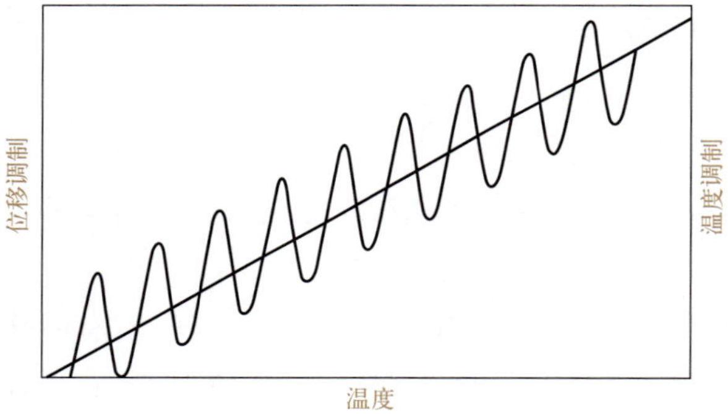

图5-1　温度调制TMA曲线

三、与数据表达和应用相关的术语

1. 应力

应力（stress）为单位面积上的力。应力可分解为垂直于截面的分量（称为“正应力”或“法向应力”，用符号σ表示）和相切于截面的分量（称为“剪应力”“切应力”，用符号τ表示）两种。应力的单位为帕（Pa），在TMA实验中，应力的单位通常为兆帕（用MPa表示）。

2. 应变

应变（strain）是物体由于外因（载荷、温度变化等）而使其几何形状和尺寸发生相对改变的物理量。应变又称“相对变形”或“形变率”。通常称物体在某单位长度内的形变（伸长或缩短），即某一个方向上长度的变化与原长度之比为“正应变”或“线应变”，用符号 ε 表示；物体整体变形后体积的改变量与原体积的比值称为“体积应变”。

在实际应用中，由于大多数固体材料在受力条件下的形变较小，因此通常用百分比形式表示 ε。

3. 模量

模量（modulus）是指材料在受力状态下应力与应变之比，通常用 M 表示。

对于不同的受力状态，模量的称谓也不相同。例如，拉伸模量（E）、剪切模量（G）、体积模量（K）、纵向压缩模量（L）等。该词由拉丁语“小量度”演化而来。最初的模量是特指材料在弹性极限内的一个力学参数，因此在不加任何限定词时所指的模量通常为弹性模量，即应力与应变之比为常数，用于描述材料在外力作用下抵抗弹性变形的能力。

4. 柔量

柔量（compliance）是应变（或应变分量）与应力（或应力分量）之比，是模量的倒数，通常用 J 表示。

对于理想的弹性材料，弹性柔量是弹性模量的倒数，即每单位应力材料的变形率。常用的通过实验测定的柔量包括拉伸柔量、剪切柔量、蠕变柔量等。

5. 静态热机械分析曲线

静态热机械分析曲线（thermal mechanical analysis curve，简称 TMA 曲线）是由静态热机械分析仪测得的试样长度或体积（长度变化率或体积变化率）或应力随温度或时间变化的关系曲线。曲线的纵坐标为长度或体积（通常以长度或体积的变化率表示），向上表示长度或体积增加（膨胀），向下表示长度或体积减小（压缩或软化）；横坐标为温度 T 或时间 t，自左向右表示温度升高或时间增加。在实际应用中，还包括应力对应变得到的曲线等形式。

第二节
静态热机械分析仪器

一、仪器的发展过程及现状

可以简单地将TMA仪视为一个可以在控制环境（温度、湿度等可控）下工作的非常灵敏的千分尺，用于连续测量样品的尺寸或应力随温度或时间的变化。

1. 发展过程

早期关于形变研究的实验大多在室温下进行，实验中不额外控制温度。1948年，俄罗斯科学家Kargin和Slonimskii首次将温度作为实验变量[7]并使用了“热机械”的术语，这可以看作TMA技术的起源。

20世纪60年代，美国杜邦公司仪器产品部（现为美国Waters集团旗下的TA仪器公司）研制成功了第一台商用TMA仪器。早期的商品化TMA仪器主要用于测试聚合物纤维可塑性变形的热机械性能，其最高工作温度为500℃，使用弹簧或浮动机构来平衡磁芯/探头的质量。20世纪80年代推出的第二代仪器采用了完全自动匹配的电磁/机械控制系统，这种系统包括反馈或闭环电路，可以准确施加10^{-3}～1N范围的恒定力。另外，简单探头偏转测量的灵敏度已经比初期仪器提高了一个数量级，可以准确测量低至100nm的形变[8,9]。

近半个世纪以来，随着微处理器和计算机技术的飞速发展，商品化TMA仪器的性能参数和功能也得到了飞速发展。当前的商品化仪器显著提高了温度、位移和作用力的控制精度，仪器的温度范围可以覆盖从液氮温度至1500℃（有些仪器可达2400℃），载荷分辨率一般≤1mN。另外，仪器软件功能的拓展也进一步优化了仪器的操作程序、数据采集和处理功能。例如，可以高效地实现涉及多步骤加热/降温/等温程序和气体切换的复杂实验，可通过软件设置并实现目标力值，力的调制方式也变得更加灵活，可以根据需要在软件中设置线性或者步阶力，甚至在测试过程中也可根据实际调整相应的参数。另外，仪器的校准程序也得到了简化，这进一步提高了测试结果的准确度和精密度。1998年，

TA 仪器公司推出了最早的可实现调制 TMA 模式的 TMA 仪器。梅特勒 - 托利多公司在 1998 年发布了一款热机械分析仪 TMA/SDTA840，可以同步测量转变过程中的差热变化。Setaram 公司的热分析仪采用模块化设计，采用相同加热炉以及电子设计、气体通道、气氛控制技术等，通过更换相应的部件来实现不同的测试技术（DTA、DSC、TGA、TMA 以及 TG-DTA 或 TG-DSC 同步热分析）[10-14]。

如今，市场上主流的国外热分析仪器公司都生产 TMA 仪器。国内热分析仪器厂商中，上海精密科学仪器有限公司和北京柯锐欧科技有限公司也都推出了不同型号的热机械分析仪，其中北京柯锐欧科技有限公司生产的 C15V-Pro 热机械分析仪可以在 −269℃的极低温条件下测量材料的热机械性能，可与傅里叶红外光谱仪 FTIR、MS 等技术联用。

2. 现状

随着自动化技术的进步，当前的商品化 TMA 仪器对操作人员的技术要求日益降低，操作者在几乎不了解仪器或测试原理的状态下即可操作仪器。样品的加载过程只需几分钟，实验结束后可以方便地通过功能复杂的数据分析软件获得大量数据。当然，这些便捷的操作方式也给数据的可靠性带来了风险，在实际应用中应谨慎对待不同实验条件下得到的数据 [15-19]。

二、仪器的工作原理、结构及组成

1. 工作原理

静态热机械分析是在程序控温和非振荡性荷载下，测量试样在压缩、针入、拉伸或弯曲等不同模式下的形变与温度或时间关系的一种热分析技术。实验时将具有规则形状的试样置于 TMA 仪的样品平台上，在预先设定的程序控制温度和一定载荷（力）与气氛下对试样进行测试，通过位移传感器实时测量探头移动的位置随温度或时间的变化信息。

在 TMA 仪器中，用于连续记录探头位置的位移传感器包括数字编码器、差动或指针式的位移转换器，通常使用线性可变差动变压器（LVDT）作为位移传感器。LVDT 的电磁线性电动机可消除运动部件的重力，使施加在探头上的力直接作用于试样，线圈内的铁磁芯与测量探头连接，产生与位移成正比的电信号，通过测量并记录电信号的变化，即可得到试样形变（长度形变、体积形变或其变化率等）随温度或时间变化的 TMA 曲线。

另外，载荷加载方式的选择决定了被测量的实际模量 / 膨胀性能，实验前应根据需要和样品性质选择合适的加载方式。图 5-2 中列出了 TMA 分析中常用的六种力学形变模式。形变模式主要取决于所使用样品的几何形状以及对测量目的的要求。例如，压缩模式一般用于测量材料的线膨胀系数；拉伸模式一般用于测量薄膜 / 纤维样品的应力 - 应变；针入模式一般用于测量样品在负载下的软化或变形温度。

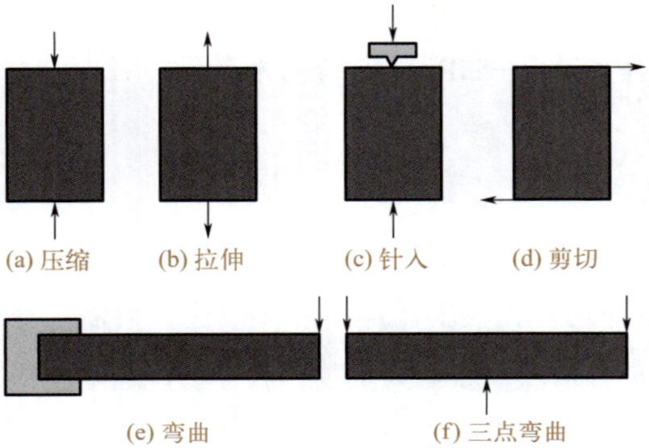

图 5-2　TMA 实验中常见的力学形变模式

2. 仪器结构

按机械结构形式不同，可以将 TMA 仪器分为天平式和直筒式两大类。天平式 TMA 的施力方向（拉伸或压缩）和大小通过刀口式天平来控制，根据试样与天平的相对位置还可以进一步将这类仪器分为上皿式和下皿式。图 5-3 给出了下皿式 TMA 仪的结构框图。根据施力控制原理和方式的不同，直筒式 TMA 可分为三种：①弹簧型，通过顶部加载砝码和弹簧相互协调控制负载的方向和大小；②磁力型，通过磁钢和控制磁拉力线圈中直流电的方向来决定负载的方向和大小；③浮子型，通过浮子、浮液和顶部加压砝码来控制负载，浮子材料使用低密度的聚合物，而浮液则采用高密度氟氯硅油 [20-22]。

虽然具体的型号和品牌间有细微的差别，但TMA仪器均包含以下几个基本的部分 [23-27]：仪器主机（主要包括程序温度控制系统、炉体、支持器组件、载荷控制系统、气氛控制系统、样品温度测量系统、形变测量系统等部分）、仪器辅助设备（主要包括压力控制装置、冷却或摄像等装置）、仪器控制和数据采集及处理系统。

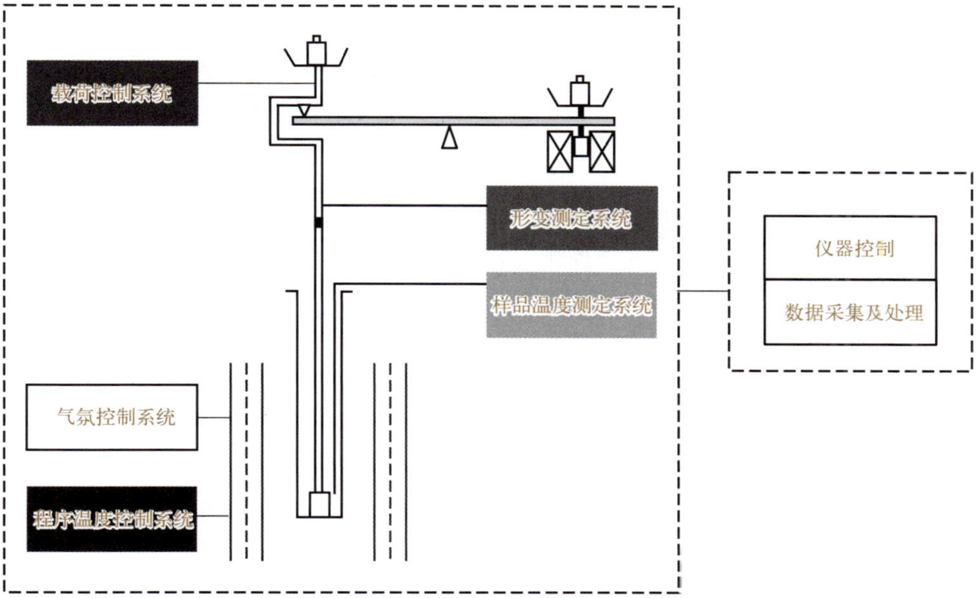

图 5-3　下皿式 TMA 仪结构框图

3. 组成

如图 5-4 所示为 TMA 仪器主机结构示意图。典型的 TMA 仪器由位于加热炉内胆中央的样品平台、样品探头（样品探头的一端接触样品，另一端连接到用于连续记录探头位置的位移传感器）、载荷控制系统和热电偶等部分组成[28, 29]。

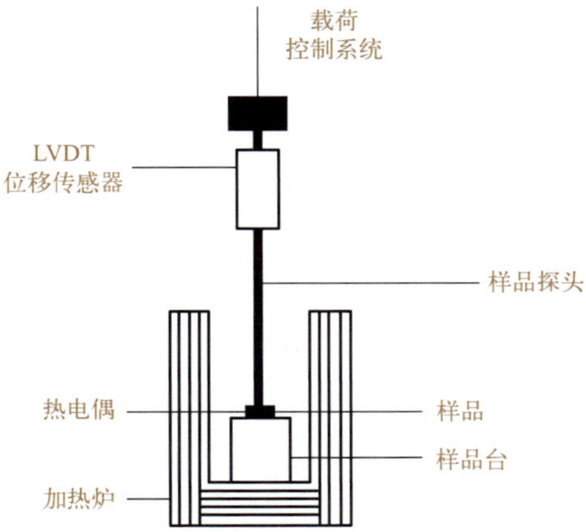

图 5-4　TMA 仪器主机结构示意图

（1）加热炉　加热炉在整个实验过程中控制样品的冷却和加热。与TGA或DSC仪相比，TMA仪加热炉体积较大导致其热惯性大得多，因此通常采用比较慢的加热和冷却速率[30]。

（2）载荷控制系统　实验中可以通过静态称重的方式将载荷施加到样品探头上，也可以通过施力电动机来加载。由控制软件精确控制的施力电动机可以在0.001～10N（相当于0.1g～1kg物体的重力）范围内向样品施加相应的力。

（3）位移测量系统　TMA仪通常使用线性可变差动变压器（LVDT）作为位移传感器。图5-5为LVDT的原理示意图。电磁驱动的线性马达可以抵消运动部件的重力，使施加在探头上的力直接作用于样品。线圈系统内部的铁磁芯连接到测量探头，并产生与位移成正比的电信号。探头的运动方向决定了输出电压的符号，因此可以准确区分膨胀和压缩过程。LVDT具有很高的灵敏度，可以检测到小于0.01μm的尺寸变化[31, 32]。

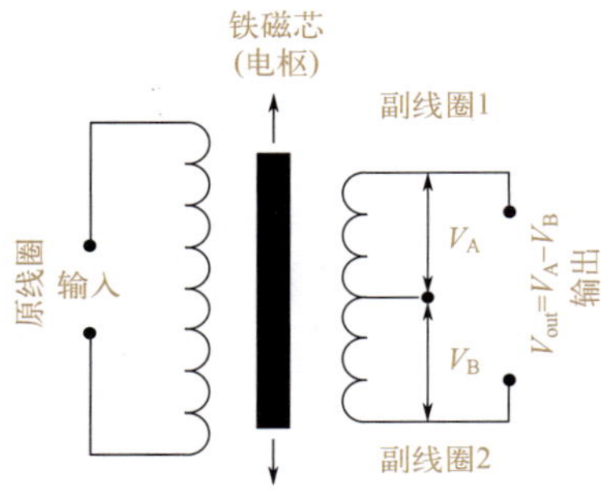

《 图5-5　LVDT的原理图（电流通过左侧的原线圈，导致感应电流通过右侧的副线圈）

（4）温度测量系统　TMA仪中通常包括两个热电偶，其中一个用来测量炉温和控制温度程序，另一个位于样品正下方的样品支架中，用于测量样品的温度（有些TMA仪器的样品热电偶可以同时测量得到差热信号，得到所谓的c-DTA曲线）。

（5）支架和探头　TMA仪的样品支架和探头通常由石英玻璃、氧化铝或铝制成，其中石英和氧化铝材质适用于高温测试。相应材质的探头一般包括膨胀或压缩探头、针入探头、弯曲探头（一般是三点弯曲探头）和拉伸探头（包括薄膜拉伸和纤维拉伸探头）等类型（图5-6）。不同的探头对应的载荷加载模式不同。在TMA实验中膨胀探头最常用，该探头具有扁平的尖端，宽度大约3mm。实验时探头与样品充分接触，将施加的载荷均匀传递到样品。另一种经常使用的探头为针入探头，其具有较小的尖端结构，可以对样品施加载荷，得到材料的软化点或初始熔点的信息。对于薄膜和纤维样品，可以通过拉伸探头将样品固定，通过施力探头对样品施加一定的拉力，以防止样品发生弯曲，准确测量样品的延伸率。

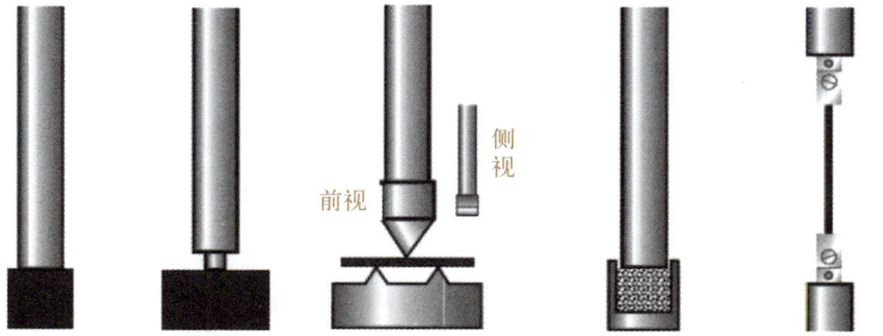

图 5-6　TMA 常用探头示意图

（6）气氛控制系统　在 TMA 实验中通常需要通入动态的实验气氛，常用的气氛气体主要包括氮气、氩气和氦气等，气氛的主要作用在于使温度保持均匀和防止样品分解产生的气体产物污染炉腔、支架与探头。在气体控制附件方面，可以配备传统的转子流量计，也可配备精度与自动化程度更高的质量流量计（MFC）。另外，一些 TMA 仪器可以在真空或反应气体环境下运行。气体出口位于炉体顶端，可以将载气与实验中产生的气态产物及时排出，也可通过加热的传输管线与 FTIR、MS 等分析技术联用，检测逸出气体的组成。

（7）低温系统　一些 TMA 仪器可配备恒温水浴或者机械制冷装置，使加热炉中的样品、支架和探头部分处于稳定的温度环境，减小室温波动造成的信号漂移，确保力信号与位移信号的稳定性。当仪器配置液氮降温装置时，可以使样品冷却至 −180℃。

（8）其他附件　根据需要，还可以加载一些特殊附件，以拓展 TMA 仪的功能，主要包括：

① 纤维拉伸谱仪。测定纤维的收缩应力与温度的关系。该谱仪的主传感器是由一个低弹性常数的负荷单元与 TMA 上的 LVDT 串联在一起的。这种仪器可用于研究纤维热历史（热定型、织构和拉伸比）。

② 应力松弛谱仪。用于测定黏弹性材料的松弛模量与时间的关系。这种谱仪使用与纤维拉伸谱仪类似的传感器，但带有高负荷单元和可承受 1kg 负荷的殷瓦钢（即镍铁合金）探头。这种仪器可用于测定材料的应力松弛效应和弹性模量。

③ 平板流变仪。用于分析黏性材料的低切变黏度（10 ～ 10^7Pa · s）。这种仪器可用于跟踪热固性树脂的固化过程以优化加工时间和温度等工艺参数。

三、仪器的校正

与其他热分析仪器一样，在 TMA 仪正式使用之前需要对其测量的物理量进行校准，以便获得准确的测量结果。校准时，应按照仪器相应的检定规程或校准规范使用相应标准物质分别对仪器测量的温度、位移（长度和膨胀系数）、力和探头进行校正。在进行温度、位移和力校正时，应根据试样变化的温度范围选择相应的标准物质。当测试温度范围较宽时，应使用一种以上的标准物质进行校正。由于校正会受到试样状态、升温速率、试样支架、测试探头、气氛气体的种类和流量等因素的影响，校正时采用的实验条件应与样品的测试条件保持一致。

1. 温度校正

采用标准物质对仪器进行温度校正的目的是校正仪器的测量温度与标准温度值之间的差异，确保后续的样品测试中温度测试的准确性。通常采用已知转变温度（通常为熔融温度）的标准物质，使用压缩或针入模式进行校正。建议采用两点或多点温度进行校正，使仪器的工作温度在已校正的温度区间内。通常采用的标准物质为In、Sn、Pb和Zn等金属，常用的已知转变温度的标准物质见表5-1和表5-2。除标准金属外，蒸馏水和一些有机物（例如，甲苯、乙酸酐、二苯甲酮、苯酚、萘）也可用于温度校正。在使用有机标准物质时，应注意控制其中的水分含量。实验结束后，将仪器测得的标准物质的熔融温度与其标准值进行比较和校正。

表5-1　用于TMA仪温度校正的标准物质

标准物质	标准物质编号	熔融温度 /°C （k=2）
In	GBW(E)130182	156.52±0.26
Sn	GBW(E)130183	231.81±0.06
Pb	GBW(E)130184	327.77±0.46
Zn	GBW(E)130185	420.67±0.60

注：表中列出了常用于TMA仪温度校正的标准物质，数值为标准物质提供者中国计量科学研究院所提供的参考值，校正时应以标准物质证书中提供的数值为准。

表5-2　用于更宽温度范围的TMA仪温度校正的标准物质的熔融温度

标准物质	熔融温度 /°C
Hg	−36.9
In	156.6

续表

标准物质	熔融温度 /℃
Bi	271.4
Pb	327.5
Zn	419.6
Sb	630.7
Al	660.4
Ag	961.9
Au	1064.4
Cu	1084.5
Ni	1456
Co	1494
Pd	1554
Pt	1772
Rh	1963
Ir	2447

注：表中所列为常用于 TMA 仪温度校正的更宽温度范围（−40 ～ 2500℃）校正熔融温度的标准物质，纯度应在 99% 以上。表中所列数值为参考值，具体数据以标准物质提供者所赋予的值为准。

对于压缩实验模式，推荐使用针入探头进行校正，温度校正过程可以参考 ASTM E1363《热机械分析仪温度校准的标准试验方法》[33]。为了获得重复性较好的结果，通常将块状标准物质压制成厚度小于 1mm 的片状，在与试样相同实验条件下进行测量。为了避免样品在熔融时污染仪器的探头，可以将标准物质放在 DSC 盘中或在标准物质薄片下放置石英垫片。

使用拉伸探头时，需要在该探头下校正温度。应该注意的是，因金属纤维比较容易断裂，在使用拉伸夹具夹持金属纤维时，螺丝仅需轻轻拧紧，完全拧紧可能会拧断金属纤维。

2. 位移校正

可以通过长度变化校正或膨胀系数校正进行位移校正，有时也称该过程为膨胀系数校正。

位移校正是按照仪器操作规程的要求，用已知长度变化率的标准物质进行实验，将得到的结果与标准物质的已知值进行比较，用于校正 LVDT 和不同探头所带来的质量差别。

位移校正过程可以参考 ASTM E2113《热机械分析仪长度变化校准的标准试验方法》[34]，测得的样品长度变化（ΔL）值通常应通过样品曲线减去基线进行校正，特别是对于低膨胀材料更应进行这种校正。实验后从所需温度范围的曲线选择温度变化（ΔT）范围，得到该温度范围的 ΔL。

膨胀系数校正是用已知膨胀系数的标准样品进行校正，校正过程可以参考 ASTM E831《用热机械分析法测定固体材料线性热膨胀的标准试验方法》[35]。按照仪器操作规程的要求，用已知膨胀系数的标准物质（如铝块或铜块或 SRM739 熔融石英等）进行膨胀测试，将仪器测得的膨胀系数与标准物质的特征值进行比较和校正。

3. 力校正

按照仪器操作规程的要求，放入由仪器商提供的校准砝码或在仪器载荷范围内的标准砝码，读取仪器所测量结果，然后与已知标准值进行比较和校正，这种校正为力校正。力校正主要是校正由探针施加在试样平台上的力，校正过程可以参考 ASTM E2206《热机械分析仪力校准的标准试验方法》[36]。一般使用 50 ～ 100g 的标准砝码进行力校正。

4. 探头校正

探头校正用于校正不同探头之间的差异，每次更换探头时均需校正。即使是同一个探头的拆装，通常也需要重新进行校正。对于一些仪器，当在实验中更改了升温速率等参数后也需要重新进行探头校正。在对拉伸探头进行校正时，放入已知长度的标样或尺规，将测试的偏移量与已知值进行比较，校正 LVDT 和不同探头所带来的质量差异。

四、仪器的维护

1. 仪器工作状态的判断方法

定期对 TMA 仪的外观和各部件进行工作正常性检查，若检查时发现外观异常、关键部件受到损坏或污染，则应及时对 TMA 仪进行维护和校正。

对于一台 TMA 仪而言，基线的漂移量决定了仪器的性能以及数据的可靠性。未扣减基线的漂移越小，则意味着数据结果的可靠性越高。

2. 仪器维护中常见问题及注意事项

在维护 TMA 仪器时应注意以下几个方面：

① 当仪器使用频率较高时，TMA 仪器的主机电源和恒温水浴可以保持常开，以保证位移传感器信号的持续稳定，减小信号漂移。如果长时间不用或者特殊情况需要关闭仪器主机或水浴时，在重新开机后，建议至少等待 2h 后再进行测试。

② TMA 实验完成后，通常需要待炉温降至 200℃以下后再打开炉体。

③ 实验前应尽可能充分地了解样品的组成和性质。测试温度通常不应高于样品的熔点。对于软化点测试，建议当温度升至软化点以上（位移曲线由膨胀转为快速收缩）后立刻停止升温（大多数的 TMA 仪器软件中有自动保护功能）。对于某些在加热时可能会与支架、推杆粘连或造成接触面污染的样品，建议在样品与支架、推杆的接触面之间加载垫片（例如，在压缩模式下可垫在样品的上下表面）。在样品测试过程中如果存在可能损害热电偶或污染支架系统的气态分解产物，应加大气氛气体的流量。高温时金属的挥发会对仪器造成无法清理的污染，因此对于金属样品的测试，应了解其在实验温度范围内的蒸气压，以确保样品在测试温度范围不会大量挥发。

④ 当探头或推杆发生污染时，应根据污染物的来源进行清理。

第三节 影响静态热机械分析实验的因素

在 TMA 实验中需要同时考虑力和温度的影响，从而导致影响实验结果的因素比 DSC 或者 TG 实验复杂得多，主要包括仪器因素、实验条件因素等。

一、仪器因素

由于不同型号的商品化 TMA 仪的结构、探头形状和尺寸，位移、力和温度的测量精度等性能参数之间存在着较大的差别，由不同仪器得到的实验结果之间存在着较明显的差异，在分析数据时应充分考虑这些因素的影响。例如，在 TMA 实验中，通过热电偶测量样品的温度时，仪器中热电偶的放置方式对于温度测量的准确性至关重要，在实验中应确保热电偶尽量靠近但不接触样品。

二、实验条件因素

最终得到的 TMA 结果在不同程度上依赖于实验过程所采用的条件，这些条件主要包括样品形状与尺寸、温度范围、升/降温速率、探头材质及类型、力的种类及加载方式等。为了获得准确的测试结果，需要根据实验目的、仪器特点和样品性质，选择合适的实验条件进行测试。

1. 制样

通常用于 TMA 实验的样品主要为固体试样，其形状可以为方条、圆柱、薄膜或纤维等形式。如需获得准确度高或重复性好的数据，在测量方向的样品尺寸通常应大于 5mm。实验时，足够长的样品可以保证在测量长度变化时具有足够高的灵敏度；较大直径的样品可以在实验中使样品保持稳定，不会发生弯曲变形；然而较大的样品体积会在加热或冷却过程中增加样品表面和内部的温度梯度。因此，对于系列样品和重复测试的样品，每次 TMA 实验中使用的试样形状和尺寸应保持一致，以实现良好的重现性。

2. 温度程序

与 TG 或 DSC 仪器相比，TMA 仪器的炉体要大得多，实验所需的样品量也远大于前者，因此在实验中常采用较慢的加热和冷却速率。实验时为了实现良好的温度平衡，避免热滞后现象，所用的升温速率一般不应超过 5℃/min。对于一些较大体积的样品，有时需要采用更慢的扫描速率（低至 1℃/min）。为优化实验条件，在实验正式开始前通常采用 10～20℃/min 的较高速率进行预实验。

3. 探头

根据不同的样品类型和实验目的，在进行 TMA 实验时需选择合适类型的探头。例如，薄膜或纤维样品通常采用拉伸探头进行实验；针入式探头主要用于测量材料的软化点和初始熔点；膨胀探头可以用于大多数固体样品的测试；三点弯曲探头可用于测定刚性材料的弯曲性质及材料的载荷热变形温度，但是不适用于膨胀系数的测定；体膨胀探头一般用于计算块状样品或不规则样品的体膨胀系数，常需填充石英砂介质，但只适用于软化点以下的测试。表 5-3 中列出了不同类型探头的适用范围。

表5-3 TMA不同类型探头的适用范围

探头类型	测量特性	适用范围
膨胀 / 压缩	热膨胀行为、热膨胀系数、T_g 和压缩模量	柔软固体或不规则的样品、粉末和薄膜
针入	软化温度、熔融行为和 T_g	非常适合表征薄涂层
拉伸	热膨胀、热收缩	薄膜、纤维（石英玻璃、氧化铝和金属）
三点弯曲	弯曲性能、变形温度	刚性材料和复合材料

4. 气氛

实验中采用气氛的目的主要是保持炉内温度的均匀性，不同流速的气体带走热量的能力不同，导致炉内温度的分布存在差异，从而对实验曲线产生影响。由于 TMA 实验一般不用于研究物质的热分解，气氛气体的种类对曲线的影响程度远小于流速。通常使用氮气或氩气作为保护和吹扫气体。实验中如果不存在样品氧化的危险，也可以选择空气作为吹扫气。当实验温度在 −150℃以下时，由于氦气的导热性能优于氮气，推荐使用氦气作为保护和吹扫气体。

5. 实验模式

在实验中应根据样品的不同性质和实验目的选择不同的实验模式。TMA 的实验模式通常包括：温度扫描、力 / 应力扫描、应变扫描、等应变 / 应力 - 温度扫描、蠕变（力 / 应力模式）、应力松弛。有的 TMA 仪器还可以实现调制 TMA 模式和动态 TMA（DTMA）模式。显然，不同的模式下得到的实验曲线之间存在着较大的差别。

（1）标准模式　标准模式主要包括三种实验程序：①负载力保持恒定的条件下线性升温检测位移变化，得到热膨胀曲线；②应变保持恒定的条件下线性升温检测力的变化，用于评价薄膜或纤维的收缩力；③负载力保持线性变化的条件下保持温度恒定检测位移的变化，获得位移曲线和模量信息。

（2）应力 / 应变模式　主要包括两种实验模式：①与第三种标准实验模式相同，即在恒温条件下，施加线性变化的应力，测量由此产生的应变，从而得到应力 / 应变曲线及相关的模量信息。②施加线性变化的应变，测量由此产生的应力，从而得到应力 - 应变曲线及相关的模量信息。

所计算出的模量可以分别作为应力、应变、温度或时间的函数来表示，得到的应力 - 应变曲线的形状受实验温度及样品加工工艺的影响。

（3）蠕变 / 应力松弛模式　主要包括两种实验模式：①蠕变实验模式，即应力保持恒定测量应变随时间的变化，得到柔量；②应力松弛实验模式，即应变保持恒定测量应力的衰减，得到松弛模量。

二者均为瞬态测试，可评估材料形变及松弛性质。

（4）调制 TMA 模式　这种模式类似于调制 DSC，温度控制方式是在传统的线性升温的基础上叠加一个设定振幅和周期的正弦波温度变化程序，将原始信号 (总位移和热膨胀系数) 解析成可逆和不可逆部分，由可逆部分可获得相变信息（如 T_g），由不可逆部分得到具有时间依赖性的动力学过程（如应力松弛）。

（5）动态 TMA 模式　这种模式是在静态 TMA 仪器上实现的动态力学实验，即在线性升温条件下对样品施以正弦变化的力，测量由此产生的正弦变化的应变。通过应力、应变数据计算储能模量 E'、损耗模量 E'' 和损耗因子 $\tan\delta$ 与时间、温度或应力的关系，一般适用于薄膜的研究。

6. 加载力

在 TMA 实验中，可在较宽的范围内精确调节与控制加载力，在分析实验结果时需要考虑不同加载力的影响。加载力用于确保探头和样品之间接触充分，以抵消样品的正向膨胀，引起样品不同程度的收缩。在玻璃化转变温度以上时，实验中施加力的影响最为显著。为了准确测定线膨胀系数，零载荷可以抵消样品的热膨胀。对于大多数静态 TMA 仪，最大可施加力受实验模式影响。其中，膨胀模式一般为 0.001 ～ 5N，针入模式一般为 0.05 ～ 0.5N，薄膜 / 纤维拉伸模式一般为 0.02 ～ 0.4N。

TMA 技术适用的材料种类繁多，为减小不当的加载力对曲线带来的影响，应根据样品的特性选择初始载荷（即加载力）的最佳值。ASTM E831 中推荐使用 10 ～ 30mN（对应 1 ～ 3g）的力来测量热膨胀系数[35]，以确保探头与样品充分接触，但不会影响其膨胀过程。图 5-7 中给出了当初始载荷太高时无定形聚合物（在本例中为聚苯乙烯）的玻璃化转变温度区域的尺寸变化（膨胀）曲线。当样品在高于 T_g 的橡胶态下，黏度降低到一定值时，探头将陷入样品（曲线 A），给确定 T_g 温度增加了难度。图 5-7 中的曲线 B 是在低载荷下得到的，可以很清楚地确定 T_g。

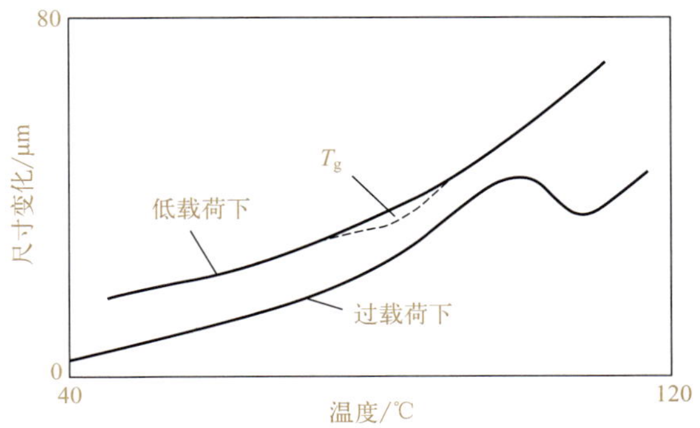

《 图 5-7　初始载荷对 TMA 测量结果的影响

三、其他因素

1. 样品自身影响因素

样品的膨胀行为取决于材料的结构、测试方向、取向、各向异性和加工历史等因素。在 TMA 实验的初始加热过程中，可能会发生不可逆的材料变化。例如，与样品的热历史和机械历史有关的取向和残余应力的再结晶或破裂都会影响其膨胀行为。因此，当通过 TMA 实验测量材料的膨胀系数时，应采用二次升温的方法，根据样品达到热平衡后的第二次加热曲线来计算膨胀系数。

2. 仪器工作状态

仪器的工作状态会影响实验曲线，异常工作状态下得到的实验数据通常无法正常使用。根据仪器使用频率，在夹具无较大污染、无关键部件更换、仪器没有大修的情况下，应定期进行校准。在仪器状态发生较明显变化等异常情况下，应及时进行校准。

3. 实验室环境

TMA 仪对实验室环境要求较高，尤其应注意，在实验过程中仪器附近不应出现较为明显的振动，否则会影响曲线形状。图 5-8 为放置仪器的台面出现了明显的不规则振动，由此导致曲线中出现了较为尖锐的异常峰，这些变化与样品自身的结构变化无关。

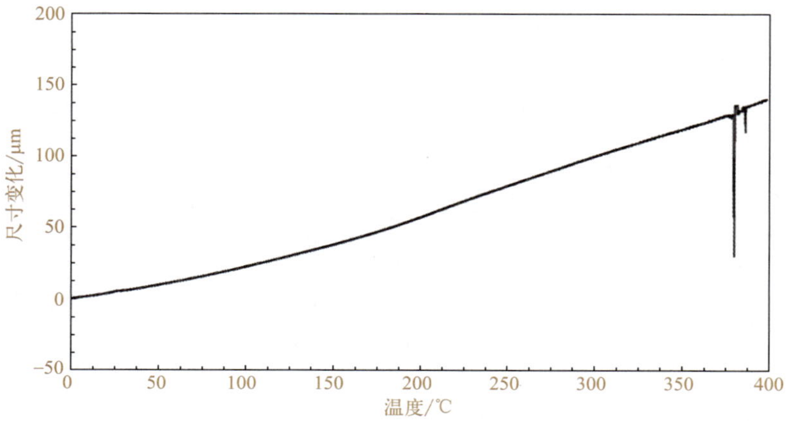

图 5-8　TMA 实验中放置仪器的台面出现了明显的不规则振动得到的异常曲线

第四节
实验过程

一、概述

与其他热分析实验过程相似，在正式开始 TMA 实验之前，除了需要了解实验影响因素外，还应结合实验目的、仪器性能和样品性质设计合理的实验方案（包括选择合适类型的 TMA 探头、操作参数等）。在设计实验方案时，应考虑仪器的性能参数是否适用于待测的样品，同时还应确认仪器处于正常的工作状态，以确保结果的准确性。之后开始运行实验，实验过程通常包括实验准备、制样、仪器测试等阶段。

二、实验准备阶段

（1）制定合理的实验方案　主要包括以下方面：

① 根据 TMA 仪的要求和样品性质，选择合适的测试探头和对应的样品支架进行测试。对于系列样品和重复测试的样品，每次测试的试样应尽量一致，以得到良好的重现性；对固体块状样品，其测试面和与平台接触面应保持平行且尽量平整，以保证测试结果的重现性和准确性；制备薄膜试样时，需避开有气泡的样品部位，再将一定厚度的薄膜切割成尺寸相同的几个平行样品。

② 根据测试需要选用合适的气氛气体的种类、流量或压力，与温度范围相应的冷却附件等。

③ 根据测试要求设置相应的测试参数。如设置温度范围、升（降）温速率等程序温度控制参数，选择合适的载荷。进行温度调制 TMA 测试时，应根据所用仪器的控制软件的要求输入相应的参数。

④ 在测试过程中测试探头和试样平台直接与样品接触，因此在整个实验过程中其不得与试样及其产物发生任何形式的作用。

⑤ 对于较快的转变，数据采集的时间间隔应较短；对于耗时较长的测试，数据采集的时间间隔宜适当延长。

（2）仪器状态确认　在开始 TMA 实验之前，应按照仪器说明书要求对仪器进行预热。如果仪器使用频繁，则应连续保持开启状态。如果使用机械冷却附件，则应在校准或实际测量前至少 2h 开机。

测试开始前需要对 TMA 仪器的外观和各部件进行工作正常性检查，若检查时发现外观异常、关键部件受到损坏或污染，应及时进行仪器校正；确保热电偶的位置与校准仪器时所处的位置保持不变。

三、制样阶段

用于 TMA 实验的试样通常应具有规则的形状，需要对样品进行加工处理，以满足样品平台和探头的要求。与大多数热分析方法一样，TMA 也要求样品越薄越好，以避免由样品的热滞后而造成的测量误差。

四、仪器测试阶段

该阶段主要包括以下几个过程：

① 实验正式开始之前应根据测试目的在仪器的控制软件中合理选择实验方法模板文件或编辑实验程序。

② 根据需要选择合适的气氛气体种类和流量，平衡后准备测试。

③ 打开加热炉，按照操作规范向装有探头的支架中加载试样，使探头处在试样测试面的中心位置。关闭炉体，平衡后测量样品的初始长度值。若测量起始温度低于室温，在将样品冷却至起始温度附近后，某些样品在测量方向上可能会有较明显的尺寸变化，有时需要重新测量尺寸。

④ 输入实验信息：在分析软件中根据需要输入待测试样的名称、编号、试样长度（或截面积）、数据文件名，选择测试模式与探头、载荷值、气氛种类及流速等信息。

⑤ 在仪器的控制软件中根据需要设定温度控制程序。对于较快的转变，数据采集间隔应较短；对于耗时较长的测试，数据采集间隔宜适当延长。

⑥ 测试结束后，待仪器降至室温附近后打开加热炉取下试样。当在实验过程中试样与夹具或探头、支架发生污染、粘连时，应按照操作规程的要求进行清理。

五、异常现象的处理

① 测试结束后，若发现曲线中出现异常的干扰峰较多，则不采用此数据，需重新进行测试；

② 测试结束后，若发现热电偶、探头或支架发生污染，需及时进行清除，待校正结果符合要求后方可继续进行测试工作。

第五节
数据处理及分析

实验结束后，利用仪器配套的数据处理软件可以打开实验过程中生成的数据文件，可以获得相应的 TMA 曲线以及某些变化过程的特征值。

一、实验数据的基本处理与作图

1. 数据基本处理

TMA 实验结束后，需要导入实验数据并进行作图。在仪器的分析软件中，可以直接导入原始数据文件进行作图。在实际应用中，还可以使用 Origin 或其他制图软件来绘制曲线，得到符合一定格式要求的图片。曲线可在温度与时间两种坐标下进行转换。例如，由曲线可以确定试样在测试过程中某温度范围发生变化的起始温度、外推起点温度、终止温度和试样在某温度范围的长度变化（或热膨胀率或膨胀系数）等信息（见图 5-9）。

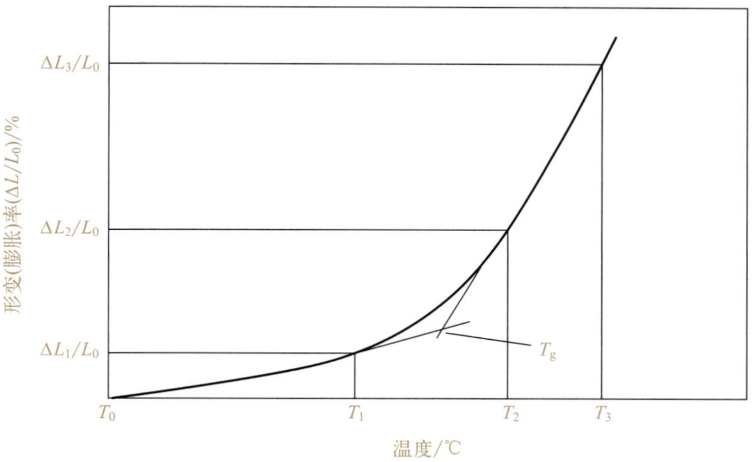

图 5-9　TMA 曲线的特征物理量（形变率）的表示方法

2. 作图

在对温度扫描条件下得到的 TMA 数据作图时，应注意以下方面：

① 纵坐标可直接用样品的实际长度或高度表示，单位常用 mm；也可用对初始尺寸归一化后的百分比形式的长度或高度变化率表示。

② 横坐标为温度或时间。对于线性升温 / 降温的测试，横坐标为温度，单位常用℃表示；对于恒温条件下得到的曲线，横坐标为时间，单位常用秒（s）表示。

对由应变扫描或应力扫描测试模式得到的 TMA 数据作图时，横坐标为应变，以 % 表示；纵坐标为应力，单位为 MPa 或 kPa。

二、曲线特征物理量确定方法

由 TMA 曲线所获得的特征变化主要包括由热或力引起的形变或模量等信息，还可以通过特征温度和由形变反映出试样的尺寸或力学性能变化等信息研究材料的相变等过程。

1. 特征温度或时间

由于 TMA 的实验模式较多，限于篇幅，以图 5-10 所示的由压缩探头测试的非等温 TMA 曲线为例，简要介绍特征温度或时间的确定方法。

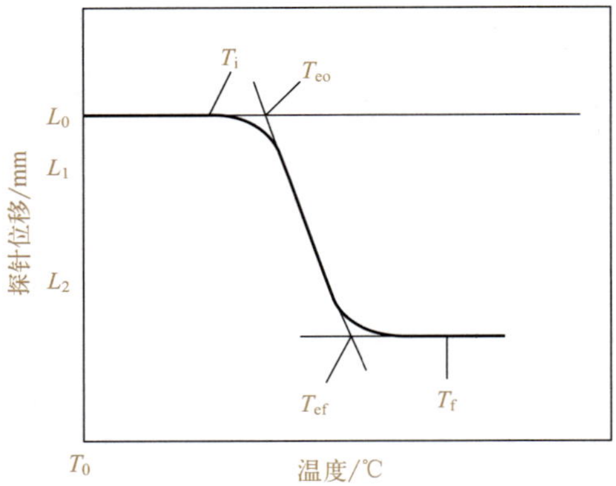

« 图 5-10 由压缩探头得到的非等温 TMA 曲线

2. 由曲线确定相关物理量

由 TMA 的热膨胀测量模式得到的热膨胀曲线可以得到热膨胀率（$\Delta L/L_0$）、线膨胀系数、瞬时线膨胀系数、平均线膨胀系数等相关信息。本书第四章对此进行了详细介绍，本章中不作重复介绍。

三、分析结果的描述

在论文和报告中，应将测试数据结合曲线、实验条件和样品性质来规范描述。描述时应注意以下几个方面：

① 对于单条 TMA 曲线，当变化过程不多于两个（包括两个）时，应在图中空白处标注每个过程的特征温度或时间、热膨胀率或线膨胀系数等信息；当形变过程多于两个时，可列表说明每个变化过程的特征温度或时间、热膨胀率或线膨胀系数等信息。

② 当使用多条曲线对比作图时，应列表说明每条曲线的特征温度或时间、热膨胀率或线膨胀系数等信息。

四、曲线的分析

通过 TMA 曲线可以确定材料在载荷作用下的形变量，这种形变行为反映了具有一定结构和组成的物质对温度或所施加的作用力的响应。通过这种响应可得到相应的物理量，例如，热膨胀系数、弹性模量、断裂强度等，并可以确定材料在实验过程中出现结构变化时的模量和特征温度等物理量。在对曲线进行解析时，应结合所测量对象的结构、组成和性质以及所采用的实验条件对曲线进行合理的解析。

例如，通过 TMA 曲线可以确定材料的玻璃化转变温度（T_g）。T_g 是材料从较硬的玻璃态到较软的橡胶态的临界点。T_g 决定了材料的使用温度，是其固有的性质。当探头与样品直接接触时，可以测量与从玻璃态到橡胶态的变化过程有关的尺寸变化，该变化为温度的函数。在 T_g 处，热膨胀系数增大，导致曲线斜率明显增大。利用位移曲线转变前后斜率外推的交点可以确定玻璃化转变温度。图 5-11 中曲线 a 为常见的聚苯乙烯的 TMA 曲线，曲线拐点处的外推温度即为 T_g。如果将 TMA 曲线对温度一阶求导，对应于图 5-11 曲线 b，可以得到一条类似于 DSC 在 T_g 处台阶的曲线，由此更容易确定 T_g 值。

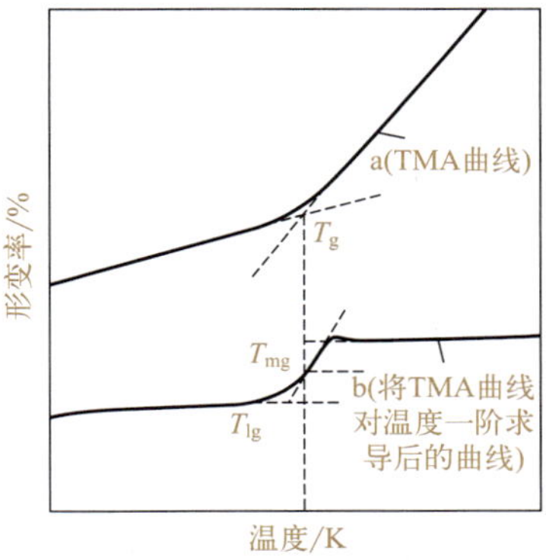

图 5-11 由 TMA 曲线确定聚苯乙烯的玻璃化转变温度（T_g）

五、实验和曲线解析中常见问题分析

1. 实验中常见问题分析

在 TMA 实验中常见的问题主要包括：

① 选择的探头类型与样品实际不匹配。例如，对于薄膜样品，应采用薄膜探头测量其 TMA 曲线，如果采用压缩探头则容易出现无法固定样品的情况。

② 实验时设置的预加载力不合适。例如，在通过 TMA 测量热膨胀系数时，如果对试样盲目设定过大的加载力，则易造成曲线变形，导致得到的热膨胀系数失真。

③ 实验时设置的温度范围不合适。在进行 TMA 实验时，应结合样品的性质和实验目的设定合适的温度范围。通常，实验起始温度应低于所关注温度（通常需要低 5 ～ 10℃）。实验的最高温度不应超过样品的熔融温度和分解温度，否则容易导致热电偶、探头和支架的污染和损坏。

④ 忽略热历史对实验曲线的影响。例如，材料在温度变化过程中出现的玻璃化转变取决于待测材料的热历史。对于非晶态和半晶态材料，玻璃化转变温度与材料的热历史、工艺条件、稳定性、化学反应过程以及机械行为紧密相关。当测量无取向的无定形或结晶聚合物的膨胀时，T_g 以上的 TMA 曲线中可以看到膨胀率突然增加的现象，这是由样品内的残余应力或样品形态的改变造成的。如果样品存在热历史，则容易出现异常的曲线形状，可以采用二次升温的方法进行测试。第一次升温的目的是除去样品在加工、储存、运输、制备等过程中残留的热历史，如内应力、热焓松弛等；以恒定速率降温可创造相同的热历史；第二次升温过程即可在相同热历史的情况下测定样品的转变性质。图 5-12 为聚苯乙烯在两次不同加热下的 DSC 和 TMA 曲线，由图可见，第一次加热得到的 TMA 曲线中出现了在 T_g 以上膨胀率突然增加的现象，第二次加热过程中没有出现这种现象，两次加热的 DSC 曲线中的变化与 TMA 曲线一致。第一次加热中出现的这种变化证明了热历史对曲线的影响，应采用第二次加热（除非研究热历史对相变的影响）的数据来确定试样在 TMA 实验中的特征变化。

2. 曲线解析中常见问题分析

除了实验过程中出现的异常振动引起曲线中出现异常的波动之外，在 TMA 曲线中有时还会出现一些假象。例如，当通过探头施加在样品上的力较弱时，会出现探头在样品上

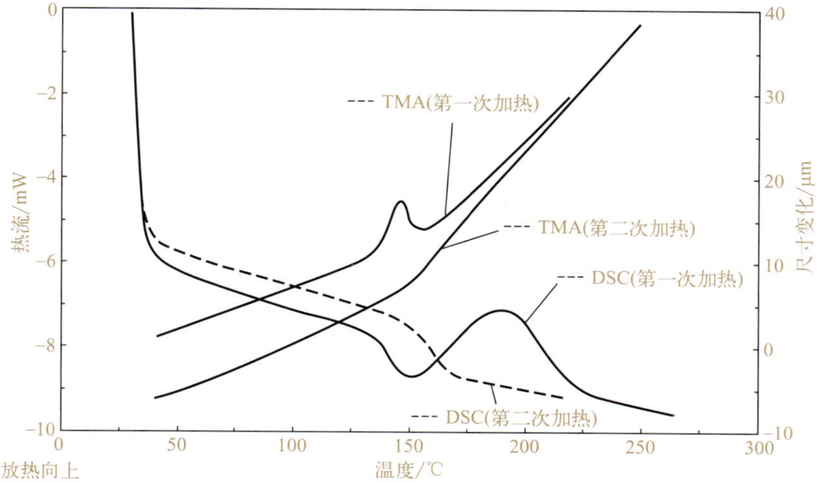

图 5-12 不同加热次数下聚苯乙烯的 TMA 和 DSC 曲线

抖动的异常现象（图 5-13），导致出现波动≥ 0.5μm 的噪声。如果不考虑实验台振动的影响因素，则可以尝试通过提高加载力来消除这种假象，加载力至少在 0.01N。另外，当样品的上下表面不平行时，例如样品呈楔形时，也常常会出现假象，曲线中出现的这种异常变化是由探头在样品表面向下滑动所引起的。

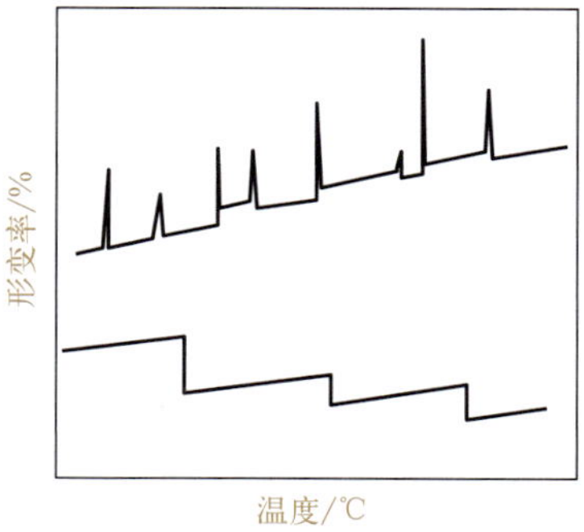

图 5-13 探头抖动（上方曲线）和楔形样品（下方曲线）导致的异常 TMA 曲线

为了减少样品分解对探头和支架的污染，在涉及样品的分解过程时，往往将少量的待测样品涂在基底上，通过 TMA 技术测量涂层表面的热或氧化分解（图 5-14）。当涂层发生完全分解时，台阶高度对应于涂层的厚度（图 5-14 中曲线 a）。当涂层中含有稳定性较好的灰尘、无机填充物和纤维添加剂时，在高温下这些物质会残留在基底表面。一些有机物样品在分解时有时会出现鼓泡现象（试样变为液态并伴随气体产物逸出引起），加入特定的添加剂可以用来增大样品在变软时的泡沫效应，类似于这样的样品通常在穿孔的坩埚中进行测量。当达到最大的膨胀时，泡沫通常会坍塌（图 5-14 中曲线 b）。对于模制的薄片，分解常常会形成气体产物而导致样品的膨胀和分层（图 5-14 中曲线 c）。

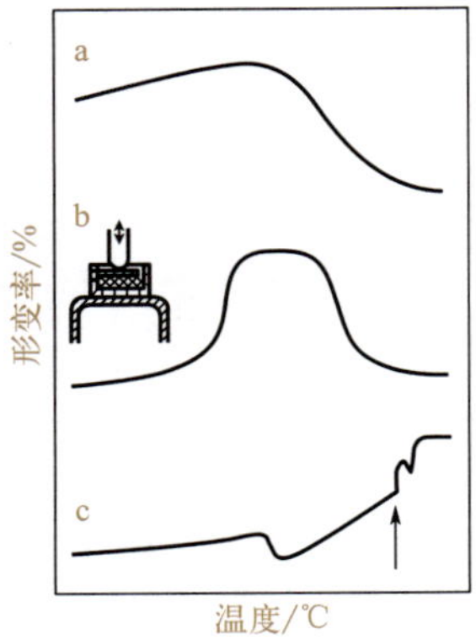

图 5-14 涂层的 TMA 曲线
a—有机样品完全分解（例如表面涂层）；b—有机样品分解形成大量的泡沫后坍塌；c—模制薄片的分层（箭头处）

第六节 TMA 技术的典型应用

在实际应用中，TMA 技术除了可以用来测量材料的热膨胀系数和研究特征转变过程以外，还可以用来研究材料的蠕变、应力松弛、烧结、相转变等过程。表 5-4 中列出了 TMA 的典型应用领域，本部分内容中简要介绍其中的一些典型应用。

表5-4 TMA技术的典型应用

样品类型	探头类型	载荷	检测物理量	应用领域
平的块状样品	膨胀探头	小载荷 渐进式负载	线性膨胀 线性位移	线膨胀系数、T_g、压缩、弹性模量和交联密度
	针入探头	大载荷	线性位移（穿透深度）	软化温度、熔融温度、蠕变、固化行为
	弯曲探头	大载荷	弯曲位移	软化温度、热变形温度、蠕变

续表

样品类型	探头类型	载荷	检测物理量	应用领域
圆柱体	大面积探头	恒定加载或加载 / 卸载循环	应变或应变 / 应变松弛	蠕变、固化行为
不规则的固体样品	体膨胀探头	小载荷	体积膨胀	体膨胀系数、T_g
	膨胀探头	样品比探头小，负载大	线性位移	软化点温度
薄膜 / 纤维	拉伸探头	大载荷	线性位移（测量方向的单轴拉伸或收缩）	T_g、T_m
		加载 / 卸载循环	—	蠕变
		渐进式负载	应变 / 应变松弛	弹性（杨氏）模量、交联密度

一、蠕变、松弛研究

在 TMA 所测的形变中，一部分由样品自身膨胀或收缩引起，另一部分由所施加的应力引起。由应力引起的这部分形变是试样受力后分子产生相对移动时释放能量（黏性响应）或储存能量（弹性响应）的结果，因此由 TMA 所测得的形变实际上是膨胀行为和黏弹效应的综合反映。通常通过瞬态（蠕变或应力松弛）测试来测量材料的黏弹性，数据也可以显示为柔量（蠕变测试）和松弛模量（应力松弛测试）。

如图 5-15 所示为聚乙烯（PE）薄膜的蠕变 - 松弛曲线，通过曲线可以观察到蠕变阶段发生的瞬时变形、滞后和应变对设定应力的线性响应区域，以及在零应力下随时间的恢复（即应力松弛过程）情况。

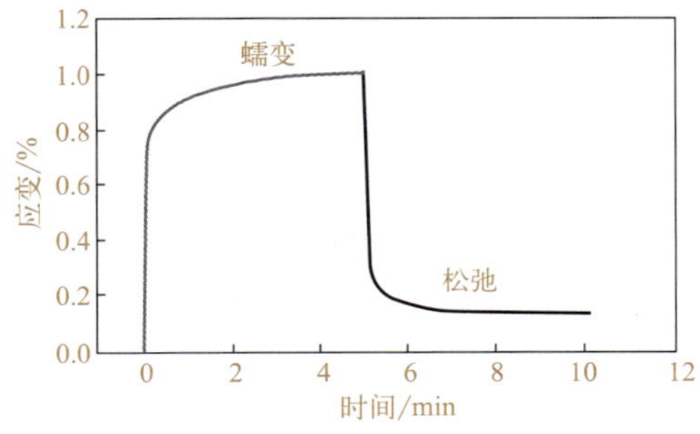

图 5-15　PE 薄膜的蠕变 - 松弛曲线

应力松弛是在温度和形变保持恒定的情况下，应力随时间增加不断衰减的现象。根据应力松弛曲线可以确定松弛模量，而由应力 - 应变曲线则可以表征塑料的变形行为。在实际应用中，根据蠕变模量和蠕变 - 松弛曲线可以评价聚合物黏弹性的差异。

二、相变研究

TMA 可以用来测量聚合物的熔点。图 5-16 中给出了在压缩模式下使用针入式探头对支撑在金属衬底上的双层聚乙烯（PE）/ 聚对苯二甲酸乙二酯（PET）薄膜样品进行的 TMA 分析[37]。实验温度范围为室温～ 275℃，升温速率为 5℃ /min。TMA 曲线存在两个下降部分，当温度升高到 103℃附近（对应于 PE 的熔点），TMA 曲线即探头开始下降，说明双层膜样品在此温度开始变形。随后温度继续升高，TMA 曲线上出现了较大的位移下降阶段，位移变化对应的是 PE 层的厚度（93.2μm）。TMA 曲线在 258℃附近出现了第二个下降平台，对应于 PET 层（14.8μm）的探头穿透情况。

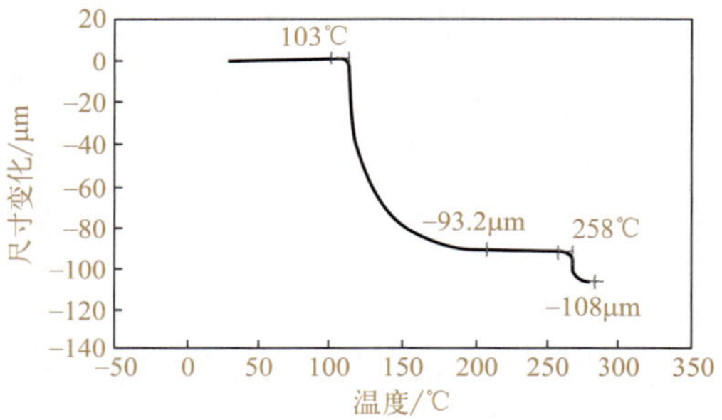

图 5-16　TMA 用于多层膜的分析[37]

另外，TMA 也可用于测定类玻璃高分子（vitrimer）的拓扑网络凝固转变温度（topology freezing transition temperature，T_v）。与应力松弛、蠕变和荧光等其他检测 T_v 的方法相比，TMA 具有几个明显的优势：测试时间比应力松弛时间更短，适用的样品强度更大；另外，TMA 采用压缩模式进行测试，与类玻璃高分子的实际应用场景相匹配，可以得到比蠕变测试更一致的结果，同时可以确定热膨胀系数。如图 5-17 所示，当类玻璃高分子离开玻璃态（无阴影区）并进入橡胶态（灰色阴影区）时，尺寸变化率在 T_g 处增大，线性斜率代表 α 值。尺寸变化率降低的第二个转变代表了材料的软化，对应于 T_v，存在动态共价键交换反应（浅蓝色阴影区）。在这种情况下，T_v 被定义为最大尺寸变化时的温度，对应于软化的开始阶段。

扫码看彩图

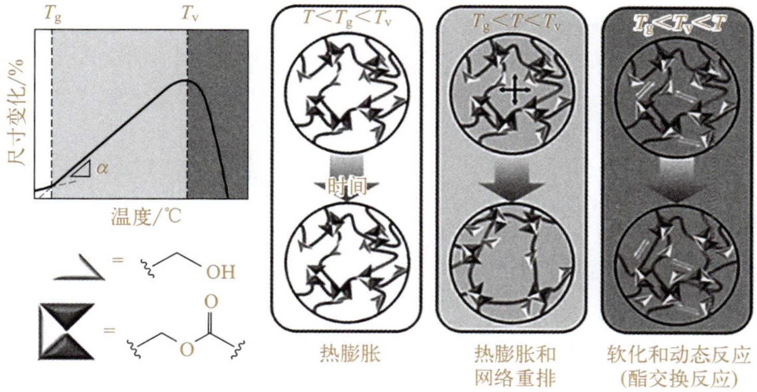

图 5-17　类玻璃高分子的拓扑网络凝固转变过程示意图[38]

三、热变形性质研究

材料的变形温度是反映材料在三点弯曲模式下受载荷作用变形至一定程度时的温度。其中，载荷大小及变形程度与样品的尺寸相关。

通常根据 ASTM E2092 中的方法由 TMA 仪测量热变形温度，标准中定义的变形温度是在特定应力（455kPa 或 1820kPa）作用下，产生精确应变（0.20% 应变）时的温度。在 TMA 中，探头施加的静态力由式（5-1）来确定：

$$F=\frac{2}{3}\times\frac{Sbd^2}{L} \tag{5-1}$$

式中，F 为施加的静态力；S 为应力，实验中保持恒定，取 0.455MPa（66psi）或 1.82MPa（264psi）；b 为样品宽度；d 为样品厚度；L 为样品长度，取决于 TMA 仪所使用三点弯曲夹具的几何尺寸。

可通过式（5-2）确定应变：

$$D=\frac{rL^2}{6d} \tag{5-2}$$

式中，D 为试样中心点的尺寸变化；r 为样品应变，0.20%。

实验时将样品放置在支架上，刀形探头在力的作用下降低至样品表面，升温速率一般为（2±0.2）℃ /min，施加恒定应力，直至达到计算的形变位置，达到所需变形位置处的温度即为该应力下的热变形温度。

四、软化点测试

由 TMA 可以测试材料的软化温度，实验时采用针入探头。通常根据 ASTM E2347 提供的标准试验方法确定材料的软化点[31]，该标准适用于加热后软化至 6.0MPa 以下的高模量材料。实验时，在缓慢加热的过程中对试样加载 6.65MPa（方法 A）或 33.3MPa（方法 B）的应力，通过 TMA 曲线确定试样的软化温度。图 5-18 中给出了使用 TMA 技术对合成橡胶进行膨胀和针入测量所得到的曲线，通过曲线可以确定玻璃化转变温度和软化点[39]。

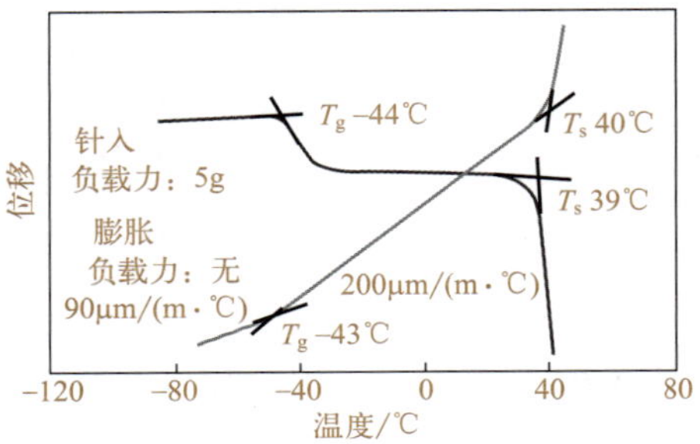

《 图 5-18 通过 TMA 测试确定聚合物（合成橡胶）的玻璃化转变温度（T_g）和软化点（T_s）[39]

五、材料的高温烧结过程研究

利用 TMA 技术可以研究高温材料的压制和烧结过程，通常采用“准等温”的实验方法研究粉末的烧结行为。实验时，通过试样的收缩速率控制加热速率。当该速率大于预设的极限值时，停止加热，转为等温程序。在 TMA 实验中，可以通过模拟工业窑炉的工艺条件，研究耐火黏土块的烧结过程。从图 5-19 中可以看到，耐火黏土块在 900℃以前变化很小，在 980℃左右收缩 2.7%，在 1100 ～ 1600℃之间收缩 23.6%，由一阶导数曲线可以更清楚地看到这种变化[40]。图 5-20 为用 TMA 测量的钛酸铝在室温至 1450℃温度范围内加热，随后在 1450℃下保持 7h 的曲线，在加热过程中观察到 12.7% 的收缩[41]，这种收缩行为可以为优化材料的烧结工艺提供指导作用。

六、固化过程研究

用 TMA 技术可以监测材料的固化过程，实验时可以采用膨胀、压缩、针入或拉伸模

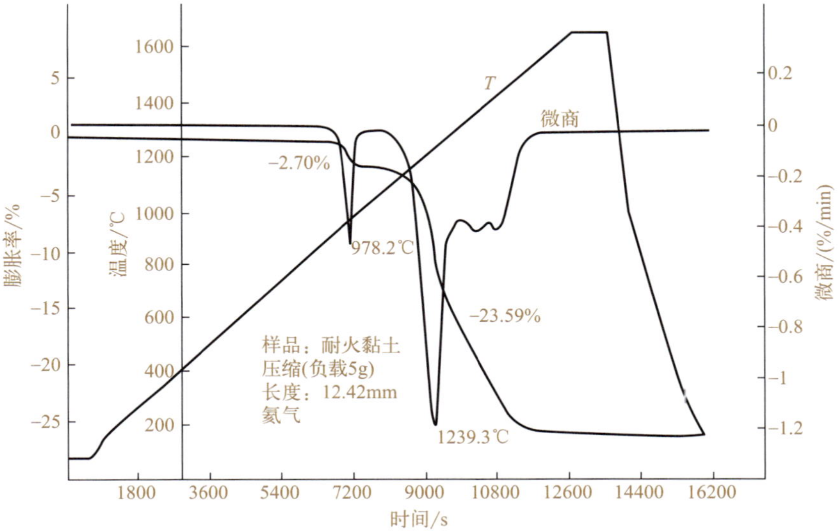

图 5-19　TMA 研究耐火黏土块的烧结 [40]

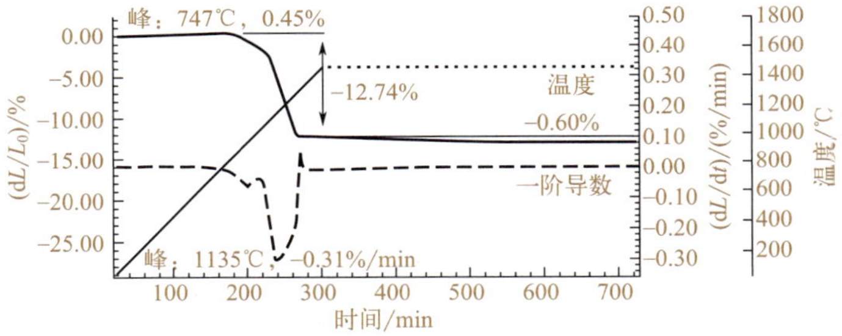

图 5-20　TMA 研究钛酸铝的烧结 [41]

式来评估与固化相关的性能，例如凝胶化和固化程度。凝胶化是从液态到交联体系的不可逆转变，凝胶点对应于在恒温下达到固定的高黏度所需的时间。热固性材料在一定的转化率下会形成一种“凝胶”或网状结构，其黏度会显著增加。可以用 TMA 技术方便地评估影响固化反应和凝胶过程的因素。图 5-21 中给出了典型热固性树脂的热膨胀系数和固化程度之间的关系 [42]。由图可见，固化对聚合物的玻璃化转变温度有一定影响，可以用 TMA 确定不同固化程度样品的玻璃化转变温度。一般来说，玻璃化转变温度随着固化程度的增加而升高，而热膨胀系数则随着固化程度的增加而降低。

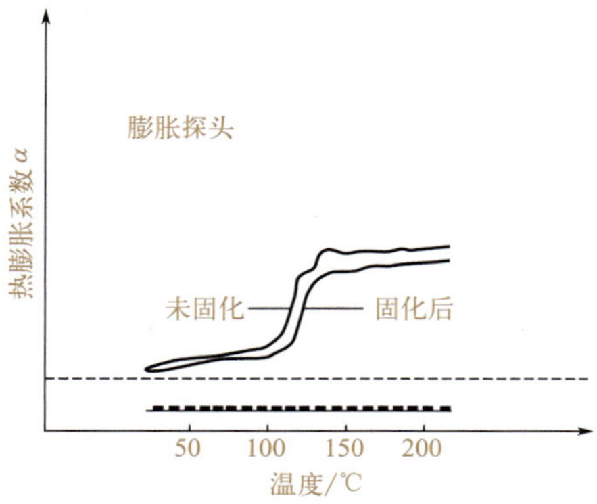

图 5-21　不同固化程度热固性树脂样品的 TMA 膨胀模式测量曲线[42]

七、聚合物的收缩行为研究

通过 TMA 技术可以实时测量不同温度时样品尺寸的变化，TMA 技术是研究聚合物收缩行为的有力工具。例如，图 5-22 中给出了用 TMA 测量得到的聚丙烯腈 (PAN)/ 衣康酸 (IA)/ 丙烯酸甲酯 (MA)、PAN/IA 和聚丙烯腈 / 醋酸乙烯酯 (VAc) 纤维的收缩曲线[43]。由图可见，当升温速率从 2℃ /min 增加到 5℃ /min 时，PAN/IA/MA 和 PAN/IA 纤维的物理收缩率、化学收缩率和总收缩率没有明显变化，两者之间的差值小于 1%。将升温速率提高到 10℃ /min，化学收缩的起始温度向更高温度移动。此外，PAN/IA/MA 和 PAN/IA 纤维的化学收缩和总收缩幅度也显著增加。这种现象表明在较高的升温速率下纤维分子的环化和交联反应增强，导致更强烈的化学收缩。然而，物理收缩在较高的升温速率下的增加并不显著，这表明升温速率对物理收缩的影响不大，这是由在挤压和拉伸过程中产生的物理应力的释放（取向的减少）引起的。PAN/IA/MA 和 PAN/IA 纤维间物理收缩的差异是由纤维制备过程中拉伸倍数不同引起的。与 PAN/IA/MA 纤维相比，PAN/IA 纤维的物理收缩更大，表明 PAN/IA 纤维在热处理过程中有更高的应力释放。这可能与 PAN/IA 纤维具有较高的取向度有关。PAN/VAc 纤维的物理收缩和化学收缩的温度范围是重叠的，不可分开。另外，在不同升温速率下，PAN/VAc 纤维的 TMA 曲线没有明显的温度偏移。此外，PAN/VAc 纤维的总收缩在不同的升温速率下没有发生变化。PAN 纤维初始取向的不同可能会影响纤维的热机械行为。

八、温度调制 TMA 技术的应用

与其他温度调制技术相似，温度调制 TMA（TM-TMA）技术是在线性升温程序上叠

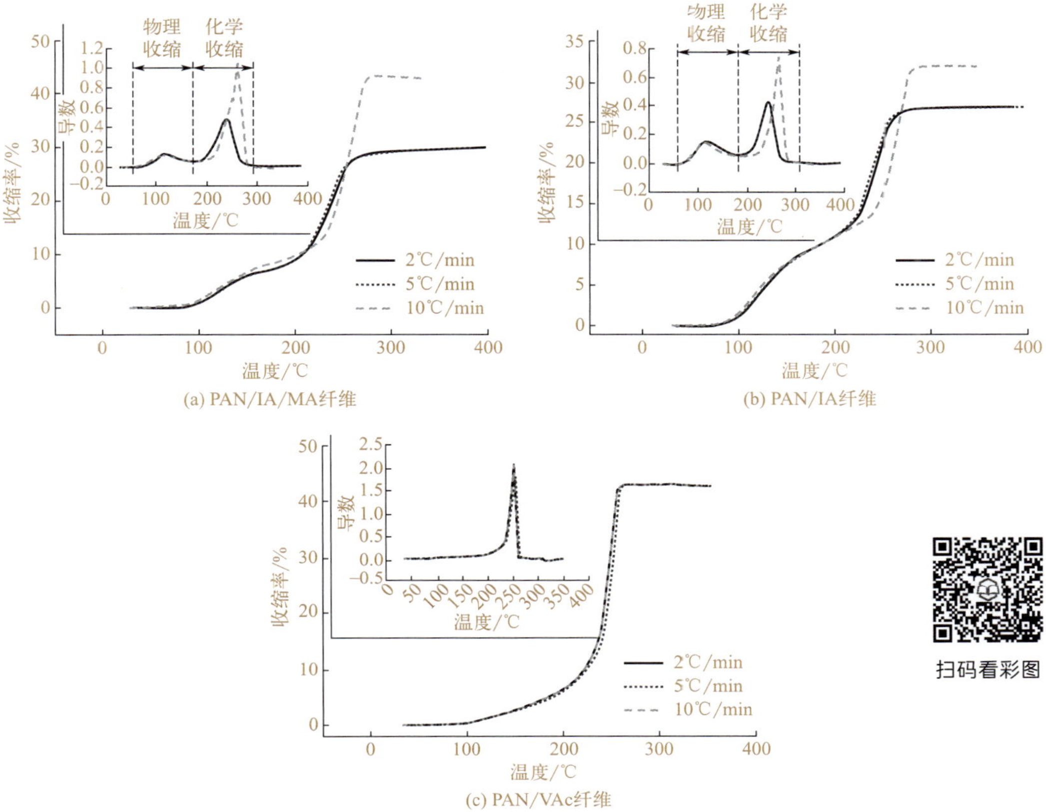

扫码看彩图

图 5-22　不同升温速率下 PAN 纤维的 TMA 曲线[43]

加一个正弦温度函数。这种振荡温度被称为“强迫函数”，可以在样品中产生正弦响应。由这种响应得到的 TMA 曲线可以分解成可逆和不可逆两种不同的部分。其中，由可逆信号可以得到与材料的热膨胀系数相关的信息，不依赖于温度变化速率；而不可逆信号则依赖于时间和温度的变化，因此，不可逆信号提供了材料中发生的动力学行为的信息，如收缩、软化和应力松弛。

在 TM-TMA 测试中，试样长度（L）随时间的变化率（$\mathrm{d}L/\mathrm{d}t$）可用下面的公式表示：

$$\frac{\mathrm{d}L}{\mathrm{d}t}=\frac{\mathrm{d}L}{\mathrm{d}T}\times\frac{\mathrm{d}T}{\mathrm{d}t}+f'(t,T) \tag{5-3}$$

式中，L 为试样长度；t 为时间；T 为温度；$\mathrm{d}L/\mathrm{d}T$ 为热膨胀系数；$\mathrm{d}T/\mathrm{d}t$ 为升温速率；$f'(t,T)$ 包含由于试样中应力松弛或施加载荷下的变形而发生的长度变化。长度和温度的振幅（可逆部分）以及平均长度（总长度）可以通过傅里叶变换得到。图 5-23 所示为原始的 TM-TMA 曲线。图 5-24 中，点线为试样总尺寸变化的标准 TMA 曲线 [42]，实线为可逆信号曲线，曲线上显示出玻璃化转变温度（T_g）；而虚线为不可逆信号曲线，显示出在玻璃化转变前和在 150℃以上有两个收缩过程 [43]。另外，通过使用 TM-TMA，还可以同时测定拉伸涤纶纤维的热膨胀系数和收缩系数 [44]。

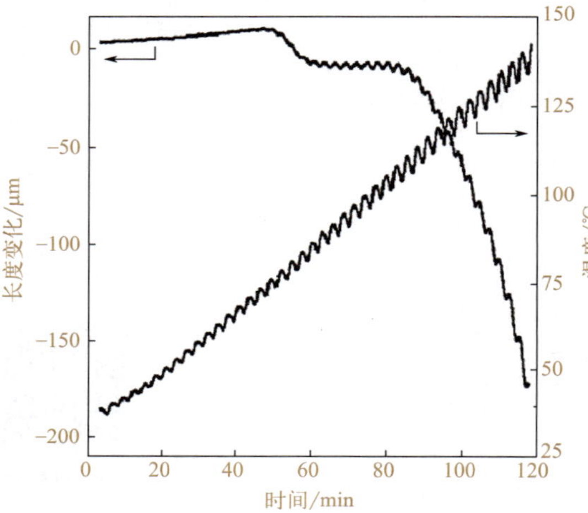

《 图 5-23　原始的温度调制 TMA 信号（注意调制温度及其对长度的影响）[5]

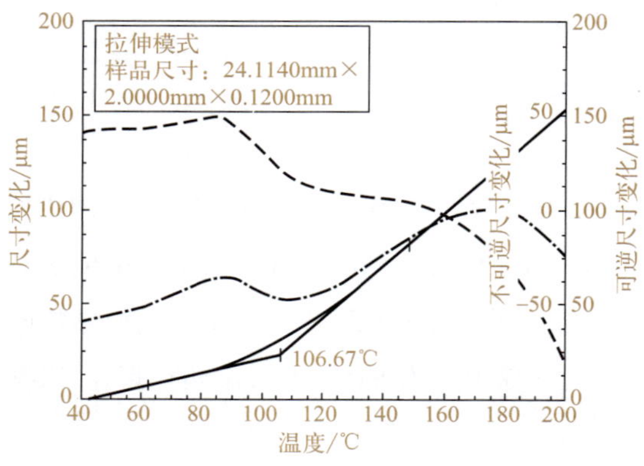

《 图 5-24　半结晶 PET 薄膜样品的 MT-TMA 测试结果 [42]

参考文献

[1] 丁延伟 . 热分析基础 [M]. 合肥 : 中国科学技术大学出版社 , 2020.

[2] 中国国家标准化管理委员会 . 热分析术语 : GB/T 6425-2008 [S]. 北京：中国标准出版社，2008.

[3] Haines P. Principles of thermal analysis and calorimetry [M]. London: Royal Society of

Chemistry, 2002.

[4] Duncan J. Principles and applications of thermal analysis [M]. Oxford: Blackwell Publishing, 2007.

[5] 刘振海 . 热分析简明教程 [M]. 北京 : 科学出版社 , 2012.

[6] 刘振海 , 张洪林 . 分析化学手册　第 8 分册：热分析与量热学 [M]. 3 版 . 北京 : 化学工业出版社 , 2021.

[7] Sogolova T I ,Slonimskii G L, Kargin V A. The state of viscous flow and the flow temperature of polymers [J]. Polymer Science U.S.S.R., 1964, 5(6): 1012-1015.

[8] Bird R B, Armstrong R C, Hassager O. Dynamics of polymer fluids [M]. 2nd ed. New York: Wiley, 1987.

[9] White R P, Lipson E G. Polymer free volume and its connection to the glass transition [J]. Macromolecules, 2016, 49: 3987.

[10] Ferry J D. Viscoelastic properties of polymers [M]. 3rd ed. New York: Wiley, 1980.

[11] Shaw M, MacKnight W J. Introduction to polymer viscoelasticity [M]. 3rd ed. New York: Wiley, 2005.

[12] Brinson H F, Brinson L C. Polymer engineering science and viscoelasticity[M]. 2nd ed. New York: Springe, 2015.

[13] Struik L C E. Physical aging in amorphous polymers and other materials [M]. New York: Elsevier, 1978.

[14] Huang Y, Wang X, Paul D R. Physical aging of thin, glassy polymer films: Free volume interpretation [J]. Journal of Membrane Science, 2006, 277: 219-229.

[15] Vrentas J D, Duda J L, Huang J W. Regions of Fickian diffusion in polymer-solvent systems [J]. Macromolecules, 1986, 19: 1718-1724.

[16] Brostow W, Macip M A. Impact transition temperatures and polymer densities [J]. Macromolecules, 1989, 22: 2761-2766.

[17] Brostow W, Lobland H E H. Brittleness of materials: Implications for composites and a relation to impact strength [J]. Journal of Materials Science, 2010, 45: 242-250.

[18] Pesetskii S S, Jurkowski B, Olkhov Y A, et al. Influence of a cooling rate on a structure of PA6 [J]. European Polymer Journal, 2005, 41: 1380-1390.

[19] Humphries W, Miller D, Wildnauer R. The thermomechanical analysis of natural and chemically modified human hair [J]. Journal of The Society of Cosmetic Chemists, 1972, 23: 359-370.

[20] Sidorovich A, Kushinsky E. Thermomechanical studies of amorphous and crystalline polymers [J]. Polymer Engineering & Science, 1961, 1: 9-13.

[21] Tong H, Appleby-Hougham G. Prediction of thermoset viscosity using a thermomechanical analyzer [J]. Journal of Applied Polymer Science, 1986, 31: 2509-2522.

[22] McLin M, Angell A. Viscosity of salt-in-polymer solutions near the glass transition temperature by penetrometry, and pseudo-macromolecule behavior at a critical composition in $NaClO_4$-PPO(4000) [J]. Polymer, 1996, 37: 4713-4721.

[23] Hwo C, Johnson J. Determination of Young's modulus of elastomers by use of a thermomechanical analyzer [J]. Journal of Applied Polymer Science, 1974, 18: 1433-1441.

[24] Daniels T, Wetton R, Barton J, et al. Fundamentals and applications of thermo-mechanical methods, including thermodilatometry [J]. Analytical Proceedings, 1981, 18: 412-430.

[25] Kambe H, Kato T, Kochi M. A kinetic investigation of thermal shrinkage of aromatic polymers by thermomechanical analysis [J]. Journal of Macromolecular Science: Part A-Chemistry, 1974, 8: 157-164.

[26] Kambe H, Kato T. Dynamic mechanical and thermo-mechanical properties of stretched polypyromellitimide films [J]. Rheologica Acta, 1974, 13: 113-115.

[27] Tanabe Y, Kanetsuna H. Mechanism for thermal shrinkage of oriented polystyrene monofilaments [J]. Polymer, 1979, 20: 1121-1128.

[28] Zoller P, Fakhreddine Y. Pressure-volume-temperature studies of semi-crystalline polymers [J]. Thermochimica Acta, 1994, 238: 397-415.

[29] Zoller P, Walsh D. Standard pressure volume temperature data for polymers [M]. Lancaster: Technomic Publishing, 1995.

[30] Chevalier P, Ou D, Lee Y, et al. Thermo-mechanical properties of in-situ silica filled silicone resins [J]. Macromolecular Symposia, 2006, 233: 117-122.

[31] Standard test method for indentation softening temperature by thermomechanical analysis:ASTM E2347[S]. West Conshohocken: ASTM International, 2021.

[32] Standard test method for distortion temperature in three-point bending by thermomechanical analysis:ASTM E2092[S]. West Conshohocken: ASTM International,2023.

[33] Standard test method for temperature calibration of thermomechanical analyzers: ASTM E1363[S]. West Conshohocken: ASTM International, 2023.

[34] Standard test method for length change calibration of thermomechanical analyzers:ASTM E2113[S]. West Conshohocken: ASTM International,2023.

[35] Standard test method for linear thermal expansion of solid materials by thermomechanical analysis: ASTM E831[S]. West Conshohocken: ASTM International,2024.

[36] Standard test method for force calibration of thermomechanical analyzers: ASTM E2206 [S]. West Conshohocken: ASTM International, 2021.

[37] Meste M, Roudaut G, Davidou S. Thermomechanical properties of glassy cereal foods [J]. Journal of Thermal Analysis and Calorimetry, 1996, 47: 1361-1375.

[38] Hubbard A M, Ren Y, Sarvestani A, et al. Thermomechanical analysis (TMA) of vitrimers [J]. Polymer Testing, 2023, 118: 107877.

[39] Georget D M R, Ng A, Smith A C, et al. The thermomechanical properties of carrot cell wall material[J]. Journal of the Science of Food and Agriculture, 1998, 78: 73-80.

[40] Acheson R J, Jacobs P W M. Thermal decomposition of barium perchlorate [J]. Canadian Journal of Chemistry, 1969, 47: 3031-3039.

[41] Yutaka O, Shu Y, Takayuki B, et al. Thermal expansion and mechanical properties of self-reinforced aluminum titanate ceramics with elongated grains [J]. Journal of the European Ceramic Society, 2017, 37: 1673-1680.

[42] Menczel J D, Prime R B. Thermal analysis of polymers: Fundamentals and applications [M]. New York: John Wiley & Sons, 2008.

[43] Arbab S, Zeinolebadi A. Quantitative analysis of the effects of comonomers and heating conditions on the stabilization reactions of polyacrylonitrile fibers as carbon fiber precursors [J]. Polymer Degradation and Stability, 2017, 139: 107-116.

[44] Menczel J D, Jaffe M. Thermal analysis of textiles and fibers [M]. Cambridge: Woodhead Publishing, 2020.

THERMAL ANALYSIS

THERMAL ANALYSIS

第六章
动态热机械分析技术

通过静态热机械分析实验可以获得试样在受静态力和可控温度下的形变信息，即获得长度随着温度变化的信息。但在一些实际应用中，需要通过动态热机械分析（DMA，又称动态力学热分析）模拟真实应用场景下的动态力学性能。通过动态热机械分析实验可以定量比较不同材料的黏弹性质，灵敏地获得微弱的次级转变信息，高分辨地监测到动态模量的损耗角。图 6-1 中给出了通过三种主要方法测量得到的聚苯乙烯玻璃态转变过程的热行为示意图[1]。

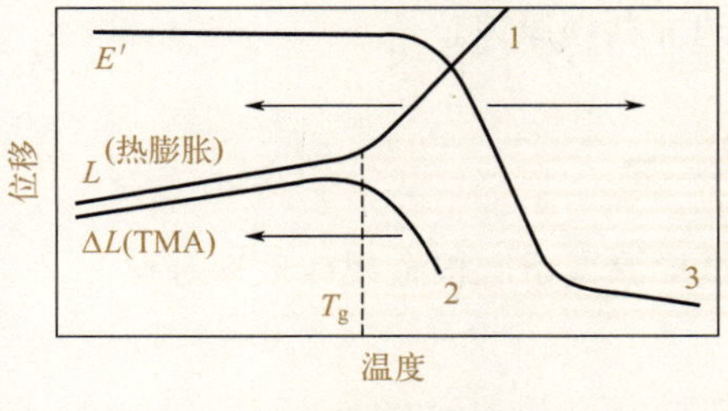

图 6-1 玻璃态固体的热机械分析曲线[1]

1—热膨胀法曲线；2—TMA 曲线；3—1Hz 条件下得到的 DMA 的储能模量曲线

第一节
相关术语与定义

一、与方法相关的术语与定义[2]

1. 动态热机械分析

动态热机械分析（dynamic mechanical analysis，简称 DMA）又称动态力学热分析（dynamic mechanical thermal analysis，简称 DMTA），是在程序控温和一定气氛交变应力作用下，测量试样的动态模量和力学损耗与温度关系的一种热分析技术。

按振动模式不同，可分为自由衰减振动法、强迫共振法、非强迫共振法、声波传播法；按形变模式不同，可分为拉伸、压缩、扭转、剪切（夹芯剪切与平板剪切）、弯曲（包括单悬臂梁、双悬臂梁，以及三点弯曲和 S 形弯曲等）[2]。

2. 动态力学性质

动态力学性质（dynamic mechanical property）是指材料在交变应力（或应变）作用下的应变（或应力）响应。

3. 强迫共振法和强迫非共振法

强迫共振法（forced resonance method）是作用频率在试样固有频率及其附近范围内的一种动态力学分析技术，主要包括振簧法和扭辫分析法。

强迫非共振法（forced non-resonance method）是作用频率远离试样固有频率的一种动态力学分析技术，商品化的动态热机械分析仪主要采用强迫非共振原理。

4. 扭辫分析

扭辫分析（torsional braid analysis，简称 TBA）是将试样涂覆于一根金属或玻璃等丝辫上进行测量的一种特殊条件下的动态热机械分析技术，其采用强迫共振原理，是测量物质在扭转振动负荷下的动态模量及力学损耗与温度关系的一种动态力学分析技术。TBA技术具有使用样品量少、测量灵敏度高等优势。

TBA是20世纪60年代初期首先由Gillham提出的一种动态力学分析方法，主要用于研究液态物质的动态力学性质[1]。

二、与实验相关的术语与定义

1. 动态热机械分析仪

动态热机械分析仪（dynamic mechanical analyzer，简称DMA仪）是在程序控制温度和振动负载下，测量试样的动态模量和力学损耗与温度关系的一类热分析仪器。

2. 夹具

夹具（clamp）是在进行动态热机械分析时用来夹持样品的一种装置，其一端与力的驱动装置相连，另一端与样品接触。

常用于动态热机械分析实验的夹具材质主要包括铝合金、不锈钢、钛合金等。根据样品性质和实验模式不同，用于DMA实验的夹具主要包括弯曲（包括三点弯曲、单悬臂梁和双悬臂梁等）、拉伸、剪切、压缩等类型，图6-2中给出了一种用于DMA实验的双悬臂梁夹具实物图。

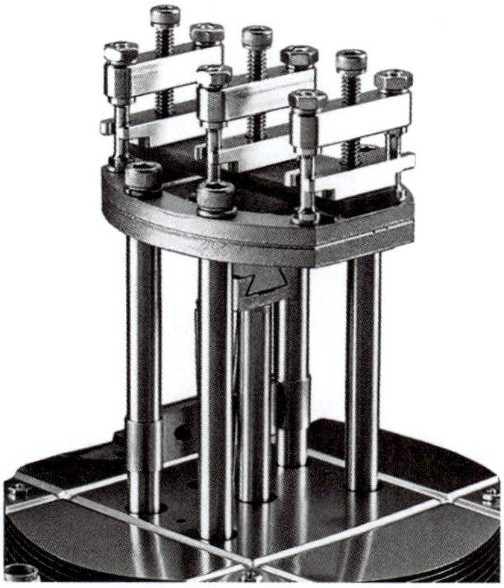

图6-2 用于DMA实验的双悬臂梁夹具

3. 动态实验模式

动态实验模式主要通过动态热机械分析仪实现，主要包括以下几种类型：

① 线性升温速率 / 多振幅扫描；

② 线性升温速率 / 单频率或多频率实验；

③ 步阶升温和恒温 / 单频率或多频率实验；

④ 步阶升温和恒温 / 单频率或多频率扫描；

⑤ 恒温 - 恒频率 / 应变扫描。

三、与分析数据表达和应用相关的术语

1. 复数模量

复数模量（complex modulus），又称动态模量，是指当对试样施加正弦振动波时应力与应变之间存在相位差，可以用复数形式表示。其中，应力振幅与应变振幅之比即为复数模量。常用 $M^{*}=M'+\mathrm{i}M''$ 表示，式中 i 为虚数单位。

不同受力条件下的复数模量可分别表示为：

（1）拉伸模量

$$E^{*}=E'+\mathrm{i}E'' \tag{6-1}$$

（2）剪切模量

$$G^{*}=G'+\mathrm{i}G'' \tag{6-2}$$

（3）体积压缩模量

$$K^{*}=K'+\mathrm{i}K'' \tag{6-3}$$

（4）纵向压缩模量

$$L^{*}=L'+\mathrm{i}L'' \tag{6-4}$$

以上复数模量表达式中的 E'、G'、K' 和 L' 被称为储能模量，是和应变同相的稳态应力与应变值之比；复数模量表达式中的 E''、G''、K'' 和 L'' 被称为损耗模量，是和应变相位差 90°的稳态应力与应变值之比。储能模量用于定量反映施加载荷期间的储存能量，而

损耗模量则与该期间的能量损耗成正比。

2. 储能模量

储能模量（storage modulus）是复数模量的实数部分，是和应变同相的稳态应力与应变值之比。

储能模量表示材料在形变过程中由于弹性形变而储存的能量，是反映材料变形后恢复程度的指标，用来表示材料存储变形能量的能力。储能模量反映的是材料弹性部分的贡献，不涉及能量的转换。

3. 损耗模量

损耗模量（loss modulus）是复数模量的虚数部分。损耗模量又称黏性模量，是指材料在发生形变时，由于黏性形变（不可逆）而损耗的能量大小，用来反映材料黏弹性中黏性部分的大小。损耗模量反映的是材料黏性部分的贡献，也就是材料的机械能转换为热能的衡量参数。

4. 损耗因子

损耗因子（loss factor）是在每个周期内损耗模量与储能模量之比，又称为阻尼因子（damping factor）、损耗角正切（loss tangent）或内耗因子 (internal dissipation factor)。当振动形变相对于振动应力的相位角为 δ 时，损耗因子可表示为 $\tan\delta$。

损耗因子可用于反映材料中黏性和弹性部分的比例：

① 当储能模量远大于损耗模量时，材料主要发生弹性形变，因此材料呈固态；

② 当损耗模量远大于储能模量时，材料主要发生黏性形变，因此材料呈液态；

③ 储能模量和损耗模量相当时，材料为半固态，例如凝胶状态。

5. 动态热机械分析曲线

动态热机械分析曲线（dynamic mechanical analysis curve，简称 DMA 曲线）是由动态热机械分析仪测得的试样的损耗模量（E''）、储能模量（E'）和损耗因子（$\tan\delta$）与温度或时间关系的曲线。图 6-3 为一种聚合物的 DMA 曲线，图中同时给出了分别由不同温度下的 E''、E' 和 $\tan\delta$ 数值绘制的曲线。

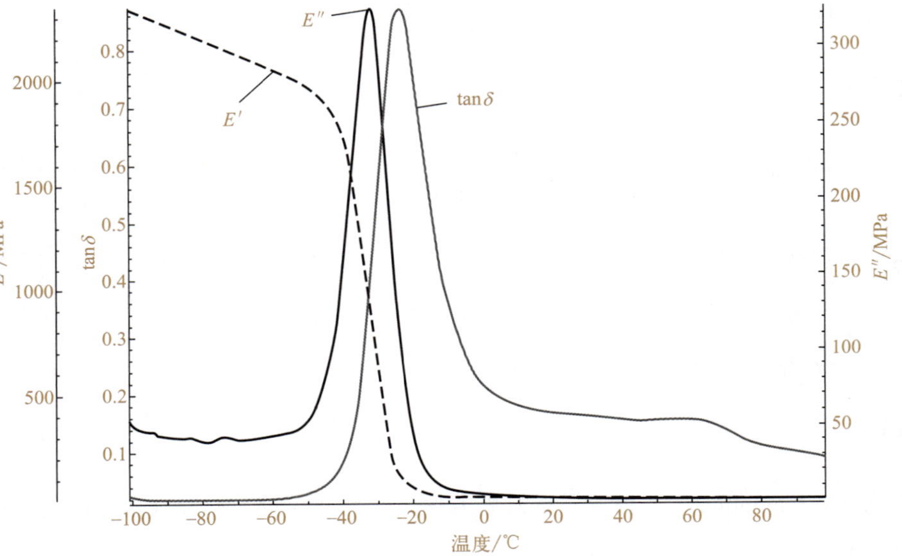

图 6-3 典型的 DMA 曲线

第二节 动态力学实验的理论基础

一、与动态力学实验相关的基本理论[3,4]

在程序控制温度（线性升温、线性降温、恒温及其组合等）条件下，当给试样施加一定频率、一定振幅的正弦波形式的动态振荡的应力（或应变）时，作为响应，试样会相应地产生一定频率、一定幅度的动态振荡应变（或应力），这种响应通常会伴随一定程度的滞后（相对于施加的应力或应变的波形的相位差），如图 6-4 所示。

由图 6-4 可见，在材料受动态力的作用过程中，材料响应的这种滞后程度是材料黏弹性质的综合反映，与材料的动态力学性质密切相关。对于完全弹性的材料，动态力学响应不存在相位角 δ 的滞后现象，此时 $\delta=0°$；对于完全黏性的材料，相位角 $\delta=\pi/2$；对于黏弹性材料，相位角 δ 则介于 0 ～ $\pi/2$ 之间。

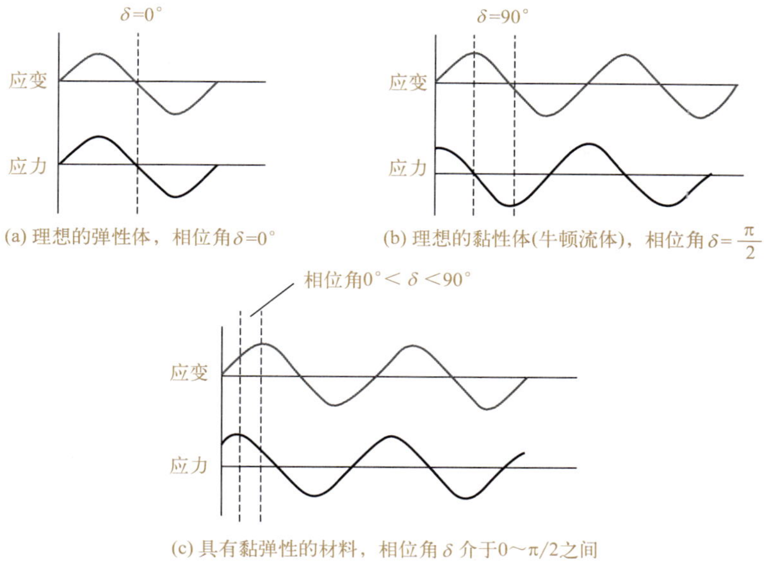

图 6-4　不同材料对正弦应变的响应程度

经过近一个世纪的不断完善和发展，目前已形成了相对完善的黏弹性理论，可以对不同类型的材料在动态力作用下的性质进行分析和预测[5-8]。限于篇幅，本章简要介绍与 DMA 实验密切相关的理论。

理论上，材料的动态力学行为是指材料在交变应力（或应变）作用下的应变（或应力）响应。动态力学试验中最常用的交变应力是正弦应力，可以表示为

$$\sigma = \sigma_0 \sin(\omega t) \tag{6-5}$$

式中，σ_0 为应力振幅；ω 为角频率。

对于理想的弹性体，由于应变对应力瞬间响应，当被施加正弦交变应力时，其应变一定与应力同相，且亦是正弦形式，即

$$\varepsilon = \varepsilon_0 \sin(\omega t) \tag{6-6}$$

式中，ε_0 为应变振幅。

对于理想的黏性体，由于应力与应变速率成正比，则有如下关系式：

$$\varepsilon = \frac{\sigma}{\eta} t \tag{6-7}$$

式中，η 为剪切黏度。将式（6-6）代入式（6-7）中，经整理可得

$$\varepsilon = \varepsilon_0 \sin(\omega t - \pi/2) \tag{6-8}$$

可见，当对理想黏性体施加正弦交变应力时，其应变正好滞后于应力 90°。

对于一般同时具有弹性和黏性性质材料的测量，当施加正弦交变应力时，其应变滞后于应力 0 ～ π/2 的相位角 δ，可以用下式表示：

$$\varepsilon = \varepsilon_0 \sin(\omega t - \delta) \tag{6-9}$$

如果将式（6-9）展开，可得

$$\varepsilon = \varepsilon_0[\cos\delta \sin(\omega t) - \sin\delta \cos(\omega t)] \tag{6-10}$$

从式（6-10）可知，黏弹性材料的应变响应可分为两项：第一项与应力同相位，恰好对应了材料的弹性部分；第二项比应力滞后了 π/2，对应于材料的黏性部分。

因此，在动态力作用下材料的复数模量 E^* 可以用下式表示：

$$E^* = \frac{\sigma_0}{\varepsilon_0}(\cos\delta + \mathrm{i}\sin\delta) = E' + \mathrm{i}E'' \tag{6-11}$$

E' 和 E'' 的表达式分别如下：

$$E' = \frac{\sigma_0}{\varepsilon_0}\cos\delta \tag{6-12}$$

$$E'' = \frac{\sigma_0}{\varepsilon_0}\sin\delta \tag{6-13}$$

复数模量 E^* 的实数部分 E' 用来表征黏弹性材料在形变过程中由于弹性形变而储存的能量，称为储能模量；虚数部分 E'' 表征黏弹性材料在形变过程中因黏性变形而损耗的热量，称为损耗模量。

理论上，在一个动态力作用周期下得到的理想弹性体的应力 - 应变曲线为一条直线，而黏弹性材料的应力 - 应变曲线则为如图 6-5 所示的环形滞后环曲线，通常称该滞后环为李萨如曲线图。这是由于材料的黏性部分引起应变滞后于应力而形成滞后环形曲线，其面积等于每个振动周期转变为热量的振动能 ΔW，即阻尼，ΔW 可以通过对椭圆曲线环积分（$2\pi / \omega$）求得。黏弹性材料在每一振动周期内储存的最大弹性能为 W，可以通过对 1/4 周期（$\pi / 2\omega$）内应力 - 应变曲线积分求得。在每一个振动周期中，损耗能量 ΔW 与最大弹性能 W 的比值为比损耗或比阻尼，用 ψ 来表示。这些物理量可以分别用下式表示：

$$\Delta W = \pi \gamma_0^2 E'' \tag{6-14}$$

$$W = \frac{\gamma_0^2 E'}{2} \tag{6-15}$$

$$\psi = \frac{\Delta W}{W} = 2\pi\tan\delta \tag{6-16}$$

式（6-16）中，tanδ 常被称作损耗角正切或损耗因子，该因子是一个无量纲的参数，可用下式表示：

$$\tan\delta = \frac{E''}{E'} = \frac{G''}{G'} \tag{6-17}$$

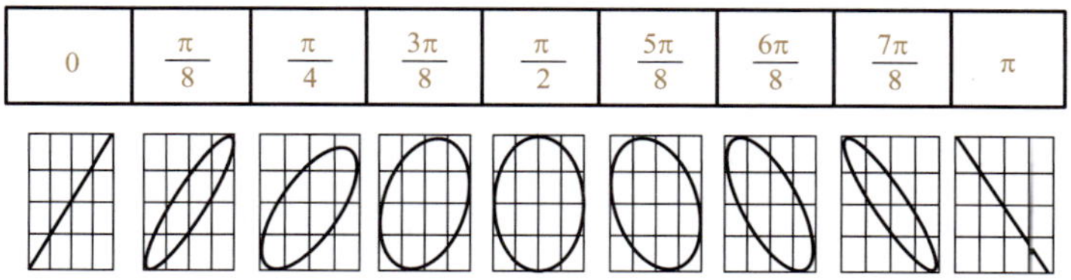

图 6-5　不同相位角对应的李萨如滞后环形状

模量 E^*、E'、E'' 和损耗因子 tanδ 之间的关系可以用图 6-6 表示。

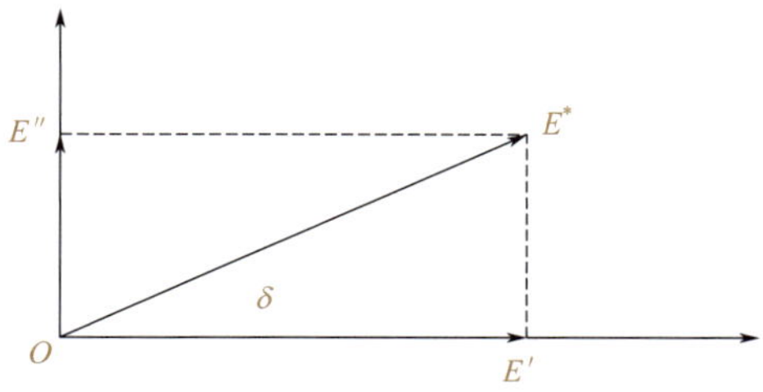

图 6-6　复数模量、储存模量、损耗模量和损耗因子之间的关系

损耗因子 tanδ 反映了黏弹性材料的内耗性质，其值越大意味着链段在运动时受到的内摩擦力越大，链段的运动越跟不上外力的变化，滞后越严重。内耗的大小与分子结构有关，一般柔性分子滞后较大，刚性分子滞后较小；由于极性基团会增加运动的内摩擦，极性较大的分子内耗也偏大。另外，内耗的大小还受温度影响。例如，在远低于 T_g 的温度下，材料受外力作用时形变小，形变速率较大，内耗很小；随着温度升高，链段运动越来越活跃，摩擦阻力也变大，内耗相应地也增大，在玻璃化转变过程中会有一个极值；温度高于 T_g 时，链段运动的自由性增加，因此摩擦阻力越来越小，内耗也就越小。

二、不同测量模式下模量的计算

在 DMA 实验中，通常根据实验需要选用不同类型的夹具，这使得施加力的方式存在着较大的差别，通过动态实验中的参数计算相应的 E'、E'' 和 $\tan\delta$ 等的方法也不同。

1. 拉伸模式

在 DMA 实验中，图 6-7 所示的拉伸夹具常用于测量薄膜和纤维（束或者单根）样品，在该模式中样品两端分别被夹持在夹具的固定端和运动端。除了动态的应力之外，需要施加静态预张力以避免样品卷曲变形或发生不必要的蠕变，一般静态力比动态力大 10% ～ 20%。

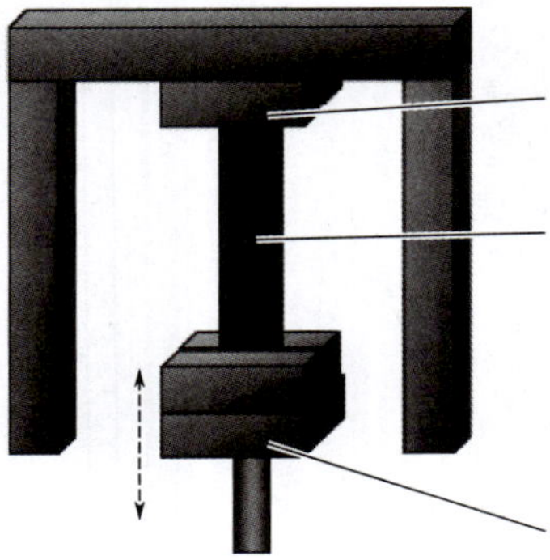

图 6-7　DMA 实验中的拉伸夹具示意图

可由下式计算表观储能模量 E'_a：

$$E'_a = \frac{K_a L_a}{bd} \cos \delta_{E_a} \tag{6-18}$$

式中，L_a、b 与 d 分别为样品的表观长度、宽度与厚度；K_a 为试样的表观刚度。

E'_a 与表观损耗因子 $\tan \delta_{E_a}$ 和表观损耗模量 E''_a 之间存在如下关系：

$$E''_a = E'_a \tan \delta_{E_a} \tag{6-19}$$

上述表达式是在不考虑实验中可能引入的误差前提下得到的表观值。在拉伸模式中，实验误差主要来源于四个方面：①激振频率和试样自振频率相差太小；②高频率作用时，可能会引起力传感器的共振；③如果试样表观刚度 $K_a > 0.02\ K_\infty$（K_∞ 是标样钢条的刚度），系统本身的柔量会影响试样刚度和拉伸损耗因子的测试精度；④试样两端的夹持误差。

为了消除以上第一种和第二种误差，实验时采用的测试频率 (f) 应满足 $f < 0.04\ f_s$ 且 $f < 0.1\ f_F$，f_s 和 f_F 分别为样品的固有频率和引起力传感器共振的频率，可由下式来估算：

$$f_s = \frac{1}{2L_a}\left(\frac{E'_a}{\rho}\right)^{1/2} \tag{6-20}$$

$$f_F = \frac{1}{2\pi}\left(\frac{K_F}{m_F}\right)^{1/2} \tag{6-21}$$

式中，ρ 为试样密度；K_F 为力传感器刚度；m_F 为加载系统在力传感器和试样间的质量。

为了消除以上第三种误差，需进行柔量校正。用下式（6-22）代替式（6-18）中的 $K_a\ \cos\ \delta_{E_a}$，从而可以获得更精确的储能模量 E' 和损耗因子 $\tan\delta$：

$$K_a \cos\delta_E = \frac{K_a\left(\cos\delta_{E_a} - K_a / K_\infty\right)}{1-2\left(K_a / K_\infty\right)\cos\ \delta_{E_a}} \tag{6-22}$$

$$\tan\delta_E = \frac{\tan\delta_{E_a}}{1-\left(\dfrac{K_a}{K_\infty \cos\delta_{E_a}}\right)} \tag{6-23}$$

第四种夹持误差主要影响 E'，需进行长度校正。将式（6-18）中的 L_a 用（L_a+l）来代替，其中 l 为长度校正值。长度校正具体做法为：测定不同 L_a 时的刚度 K，作 $1/(K\cos\ \delta_{E_a})$-L_a 曲线，截距即为长度校正项 l。

现在的商品化 DMA 仪可以实现通过软件自动进行柔量校正和长度校正。在其他形变模式中也按照以上的方法进行误差来源分析和消除。

2. 压缩模式

在压缩模式条件下，样品的形状可以是圆柱、立方或长方体。对于非常软的样品（例如凝胶），也可以在压缩的条件下测量。压缩模式下所负载的力与拉伸模式相反，实验时通过可以运动的上盘施加于样品上（见图 6-8）。压缩模式适合低模量或中等模量（如泡沫和弹性体）的黏弹性材料的测试，也可以用于黏合剂在静态力下的膨胀和针入度测试。压缩形变测试也需要预置静态压缩应力，且大于动态力，以确保动态作用有效。

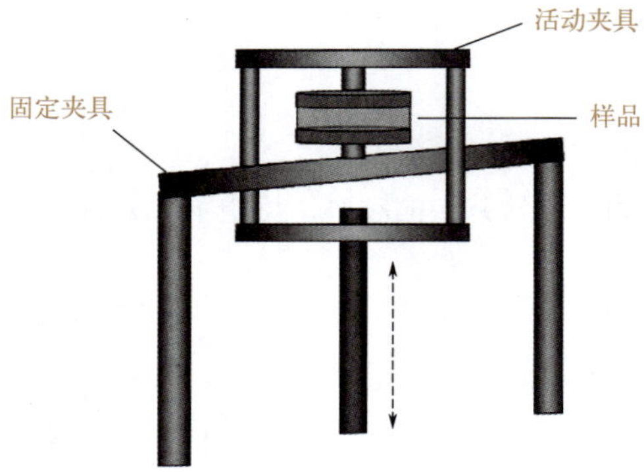

《 图 6-8 DMA 实验中压缩夹具示意图

对于截面半径为 r、高度为 L_a 的圆柱形样品，则可以用下式表示压缩表观储能模量：

$$E'_a = \frac{\Delta F_a}{S_a} \times \frac{L_a}{\pi r^2} \cos\delta_E \tag{6-24}$$

对于长方体试样，截面积为 bd、高度为 L_a，类似于拉伸模式中的式（6-18）：

$$E'_a = \frac{\Delta F_a}{S_a} \times \frac{L_a}{bd} \cos\delta_E \tag{6-25}$$

在拉伸模式部分讨论的四大误差来源中，在压缩模式中不存在柔量和夹持带来的误差。

3. 弯曲模式

弯曲模式主要包括单 / 双悬臂梁（图 6-9）和三点弯曲（图 6-10）两种作用形式，是 DMA 最常用的形变模式。其中单 / 双悬臂梁夹具的适用范围较广泛，几乎适用于除薄膜、纤维之外的所有材料。实验时，如果样品长度只有图 6-9 中的一半，样品夹持于固定夹具的一端和中间的活动夹具之间，这种模式为单悬臂梁模式。单悬臂梁更适用于未固化或高膨胀的样品。

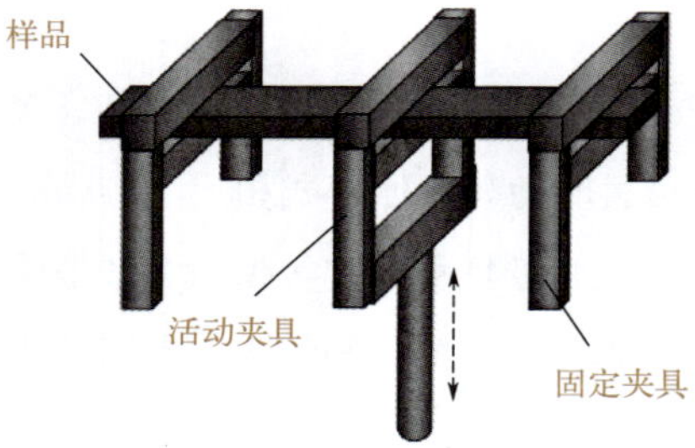

《 图 6-9 DMA 实验中单 / 双悬臂梁夹具示意图

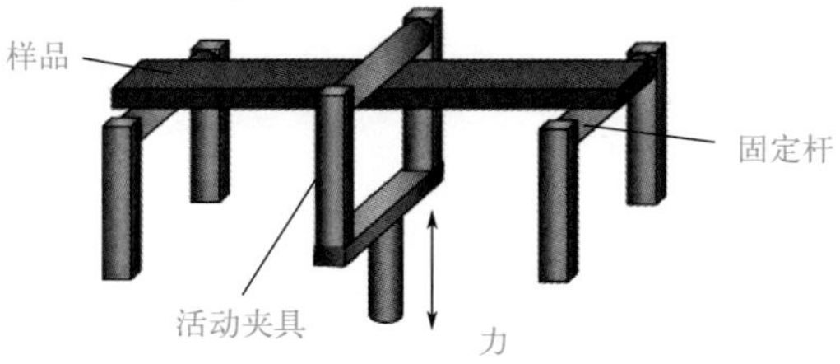

《 图 6-10 DMA 实验中三点弯曲夹具示意图

三点弯曲夹具比较适合用于实验中不发生蠕变的刚性材料，例如金属片、陶瓷、玻璃纤维增强的热固性材料等。实验时，除了需要加载动态的应力之外，还需要预先加载一个静态力，且静态力必须超过动态力，使活动夹具对样条产生有效的动态力。在三点弯曲实验中没有夹具的夹持效应，得到的为最纯粹的形变模量。

对于单 / 双悬臂梁模式，试样的表观储能模量可以用下式表示：

$$E'_a = K_a \frac{L_a^3}{bd^3}\left(1+\frac{d^2}{L_a^2}\times\frac{E'}{G'}\right)\cos\ \delta_{E_a} \tag{6-26}$$

式中，L_a 为试样在中心夹头与端夹头之间的自由长度；d 为试样厚度。

对于三点弯曲模式，试样的表观储能模量可以用下式表示：

$$E'_a = K_a \frac{2L_a^3}{bd^3}\left(1+\frac{d^2}{4L_a^2}\times\frac{E'}{G'}\right)\cos\ \delta_{E_a} \tag{6-27}$$

式中，L_a 为试样在中心加载点与每一端支点间的距离。

在以上两个等式中，括号内的第二项是剪切校正项。试样长厚比 L_a/d 决定了校正项的大小，一般使校正项< 0.1。为了获得理想的数据，对于各向同性的材料，为了尽可能减小弯曲形变中剪切分量的影响，用于单 / 双悬臂梁模式的样品的长度和厚度之比应尽可能大于 10，用于三点弯曲模式的样品的长度和厚度之比大于 6；为了减小因夹具或中心加载点对试样横向变形的限制所引起的误差，用于单 / 双悬臂梁模式的样品的长度和宽度之比最好大于 6，用于三点弯曲模式的样品的长度和宽度之比大于 3。

对于各向异性的材料，其储能模量 E' 远大于剪切模量，要求样品应具有更大的长厚比来使校正项变小，以此减小由剪切项引起的误差。

三点弯曲是最纯粹的形变，因此 E'_a 即为 E'。对于单 / 双悬臂梁模式，还需进行长度校正，以消除由试样夹持而引起的误差，经校正后的储能模量可以用下式表示：

$$E'=E'_a \frac{L_a+l}{L_a^3} \tag{6-28}$$

式中，l为长度校正项。

在弯曲模式中，当发生弯曲形变时，试样一侧受拉伸作用，另一侧受压缩作用。影响损耗因子和损耗模量的因素与拉伸形变相似，可以参考拉伸模式下消除这类因素误差的方法。

4. 剪切三明治模式

在剪切三明治模式中，两个相同大小的样品分别对称地夹持于两端固定、中间可动的平板之间（参见图 6-11）。有些仪器的夹具结构与此相反，即中间的金属块是固定的，两端的金属块是可动的。这种模式特别适用于凝胶、黏合剂、高黏度树脂、软塑料和橡胶等，也可用于固化反应的研究。

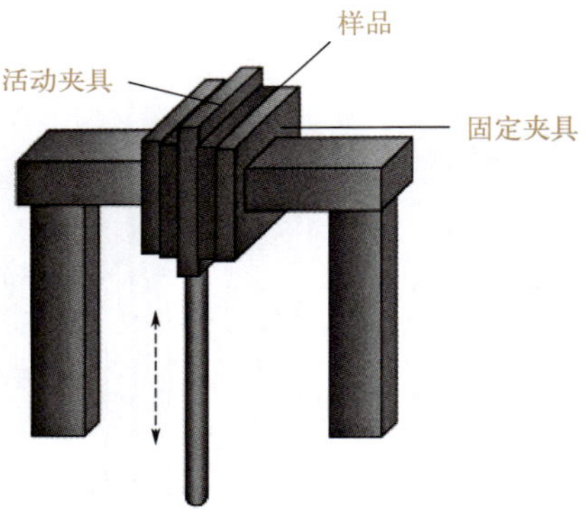

《 图 6-11 DMA 实验中剪切三明治夹具示意图

实验时，试样的形状可以是正方形或圆盘状，优选形状和面积与金属块一致的正方形片，表观剪切储能模量如下式所示：

$$G_a' = \frac{\Delta F_a}{S_a} \times \frac{L}{A}\left(1+\frac{L^2}{h^2}\times\frac{G'}{E'}\right)\cos\delta_{G_a} \tag{6-29}$$

式中，$\Delta F_a/S_a=K_a$，定义为表观刚度；A为样品剪切截面的面积；L为样品的厚度；h为样品的边长；式（6-29）括号中的第二项是试样的弯曲校正项。试样在剪切方向的尺寸h（一般也是金属块的边长）应超过厚度L的 4 倍，使弯曲校正项尽量小。

第三节
动态热机械分析仪

一、发展过程

多年来，动态热机械分析技术已逐渐发展成为研究材料黏弹性的重要手段。在20世纪50～60年代，实验室主要通过自行研制的设备进行聚合物材料的动态力学研究。自20世纪70年代以来，主流仪器厂商如瑞士梅特勒公司、美国TA仪器公司、德国耐驰公司等陆续推出商品化的动态热机械分析仪，并迅速得到应用[9]。经过几十年的日益完善，当前商品化仪器的功能、控制与测试的精度、数据采集与处理速度不断提高，在材料特别是高聚物与复合材料的研究中其应用越来越广泛。在实际应用中，商品化的动态热机械分析仪已拓展到能兼顾材料的静态黏弹性（如蠕变、应力松弛等）的分析。当前所有主流仪器制造商的商品化仪器都基于强迫非共振的原理，主要包括两大类，即主要用于固体动态力学性能测试的动态热机械分析仪和主要用于流体测试的流变仪。本章主要介绍基于固体测试的动态热机械分析仪。

早期的商品化DMA仪器主要包括日本岩本株式会社的DDV Ⅰ～Ⅲ系列产品、美国Polymer Laboratory公司的DMTA Ⅰ～Ⅲ与DMTA Ⅳ～Ⅴ系列产品、美国Du Pont公司（现为美国TA仪器公司）的DMA 980～983系列与DMA 2980、美国Perkin Elmer公司的DMA 7、德国Netzsch公司的DMA 242、日本理学公司的DMA 110/120和DMA 200/210系列、瑞士Mettler公司的DMA861e等。早期的商品化仪器包含的试样形变模式往往是单一的拉伸或弯曲模式，经过不断完善，当前的商品化DMA仪器都包括拉伸、压缩、剪切、弯曲（包括三点弯曲、单/双悬臂梁弯曲）等多种形变模式，一些商品化仪器还可以实现杆、棒状样品的扭转模式。近年来，DMA技术还可与差热分析（DTA）、介电分析（DETA）、紫外光谱（UV）等分析技术进行联用，在动态力学实验条件下全面地对材料的力学、热学、电学、光学性质的变化信息进行研究[9]。

二、仪器的工作原理、结构及组成

1. 工作原理

动态热机械分析法（DMA）是在程序控制温度和一定气氛下，对试样施加单频或多频的振荡力，测量相应的振荡形变及其响应滞后，获取其储能模量、损耗模量和损耗因子随温度、时间或力的频率的变化关系的一种热分析技术。强迫非共振法是目前生产最多、应用最广的动态热机械分析仪所采用的一种测试方法。强迫非共振法是强迫试样以设定频率振动，测定试样在振动中的应力和应变幅值以及二者之间的相位差。在实验过程中仪器的相应的传感器可以实时记录应力的振幅、应变的振幅及两者之间的相位差 δ，在整个测量过程（时间 / 温度变化）连续输出这些数值（可单一频率测试，也可多频循环测试并将对应频率的数据点进行连接拟合），经数据处理计算，可得到包含储能模量曲线、损耗模量曲线和损耗因子曲线等的 DMA 曲线图，其工作原理如图 6-12 所示。

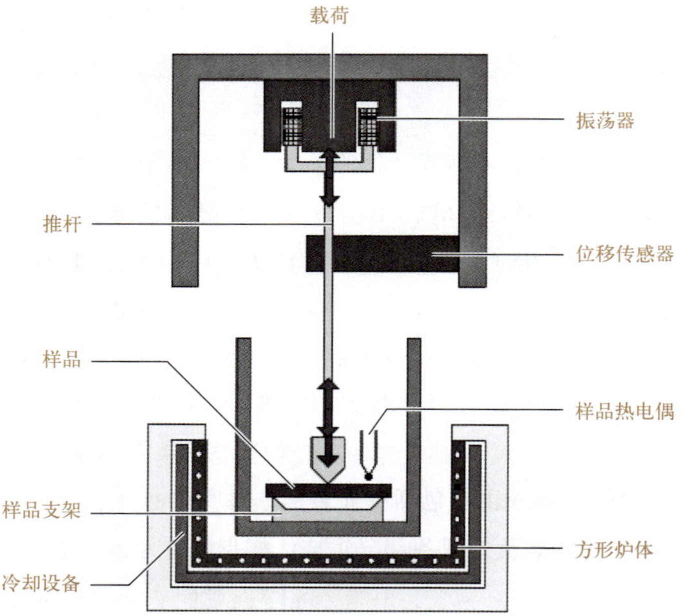

图 6-12　DMA 测试原理图

在动态力作用下，通常根据实验目的和样品性质选择不同的样品夹持方式进行实验。不同的夹持方式下样品的受力方式有较大的差别。图 6-13 中给出了样品在压缩、剪切、拉伸、双悬臂梁弯曲、三点弯曲以及扭转作用下不同的夹持方式示意图。

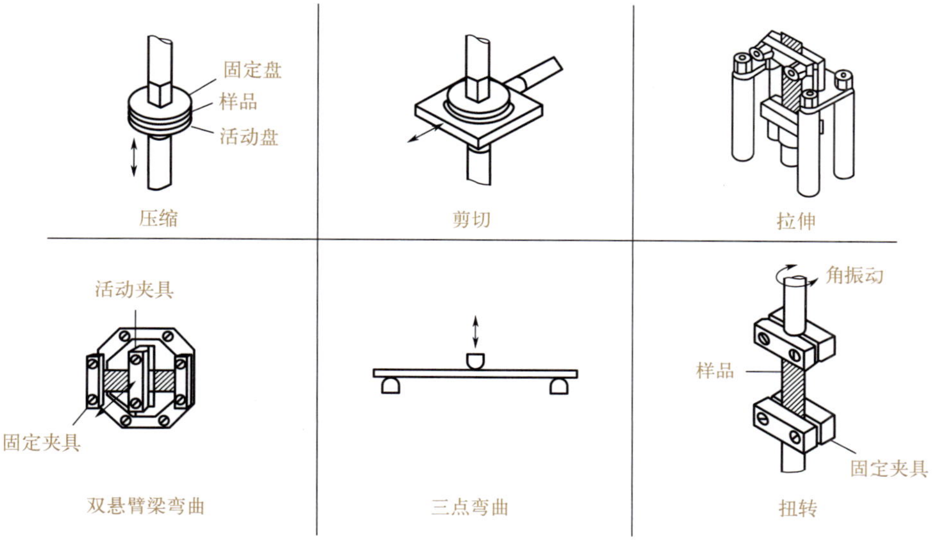

图 6-13　DMA 测量中样品的夹持方式[1]

2. 仪器结构

动态热机械分析仪器的结构形式主要包括上加载样品式和下加载样品式两种，图 6-14 为上加载样品式 DMA 仪的结构框架图。

3. 仪器组成

商品化的 DMA 仪主要由仪器主机（主要包括程序温度控制系统、炉体、支持器组件、样品温度测定系统、样品温度控制系统、荷载 / 形变控制系统、荷载 / 形变测定系统、气氛控制系统等部分）、仪器辅助设备（主要包括冷却装置、湿度控制装置、光照装置、摄像装置等）、仪器控制和数据采集及处理各部分组成。根据仪器结构的不同，DMA 仪可分为应力控制型和应变控制型两类，图 6-15 中给出了一种商品化 DMA 仪器的剖面图。

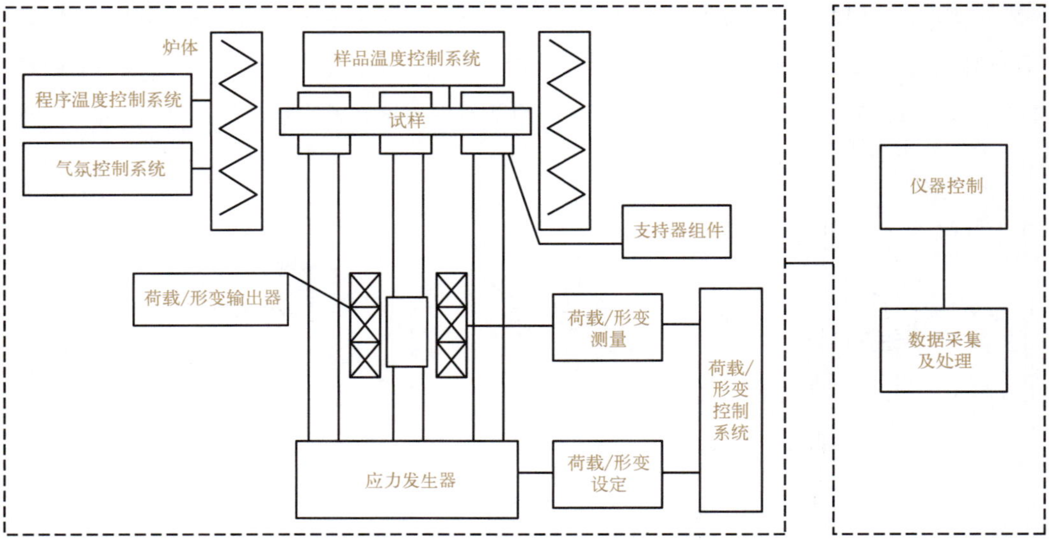

图 6-14　上加载样品式 DMA 仪结构框图

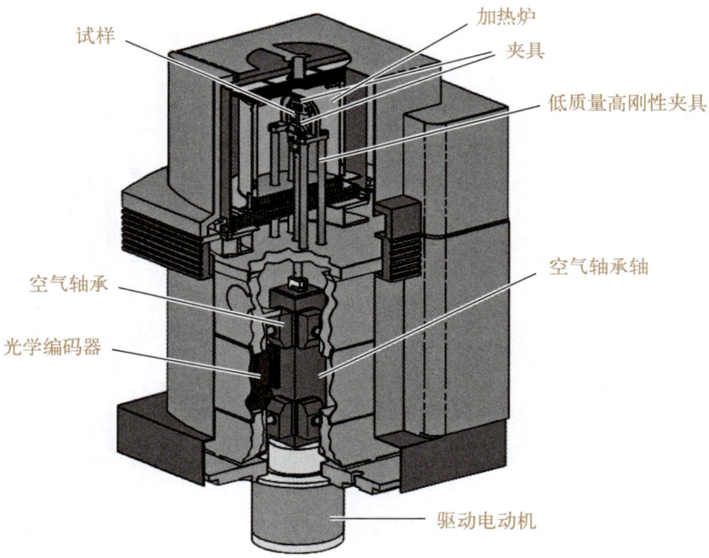

图 6-15　一种商品化 DMA 仪器的剖面图

在许多仪器中，采用线性空气轴承来支撑驱动组件。这种设计使仪器的摩擦最小化，并可精确测量材料的力学性能。电磁驱动器用于施加力，该力通常由线性可变差动变压器（LVDT）独立转换得到。样品的运动情况通过 LVDT、涡流或类似的非接触位移传感器来测量。应力和应变传感器都需要通过基于质量和千分尺测量的一些绝对方法进行校准，或者通过可以追溯到这些标准的某些仪器进行校准。

三、仪器的校正

与 TMA 相比，在对 DMA 进行校正时，除了需要对温度、力和位移进行校正之外，还应对模量进行校正。

1. 基本要求

DMA 仪校正的基本要求如下：

① 检测用的 DMA 仪应按照相关校准规范或者检定规程定期进行校正。

② 校正时，应按照仪器相应的校正规程或根据仪器生产厂家的建议，使用相应标准物质分别对仪器的温度、力和位移进行校正。

③ 由于参数校正会受到试样状态及用量、升温速率、试样支架、热电偶与试样之间的距离、气氛气体的种类和流量等因素的影响，因此校正的条件应尽可能与正常测试保持一致。

2. 温度校正

DMA 仪的温度校正方法与本书第五章中介绍的 TMA 仪的温度校正方法基本相同。校正时，在仪器的正常工作条件下采用已知转变温度的标准物质（或纯度在 99.99% 以上的物质）对仪器温度示值进行标定。当测试温度范围较宽时，应使用一种以上的标准物质进行校正，应做到工作温度在已校正的温度区间内。温度校正方法可参考 ASTM E1867[10]，也可使用精确至 ±0.1℃的热电偶来校正 DMA 仪。

3. 力校正

DMA 仪的力校正方法与本书第五章中介绍的 TMA 仪的力校正方法基本相同。校正时，应按照仪器操作规程的要求，使用仪器厂商提供的校准砝码或已知质量的标准砝码校正 DMA 仪电动机产生的力以及力传感器的测量值。

4. 位移校正

DMA 仪的位移校正方法与本书第五章中介绍的 TMA 仪的位移校正方法基本相同。

对仪器进行校正时，按照仪器操作规程的要求，使用已知长度（或高度）或由仪器商提供的标样（量块）作为位移校正的参比，将测试的位移偏移量与标样提供者提供的标准值进行比较和校正，以校正 DMA 仪的位移传感器。

5. 模量校正

用仪器测定特定温度下标准物质的储能模量和损耗模量，与标准物质提供者提供的标准值进行比较和校正。储能模量校正方法参考 ASTM E2254 [11]，损耗模量校正方法参考 ASTM E2425 [12]。表 6-1 中列出了可用于储能模量校正的标准物质。

表6-1　用于DMA储能模量校正的标准物质

温度 /℃	储能模量 /GPa				
	碳钢	Monel 合金	铜	铝	超高分子量聚乙烯
−198	207	185	121	77.9	—
−101	201	182	116	75.8	—
−46	198	180	114	74.5	—
21	192	179	114	73.1	1.26
93	191	179	112	71.7	—
149	189	178	112	70.3	—
204	186	177	110	65.5	—
260	182	175	—	—	—
316	177	170	—	—	—

注：表中列出了可用于 DMA 仪储能模量校正（−100 ～ 300℃）的标准物质。表中所列数值为参考值，具体数据以标准物质提供者提供的值为准。

四、仪器的维护

1. 仪器工作状态的判断方法

在 DMA 仪器正常使用过程中，应按照操作规程的要求定期进行检定（或校准）和核查，以免在仪器工作状态异常下完成实验。

当在实验中出现以下情况时，应及时对仪器进行状态确认。

（1）实验数据异常　在排除了样品和操作条件因素之外，实验数据有时会出现重复性差、特征参数偏离正常范围、软件报错无法正常实验、曲线中一直存在波动等异常现象。

（2）夹具受到污染或腐蚀　高温下，试样发生熔融或分解时，容易导致污染物残留在夹具上或者与夹具发生明显的反应。这种情况下应及时清理夹具上的污染物或者更换夹具，以免对测量数据造成影响。

（3）夹具变形　实验中有时会出现试样熔融导致其与夹具发生粘连的现象，严重时会引起夹具变形，从而使其无法自由移动。这种情况下应及时修正夹具或者更换夹具，以免对测量数据造成影响。另外，还应注意固定夹具用的螺丝是否生锈，如生锈则应及时更换。

（4）更换不同尺寸或者类型的夹具　当在实验过程中需要更换不同尺寸或者类型的夹具时，应及时在更换夹具后按照实验相同的条件对温度、位移、力和模量等参数进行校正，确保仪器处于正常的工作状态。

（5）仪器更换关键器件　仪器更换加热炉、热电偶、位移传感器、载荷控制系统等关键器件后，在正式开始实验之前应按照相关检定规程或者校准规范的要求对仪器进行校准，性能参数满足要求后方可开始检测。

2. 仪器维护中常见问题及注意事项

良好的仪器状态是仪器正常工作的基本前提，除了实验室环境条件应满足要求之外，在对仪器进行维护时还应注意以下方面：

① 避免仪器频繁关机；

② 关机前需要将驱动支架锁定，等待仪器提示已保存校正文件和检查仪器目前状态后方可关机；

③ 仪器每次开机后，需及时消除静电影响并使电子元件、驱动器和传感器处于稳定状态，通常需要预热半小时左右才可以开始实验；

④ 当仪器需要搬动或者重启时，需要及时进行位置校正；

⑤ 更换不同类型的夹具时，应按照要求进行相应的校正或者更换相应的校正文件；

⑥ 热电偶的位置应保持相对不变，当其位置发生较大的变化时，应重新进行温度校正。

第四节
影响动态热机械分析实验的因素

相对于传统的热分析仪器（如 TGA、DSC、TD 和 TMA），DMA 仪器的操作要复杂得多，影响因素也较多。例如，实验中所采用的测试类型、形变模式、应变水平、频率、静 / 动载荷之比、温度、升 / 降温方式与速率、试样尺寸、夹持力等因素均会影响最终的实验结果，仪器对操作人员的理论和经验等综合能力要求较高。这些因素可以概括为仪器因素、实验条件因素和其他因素几个方面，图 6-16 中列举了影响 DMA 实验的因素。

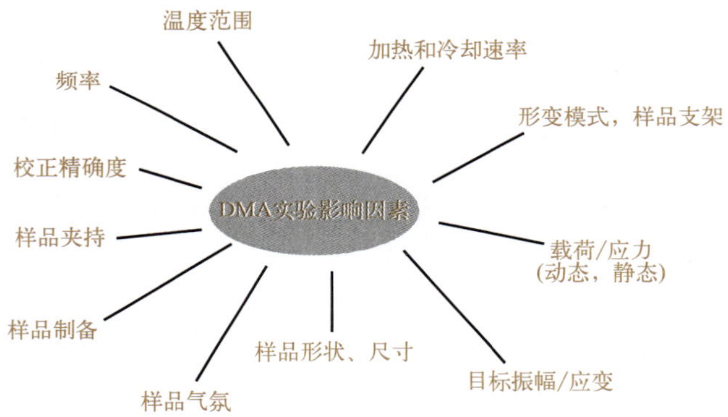

图 6-16　影响 DMA 实验的因素

一、仪器因素

1. 炉体

由于 DMA 仪器的夹具以及样品需要较大的运动空间，因此其炉腔一般比 DSC、TG 仪等的大得多，不同位置的温度梯度较大，热电偶的位置对温度控制和测量有较大影响。因此，在实验中通常采用较慢的加热速率并且保持热电偶的位置不变。

2. 驱动器和力学传感器

在实验时通过驱动器和将位移、形变等转化为电信号的力学传感器对样品施加动态力，不同型号的商品化 DMA 仪器所采用的驱动器和力学传感器的结构和原理存在着较大的差异。这些差异导致不同仪器在驱动力、频率、振幅的适用范围、系统摩擦以及模量测量范围等方面存在着较大的差别，通常通过力校正来消除这些差异。

3. 夹具及支架

DMA 夹具以及安装驱动、传感器和夹具的支架一般采用高刚度的材料（例如铸钢、铸铝、陶瓷等）制成，这种材质可以有效减小夹具及支架给测试带来的柔量和变形。实验时采用的夹具和支架的材质对实验结果会产生不同程度的影响，可以通过校正来消除这种影响。

按照力的施加方式不同，用于 DMA 实验的夹具通常包括拉伸、压缩、双悬臂梁、单悬臂梁、三点弯曲、剪切等形式。通常需要根据不同的形变模式来选择相应的夹具，不同材质、形状、尺寸的样品采用不同的夹具，不同刚度的样品需要选用相应的夹具来进行实验。显然，由不同形式的夹具得到的实验结果之间存在较大的差别。图 6-17 为环氧树脂分别在三点弯曲、双悬臂梁、单悬臂梁三种不同操作模式下得到的 DMA 曲线，由图可见在不同形变模式下测得的储能模量绝对值之间存在着明显的差异，但是在这三种模式下测得的玻璃化转变温度（损耗因子峰值点）的值几乎相同。

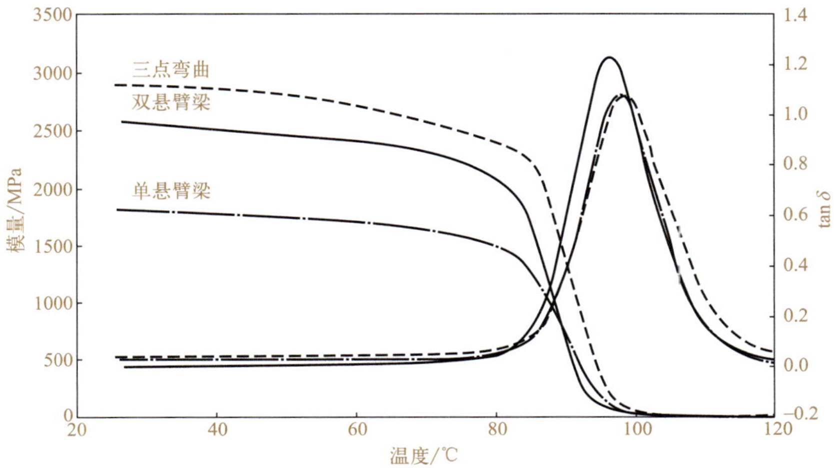

图 6-17　三种不同模式下 DMA 测得环氧树脂的储能模量曲线

二、实验条件因素

1. 制样条件

制样时，样品的微观结构、形状、尺寸、热历史、内应力以及保存环境等因素对实验结果产生不同程度的影响。

（1）样品的微观结构　样品的微观结构决定了其力学性质，从而决定了模量曲线、损耗因子曲线的性状以及特征温度的位置。在外力作用下，材料内部各级结构单元互相摩擦，产生热能损耗，在玻璃化转变温度附近损耗最大。例如，完全无定形材料的玻璃化转变温度比半结晶材料、发生交联的热固性材料低。

（2）样品的形状和尺寸　在 DMA 实验中，为获得准确的模量数值和曲线，样品应具有规则的形状并且保持平整。实验时，通常选取有代表性、无缺陷（包括气泡、裂纹、杂质等）、尺寸均匀的样品。低温测试时需要将样品置于起始温度环境稳定一段时间后重新测量样品尺寸并紧固夹具（除三点弯曲外的单 / 双悬臂梁、拉伸等夹具）。弯曲夹具的样品形状优先选用矩形块状；压缩夹具的样品形状优选与夹具金属面大小一致的形状；采用剪切三明治夹具的试样为一对与夹具金属面形状一致的圆形或方形样品。

另外，对于采用单 / 双悬臂梁、三点弯曲、压缩夹具的样品，准确测量其尺寸至关重要，尺寸测量的准确程度直接影响曲线中的 E' 和 E'' 值。

（3）样品的热历史、内应力　实验时所用样品的热历史和加工条件（如退火、淬火、拉伸、压延等）会引起材料性能变化，从而导致曲线的形状出现变化。通常，存在残余内应力的样品的取向度相对较高，在此条件下得到的储能模量高于消除内应力的样品。

（4）样品保存环境的影响　样品从环境吸湿后其力学性能会发生较大的变化，因此易吸湿样品必须烘干并保存于干燥器中，以排除湿度的影响。

2. 样品加载方式

除了样品制备条件的影响之外，DMA 实验样品的加载方式对数据的精确性和重复性也会产生影响。例如，在样品加载过程中，样品如果发生扭曲变形，将会影响实验结果。

尽管用于弯曲实验的矩形块状样品的加载过程通常相对简单，但需要注意样品和夹具的中轴线保持对准，样品保持舒展状态且无变形。使用单 / 双悬臂梁夹具固定样品时，为保护活动支架（安装活动夹具部分）和确保样品不会滑动，需先使支架处于锁定状态，选择合适的夹持力将夹具锁定，一般先固定活动夹具端。使用单悬臂梁夹具时，为保证样品长度和夹具跨距相等，安装样品前需确保两悬臂梁处于同一水平。在使用剪切夹具时，加载样品过程中应注意保持两边力矩对称且大小合适。

薄膜和纤维拉伸夹具的样品安装相对其他夹具较难，除了应该注意样品中轴线和夹具中轴线对齐以确保样品舒展无变形之外，在取样和装样时，也应避免机械损伤和拉扯变形。

3. 温度程序

由于 DMA 仪器的加热炉体积较大，实验时采用的温度扫描速率一般为 1 ～ 5℃ /min。由于温度梯度的影响，加热速率越快，曲线中的转变越滞后，损耗峰的峰形越明显。

4. 频率

实验时，应力的作用频率越高，样品的应变越滞后，转变温度移向高温。频率越低，完成一个周期耗时越长；过高频率可能引起样品台的振动，一般常用的频率范围是 0.1 ～ 10Hz。

5. 振幅（形变率）

理论上，对于弹性较强的样品，当应变量在应力 - 应变曲线的线性范围内时，振幅（形变率）对模量和转变温度没有影响，因此刚性样品的振幅对 DMA 曲线的影响很小；而对于黏性较强的样品（例如橡胶材料），无论是采用弯曲夹具还是压缩夹具，实验时的应变量易超出线性范围，从而导致储能模量随应变增大而减小。

6. 静态力（预加载力）

不同夹具由于形变方式不同，采用的夹持方式不同，需要设定的静态力参数不同。例如，悬臂梁弯曲夹具、剪切夹具不需要设定预加载力参数，而拉伸夹具、三点弯曲夹具、压缩夹具、刺穿夹具和浸液夹具需要设定预加载力参数。对需要设定预加载力参数的夹具，预加载力的作用主要是使样品保持自然舒展状态，避免卷曲变形或防止发生意外蠕变，还可以避免样品形变量超出弹性形变的范围或样品在测试过程中断裂。为避免样品在较高温度下出现过度变形，还需根据动态力及时调整静态力的大小。对于刚性材料，当预加载力增大时，储能模量通常也会随之增大；对于柔性材料，预加载力的变化对储能模量的影响很小。

7. 气氛

由于 DMA 仪一般不用于研究物质的热分解过程，因此大多数实验中的气氛为动态空气气氛（对于易氧化的样品有时需要采用惰性气氛），其作用主要是保持试样周围温度的均匀。实验时气氛气体的流速对测得的温度值有影响，不同仪器在正常工作时气氛气体的流速差别较大，实验时应根据需要来灵活选择气体的流速。

8. 实验模式

DMA 仪器不仅可以实现由 TMA 仪器完成的静态实验模式（如应力扫描、应变扫描、恒应力 / 应变温度扫描、蠕变和应力松弛等），还可以实现在周期性变化的应力或应变下的动态温度扫描模式、动态频率扫描模式、阶梯式温度扫描模式等。显然，由不同的实验模式所得到的实验曲线之间也存在着较大的差别。在实验中，应根据样品的性质和实验需求选择不同的操作模式。

三、其他因素

1. 样品自身影响因素

如果样品在加工过程中存在结构不均匀或存在气泡、裂痕、表面凹凸不平等缺陷，也会对实验曲线带来较大的负面影响，导致曲线“失真”。

此外，对于不同厚度的同一样品，由实验得到的弯曲模量和转变温度变化不大；压缩模量会随样品厚度的增加而增大；但较薄样品得到的损耗因子的峰高较高，一般压缩夹具用于厚度较大的样品（最好＞ 4mm）数据重复性较好。对于同一系列的样品，为保证可比性，样品的尺寸应尽可能保持一致。样品尺寸不同，导致传热梯度不同。尺寸对形变的影响程度也不同，太厚的样品会因其内部传热滞后、链段运动延迟从而引起转变变宽。

2. 仪器工作状态

实验过程中，当仪器关键部件如热电偶、载荷控制系统、位移测量系统不能正常工作时，得到的实验曲线的准确性和重复性会变差。不同操作人员对这种工作状态的判断标准不同，导致采取的措施存在差异，从而对实验结果带来不同程度的影响。

3. 实验室环境

动态热机械分析仪器所处工作环境中的温度、湿度均会对实验数据产生不同程度的影响。另外，实验过程中环境出现意外振动也会影响仪器的正常工作状态，导致曲线形状出现异常变化。

第五节 实验过程

一、概述

与 TMA 实验过程相似，在正式开始实验之前，除了需了解影响实验结果的因素之外，还应结合实验目的、仪器性能和样品性质设计合理的实验方案（包括选择合适类型的夹具、样品形状和尺寸以及仪器的操作参数等）。DMA 实验过程通常包括实验准备、制样、仪器测试等阶段。在实验准备阶段，应考虑仪器的性能参数和所选取的夹具类型、实验条件等是否适用于待测的样品，同时还应确认仪器处于正常的工作状态，以确保结果的准确性。制样时，应结合夹具类型、样品性质和实验条件准备合适形状的样品。仪器测试过程中，按照设定的实验条件（主要包括温度程序，力、位移、频率等参数）对试样进行动态力学实验。

二、实验准备阶段

1. 制定合理的实验方案

（1）夹具类型的选择　DMA 实验中可以采用的形变模式包括拉伸、压缩、剪切、弯曲（单悬臂梁、双悬臂梁、三点弯曲）等，应根据所采用的仪器性能参数、样品性质和实验目的，选择合适的夹具进行 DMA 实验。例如，有些样品如薄膜、纤维等通常仅适用于拉伸夹具，但是有些样品同时适用于多种形式的夹具（如块状样品可以同时适用于三点弯曲、单 / 双悬臂梁、剪切、拉伸等形式的夹具）。在这种情况下，需要综合考虑样品的尺寸、刚度以及目标形变来合理选取夹具。表 6-2 中列出了在 DMA 实验中常见的夹具及其适用的样品类型。

表6-2 在DMA实验中常见的夹具及其适用的样品类型

夹具形式	样品类型	举例
三点弯曲	高刚度、低阻尼	金属、陶瓷、高填充或结晶热固性树脂、热塑性树脂
单 / 双悬臂梁	较弱至中等刚度	热固性树脂、热塑性树脂、弹性体均可
剪切	高于 T_g 的黏胶物、弹性体	未固化的预浸料、胶状物、橡胶
压缩（标准和浸液）	凝胶、黏胶物、弹性体	水凝胶、牙膏、橡胶
薄膜拉伸（标准和浸液）	薄膜、纤维	薄膜、纤维、小尺寸的块状物
纤维拉伸（标准和浸液）	单根或成束纤维	纤维
穿透	任何材料	穿透、变形测试，T_g、T_m 等温度的确定

另外，也可以通过计算样品的形状因子来确定更适合的夹具。实验时，应选用合适的样品尺寸，使其刚度落于仪器的工作范围内。样品的刚度和形状因子的乘积即为模量，因此，对于可以确定模量范围的样品，可通过计算样品的形状因子来确定样品的尺寸是否适合所用的夹具。表 6-3 中列出了不同测量模式下样品形状因子的计算公式。

表6-3 不同测量模式下样品形状因子的计算公式

DMA 测量模式	模量	形状因子的计算公式
剪切	G^*	$\frac{b}{2wl}$
三点弯曲	E^*	$\frac{l^3}{4wb^3}$
双悬臂梁	E^*	$\frac{l^3}{16wb^3}$
单悬臂梁	E^*	$\frac{l^3}{wb^3}$
拉伸	E^*	$\frac{l}{wb}$
压缩	K^*	$\frac{l}{wb}$

注：表中 w 为样品宽度；b 为样品厚度；l 为样品长度。

在实际应用中，通常根据表6-3中不同测量模式下形状因子的表达式来调节样品尺寸，以使其刚度满足仪器的工作条件。

（2）实验条件的选择　在选定了夹具之后，还应确定实验时采用的实验条件，主要包括以下几个方面。

① 力/形变条件。通过DMA仪器既可实现静态实验，也可实现动态力作用下的动态实验，实验时应根据需要选择合适的实验条件。概括而言，常见的动态实验条件主要包括单频率/多频率温度（时间）扫描模式、频率扫描模式、振幅扫描模式等，常见的静态实验条件主要包括应力扫描模式、应变扫描模式、恒应变模式、恒应力模式、蠕变模式、应变松弛模式、控制应变/应变速率模式等。应根据样品性质和实验目的选择合适的条件进行实验。

② 气氛气体。根据测试需要选用合适的气氛气体的种类、流量或压力等。

③ 温度控制程序。根据测试要求设置相应的温度范围、升（降）温速率等程序温度控制参数。对于DMA测试，常用的升温速率在1～5℃/min之间（因DMA样品尺寸通常较大，过快的升温速率易导致样品受热不均匀，影响测试结果准确性）。

④ 数据采集频率。对于较快的转变，测试时数据采集的时间间隔应较短；对于耗时较长的测试，应适当延长数据采集时间间隔。

2. 仪器状态确认

测试开始前需要对所用DMA仪的外观和各部件进行工作正常性检查。若检查发现外观异常、关键部件受到损坏或污染，应及时进行温度和检测物理量的校正。

按照所用仪器的操作规程开机、启动气氛控制系统以及冷却附件，根据操作规程进行力校正和位置校正，使仪器处于正常待机状态。如果实验时需更换夹具或探头，则应及时进行夹具校正。

三、制样阶段

实验前应根据所选用的夹具和样品的性质确定试样的合理形状与尺寸，制样时样品应具有代表性。对于系列样品和重复测试的样品，每次使用的试样应尽量一致，以得到良好的重现性。

四、仪器测试阶段

1. 样品加载

（1）试样尺寸测量　采用误差不大于 ±0.01mm 的游标卡尺、测厚计或其他器具来测量室温下试样的尺寸。固定样品时，应避免使测量尺寸受到试样形变的影响。有些 DMA 仪可以自动读取样品的轴向长度值或高度值。

（2）试样加载及固定　将试样装入夹具并进行固定，选择合适的力，确保夹具充分接触样品，装样要与夹具或探头垂直或平行。在实际应用中，某些试样可能需要在转变温度低于玻璃化转变温度约 20℃时固定；有些试样可能需要一些辅助工具才能被有效地安装在夹具上。

2. 输入实验信息

在 DMA 仪的分析软件中根据需要输入待测试的样品名称、样品编号、样品形状、样品尺寸、夹具类型、文件名、检测人等信息。

3. 设定测试条件

根据需要在软件中设定检测模式、温度控制程序及机械参数（频率、动态力、静态力、振幅、力 / 振幅控制方式等）。

4. 运行测试

在仪器控制面板或者控制软件中开始实验，注意观察仪器工作状态和曲线形状，异常时及时终止实验。

5. 测试结束

在 DMA 实验结束后，仪器的数据采集系统自动保存实验过程中生成的数据，并形成相应的数据文件。测试结束后，应在仪器降至室温附近并卸载加载力之后及时取下试样。当在实验过程中试样与夹具发生污染、粘连时，应按照操作规程的要求进行清理。

需要关闭仪器时，应按照仪器操作规程的要求进行关机。

6. 异常现象的处理

在 DMA 实验中，出现异常现象时按照以下方法进行处理：

① 测试过程中或者测试结束后，如果发现 DMA 曲线中干扰峰较多，则不采用此数据，需重新进行测试；

② 测试结束后，如果发现样品刚度不在仪器工作范围内或形变量超出样品的线性黏弹区，则需改变试样尺寸或更换夹具或更改测试参数，重新进行测试；

③ 测试结束后，若有污染则需予以清除，待校准结果符合要求后方可继续进行测试工作。

第六节
数据处理及分析

通过 DMA 仪器可以得到试样在动态力和静态力作用下的实验曲线，其中静态力作用下所得实验数据的处理及分析见本书第五章中静态 TMA 数据处理及分析，限于篇幅，本章仅介绍动态条件下所得实验数据的处理及分析。

一、实验数据的基本处理与作图

1. 数据基本处理

在仪器的数据分析软件中打开实验生成的原始数据文件，原始数据为实验过程中的力和位移振幅、相位移、频率、温度、时间。在数据分析软件中，经处理和转换后可以直观显示出实验过程中样品的储能模量、损耗模量、复数模量、损耗因子、应力、应变、频率、温度、时间等信息，通过这些信息可以确定测试过程的特征温度、频率、力、形变等信息。图 6-18 为在仪器数据分析软件中显示的聚碳酸酯的 DMA 曲线，图中分别给出了在不同温度下的 E'、E'' 和 $\tan\delta$。

在实际应用中，也可以采用专业数据分析软件如 Origin 等对数据进一步处理，得到符合要求的曲线图。

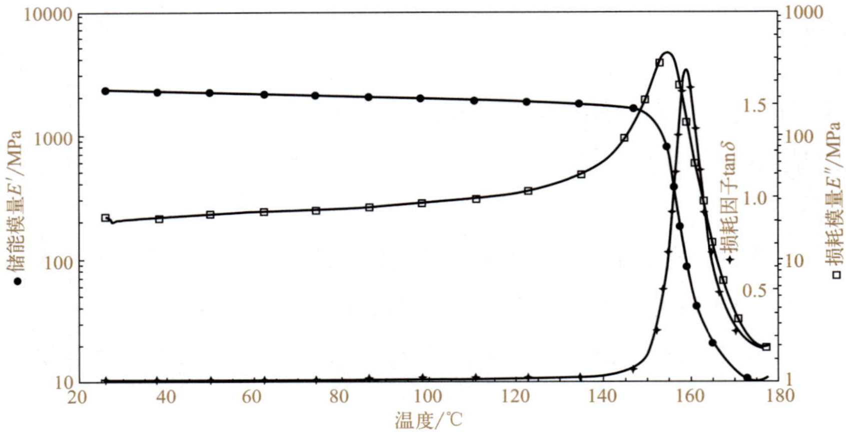

图 6-18　在仪器数据分析软件中显示的聚碳酸酯的 DMA 曲线

2. 作图

在对得到的 DMA 数据进行作图时应注意以下几个方面：

① 模量通常用对数坐标（lg）形式作图，单位用 kPa 或者 MPa 表示；

② 损耗因子 tanδ 无量纲；

③ 对于温度扫描测试，横坐标为温度，单位常用℃表示；

④ 对于频率扫描测试，横坐标为频率（通常用 lg 对数坐标形式表示），单位用 Hz 表示；

⑤ 对于应变扫描测试，横坐标为应变（通常用 lg 对数坐标形式表示），无单位，以 % 表示。

⑥ 图中的横坐标自左至右表示温度、时间、频率或应变等物理量的增加，纵坐标自下至上表示模量、损耗因子、应力等物理量的增加。

图 6-18 给出了典型的 DMA 曲线。

二、曲线解析

1. 曲线中特征量的确定

最常见的 DMA 曲线形式是如图 6-18 所示的储能模量、损耗模量和损耗因子对温度或时间的曲线，可通过曲线中的拐点、模量、峰值来定量表示实验过程中样品的特征变化，确定方法可参见本书第五章中 TMA 曲线的分析方法。

由 DMA 曲线能够同时获得材料的 E'、E'' 和 $\tan\delta$ 随温度和频率变化的关系。一般情况下，材料的 E' 随温度的升高而下降（固化或者结晶过程除外）；E' 的台阶状变化是由松弛转变（例如玻璃化转变）或相转变（例如熔融或结晶）而引起的，E'' 和 $\tan\delta$ 的峰与 E' 的台阶相对应。

对于无定形和半结晶材料，在 DMA 曲线中可以观察到若干个松弛转变。通常称在最高温度处出现的变化为 α 转变（通常对应于玻璃化转变过程），相邻的较弱的次级转变过程依次称为 β、γ 转变等，这些转变分别由侧基、短链段等的运动引起。通过 DMA 实验可以得到 3 种形式的 T_g：E' 曲线外切交点温度［图 6-19（a）］、E'' 曲线峰值温度［图 6-19（b）］和 $\tan\delta$ 曲线峰值温度［图 6-19（c）］。通过这三种方法均可以表示 T_g，但在表述时需明确所采用的确定方法。

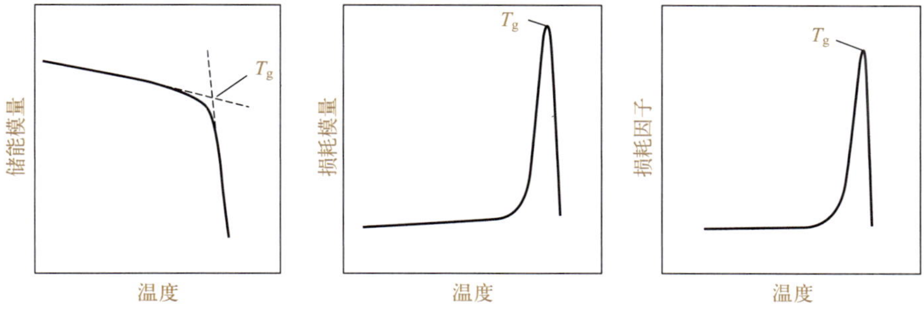

(a) 由储能模量曲线中切线交点确定T_g　(b) 由损耗模量曲线中峰值温度确定T_g　(c) 由损耗因子曲线中峰值温度确定T_g

图 6-19　通过 DMA 曲线确定玻璃化转变温度的方法

2. 曲线的描述

描述 DMA 曲线时，应结合样品信息、实验条件、由线特征和特征物理量进行规范表述。

例如，对于由温度扫描模式得到的 DMA 曲线，图中包括在固定的单个或多个频率下得到的 E'、E'' 和 $\tan\delta$ 随温度的变化曲线。如图 6-20 为采用双悬臂梁测量模式得到的碳纤维板的 DMA 曲线，实验时采用 3℃ /min 的升温速率由 30℃加热至 200℃，频率为 1Hz。

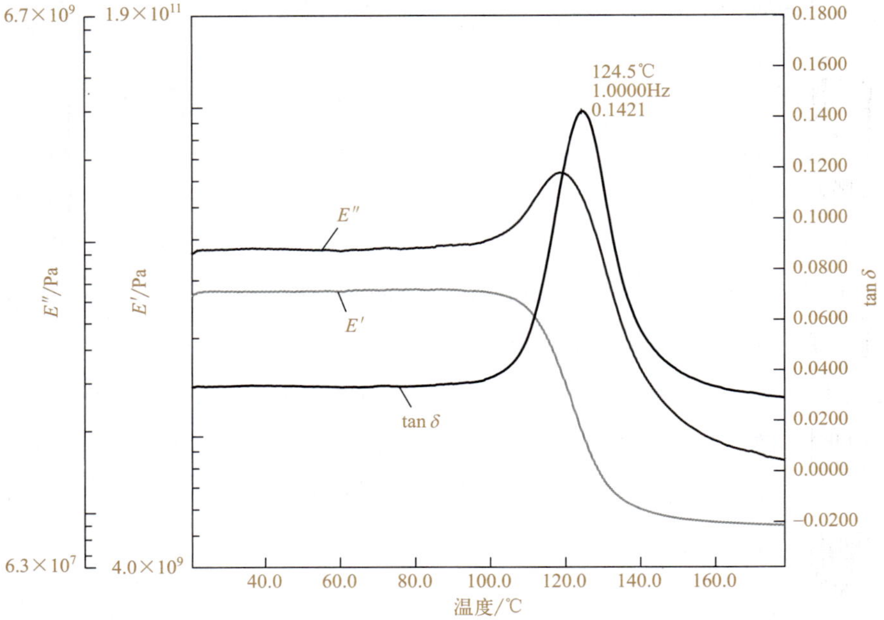

图 6-20 碳纤维板的 DMA 曲线

由图可见，材料的储能模量随温度的升高而减小，玻璃化转变或熔融会引起 E' 出现了一个明显的台阶，而 E'' 和 $\tan\delta$ 的峰对应于 E' 中的台阶。

3. 曲线的分析

由 DMA 曲线能够同时获得材料的 E'、E'' 和 $\tan\delta$ 随温度或频率变化的规律。其中，E' 是材料在形变过程中由于弹性形变而储存的能量，可用来反映材料黏弹性中的弹性成分，表征材料的刚度；E'' 是材料在形变过程中因黏性形变而以热的形式损耗的能量，可用来反映材料中的黏性成分，表征材料的阻尼；$\tan\delta$ 是材料在形变过程中损耗模量与最大储能模量之比，可用来反映材料中黏性部分与弹性部分的比例。

作为最常用的实验模式，DMA 实验可以得到 E'、E'' 和 $\tan\delta$ 随温度、频率或时间变化的曲线。如图 6-21 所示为在三点弯曲测量模式下得到的碳纤维增强环氧树脂的 DMA 曲线，实验时以 2℃ /min 的升温速率由 100℃加热至 260℃，频率为 1Hz。由图可见，材料在 154℃处发生玻璃化转变之前，纤维增强的聚合物显示了接近铝的刚性。在发生玻璃化转变时，E'、E'' 和 $\tan\delta$ 都出现了较为显著的变化。

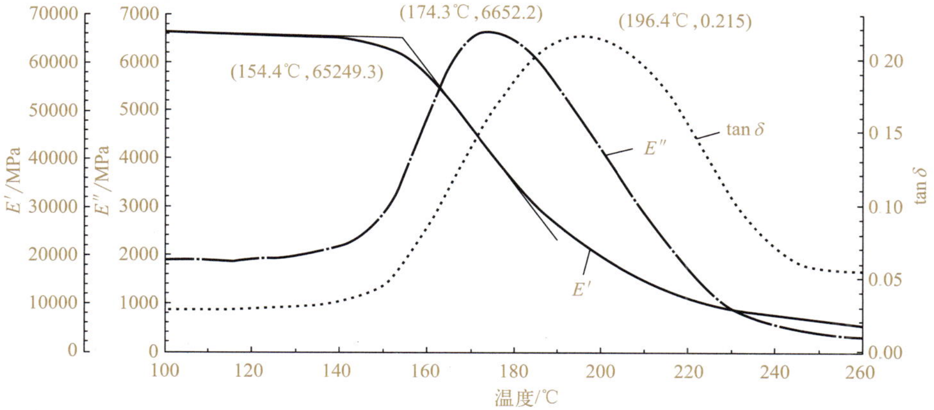

图 6-21　碳纤维增强环氧树脂的 DMA 曲线

在实际应用中，除了需要对以上常规的 DMA 曲线进行分析外，还需要对在其他动态实验模式下得到的 DMA 曲线进行分析，这些模式主要包括：步阶升温和恒温 / 单频率或多频率实验、步阶升温和恒温 / 单频率或多频率扫描、恒温 - 恒频率 / 应变扫描等。

对于在多个温度下分别进行频率扫描得到的多频动态力学温度曲线，根据时 - 温等效原理和 WLF（Williams-Landel-Ferry）方程[13]，利用实测的频率范围有限的 DMA 动态升 / 降温多频扫描曲线，外推得到主曲线（master curve，即频率外推曲线），可得到远超过实验可达到的频率范围的特征物理量。通过 WLF 方程，可以将低测量温度下的曲线外推至高频（例如 10^{10}Hz），高测量温度下的曲线外推至低频（例如 10^{-10}Hz）。

WLF 方程是高分子物理中非常重要的经验公式，是一种描述松弛时间与温度关系的方程。假设动态模量和损耗角的正切曲线随着温度的变化沿着 lg（频率）轴移动而其形状不发生变化，则可以由 WLF 方程得出水平位移因子 a_T：

$$\lg a_T = -\frac{C_1\left(T_1 - T_0\right)}{C_2 + \left(T_1 - T_0\right)} \tag{6-30}$$

式中，C_1、C_2 为两个经验常数，其值随参考温度 T_0 而变。

WLF 方程以 T_g 以上的自由体积理论为基础。温度低于 T_g 时，高聚物中的自由体积基本不变，WLF 不再适用。WLF 方程只能适用于 T_g ～（T_g + 100℃）的温度范围。如果温度超过此范围，只能用 Arrhenius 方程：

$$\lg a_T = -\frac{\Delta H}{2.303RT} \tag{6-31}$$

式中，ΔH 为松弛过程所需的活化能；T 为热力学温度；R 为气体常数。

垂直位移因子 b_T 与体系密度有以下关系：

$$b_T = \frac{\rho_T T}{\rho_r T_r} \tag{6-32}$$

式中，ρ_T 为体系在温度 T 时的密度；ρ_r 为参考温度 T_r 时的密度。

根据 WLF 方程，在参考温度 T_0 与较高温度 T_1 之间测量的数据沿对数频率轴进行移动。经过一系列的数据处理，可以通过 WLF 方程生成一条“主曲线”，将参考温度下的数据扩展到比实验可用频率范围宽得多的范围。例如，样品在 140 ～ 175℃范围的一组储能模量频率谱如图 6-22 所示，通过水平位移和垂直位移，叠加成如图 6-23 所示的特定参考温度（155℃）下宽阔频率范围内的弹性模量主曲线。

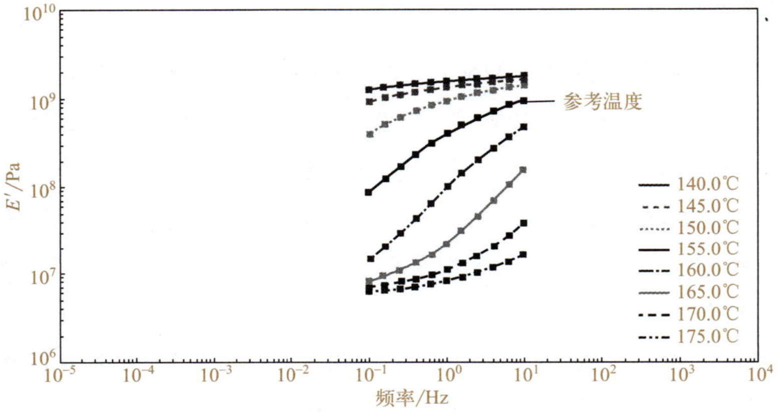

扫码看彩图

图 6-22　不同温度下样品的储能模量随频率的变化曲线

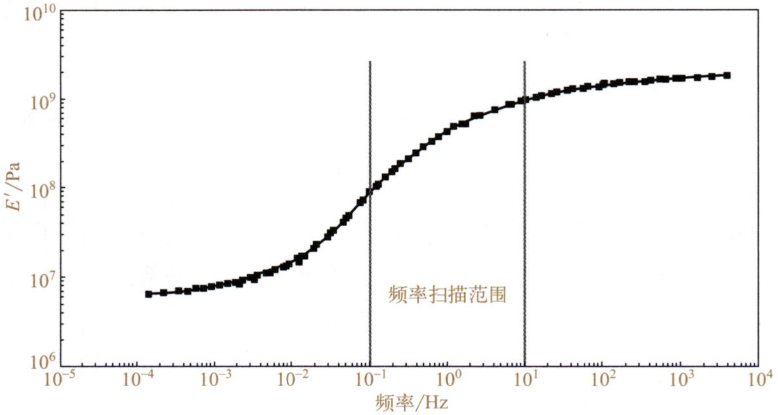

图 6-23　通过移动图 6-22 中的数据得到样品在 155℃（参考温度）时模量的主曲线

在对步阶式升温得到的多频 DMA 曲线进行数据分析时，可以通过时温叠加（TTS）软件，计算出水平位移因子和垂直位移因子，从而得到在实验范围之外的温度或频率下的 DMA 曲线。

三、实验和曲线解析中常见问题分析

1. 实验中常见问题分析

在进行 DMA 实验时，经常遇到的主要问题包括以下几方面。

（1）实验得到的曲线中出现毛刺、少点等非正常现象　首先检查刚度、力和振幅等信号，确认是否超出范围。如果超出范围，需根据情况调整刚度或最小动态力。样品不平整或样品尺寸不合适也会导致 DMA 曲线上出现毛刺等非正常现象。

（2）由不同的 DMA 仪器得到的特征值存在较大的差别　当在实验中发现由不同的 DMA 仪器得到的特征值之间存在较大的差异时，应确认实验条件如热电偶的位置、夹具类型、样品尺寸、温度范围、升温速率、频率等一系列参数下得到的数据之间是否存在较大的差距。另外，还应确认仪器的校正方法是否相同。

（3）实验过程中样品形状出现异常变化　当在实验过程中样品发生分层或变形等现象时，会直接影响所测模量数值的准确性。此时应根据具体情况判断可用数据的范围，并在后续的测试中优化制样和测试条件。

2. 曲线解析中常见问题分析

在对 DMA 曲线进行解析时，经常遇到的主要问题包括以下几方面。

（1）通过不同热分析方法得到的 T_g 值存在较大的差别　在实际应用中，通过 DMA 检测到的 T_g 值与由 DSC 和 TMA 得到的 T_g 值之间存在较明显的区别。通常情况下，由 DSC 得到的 T_g 值与 DMA 相差 10 ～ 25℃，由 TMA 得到的 T_g 值在两者中间。造成这种差距的原因除了这些方法的工作原理不同外，实验中 DMA 的试样量（100 ～ 1000mg）远大于 DSC（1 ～ 20mg）也是主要因素。用于 DMA 实验的大多数材料是热的不良导体，试样表面与内部存在的温度差导致热滞后现象。样品质量越大，热滞后现象越明显。

（2）作图方法对特征值产生影响　在 DMA 实验中，样品在发生转变时其模量在几个数量级范围变化。为了便于观察低模量范围的曲线形状变化，纵坐标中的模量通常以对数坐标的形式表示。另外，在进行频率扫描时，横坐标中的频率也常用对数坐标的形式表示。显然，与线性坐标相比，由对数坐标得到的曲线形状出现明显的变化，通过外推起始温度方法确定的特征温度也会出现较明显的变化。例如，图 6-24 为纵坐标中储能模量 E' 以线性坐标形式表示的聚碳酸酯的 DMA 曲线，通过外推起始温度法可以确定 T_g 值为 148.9℃。而当纵坐标中储能模量 E' 以对数坐标形式表示时（如图 6-25 所示），得到的 T_g 值则为 153.2℃，二者相差 4.3℃。

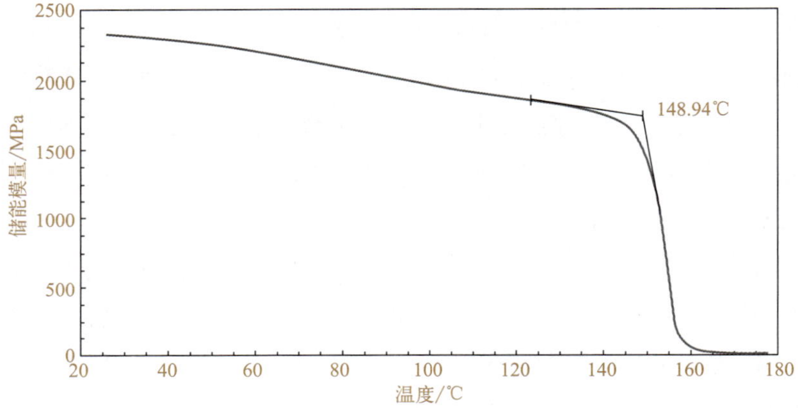

图 6-24　纵坐标中储能模量 E' 以线性坐标形式表示的聚碳酸酯的 DMA 曲线

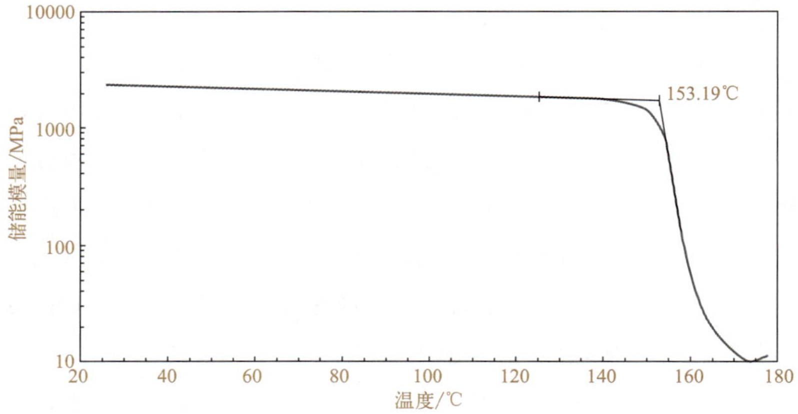

图 6-25　纵坐标中储能模量 E' 以对数坐标形式表示的聚碳酸酯的 DMA 曲线

第七节
DMA 技术的典型应用

DMA 主要是在一定条件下，通过测定材料的温度、频率、应力和应变之间的关系，以获得材料结构与分子运动的信息。由 DMA 实验可以得到储能模量、储能柔量、损耗模量、复数模量、动态黏度、应力、应变、振幅、频率、温度、时间和损耗因子等参数信息，常用于研究物质在实验过程中发生的应力松弛、蠕变、玻璃化转变和次级松弛等过程[14]。

一、研究玻璃化转变过程

理论上，DMA、TMA 和 DSC 技术均可用于确定物质的 T_g。在这些技术中，由于在玻璃化转变过程中材料的储能模量会产生几个数量级的变化，因此 DMA 技术的灵敏度较高，可用于检测由 DSC 技术很难检测到的玻璃化转变过程。

例如，DMA 可以用来表征热塑性、热固性聚合物以及一部分在玻璃化转变区热稳定的结晶材料的玻璃化转变温度 T_g。热固性树脂等材料的 T_g 相对较弱，很难用 DSC 和 TMA 直接检测，DMA 由于其更高的灵敏度可以方便地检测到这些弱效应。图 6-26 为一种热固性填充树脂材料的 DMA 曲线，可以用 E' 下降起始点、E'' 峰值点或者 $\tan\delta$ 的峰值点来表示 T_g，这三个温度依次升高。在 ISO 标准中，建议以 E'' 曲线的峰值温度 T_g（E''）作为玻璃化转变温度。习惯上，在表征结构材料的最高使用温度时，采用 E' 曲线的外推初始温度，这样能够保证结构材料在使用温度范围内模量不会发生急剧变化，保证样品尺寸与形状的稳定性。对于阻尼材料，常用损耗因子的峰值温度 T_g（$\tan\delta$）作为玻璃化转变温度。通常 E' 下降起始点温度最低，$\tan\delta$ 峰值点温度最高。在实际应用中，选用以上所列举的特征温度时应结合具体材料来定，例如一般用 E' 的下降起始点表示塑料的 T_g，而橡胶的 T_g 则通常用 E'' 峰值点表示。在进行比较时，应注意固定一种定义方法，用同一种 T_g 来进行分析。

另外，还可以通过 DMA 实验研究作用频率对 T_g 的影响。图 6-27 是本书编著者团队

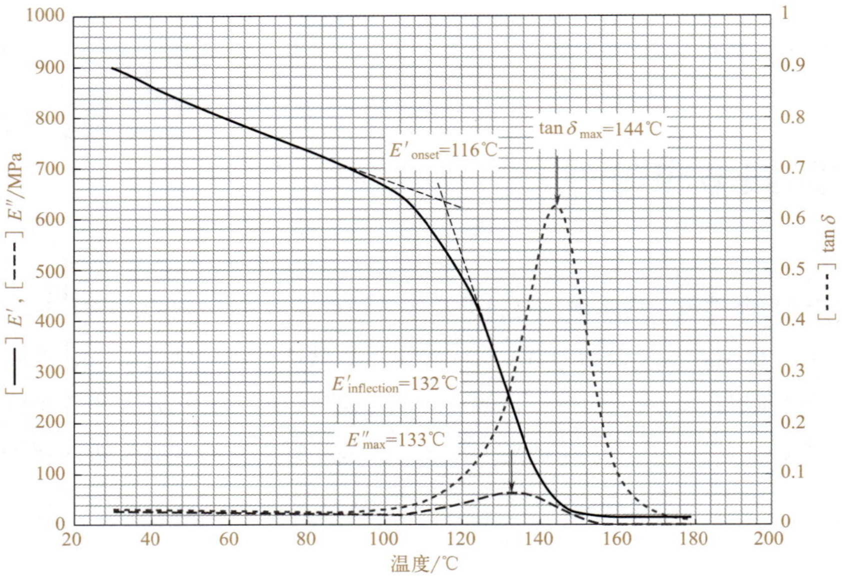

图 6-26　一种填充树脂材料的 DMA 曲线

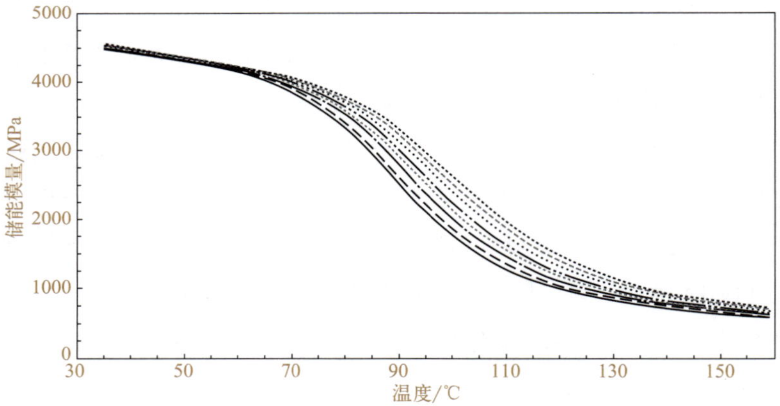

图 6-27　PET 在不同频率（0.1 ~ 20Hz）下的 DMA 曲线（图中曲线对应的频率从左向右依次增加）

测得的 PET 样品在不同频率下的 DMA 曲线。根据松弛理论，玻璃化转变与频率有关。随着测试频率的增大，分子链段的松弛将在更高的温度下发生，T_g 随频率的增大向高温方向移动，E' 也相应增大。玻璃化转变和分子运动频率之间的关系反映在 T_g 的频率依赖关系中，这符合聚合物特性随频率变化的典型规律，即时温等效原理。根据这一原理及 WLF 方程，利用实测的有限频率的动态升温多频扫描曲线，能够外推得到样品在更低或更高频率下的性质，可覆盖实际测试所不可能达到的更宽广的频率范围。

二、研究材料的相容性

共混物的动态力学性能主要由参与共混的聚合物的相容性所决定。如果完全相容，则共混物的性质与具有相同组成的无规共聚物几乎相同。如果不相容，则共混物将形成多相态，在动态模量 - 温度曲线上将出现多个台阶，在损耗温度曲线中出现多个损耗峰，每个峰均对应其中一种组分的玻璃化转变温度。共混物玻璃化转变的特征主要取决于两组分的混容性。若两组分完全不混容，则有两个分别对应于两组分的玻璃化转变温度；若两组分完全混容，则只有一个玻璃化转变温度[3]。

共混物的 T_g 基本上由两种相混的均聚物的互溶性决定。如果两种均聚物彼此完全互溶，则共混物的性质几乎与组成相同的无规共聚物的性质相同，即 T_g 介于相应的两种均聚物的 T_g 之间。图 6-28 为聚乙酸乙烯酯和聚丙烯酸甲酯 50/50 的共混物以及组成相同的乙酸乙烯酯和丙烯酸甲酯的共聚物的剪切模量 - 温度曲线及损耗因子 - 温度曲线。由图可见，其具有几乎相同的动态力学性能，T_g 的内耗峰在 30℃时出现。

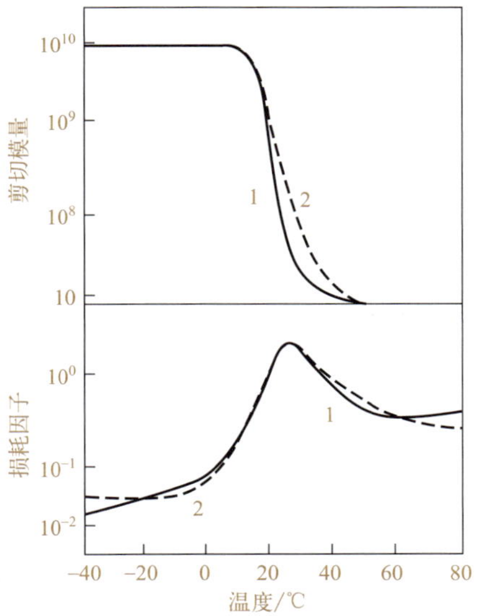

《 图 6-28　互溶的共聚物的动态力学性能[3]

1—聚乙酸乙烯酯和聚丙烯酸甲酯 50/50 的共混物；

2—组成相同的乙酸乙烯酯和丙烯酸甲酯的共聚物

如果两种组分互不相溶，则在材料内部存在两相，其中每一相均可观察到相对应的 T_g。图 6-29 是聚苯乙烯和苯乙烯 - 丁二烯共聚的共混物(即丁苯橡胶改性聚苯乙烯)的

DMA 曲线。由图可见，共混物损耗角曲线上的两个损耗峰分别对应于仅含有聚苯乙烯和仅含有苯乙烯 - 丁二烯橡胶的两个损耗峰。

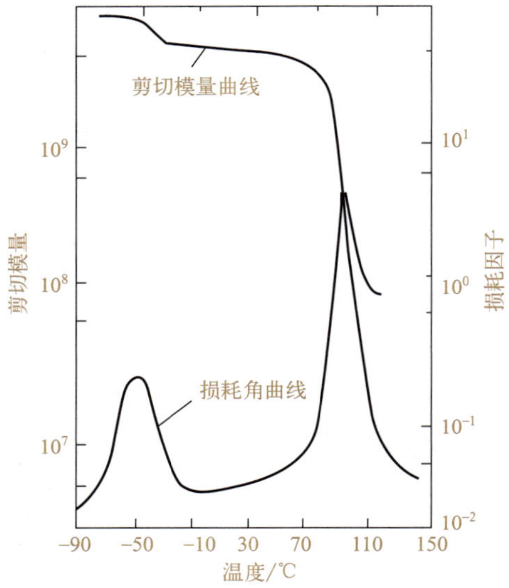

《 图 6-29　互不相溶的共混高聚物的动态力学性能 [3]

三、研究聚合物的阻尼性能

阻尼材料是具有高内耗特性的材料，即 tanδ 值大的材料。理想的阻尼材料应在整个工作温度范围内都有较大的内耗，即 tanδ-T 曲线变化平缓，与温度坐标之间的包络面积尽量大。另外，由材料的阻尼性能可以对高聚物的脆性和韧性进行预测。如果高聚物没有出现明显的低温损耗峰，则这种材料在 tanδ 值低于 0.02 的温度区间内通常呈现脆性特征，高于 0.02 的温度区间内呈现韧性，可以利用材料的 DMA 曲线很方便地选择出适合在特定温度范围内使用的阻尼材料。

对于阻尼材料的评价缺乏统一的标准，一般使用 DMA 法来表征。在 DMA 曲线中，通常根据材料的 tanδ 峰值的高度和其跨越的温度范围来评价。一般将 tanδ 值大于 0.3 的情况视为有效阻尼，有效阻尼的温域超过 60℃的材料可以认为有较好的阻尼性能。对于良好的阻尼材料，通常认为应满足以下几个条件 [15]：

① 损耗因子 tanδ 值应较高，并且峰值尽可能与使用温度相一致；

② tanδ 值大于 0.3 的温度范围应尽可能宽；

③ 材料具有良好的加工性能及适当的力学性能。

四、高分子链次级转变研究

由于高分子具有长链结构、分子量高、链长具有多分散性的特点，除了在一定温度范围会发生玻璃化转变（通常定义为 α 转变）外，许多高分子在较低的温度时通常会发生次级转变，由低温到高温依次为 δ、γ、β 转变（图 6-30），这些次级转变是由高分子链的局部链段或侧基的运动引起的。在低温范围，高聚物虽然主链段处于被“冻结”的运动状态，但某些较小链段的运动单元仍具有运动能力。在高聚物材料的 $\tan\delta$ - T 曲线中，在低温测试范围内，损耗因子峰对应的温度越低，峰的强度越高，则其耐寒性及低温抗冲击性就越好。高分子材料的低温韧性主要取决于其在低温下是否具有可以运动的结构单元。

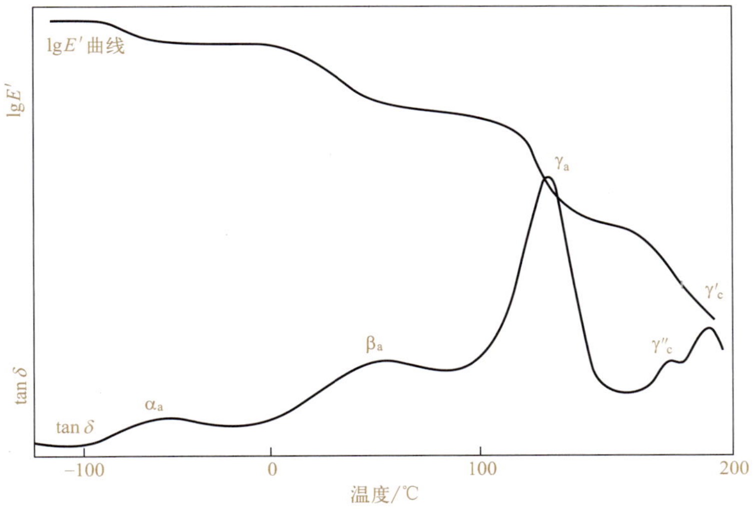

图 6-30　以恒定频率进行温度扫描时，半结晶聚合物中多个损耗峰的示意图 [1]

通常由 DSC 或 DTA 曲线无法观察到高分子十分微弱的次级转变，而 DMA 的测量比较灵敏，可以在恒温、恒应力下测量动态模量和损耗随频率的变化曲线，明显地观察到该变化。一般的做法是先进行温度扫描实验，若从温度扫描曲线中观察到可能在某温度下出现不明显的次级转变现象，即可选定在此温度下做恒温频率扫描实验，在该实验条件下一般可以得到较为明显的次级转变。图 6-31 为聚苯乙烯的多重转变的 DMA 曲线 [3]。由图可

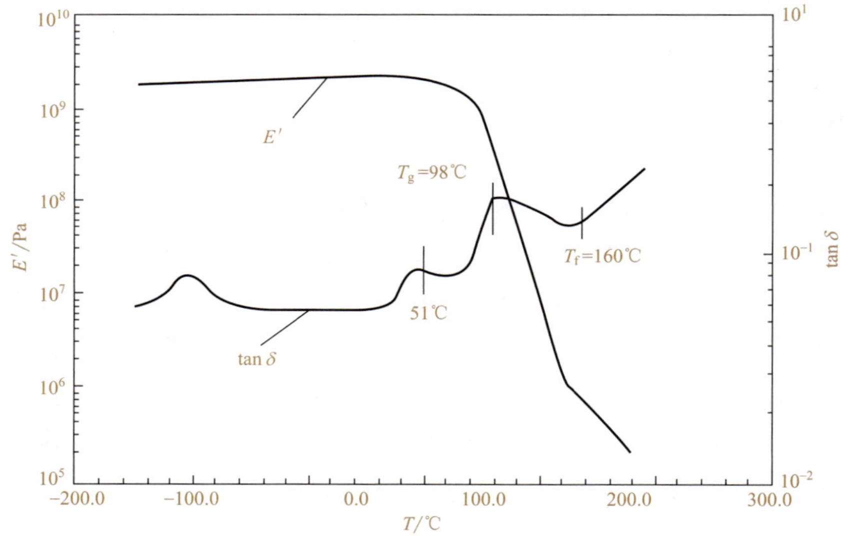

图 6-31 聚苯乙烯的多重转变的 DMA 曲线 [3]

见，聚苯乙烯在 −121℃和 51℃处观察到次级转变，51℃处的次级转变对应于高分子小链段或侧基的运动，而 −121℃处的次级运动可能是由高分子主链段的转动引起的。

五、高聚物的耐老化性能研究

在材料的实际应用中，通常需要对高分子材料在工作温度范围内可以承受环境因素(水、氧、光等)变化的能力进行评价，评价内容主要包括老化前后的性能和结构变化。湿度和温度是造成材料老化的主要因素。通常，湿度会使树脂和界面产生湿膨胀效应和增塑效应，导致玻璃化转变温度下降。对于某些类型的树脂体系，可能产生水解反应，并使树脂发生二次交联，包括化学交联和物理交联。加热可以使基体发生降解或交联反应，使复合材料中的各相产生热膨胀，并导致基体自由体积收缩或结晶。二者的共同作用使水分在复合材料中的扩散加速，并导致反应加速，从而促使复合材料性能降低。

采用其他方法往往需要较多试样以及大量的实验，而采用 DMA 方法不仅可迅速跟踪老化过程中刚度和冲击韧性的变化，还可同时分析引起性能变化的结构原因 [3]。老化一般是由交联或断链产生新的化合物引起的，某些分子运动单元的运动会受到限制或加速。这种变化常常可能在 tanδ - T 曲线中表现出来，见表 6-4。

表6-4　聚合物老化过程中分子运动的变化及其在tan δ -T曲线中的表现[3]

谱图的变化	谱图变化的原因和结果
玻璃化转变峰向高温移动	交联或致密化，分子链柔性降低
玻璃化转变峰向低温移动	分子链断裂，分子链柔性增加
次级转变峰高度增加	相应的分子运动单元的活动性增加
次级转变峰高度降低	相应的分子运动单元的活动性降低
新峰的产生	发生化学反应

多频温度扫描 DMA 可用来研究环氧树脂基碳纤维复合材料在 65℃和 95℃蒸馏水中的湿热老化性能，通过 Arrhenius 方程可以计算得到复合材料湿热老化前后的玻璃化转变表观活化能 ΔE_a，分析复合材料于两种温度下的吸湿性和静态力学性能变化[16]。结果表明，不同温度下树脂基复合材料湿热老化前后的 ΔE_a 不同，随着湿热老化温度的升高，ΔE_a 增加；湿热环境中复合材料的平衡吸湿率越低，ΔE_a 越小；湿热老化后复合材料的力学性能保留率越低，则 ΔE_a 越大。因此，表观活化能可以用于表征树脂基复合材料的耐湿热性能。

六、在覆铜板材料研究中的应用

覆铜板是一种特殊复合材料，用于印刷电路板（PCB）的板基材，其各项性能对加工成的多层 PCB 的可靠性有极其重要的影响。通过 DMA 表征覆铜板基材可以识别基材的分子链端运动情况及模量水平[17]。最终根据基材的耐热性和分子链段运动的能量及模量反馈的韧性预估基材加工多层 PCB 的可靠性水平，为基材研发设计配方提供一些参考依据。如图 6-32 所示，H1 ～ H4 是不同耐热等级的产品，其玻璃化转变温度逐渐升高，而 tanδ 曲线峰高度逐渐变平缓且 T_g 峰变宽，通过测试发现其剥离强度也在变小。H3、H4 的 T_g 比较接近，但是 H4 的 T_g 峰明显比较宽，表明 H4 体系分子链运动分散性大，体系配方组分较多，易发生组分分散不均及组分界面问题。而 H3 的 T_g 峰比 H4 的窄，但是 T_g 峰较高，说明链段松弛转变困难，需要更大的能量。从组分角度来看，H3 的 T_g 较小，分子链段比较集中，发生分散不均及组分界面的概率较小。由此可见，H3 在 PCB 端的加工效果优于 H4。

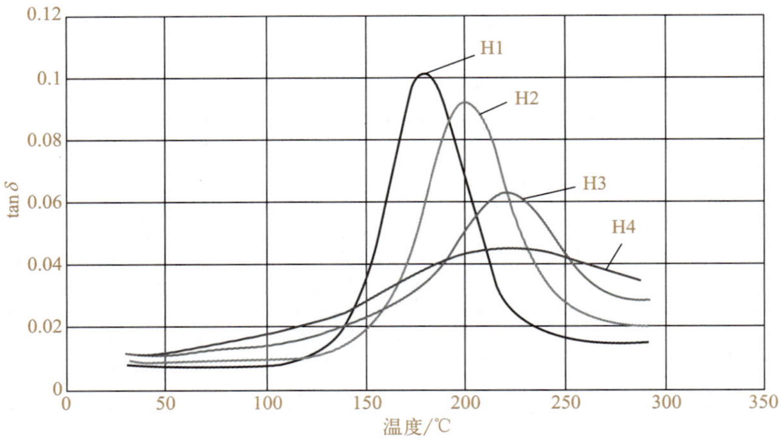

图 6-32　不同耐热等级的产品（H1 ~ H4）DMA-tanδ 曲线[17]

对比 H1 ~ H4 还发现 T_g 峰越高材料剥离强度越大，剥离强度大小与材料的极性、分子量、侧链、交联密度等有内在联系。H1、H2 的 T_g 峰比较高，分子链段运动比较集中，相互间更能产生较强的黏结力，同时 H1、H2 的 T_g 相对较低，模量不是很高（见图 6-33），材料具有一定的韧性，因此剥离强度较大。H3、H4 的 T_g 温度较高，材料交联密度大，聚合物变硬且具有较好的脆性，模量变大（见图 6-33），导致黏结力下降。同时 T_g 峰比较宽，材料中存在分散性较大的分子链段，这些链段之间也会形成一定的界面，最终导致剥离强度偏小。

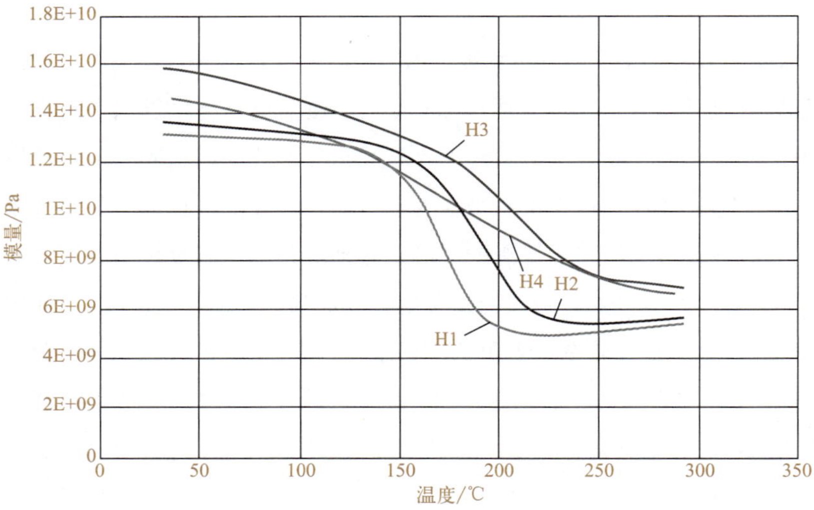

图 6-33　H1 ~ H4 产品的 DMA 模量曲线

七、在固体推进剂研究中的应用

GAP/CL-20 推进剂是具有特定性能的含能高聚物，其力学性质本质上是分子运动状态变化的反映，该变化可以灵敏地反映在动态力学性能上。通过 DMA 可以研究不同增塑比 GAP/CL-20 推进剂的动态力学性能，得到的损耗因子 tanδ 随温度的变化曲线如图 6-34 所示 [18]。当增塑比增大时，tanδ 曲线向低温移动且峰值增大，表明推进剂的 T_g 降低而力学损耗增大。其主要原因是增塑剂增多而黏合剂减少，使得黏合剂分子链移动性增强，分子链相互缠结形成的物理交联点减少，推进剂的交联程度和规整性降低，导致 T_g 下降。

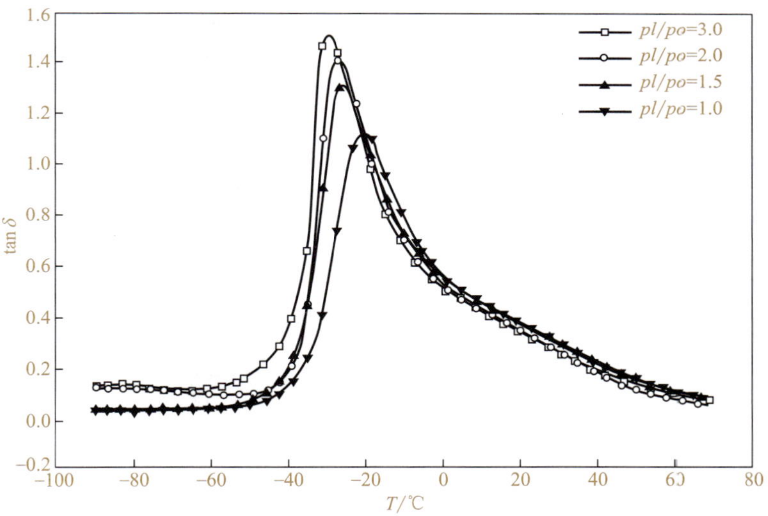

图 6-34　增塑比对 GAP/CL-20 推进剂动态力学性能的影响

测试不同固含量的 GAP/CL-20 推进剂的动态力学性能，损耗因子 tanδ 随温度的变化曲线如图 6-35 所示。由图可见，当固含量增大时，tanδ 曲线向高温移动且峰值增大，表明推进剂的 T_g 升高而力学损耗增大。其主要原因是固体组分增加，交联点增多，固体组分与黏合剂基体间相互作用增强，导致 tanδ 峰值增大；同时黏合剂体系减少，分子链间自由体积减小，黏合剂的链运动受到阻碍，导致 T_g 提高。

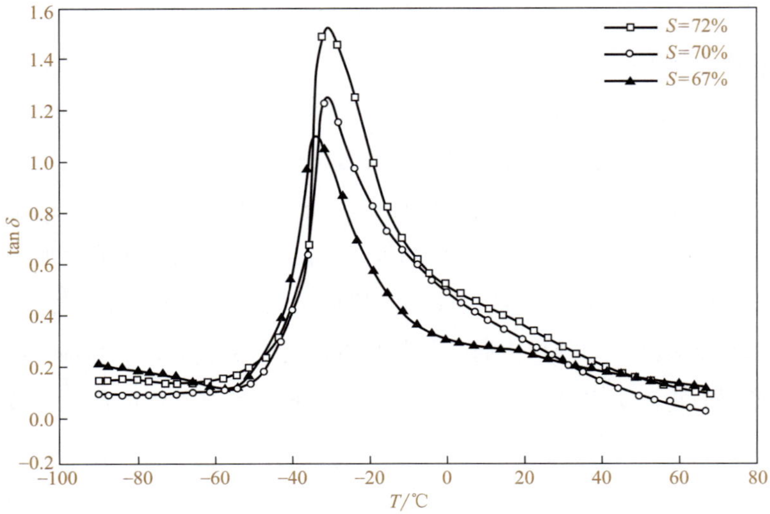

图 6-35　固含量对 GAP/CL-20 推进剂动态力学性能的影响

八、在复合材料抗水性能研究中的应用

DMA 可以用来研究熔融共混法制备的苯乙烯嵌段共聚物 / 聚丙烯（SEBS/PP）复合材料的抗水性能[19]，测试仪器为美国 TA 仪器 Q800。测试条件：频率 1Hz；温度范围为 −80 ～ 160℃；升温速率为 3℃ /min。得到样品的 DMA 图见图 6-36。从图中可以明显看出两种材料体系的储能模量随温度升高而降低，其中 PP 的储能模量最高，刚性最强；随

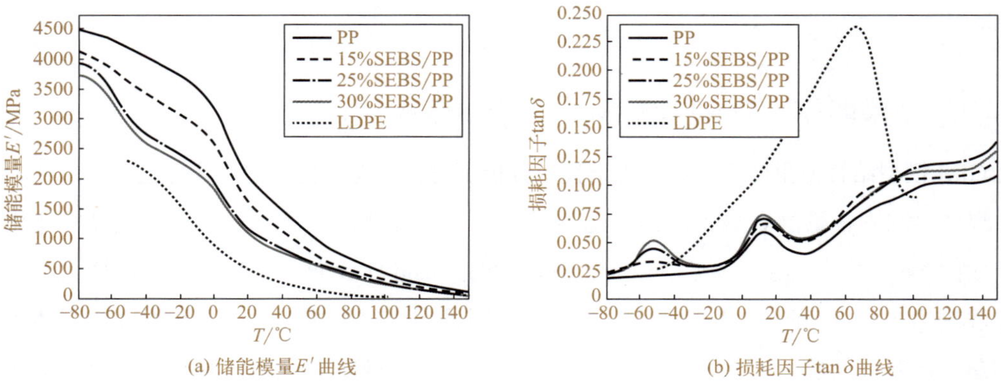

图 6-36　SEBS/PP 体系与 LDPE 的 DMA 曲线[20]

着 SEBS 含量的增加，SEBS/PP 复合材料的储能模量逐渐降低。其中，SEBS/PP 的损耗因子在 −50℃处的峰为 SEBS 的玻璃化转变温度，在 10℃附近出现的峰则为 PP 的玻璃化转变温度，在 80 ～ 110℃出现的峰为 PP 的 α 松弛峰，LDPE（低密度聚乙烯）在 60℃出现的峰也为其 α 松弛峰。

由图 6-36 可见，SEBS/PP 复合材料和低密度聚乙烯（LDPE）的储能模量 E' 曲线随温度升高而降低，这是因为温度的升高使得分子链的活动性提高，材料逐渐变软，E' 呈下降趋势。同时发现 SEBS/PP 比 LDPE 具有较高的储能模量和较低的损耗因子，因为储存模量的本质属于分子链的键长和键角等变化所引起的普弹形变，一般结晶度高对应更高的模量，PP 中添加了弹性体 SEBS 使体系结晶度降低，可由 DSC 结晶度测试结果得到印证。同时，岛相的 SEBS 在外力作用下更容易产生形变，因此储能模量显著降低。α 松弛主要源于片晶表面的分子链段运动，即构成片晶之间的折叠区和尾链部分的短链段运动。高聚物片晶间非晶部分的松弛运动受结晶相的阻碍，而阻碍的程度和方式与结晶形态结构有关，有序的结晶区将束缚和阻碍非晶区的链段运动。与 LDPE 相比，PP 材料的结晶度更高，片晶间非晶部分松弛受限，因此其 α 松弛峰值远低于 LDPE。而随着 SEBS 的加入，由扫描电镜观察到的形态可知，PP 球晶结构变得松散，片晶变短、变细，因而 SEBS 的添加会使 PP 的 α 松弛峰值增加。

九、在丝素蛋白微观结构研究中的应用

丝素蛋白是一种优异的生物高分子材料，有良好的生物相容性和独特的力学性能，在支架材料、药物递送、生物传感器和细胞培养基等方面具有广泛的应用前景。高分子材料的玻璃化转变、结晶、取向、交联等变化均与分子运动状态的改变密切相关，而分子运动的变化又能灵敏地反映在动态力学性能上。因此，动态力学分析是研究高分子结构变化 - 分子运动 - 性能的一种有效手段，其为高分子材料的基础研究提供有益信息。本书编著者团队利用 DMA 技术分析了不同氯化钙浓度体系下丝素蛋白的玻璃化转变和力学性能 [20]，并利用 GIM 模型结合傅里叶变换红外光谱技术分析了材料微观结构变化及其与温度、浓度和力学性能的关系，为丝素蛋白以及其复合材料的进一步开发利用提供实验和理论依据。损耗因子实验曲线如图 6-37 所示，显示出在 25 ～ 200℃的温度区间出现了四个峰，分别对应于蛋白的 γ（T_g）、β 和 α 的热焓松弛。其中，α 松弛峰与丝素蛋白的主分子运动有关。随着氯化钙的增加，峰值逐渐下降。由于 DMA 技术比调制 DSC 技术对玻璃化转变的检测更灵敏，因此在 125 ～ 195℃范围内可以发现两个转变峰，这些转变与其微结构相关：$α_1$ 和 $α_2$。

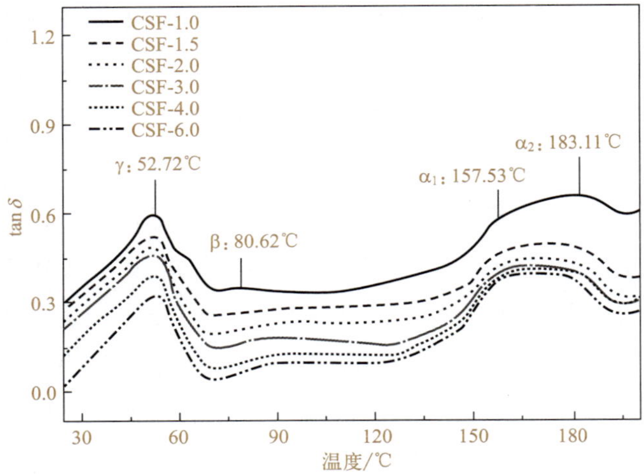

图 6-37 不同浓度氯化钙体系下的丝素蛋白 DMA 图谱[20]

参考文献

[1] Michael B E. The handbook of thermal analysis & calorimetry, Vol. 1: Principles and practice [M]. Amsterdam: Elsevier, 1998.
[2] 中国国家标准化管理委员会 . 热分析术语 : GB/T 6425—2008[S]. 北京：中国标准出版社，2008.
[3] 过梅丽 . 高聚物与复合材料的动态力学热分析 [M]. 北京 : 化学工业出版社 , 2002.
[4] 丁延伟 . 热分析基础 [M]. 合肥 : 中国科学技术大学出版社 , 2020.
[5] 王敏中 , 王炜 , 武际可 . 弹性力学教程 [M]. 修订版 . 北京 : 北京大学出版社 , 2002.
[6] 吴家龙 , 郑百林 . 弹性力学 [M]. 4 版 . 北京 : 高等教育出版社 , 2022.
[7] 张少实 , 庄茁 . 复合材料与黏弹性力学 [M]. 2 版 . 北京 : 机械工业出版社 , 2021.
[8] 邹广平 , 唱忠良 . 材料动态力学实验原理与方法 [M]. 哈尔滨 : 哈尔滨工程大学出版社 , 2017.
[9] 刘振海 , 徐国华 , 张洪林 . 热分析与量热仪及其应用 [M]. 2 版 . 北京 : 化学工业出版社 , 2011.
[10] Standard test method for temperature calibration of dynamic mechanical analyzers :ASTM E1867 [S]. West Conshohocken: ASTM International, 2022.
[11] Standard test method for storage modulus calibration of dynamic mechanical analyzers:ASTM E2254[S]. West Conshohocken: ASTM International, 2018.
[12] Standard test method for loss modulus conformance of dynamic mechanical analyzers: ASTM E2425 [S]. West Conshohocken: ASTM International, 2016.
[13] Williams M L, Landel R F, Ferry J D. The temperature dependence of relaxation mechanisms in amorphous polymers and other glass-forming liquids [J]. Journal of the American Chemical Society, 1955 (71): 3701.
[14] 丁延伟 , 郑康 , 钱义祥 . 热分析实验方案设计与曲线解析概论 [M]. 北京 : 化学工业出版社 , 2020.
[15] 台会文 , 刘盘阁 . 热分析技术在高分子材料和复合材料中的应用 [J]. 塑料加工应用 . 1996, 1 (2): 8-26.
[16] 陈伟明 , 王成忠 , 周同悦 , 等 . 多频动态热机械分析法研究碳纤维复合材料湿热老化 [J]. 材料工程 , 2006 (S1): 355-359.

[17] 郭江程，陈忠红，王长玉，等. DMA 在覆铜板材料研究中的应用 [C]. 第二十三届中国覆铜板技术研讨会论文集，2023.

[18] 张鑫，唐根，庞爱民. GAP/CL-20 固体推进剂的力学性能 [J]. 固体火箭技术，2019, 42 (4): 476-482.

[19] 高铭泽，赵洪，吕洪雷，等. SEBS/PP 复合材料抗水树枝性能研究 [J]. 电工技术学报，2019, 34 (12): 5252-5261.

[20] Liu Q C, Wang F, Gu Z G, et al. exploring the structural transformation mechanism of Chinese and Thailand silk fibroin fibers and formic-acid fabricatd silk films [J]. International Journal of Molecular Sciences, 2018, 19(11): 3309.

THERMAL ANALYSIS

第七章
热分析联用技术

联用技术是近年来分析仪器的一个发展趋势，目前色谱仪和各类光谱仪等大多实现了彼此间的联用，热分析联用技术也得到了快速的发展。热分析联用技术是将热分析技术与两种或多种其他分析技术有机地、合理地组合在一起，实现原位、在线分析功能。通过将热分析技术与红外光谱、质谱、色谱、显微镜、拉曼光谱、X 射线衍射等技术联用，可以得到物质性质发生变化的过程中产物的结构、成分、形貌、物相等的变化信息 [1]，获得物质在一定的气氛和程序控制温度下所发生的各种变化的反应机理、动力学信息。热分析联用技术的特点和优势可以概括为实时、全面、高效，但在实际应用中也应清醒地认识到高温分解产生的气体产物在传输过程中的冷凝现象，这些高温气体产物在处于较低温度的传输管线中发生冷凝，会导致通过红外光谱、色谱或质谱进行气体分析时丢失一部分气体产物的信息。经过几十年的快速发展，热分析联用技术的种类不断增多，应用领域也不断拓展 [2−5]。

按照 GB/T 6425—2008《热分析术语》的分类方法 [6, 7]，热分析联用技术主要包括同时联用技术、串接联用技术和间歇联用技术三种形式。其中，热重 − 差热分析、热重 − 差示扫描量热法以及显微热分析等技术属于同时联用的范畴；热分析与红外光谱技术、质谱等技术的联用属于串接联用的范畴；热分析与气相色谱等技术的联用形式，由于与热分析联用的这类技术自身在分析时需要一定的时间，因此通常称该类技术为间歇联用技术。

本章简要介绍这三种联用技术。

第一节
相关术语与定义

与热分析联用技术相关的术语通常包括每种联用技术自身的一些术语，限于篇幅，本部分内容仅介绍与联用方法相关的术语。

1. 热分析联用技术

热分析联用技术（thermal analysis coupling technique）是指在程序控温和一定气氛下，对同一个试样采用两种或多种热分析的技术[6]，主要包括同时联用技术、串接联用技术和间歇联用技术三种形式。

2. 同时联用技术

同时联用技术（simultaneous techniques）是指在程序控温和一定气氛下，对同一个试样同时采用两种或多种热分析技术。由于同时联用的两种或多种技术可以同时测量相应物理量的变化信息，因此习惯上用符号“-”来连接这些技术[6, 7]。例如，TG-DTA 或 TG-DSC，又称同步热分析（simultaneous thermal analysis, STA），是指同时测量试样的质量以及试样与参比物的温度差或热流差与时间或温度关系的一种热分析联用技术。可以与热分析同时联用的技术主要包括各种形式的物理、化学、力学性能测试技术以及诸如 X 射线衍射、波谱学、电子谱学、光谱学之类的各种谱学测量技术。除上述联用技术外，还包括差示扫描量热 - 红外光谱（DSC-IR）、热机械 - 差热分析（TM-DTA）等联用技术[8]。

3. 串接联用技术

串接联用技术（coupled series techniques）是指在程序控温和一定气氛下，对同一个试样采用两种或多种热分析技术，后一种分析仪器通过接口与前一种分析仪器相串接的技术[6]，如 TG/MS、TG/IR、TG-DSC/IR、TG-DSC/MS。由于串接联用的两种或多种分析技术获得相应物理量的变化信息存在时间先后，因此习惯上用符号“/”来连接这些技术[6, 7]。

4. 间歇联用技术

间歇联用技术（coupled discontinuous techniques）是指在程序控温和一定气氛下，对同一个试样依次采用两种或多种热分析技术。仪器的联用形式同串接联用技术，即后一种分析仪器通过接口与前一种分析仪器相串接，但第二种分析技术不连续采样[8]，如TG/GC、TG-DSC/GC，由于这类技术中的后一种气相色谱分析技术所检测的是由与此联用的热分析技术产生的气体或其他形式的产物的信息，这些气体产物经过色谱柱分离需要一定的时间，二者之间存在着时间先后的关系，因此习惯上在这些技术之间用符号“/”来连接。在实际应用中，这类联用技术也可以视为串接联用的一种特定的结构形式。

5. 多级热分析联用技术

多级热分析联用技术是指将热分析技术与两种以上的分析技术进行联用的一种热分析联用技术。

多级联用技术是近年来快速发展起来的分析技术，在许多领域得到了广泛的应用。在描述这类分析技术时，建议遵循以下原则。

① 对于在物理上相互独立、通过传输管线彼此连接的多级联用技术，采用“/”或者“-”符号将这些分析技术进行连接。例如，对于TG-DSC依次与IR和MS联用的分析技术，可以表示为TG-DSC/IR/MS；对于TG-DSC同时与IR和MS联用的分析技术，则可以表示为TG-DSC/IR-MS的形式。

② 当联用技术中的一些技术不含有独立检测器而仅对样品进行特殊处理时，这些技术之间通常用“-”形式进行连接。例如，热裂解-气相色谱/质谱联用技术通常表示为Py-GC/MS；顶空-气相色谱/质谱联用技术通常表示为HS-GC/MS；等离子质谱技术表示为ICP-MS；气相色谱/质谱联用技术由于气相色谱仪中通常含有TCD、FID等独立检测器而通常表示为GC/MS的形式。

③ 当多种在物理上相互独立的已实现联用的分析技术之间再次进行联用时，除第一种分析技术外，其他相互独立的联用分析技术用括号进行表示，以突出其物理上的独立性。

例如，对于常用的TG-DSC技术与IR和GC/MS技术依次串联的技术，可以表示为TG-DSC/IR/ (GC/MS) 的形式；对于TG-DSC技术与IR进行串联，之后再与GC/MS技术并联的技术，则可以表示为TG-DSC/IR-(GC/MS) 的形式。

对于将TG-DSC技术与IR、GC/MS依次串联，然后再与ICP-MS技术并联的分析技术，可以表示为 TG-DSC/IR/(GC/MS)-(ICP-MS)。在这种表示形式中，可以清晰地显示出 TG-DSC 技术是先与 IR 技术串联，然后再与 GC/MS 和 ICP-MS 技术串联，GC/MS 和 ICP-MS 之间为并联。

第二节 热分析联用技术的发展与现状

一、联用技术的发展过程

根据测量的物理量不同，热分析方法包括热重法（TG）、差热分析法（DTA）、差示扫描量热法（DSC）、热膨胀法（TD）等 [1]。这些传统的热重法、差热分析法和差示扫描量热法主要用于测定各种材料在受热过程中的质量变化或热焓变化，在金属合金、地质、高聚物、含能材料、药物、催化研究等方面有着广泛的应用 [9-17]。

随着材料表征研究要求的不断提高，在单一热分析技术的基础上发展了联用技术。其中，最常用的同时联用技术包括 TG-DTA 和 TG-DSC。Powell 和 Blazek 于 1957 年最先将 TG 和 DTA 这两种技术结合在一起。20 世纪 60 年代日本理学电机公司首先推出了 TG-DTA 同步热分析仪。20 世纪 60 年代中期又出现了一种可定量地测量焓变的方法，即 DSC 法。1979 年英国聚合物实验室公司率先推出了 TG-DSC 同时联用仪，即 STA 同步热分析。同步热分析技术可以用来研究物质在升降温过程中的质量变化和物理化学反应中的吸热、放热效应，为物质的分解过程提供充分的数据，还具有样品用量少和操作方便等特点，广泛用于物质化学反应中的热效应、稳定性、相变等热特性的研究，展现出非常广阔的应用前景 [18, 19]。

对于串接联用技术，最常见的有热分析 / 质谱联用（TA/MS）、热分析 / 红外光谱联用（TA/IR）。目前，学术界公认 H. G. Langer 和 R. S. Gohlke 早在 1963 年实现了热分析和质谱联用，通过飞行时间质谱仪对 $BeSO_4 \cdot 4H_2O$、$CaSO_4 \cdot 2H_2O$ 和 $CuSO_4 \cdot 5H_2O$ 等样品进行线性程序加热，在设定的时间间隔内测定相应分解产物的质谱 [20]。1968 年 Zitomer 首先设计了热天平和飞行时间质谱联用装置，并应用于高聚物的热分解研究。同年，Wiedeman 等发展了一种可直接在真空条件下将 Mettler 仪器公司的热天平和 Balzers 公司的四极质谱耦合联用的热重 - 四极质谱装置。此后的三十多年中，由于计算机技术的应用和发展，热分析和质谱分析联用技术的应用曾出现过快速发展的时期[21]。这种联用技术不仅能够用来测定材料在受热过程中的质量变化和热焓变化信息，而且还可以用于确定材料在受热过程中挥发性物质的组分。

热重/红外光谱联用技术（TG/IR）是在20世纪60年代末首次提出，20世纪80年代末发展起来的一种联用技术。20世纪80年代，科学家们成功地将热分析技术与傅里叶红外光谱（FTIR）分析技术联用，并在1987年美国Nicolet仪器公司商品化之后得到了飞速发展[22]。TG/FTIR是利用吹扫气（通常为氮气或空气）将失重过程中产生的挥发性组分通过恒定在高温下的管道及气体池引入FTIR的光路中，并通过FTIR在线监测逸出气体组分的一种技术。由于该技术弥补了热重法只能给出热分解温度、失重百分比信息而无法确切给出挥发性组分定性结果的不足，因而在各种有机、无机材料的热稳定性和热分解机理研究方面得到了广泛应用[23-27]。该联用技术由于结合了热分析和红外光谱分析两种方法的优点而受到更多人的关注，可以运用于未知物的剖析和热分解机理研究。同时这一分析手段也日趋成熟并且被广泛应用于各个领域，研究对象也越来越复杂。

近年来，将热分析和红外光谱以及气相色谱、质谱同时相结合又是一个创新亮点，不仅可以在线获取样品实时失重、挥发性组分的红外光谱等信息，还可通过气相色谱-质谱对复杂组分进行分离和定性定量，极大地提高了对复杂样品的解析能力[8]。这种间歇式联用技术扩大了仪器的应用范围，综合了色谱强有力的分离能力和质谱、红外的定性鉴别能力，为复杂混合组分的分析提供了重要的手段。

二、联用技术的现状

在实际应用中，为了得出准确的分析结果、全面深入揭示热过程的本质，单靠一种热分析技术往往不能达到预期的目标。因此，热分析与其他技术的联用成为解决问题的重要手段。将不同仪器的特长和功能相结合实现联用，可以有效扩大分析范围，是现代热分析仪器发展的一个趋势[28]。

目前出现的热分析联用技术主要包括同时联用、串接联用（连续跟踪逸出气体组成与温度或时间之间的关系）和间歇联用技术（每隔一定时间或温度间隔取样分析）三种方式[6]。

1. 同时联用技术

同时联用技术是在程序控温下，对一个试样同时采用两种或多种分析技术进行分析。

以同步热分析（TG-DTA，TG-DSC）技术最常见，此外，还包括差示扫描量热 -X 射线衍射（DSC -XRD）同时联用技术、差示扫描量热与光量热计同时联用技术（Photo-DSC）等。

2. 串接联用技术

按照 GB/T 6425—2008 中的定义，热分析串接联用技术是在程序控制温度和一定气氛下，对一个试样采用两种或多种热分析技术，后一种分析仪器通过接口与前一种分析仪器相串接的技术，如 TG/MS、TG/IR、TG-DSC/IR、TG-DSC/MS、TG-DSC/IR/MS 等。

热分析 / 质谱（TA/MS）联用技术是通过检测不同离子的质荷比信息对气体产物进行定性和定量分析。由于质谱具有灵敏度高、分析速度快、适用范围广等突出优点，在确定产物的分子式方面具有独特的优势。这种联用技术可以更好地研究无机化合物的热分解过程，获取大量的基本热力学数据 [28,29]。在催化剂领域，热重 / 质谱（TG/MS）联用技术是一个强有力的分析工具，在研究催化剂的性质、催化性能和催化机理方面发挥着独特的优势。例如可以采用 TG/MS 联用技术研究次磷酸盐在氮气中的热分解过程，探讨了磷酸盐热分解法制备磷化镍的催化反应机理 [30]。在高分子材料研究方面，TG/MS 联用技术可以用来研究聚苯乙烯的热降解过程 [31]，结果表明苯乙烯具有很高的选择性，由此可以推测聚苯乙烯热降解的主要引发方式是链端断裂。通过考察热重、质谱技术联用时遇到的如热重 - 质谱联用的可行性和可靠性、连接处加热的影响、热重和质谱检测的同步性以及系统误差等问题 [32]，发现热重和质谱检测结果重复性好、系统误差较小、所得结果准确，表明热重和质谱联用系统为最优化的状态，可以获得样品热重变化特征和气体产物逸出行为。目前，热分析联用技术中最常用的是 TG/MS，其具有线性好、方便快捷的优点 [33-40]。该联用技术在获取样品热失重信息的同时，还可以对样品热分解过程中挥发性组分的逸出行为进行在线监测，其中逸出的气体仅有一小部分从热分析仪流入质谱仪。目前，TG/MS 联用技术已经广泛应用于物质结构的确定、反应机理和动力学推测分析、在线研究反应转化过程与定性分析产物等，该方法可检测 H_2、O_2、N_2、CO_2、CH_4 等小分子气态产物，但在对复杂样品的重叠质谱峰解析方面存在一定的缺陷，对同分异构体和复杂有机组分的图谱解析也较为困难，需要进一步探索分峰的新方法。

热分析 / 红外光谱（TA/IR）联用技术是另一种常用的串接联用技术，其主要原理是通过检测有机物官能团对气体产物进行定性和定量分析，实时监测整个热分解过程，并通过红外谱图剖析任意温度点的挥发性组分，从而实现对样品的进一步分析。热重 / 红外光谱（TG/IR）联用为 TA/IR 的常用形式。目前，TG/IR 联用技术可以应用于植物纤维、垃圾衍生燃料、医学药物等的热解行为研究。例如，通过 TG/IR 技术研究稻壳热解过程的结果表明 [41]，升温速率对稻壳的热解影响不大，升温速率越慢热解越充分，且挥发量越大，相应的热解残留物越少。TG/IR 技术还可用于研究中小城市典型垃圾组分合成垃圾衍生燃料的热解机理[42]，在热解气化过程中有机氯产生的废气基本以 HCl 形式释放，且释放量随温度升高而急剧增加。采用 TG/IR 技术对蔗糖半纤维素在不同升温速率下的热重行为的研究结果表明[43]，蔗糖半纤维素主要由大量的阿拉伯糖木聚糖组成，此外还含有葡萄糖、半乳糖及葡萄糖醛酸和半乳糖醛酸。在煤化学领域，TG/IR 联用技术在研究煤的热反应进程以及转化过程中逸出的挥发性组分等方面具有很大的优势。例如，利用 TG/IR 技术可以方便地对煤的工业分析和燃烧过程中的挥发性组分进行研究[44]，同时还可以研究不同升温速率下烟气的逸出规律，为改善煤的燃烧性能、降低有害气体的污染提供可靠的依据。

3. 间歇联用技术

当前热分析联用技术发展较快，应用范围较广。除了上述串接热分析联用技术外，近年来出现的间歇联用技术受到了日益广泛的关注[45-47]。例如，热分析 / 红外 / 气相色谱 / 质谱 [TG/IR/(GC/MS)] 联用技术结合了由热重实验实时获得质量信息，同时可以实时获得红外谱图，然后利用采样阀收集在加热过程中所逸出的气体，并把所收集的气体送入气相色谱仪，最后到达质谱仪进行检测，这类联用技术通过多达四种分析技术同时对同一样品进行分析。通过气相色谱对复杂组分预先分离，解决了无法分析重叠质谱峰的问题，并且可以对样品进行标准谱图检索，大大提高了定性分析和定量分析的准确性。近年来，TG/IR/(GC/MS) 联用技术的应用和研究得到了长足的发展。例如，利用 TG/IR/(GC/MS) 技术可以方便地鉴别果胶的热分解产物[48]。将 TG/IR/(GC/MS) 技术与热裂解气相色谱 - 质谱联用（Py-GC/MS）技术结合使用，可以有效建立一种通过统计分析 TG 特征温度以及特定温度下裂解产物种类及其相对丰度对聚苯硫醚纤维进行定性鉴别的方法[49]。

第三节
同时联用技术

同时联用技术（simultaneous techniques）是在程序控温和一定气氛下，对一个试样同时采用两种或多种分析技术的热分析联用方法。最常见的同时联用技术是热重 - 差热分析

（简称 TG-DTA）和热重 - 差示扫描量热技术（简称 TG-DSC），通常所指的 STA 为这两种分析技术。除此之外还有差示扫描量热仪与光学显微镜联用的显微差示扫描量热仪（简称显微 DSC）等，可以同时记录试样在加热过程中的形貌变化[1]。

同步热分析是用来表示将不同类型（热分析）技术同步应用于一次实验过程的标准术语。通常情况下，需要对“同步”这个术语进行严谨的定义，即同一个样品在同一时间。这意味着该类技术将不同类型的传感器与样品直接（或间接）连接，并且在单个加热炉中对同一样品进行加热或者降温。因此，应明确一个前提，即不讨论由不同的样品得到的结果，即使它们同时在单个加热炉内进行加热或降温。同步测量（simultaneous measurements）与平行测量（parallel measurements）有很大的差别，主要在于平行测量是对不同的样品使用不同的设备来实现[8]。

一、热重 - 差热分析技术与热重 - 差示扫描量热技术

1. 工作原理和仪器特点

热重 - 差热分析技术（TG-DTA）和热重 - 差示扫描量热技术（TG-DSC）作为最常见的同时联用技术，是在程序控温和一定气氛下，测量试样的质量以及试样与参比物的温度差或热流差与温度或时间关系的一种热分析技术。这种技术将 TG 和 DTA 或 DSC 结合为一体，在同一次测量中利用同一样品可同步得到样品热重与差热或热效应信息，分别简称为 TG-DTA 或 TG-DSC。在一些应用中，通常称 TG-DTA 或 TG-DSC 为同步热分析（STA）。

（1）TG-DTA 的工作原理和仪器组成　常用的 TG-DTA 仪主要有水平式和上皿式两种结构形式。测试时将装有试样和参比物的坩埚置于与称量装置相连的支持器组件中，在预先设定的程序控制温度和一定气氛下对试样进行测试，在测试过程中通过天平实时测定试样的质量，同时通过支持器组件的温差热电偶测量试样与参比物之间的温度差随温度或时间的变化信息，获得 TG-DTA 曲线。由 TG-DTA 曲线可以得到在一定气氛和程序控温下样品在质量与热效应两方面的变化信息。

TG-DTA 仪主要由仪器主机（主要包括程序温度控制系统、炉体、支持器组件、气氛控制系统、温度及温度差测定系统、质量测量系统等部分）、仪器控制和数据采集及处理各部分组成，支持器组件平衡地置于加热炉中间，以保持热传递条件一致。图 7-1 为上皿式 TG-DTA 仪的结构框图。

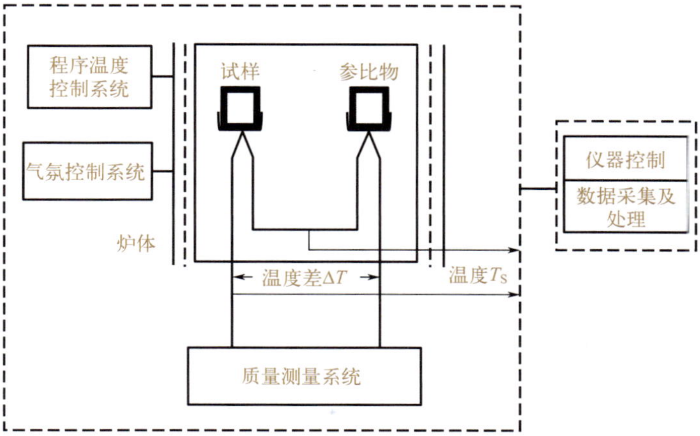

图 7-1 上皿式 TG-DTA 仪结构框图

（2）TG-DSC 的工作原理和仪器组成 与 TG-DTA 联用技术相似，TG-DSC 技术是将 TG 与 DSC 技术结合起来的同时联用技术，可以同时得到样品在相同条件下的质量和热效应的信息。

TG-DSC 联用技术在仪器构造和原理上与 TG-DTA 联用技术相类似。将 TG 与 DSC 结合为一体，在同一次测量中利用同一试样可同步得到试样的质量变化及试样与参比物的热流差的信息。常用的 TG-DSC 仪主要有水平式和上皿式两种结构形式。试样坩埚与参比坩埚（一般为空坩埚）置于同一导热良好的传感器盘上，两者之间的热交换满足傅里叶热传导方程。通过程序温度控制系统使加热炉按照一定的温度程序进行加热，通过定量标定将温度变化过程中两侧热电偶实时测量到的温度信号差转换为热流信号差，对温度或时间连续作图后即得到 DSC 曲线。同时，整个传感器（样品支架）插在高精度的天平上，参比端不发生质量变化，试样本身在升温过程中的质量由热天平进行实时测量，对温度或时间作图后即得到 TG 曲线。与 TG 联用的 DSC 的原理为热流式。

TG-DSC 仪的组成与 TG-DTA 仪相似，支持器组件平衡地置于加热炉中间，以保持热传递条件一致。仪器输出的温度差信号通过定量标定，将测量过程中两侧热电偶实时测量到的温度信号差转换为热流信号差，得到 DSC 曲线。

（3）仪器结构 TG-DSC 仪与 TG-DTA 仪主要由天平、温度控制系统、加热炉、气氛控制系统、记录系统等部分组成。除了加热炉体和高精度天平外，还包括软件和一系列辅助设备，如恒温水浴、真空泵等。常用的仪器结构形式主要有上皿式和水平式两种，不同仪器公司的仪器结构不同。本部分内容以上皿式为例介绍同步热分析仪的结构，图 7-2 为德国耐驰公司 STA449F3 同步热分析仪的结构剖面示意图。

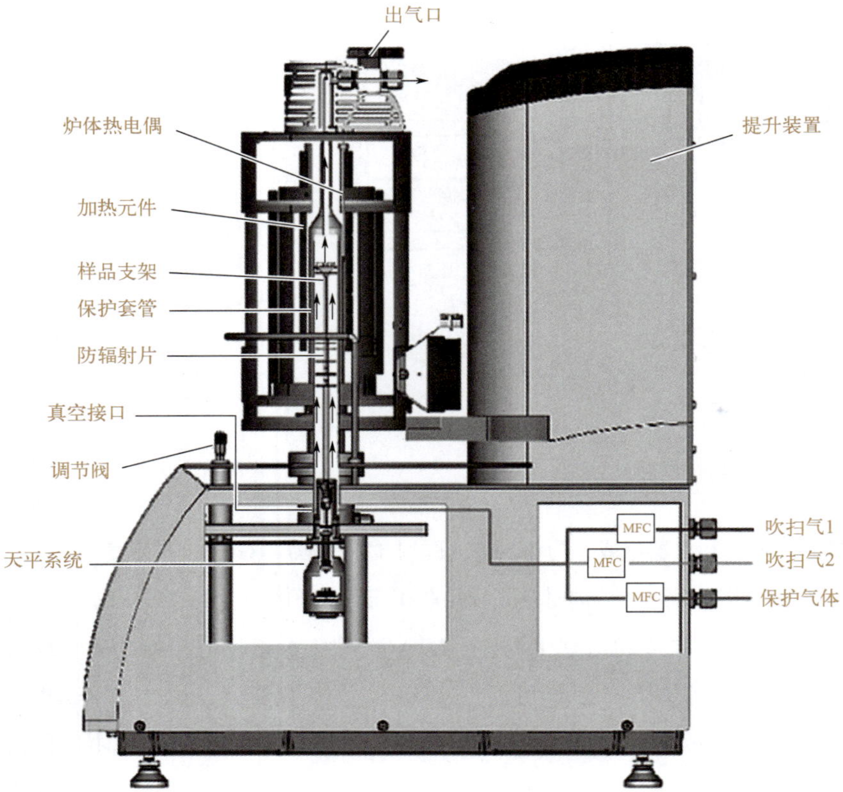

图 7-2 德国耐驰公司 STA449F3 同步热分析仪的结构剖面示意图 [50]

由图 7-2 可见，仪器的加热炉体由加热元件、保护套管与炉体热电偶组成，提升装置进行炉体的升降操作。为了防止潮湿水汽、热空气对流以及样品分解污染物对天平造成影响，保护气体通常采用惰性气体（如 N_2 或 Ar），经天平室、支架连接区通入炉体，确保天平处于稳定且干燥的工作环境。大多数商品化的仪器允许同时连接两种不同的吹扫气类型，并根据需要在测量过程中自动切换或相互混合，如 N_2 与 O_2 两种吹扫气混合组成空气。在气体控制附件方面，可以配备传统的转子流量计或电磁阀，也可配备精度与自动化程度更高的质量流量计。气体出口处于仪器加热炉顶部，可以将载气与气态产物排放到大气中，也可通过加热的传输线进一步连接 MS、FTIR 和 GC-MS 等系统，将气态产物输送到这些仪器中进行分析。仪器配备的恒温水浴可将炉体和天平两个部分隔离开来，当炉体处于高温时可以有效防止热量传递到天平模块。由下而上持续吹扫的保护气体防止了热空气对流造成的热量传递，样品支架周围的防辐射片隔离了高温环境下的热辐射因素，这些措施充分保证了高精度天平处于稳定的温度环境下不受高温区的干扰，以确保质量信号的稳定性。此外，本书编著者团队在同步热分析仪的基础上研制了通过外接真空泵实现不同负压环境和消除气氛中残余氧的实验装置。通过这种装置一方面可以进行抽真空与气体置换操作，有效降低惰性气氛中残余氧的浓度；另一方面还可在真空下进行测试，且真空段与气氛段可混合编程或自动切换。因此，通过同步热分析技术可以在完全相同的实验条件下得出对应性非常好的质量变化和热焓值。

（4）TG-DTA 和 TG-DSC 技术的特点及典型应用　由于 STA 同时具有 TG 和 DTA 或 DSC 的功能，可以消除多次称重、样品均匀性、升温速率一致性、气氛压力与流量差异等因素的影响[50-52]。根据某一热效应是否对应质量变化，有助于判别该热效应所对应的物理化学过程，如区分熔融峰、结晶峰、相变峰与分解峰等，实时跟踪样品质量和热量随温度或时间的变化，有利于反应焓的准确计算。但是 STA 技术由于炉体比独立式 DSC 的较大，因此在较低温度范围内的温度控制有滞后现象。目前，该技术被广泛应用到陶瓷、玻璃、金属等领域。例如，TG-DTA 技术可以用于在相对较低的温度下研究异相成核的 La-Mn 复合物的热分解过程[53]，分解后得到了六方晶型的 $LaMnO_3$ 纳米颗粒。TG-DTA 技术还可以用于研究陶瓷烧结工艺，在用柠檬酸盐制备粉末细腻、密度更高的陶瓷的研究中[54]，通过 TG-DTA 实验曲线可以发现聚碳酸酯盐的热分解是降低烧结温度制备 SiC 陶瓷材料的有效途径之一。在氩气气氛下，TG-DTA 曲线在 240℃附近会有较明显的质量增加和吸热现象，这是由聚合物与氧发生反应引起的，由此也可以验证仪器对氧化反应的灵敏度。另外，在 *N*- 甲基聚硼硅氮烷制备 SiBNC 陶瓷过程中出现的三个转变过程可以很方便地用热分析技术和光谱法进行鉴别[55, 56]。利用 TG-DTA 联用技术可以研究天然石墨粉的氧化过程，该过程可以用作研究颗粒几何形状影响过程参数的模型过程[57]。实验结果表明，颗粒的几何形状比如棱角的位置分数会显著影响点火温度、DTA 曲线的峰顶温度值和质量损失 15% 的温度值。

由 TG-DSC 同时联用技术得到的 DSC 曲线不仅可以用于确定反应的起始温度、峰顶温度和结束温度，而且还可以对材料在受热过程中产生的热焓变化进行定量，曲线中峰面积的大小，也就是反应的焓变值。差热分析和差示扫描量热两种技术的不同之处在于 DTA 曲线上出现的吸热峰或放热峰的峰面积对热焓值只能进行定性分析，无法实现定量分析。理论上，DSC 测试的灵敏度高于 DTA，测量时通常采用较少的样品量。通过对 DSC 曲线上出现的吸热峰或放热峰的峰面积进行积分，可以对热焓值进行定量，确定焓变值。由于与 TG 联用的 DSC 结构较简单，不如独立式 DSC 仪器的结构复杂，其灵敏度也有所下降，常用于测量在质量变化（或者不变）过程中出现的较为显著的热效应，广泛应用于塑料、橡胶、涂料、食品、复合材料等领域。例如，TG-DSC 技术可以用于研究阿司匹林和硬脂酸镁及硬脂酸混合物的热分解行为[58]。结果表明，对于阿司匹林和硬脂酸的单个组分及其混合物，除了硬脂酸的熔融过程之外没有发生热效应，而其与硬脂酸镁的混合物则在55℃出现了明显的吸热现象，经压制成型的阿司匹林和硬脂酸镁的混合物的热效应比粉末状更加明显。在含能材料领域，用 TG-DSC 和加速量热仪对雷管炸药（KD-NBF）进行实验，结果表明这种材料在固态下的分解是一个多步的放热过程[59]，第一步热效应在很短的时间内完成，如果样品量较大会出现明火。依据实验的条件不同，由实验获得的等温和非等温动力学数据可以得到在一定范围内波动的活化能。

2. 实验过程

实验过程通常包括测试条件选择、仪器准备、制样、仪器测试和数据处理等部分[60]。

（1）测试条件选择　根据仪器性能参数、样品性质和实验目的确定合理的测试条件，包括制样方法和仪器的工作参数，过程同本书第二章和第三章中相关内容，限于篇幅本部分不作重复性介绍。

（2）仪器准备　按照所用 TG-DTA 仪和 TG-DSC 仪的操作规程开机、启动气氛控制系统以及冷却附件，使仪器处于待机状态。测试开始前需要对仪器的外观和各部件进行工作正常性检查，若发现外观异常、关键部件受到损坏或污染，则应及时进行温度、热量和质量校正。

（3）制样　制样过程同本书第二章和第三章中相关内容，限于篇幅本部分不作重复性介绍。

（4）仪器测试　仪器测试过程主要包括以下步骤：

① 设定气氛条件。根据需要选择合适的气氛气体和流量，平衡后准备测试。

② 试样称量和加载。

③ 输入实验信息。在仪器分析软件中根据需要输入待测试的样品名称、样品编号、试样质量、坩埚类型、气氛种类及流速、文件名、送样人（送样单位）等信息。

对于带有自动进样装置的 TG-DTA 和 TG-DSC 仪，需要输入试样坩埚和参比坩埚的编号信息。

④ 设定温度控制程序。在软件中根据需要设定温度范围和温度控制程序。

⑤ 异常现象的处理。

（a）测试结束后，如发现试样与试样坩埚或容器之间存在反应等相互作用的迹象，则不采用此数据，需更换合适的坩埚重新进行测试。

（b）测试结束后，发现试样溢出坩埚或容器污染了支持器组件时，应停止测试。支持器组件恢复工作后，应对 TG-DTA 和 TG-DSC 仪进行温度和质量校正，校正结果符合要求后方可继续进行测试工作。

（5）数据处理与分析　实验结束后的数据处理、导出、特征物理量确定及分析等过程同本书第二章和第三章中相关内容，限于篇幅本部分不作重复性介绍。

3. 影响因素

为了得到准确性和重复性好的热分析曲线，应对可能影响测定结果的各种因素进行分析，以选择合适的实验条件和对数据进行合理的分析。

（1）升温速率的影响　实验中采用的升温速率对 TG-DTA 和 TG-DSC 曲线有很大的影响。一般来说，提高升温速率将使 TG 曲线向高温方向推移，使 DTA 或 DSC 曲线上表示的反应起始温度、峰顶温度以及终止温度升高。快速升温使反应来不及充分进行，导致反应进入更高的温度范围而造成滞后现象。图 7-3 为不同升温速率下氮化铟的 TG 曲线。由图可见，TG 曲线随升温速率的增大向高温方向推移。另外，升温速率对 DTA 或 DSC 曲线相邻峰的分辨率也有一定影响。通常，快速升温导致 DTA 或 DSC 曲线的峰形变得窄而尖，使相邻反应的分辨率降低。相反地，慢速升温有利于使相邻峰进一步分开。因此，在进行实验时，应选择适当的升温速率。如没有特殊要求，一般选取 10℃ /min。快速升温易产生反应滞后，样品内温度梯度增大，峰（平台）分离能力下降，DSC 基线漂移较大，

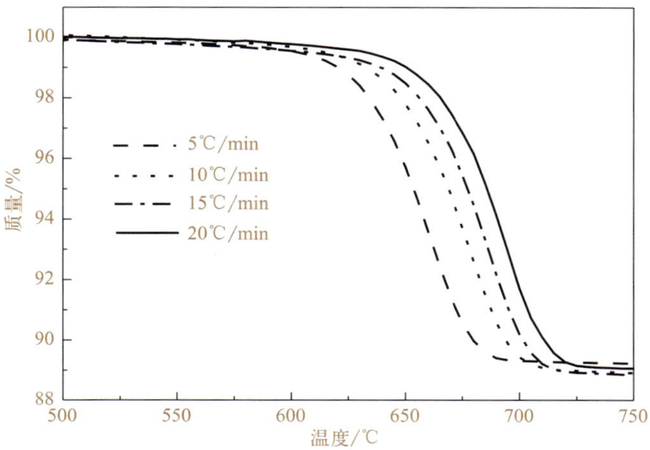

图 7-3　不同升温速率下氮化铟的 TG 曲线

但可以提高灵敏度，峰形变强。慢速升温有利于 DTA、DSC、DTG 相邻峰的分离，有利于 TG 相邻质量变化平台的分离，DSC 基线漂移较小，但峰形也较弱。对于 TG 测试，过快的升温速率有时会导致丢失某些中间产物的信息，一般以较慢的升温速率为宜。对于 DSC 测试，在传感器灵敏度足够高且不影响测试效率的前提下，一般采取较慢的升温速率。

（2）试样性质的影响　在 TG-DTA 和 TG-DSC 实验中，试样的用量、粒度、装填方式和所用的容器等都对实验结果有影响。

选择合适的试样量对实验结果的可靠性有非常重要的影响。大试样量能增大 DSC 检测信号，有利于检测微小的热量变化。但容易导致样品内温度梯度较大，气体产物难以扩散，引起峰形变宽，峰值温度向高温漂移。在这种条件下相邻峰（平台）趋向于合并在一起，峰分离能力下降。试样量增加也会使 TG 曲线向高温方向移动，同时使 DTA 或 DSC 曲线上出现的峰面积增加，其峰温位置也向高温移动。因为当试样量增加时，试样内部的温度梯度增大，使得反应需要较长的时间内部才能达到分解温度，从而影响峰温位置。相反地，小试样量造成样品内的温度梯度较小，有利于气体产物扩散，使得化学平衡向正向发展，峰形较窄，峰值温度较低，DSC 峰形较小，相邻峰（平台）分离能力增强。在大多数情况下，由于 DSC 与热天平的灵敏度足够，可以采用较小的样品量。对于一些特殊的应用，例如吸附 / 解吸、催化、抗氧化性研究等，大试样量比较有利。在实际应用中应综合考虑升温速率和样品量对实验结果的影响，根据不同的需求选择实验条件。

（3）气氛的影响　在进行 TG-DTA 和 TG-DSC 实验时常常需要不同的反应气氛。对于某些有机物，在惰性气氛下的热裂解机理和在氧化气氛下的机理不同。通常，惰性气氛的导热性良好，有利于向体系提供更充分的热量，提高分解反应速率。

（4）坩埚的影响　常见的坩埚材质主要包括 Al、Al_2O_3、Pt/Rh、不锈钢、Cu、石墨、Ag、Au 等，不同材质的坩埚对实验曲线有不同程度的影响。另外，在实验过程中加载坩埚盖会影响气体产物的逸出，从而使曲线发生变化。实验中应根据试样的性质以及实验的要求条件来选择坩埚的材质和形状。装填在坩埚中的试样应保持颗粒均匀，操作时尽量做到每次试样装填情况一致。对于块状样品，建议切成薄片或碎粒；对于粉末样品，使其在坩埚底部铺平成一薄层。

4. 仪器维护

为了保证仪器的最佳工作状态，实验时不仅应按照规范正确操作，还应对仪器进行维护与保养，使各项性能参数指标满足要求。维护时应注意以下几个方面。

① 实验结束后，应待炉温降到安全温度以下再打开炉体，同时应避免在仪器极限温度附近进行长时间恒温。

② 实验开始之前应对样品的结构、成分以及性质进行尽可能充分的了解，判断在采用的气氛和温度程序下可能发生的变化，尤其要注意是否会发生溢出等可能损坏传感器的现象。对于反应剧烈或在反应过程中易产生气泡的样品，应适当减少样品量。检查并确保样品及其分解物不会与测量坩埚、样品支架和热电偶发生反应[61-66]。

③ 应定期清理加热炉出口，避免冷凝物堵塞。

5. 典型应用

经过半个多世纪的发展，TG-DTA 和 TG-DSC 技术已广泛应用于测量材料的分解、熔融、结晶、相变等过程，广泛应用于高分子、金属、玻璃、复合材料等各种领域。例如，同步热分析（TG-DSC）技术可以用来研究碳纳米管的热稳定性。碳纳米管（carbon nanotube，简称CNT）是一种新型碳材料，它是由碳原子形成的石墨烯片卷成的无缝、中空的管体，具有独特的结构特征，表现出奇异的力学、热学、电学、光学和磁学等性能。在应用中通常将其制备成碳纳米管复合材料，利用其优异的力、热、电等性能来改善基体材料的特性，提高材料的强度、硬度、耐磨性和导电性等，有关碳纳米管复合材料的研究已成为 CNT 应用研究的热点[67,68]。图 7-4 是空气气氛中纳米碳管在不同升温速率下的 TG-DSC 曲线。

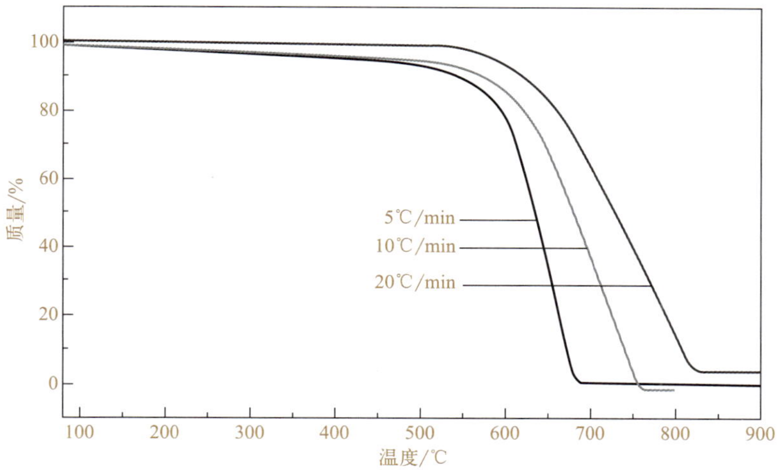

(a) TG曲线

图 7-4

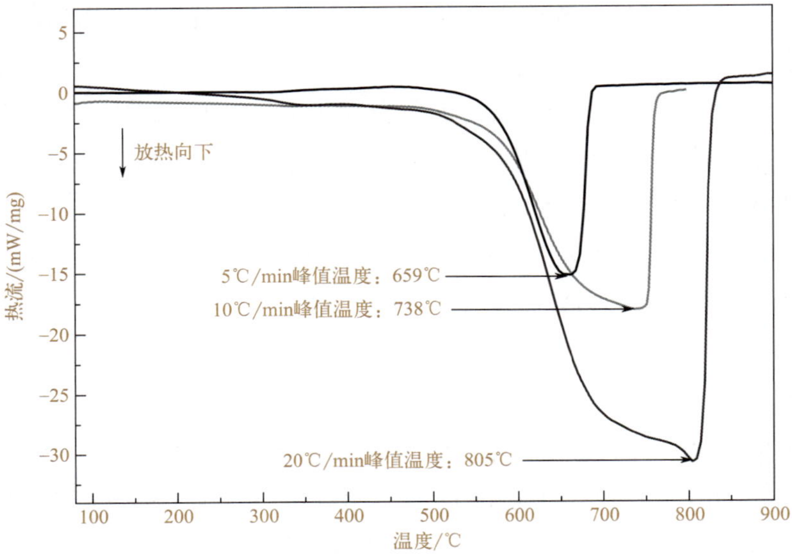

(b) DSC曲线

图 7-4　空气气氛中纳米碳管在不同升温速率下的 TG 和 DSC 曲线

由图可见，纳米碳管从 530℃左右开始氧化分解，TG 曲线中出现了一个失重台阶，如图 7-4（a）所示。随着温度的升高质量损失逐渐增加，最后 TG 曲线出现平台，质量不再变化。这表明纳米碳管在空气中几乎完全被烧掉，较快的升温速率导致纳米碳管的 TG 曲线向高温方向移动。与 TG 曲线相对应，不同升温速率下的纳米碳管的 DSC 曲线在 530 ～ 850℃温度范围均出现了一个放热峰，如图 7-4（b）所示。DSC 曲线的峰值温度分别为 659℃、738℃和 805℃，这三个放热峰的峰值温度与纳米碳管的最大分解温度相对应。从图中还可以看出，纳米碳管从 530℃开始放热，表明 CNT 在空气中的使用温度应低于纳米碳管的氧化温度（530℃），这样可以保证纳米碳管不会被破坏。本例中，同步热分析仪可以用一个样品在一次实验中得到两种不同的功能，提高了检测效率。而对于一般的独立式测量方法，两种加热炉的结构和工作方式不同，实验条件也不能完全相同，难免会产生一些系统误差。

二、其他同时联用技术

1. 差示扫描量热–X射线衍射同时联用技术

热分析仪可以和多种分析技术联用，比较常见的有质谱仪、红外光谱仪、气相色谱仪等。

通过这些联用可以弥补热分析仪器的一些局限性，更加有效地分析材料的物理变化和化学特性[69-71]。在材料分析中，通过X射线衍射仪可以得到材料的晶体结构和物相信息，将热分析仪和X射线衍射仪相结合，可以实现差示扫描量热-X射线衍射（DSC-XRD）同时联用技术。例如，DSC-XRD联用技术可以用于表征液晶态的非聚合物[72]。对各向同性液态非聚合物进行降温，在DSC曲线中出现了三个放热转变。通过对XRD数据的实时分析，可以有效地证明这三个转变分别对应于两个中间相的形成和结晶过程。DSC-XRD技术还可以用于研究聚合物的结晶和熔融过程[73]，通过实验可以系统得到s-PS/a-PS共混物熔融冷却结晶和尼龙66熔融过程的DSC和XRD曲线，从三维的XRD图中可以观察到在248℃处有两个分别属于s-PS的b晶（020）和a晶（110）的衍射峰；对于尼龙66，DSC曲线中出现的双重熔融峰仅与b晶相关。

2. 差示扫描量热-显微技术同时联用技术

如本书第三章介绍，DSC是一种常用的热分析方法，但其只能测量样品在发生相转变时总的热量变化，而不能测量其微观结构随温度的变化。作为材料微观结构研究最常用的一种方法，显微镜可直接用于在不同温度下观察被测样品的微观结构，如材料的孔状分布、溶液的结晶行为、细胞的体积或形状等。DSC和显微镜可以构成一对有效互补的研究手段，可用于研究材料的物理特性和微观结构随温度的变化情况，得到更为全面的测量结果。在DSC仪器的量热池上方增加一个透明的窗口，将DSC技术和偏振光显微技术相结合，通过可视窗口和数码相机可以实现差示扫描量热法与热光学同时联用技术。2010年，我国中山大学吕树申研究团队研制了一套具有可视化功能的差示扫描量热法实验装置[74, 75]，该系统可以在DSC实验过程中通过配套使用的显微摄像系统实时观察样品并记录微观结构变化，从而同时获得测试样品的热效应数据和微观结构图像数据。

除上述形式的同时联用技术之外，还有差示扫描量热-红外光谱法（DSC-IR）、热机械-差热分析（TM-DTA）等形式，限于篇幅，在此不再赘述。

第四节 串接联用技术

串接联用技术（coupled serial techniques）是在程序控温和一定气氛下，对一个试样采用两种或多种分析技术，后一种分析仪器通过接口与前一种分析仪器相串接的技术[6]。热分析仪与可分析气体的技术串接联用是最常见的串接联用形式，可用于分析由热分析仪逸出的气体产物。该类联用仪的主要部件包括热分析仪部分（TG、TG-DTA、TG-DSC、TD等）、在线监测气体部分（如 MS、FTIR 等）以及将两者连接起来的接口等。

一、热分析 / 质谱联用技术

1. 质谱技术简介

由于对质谱（MS）的详细描述内容已经超出了本部分内容的范围，因此本章仅讨论在应用时所必需的一些与 MS 相关的背景知识。质谱技术的工作原理为：以某种方式使分子电离、碎裂，然后按离子的质荷比（m/z）大小分离各种离子，检测它们的强度并将其排列成图谱的一种分析技术。检测到的离子按其质荷比大小排列而成的谱图称为质谱图，离子的质荷比（m/z）是离子的质量数（m）与其所带的电荷数（z）之比，其中 m 以原子量质量单位（amu）计算，z 以电子电量为单位计算。质谱分析一般以质谱图或质谱表格的形式提供信息，谱图的横坐标为离子的质荷比，纵坐标为离子流的强度[76]。碎片离子的质荷比和丰度可以提供有关该碎片及其在分子中所处环境的宝贵信息，是指导和确定材料结构的重要依据。研究离子碎裂机理大致应考虑三方面问题：首先，确定碎裂发生在何处；其次，确定碎裂产物是什么；最后，影响碎裂以及碎片离子丰度的因素有哪些。通常，质谱碎裂的一般规律是分子中电离电位最低的电子最容易丢失，生成的正电荷和游离基就定域在丢失电子的位置上[77, 78]。

2. 热分析/质谱（TA/MS）联用技术的工作原理

TA/MS 联用技术是在程序控制温度和一定气氛下，通过质谱仪在线监测热分析（主要为热重仪、热重 - 差热分析仪以及热重 - 差示扫描量热仪）中由试样逸出的气体的信息的一种热分析联用技术，常见的联用形式有 TG/MS、TG-DTA/MS 以及 TG-DSC/MS 等。在 TA/MS 实验中，由热分析仪逸出的气体组分从热分析仪的加热炉出口通过联用接口进入质谱仪中进行在线监测。图 7-5 中给出了 TG/MS 仪的工作原理示意图，实验时从热重仪中逸出的一部分气体产物由吹扫气经联用接口、可加热的传输管线再经接口进入质谱仪的检测器中进行分析[8]。

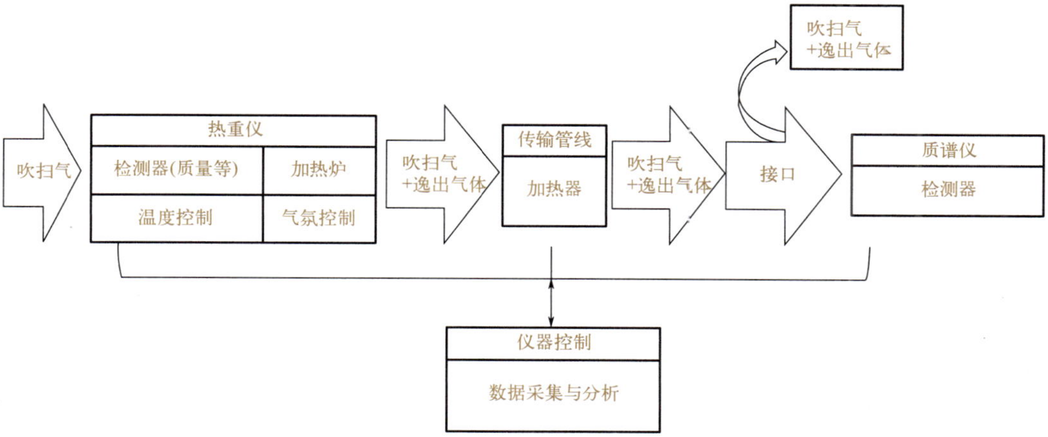

图 7-5 TG/MS 联用仪工作原理示意图[8]

在 TA/MS 联用实验中通常采用多重离子检测方式，针对样品需要，预先设定要检测的离子碎片的质量数，对样品在热分析仪内受热过程中逸出的气体产物进行质谱检测，得到预先设定检测的离子碎片的离子流强度随温度或时间变化的 MS 曲线，通过将 MS 曲线与 TG、DTA 或 DSC 曲线结合分析，从而可以深入地对样品进行热分解机理探讨。

3. 仪器结构及组成

联用系统的热分析仪部分采用 TG、TG-DTA 或 TG-DSC 仪，质谱仪按其工作方式可分为静态质谱仪和动态质谱仪。其中，静态质谱仪利用恒定的电磁场按空间位置将不同质荷比的离子分开，如单聚焦和双聚焦质谱仪。动态质谱利用随时间变化的电磁场按离子飞行时间不同将不同质荷比的离子分开，如四极杆质谱仪、离子阱质谱仪、飞行时间质谱仪等。从仪器组成来看，TA/MS 联用仪由进样系统、离子源、质量分析器、离子检测器、数据采集系统、电源以及真空系统组成，其中热分析作为质谱仪的进样系统。这种联用技术的关键在于气体运输过程，即如何将样品逸出气体“完整”地传输到质谱仪中，这涉及热分析仪炉体形状、吹扫气流向及流量、接口设计、传输线温度等方面。从热分析仪逸出的气体组分进入离子源，在离子源中以某种方式电离成为分子离子。物质可以通过多种方法电离，目前主要应用于质谱仪中的离子源有电子电离源、化学电离源、电喷雾源、电感耦合等离子体源等，其中以电子电离源最为常用。在 TA/MS 联用仪器中四极质谱系统采用电子轰击的方式进行电离。电子电离源是利用一定能量的电子与气相中的样品分子相互作用，使分子失去价电子，电离成分子离子，当分子离子具有的剩余能量大于其某些化学键的键能时，分子离子便发生碎裂生成各种碎片离子，主要包括分子离子、碎片离子、同位素离子、多电荷离子、负离子、离子 - 分子反应生成的离子和亚稳离子等。这些碎片离子在质量分析器里按照质荷比大小被分离，常用的质量分析器包括四极杆、离子阱、飞行时间分析器等。按质荷比被分开的正离子依次达到离子检测器被检测，检测器一般由收集器和放大器组成。常用的检测器包括法拉第杯和电子倍增管，检测信号放大后送入计算机，数据的采集与分析由计算机完成。计算机不仅可以对仪器进行控制，同时还可以接收和存储数据，经适当处理后以质谱图或表格形式输出。其中，离子源、质量分析器和离子检测系统的作用分别为使样品分子产生离子、使离子按质荷比大小分离以及进行离子检测，均在高真空条件下工作。图 7-6 为 TA/MS 联用仪的结构组成示意图。

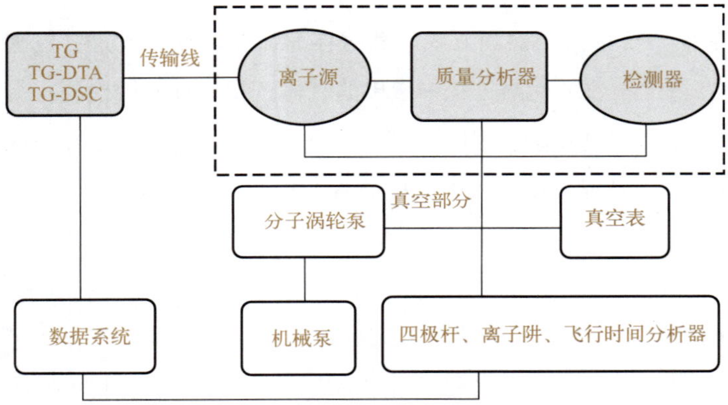

图 7-6　TA/MS 联用仪的结构组成示意图

在逸出气体从常压热分析仪器到高真空质谱仪的转移过程中，关键技术在于接口装置。通常采用机械泵和分子涡轮泵二次减压的方式，达到质谱 10^{-5}Pa 真空度的要求。同时在接口处进行加热保温，可以使逸出的气体产物经过传输线时不会发生冷凝。另外还应实现快速实时检测，确保质谱数据与热分析保持同步。热分析仪中所逸出的气体成分应保持不变地进入质谱仪（避免发生二次反应），在接口处分解的气体不发生凝聚现象，使气体分离和检测系统之间的滞后效应降到最低。热分析联用方法的接口方式有很多种，通常采用毛细管连接方式，即用一根直径很细的内衬石英玻璃的不锈钢毛细管把热分析仪和质谱连接。为防止传输过程挥发物的冷凝，毛细管接口加热温度最高可以达到 300℃。图 7-7 为采用毛细管接口方式的 TA/MS 联用仪器示意图 [79]。

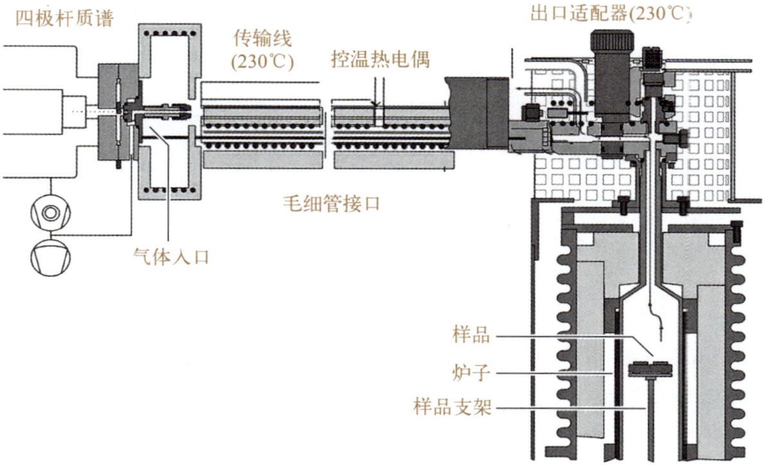

图 7-7　采用毛细管接口方式的 TA/MS 联用仪器示意图 [79]

另外，还有一种 skimmer 接口，接口由节流孔（orifice）和集气器（skimmer）两部分组成。热分析产生的挥发性组分先通过节流孔抽入初级真空室，然后采用负压通过集气器输入 MS 系统。图 7-8 为 skimmer 系统接口的热分析 - 质谱联用仪器示意

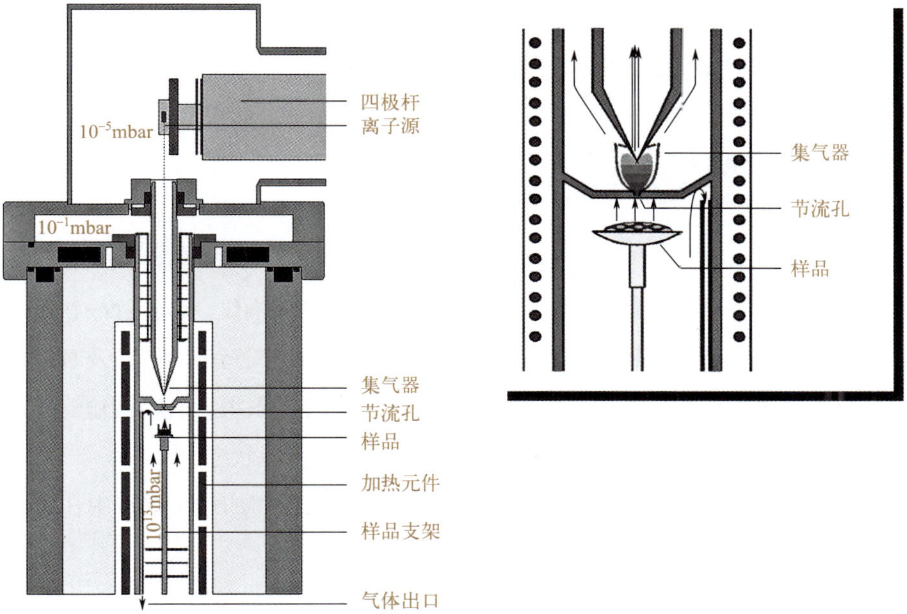

图 7-8　skimmer 系统接口的 TA/MS 联用仪器示意图 [79]（1mbar=100Pa）

图。由图可见，接口位于加热炉内，与热分析样品温度接近。采用碳纤维材质，最高加热温度达 2000℃，而且样品到质谱离子源之间的距离仅几厘米。与毛细管连接方式相比，skimmer 接口避免了挥发性物质可能发生的凝结和二次反应，并降低了质谱噪声和提高了分析灵敏度，尤其对高分子量产物的测定效果更佳，质量数范围可达 1 ～ 1024amu。

4. 实验过程

与同时联用实验相似，TA/MS 联用仪的测试过程通常包括测试条件选择、仪器准备、制样、仪器测试和数据处理等部分，限于篇幅，以下仅作简要介绍。

（1）测试条件的选择

① 根据仪器的要求和样品性质选择合适的试样用量进行测试，并确定是否选用参比物和稀释剂。对于系列样品和重复测试的样品，每次使用的试样应尽量装填一致、松紧适宜，以得到良好的重现性。

② 根据测试需要选用合适的气氛气体的种类、流量或压力等。

③ 根据测试要求设定温度范围、升（降）温速率等温度控制程序参数。

④ 坩埚是测试时用于盛载试样的容器，在实验过程中用到的坩埚在测试条件下不得与试样发生任何形式的作用。

⑤ 对于较快的反应转变，测试时数据采集的时间间隔应较短；对于耗时较长的测试，数据采集时间间隔宜适当延长。

⑥ 设定传输管线的温度时应避免样品产生的气体产物在流经管线时发生任何形式的冷凝或二次反应。

⑦ 按照相关操作规程和规范的要求设定质谱仪的测量条件。

（2）仪器状态检查及开机准备　测试开始前，需要对所用热分析仪、传输管线和质谱仪的外观和各部件进行检查。若发现外观异常、关键部件受到损坏或污染，则应及时进行温度和检测物理量的校正。按照操作规程依次开机、启动气氛控制系统、启动传输管线控制系统、启动红外光谱仪以及冷却附件（适用时），使仪器处于待机状态。

（3）制样及试样加载　对于 TA/MS 联用仪而言，试样的准备和加载主要集中在热分析仪部分：

① 按照所用热分析仪器的操作规程或规范的要求进行试样的称量和装样。

② 选择合适的样品量，以便质谱仪在实验过程中可以检测到较为明显的信号。

（4）设定气氛条件及仪器工作参数

① 根据所使用热分析仪测试条件的需要，选择合适的气氛气体及其流量，平衡后测试。

② 在控制软件中根据需要输入待测试的样品名称、样品编号、试样质量、坩埚类型、气氛种类及流速、传输管线的温度、管线中气体的流速（适用时）、质量数范围、选择离子的质量数、文件名、送样人（送样单位）等信息。对于热分析部分和质谱部分是独立的软件和控制系统的仪器，需要分别在相应的控制软件中输入待测试样品的名称、编号等相关信息。按照相关操作规程和规范的要求设定质谱仪部分的操作条件。

③ 根据需要在软件中设定热重分析部分的温度范围和温度控制程序。

（5）异常现象的处理

① 测试结束后，如发现试样与试样坩埚或容器之间存在反应等相互作用的迹象，则应谨慎使用此数据。

② 测试结束后，发现试样溢出坩埚或容器污染到支持器组件时，应及时停止后续测试。支持器组件恢复工作后，应进行温度和检测的物理量校正，校准结果符合要求后方可继续进行测试工作。

③ 定期用已知结构的物质（如一水合草酸钙或碳酸钙等）验证所得到的不同温度下的质谱总离子流曲线和特征离子曲线的变化。如发现曲线中的峰值强度有较大幅度的减弱或发现峰形发生异常变化时，则应检查传输管线中或检测器是否发生了污染。当发现这种异常现象时应及时处理，处理后进行验证，结果正常后方可进行后续实验。

5. 仪器维护

TA/MS 联用仪是使用较为普遍和广泛的仪器，对仪器进行正确使用及维护保养，不仅可以确保仪器的良好工作状态，使得分析数据准确可靠，还可以延长仪器和易耗件的使用寿命。对于联用仪中的热分析仪部分，很多物质在高温条件下发生分解形成气态产物或固体小颗粒，在吹扫气体的带动下通过仪器的出气口排出。然而，热分析仪器经过长时间使用，累积的杂质会滞留在出气口管路内使得气体排出受阻，需要定期将出气口管拆下用酒精和脱脂棉进行清理。炉体污染物类别主要包括有机类、炭黑类、无机类及金属挥发附着污染等，需要根据污染的类别采用不同的处理方式。例如，对于有机类和炭黑类污染物，可在动态吹扫的空气气氛下，直接加热到 1000℃左右，即可将污染物除去。

对于质谱仪部分，为了保证离子源中灯丝的正常工作，使离子在离子源中有足够的平均自由程，减小背景干扰与记忆效应，分辨率较高的质谱仪的离子源和分析器需处在优于

10^{-5}mbar 的真空条件下工作[80]。真空是质谱仪正常工作的基础，真空系统的维护是质谱仪日常维护的重要任务。一般质谱仪的真空系统由机械真空泵和扩散泵或者分子涡轮泵两级组成。机械泵能达到的极限真空度为 10^{-3}mbar，不能满足离子源的使用要求，必须依靠高真空泵。由于分子涡轮泵使用方便，没有油的扩散污染，因此广泛用于质谱仪。分子涡轮泵直接与离子源相连，抽出的气体由机械真空泵排到系统外。定期检查泵油的平面和颜色，清洁机械泵和更换泵油，密封圈的橡胶圈老化需更换。此外，还应定期清洁 MS 背面的风扇滤网，检查离子源和质量分析器。离子源污染容易导致重现性不良，应及时清洗离子源。一般情况下真空启动半小时后才能打开灯丝，在真空度不好时打开灯丝，会加快灯丝消耗。样品浓度会影响灯丝的寿命，长期分析高浓度样品会加快灯丝消耗。灯丝与离子源应安装在正确位置，如位置有偏差则会导致灯丝变形而缩短寿命。

6. 数据处理与分析

实验结束后的数据处理、导出、特征物理量确定及分析等过程可以分别通过热分析仪器和质谱附带的数据处理软件来完成，限于篇幅本部分不作详细介绍。

图 7-9 为一水合草酸钙由 TG-DSC/MS 联用实验得到的曲线。由图可见，在 50 ～ 1000℃温度范围内一水合草酸钙发生了脱水和失去 CO 和 CO_2 的分解反应。

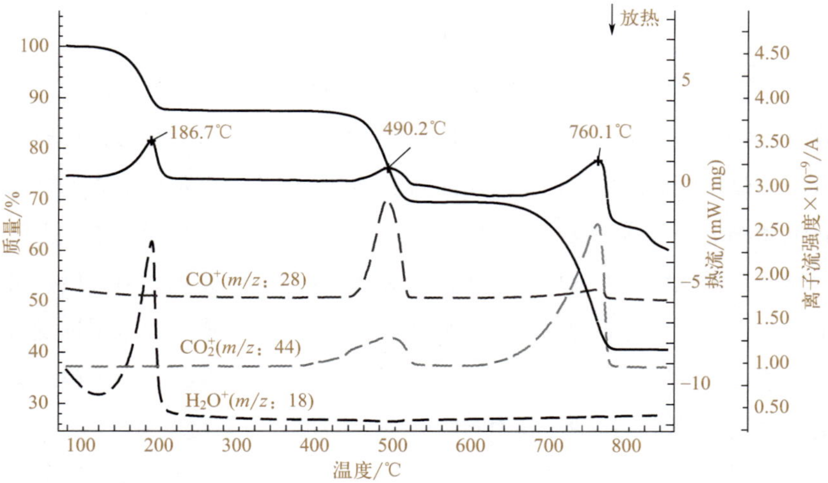

图 7-9 一水合草酸钙的 TG-DSC/MS 联用图谱

在作图时还可以叠加在程序控制温度下将试样逸出的气体通过质谱仪实时检测到的三维质谱图，图 7-10 所示为 TG-DSC/MS 的三维图谱。图中的 TG 曲线出现三个质量损失台阶，DSC 曲线出现三个相对应的吸热峰，MS 曲线检出 H_2O^+(m/z=18)、CO^+(m/z=28) 和 CO_2^+(m/z=44) 三个正离子质谱峰。由此可见，热分析仪与质谱仪的联用使定性分析气体产物成为可能。这种联用技术提供了非常有用的信息，获得的数据可以直接与测量的质量损失关联，得出测试材料详细的热分解历程和确切的热分解产物，有助于研究材料热分解机理。

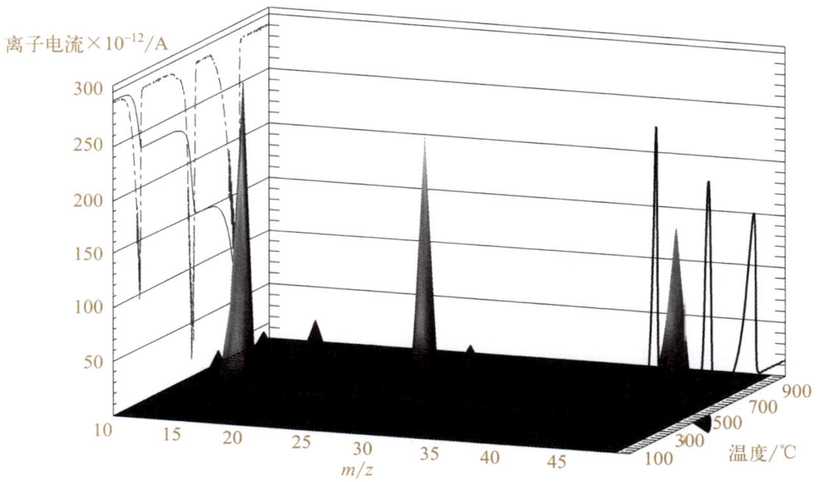

扫码看彩图

图 7-10　草酸钙的 TG-DSC/MS 联用三维图谱

7. 典型应用

经过几十年的发展，热分析 - 质谱联用技术已日趋成熟并得到了广泛的应用，目前已从最初的无机物扩展到高聚物、医药、陶瓷以及复合材料等多领域 [81-85]。

随着材料表征研究要求的不断提高和需求的增加，本书编著者团队制定了国家标准 GB/T 36402—2018《陶瓷材料的热分析 - 质谱联用测试方法》，该标准保持了先进的科学性和适用性，各项技术指标达到国内和国际先进水平。该技术是热分析和质谱分析两个分支学科交叉形成的一种新的分析方法，体现了热分析和质谱分析两种技术耦合或联用而形成的优势互补，是对传统热分析技术的突破，也是质谱分析技术的新发展。该标准规定了在程序控温和一定气氛下质量变化、热焓变化及其逸出气体成分的检测方法，为仪器检验方法、分析步骤和实验报告等方面提供有效保障，提升了我国在热分析和质谱联用技术标准方面的研究水平，促进了联用技术的广泛推广。本标准的制定适应了我国热化学表征分析发展的需要，提高了我国热分析学科在国际上的地位，增强国际市场的竞争能力。该标准是热分析领域的第一个联用技术国家标准方法，在 2019 年 5 月 1 日正式实施。

另外，在实际应用中，还有将热分析技术（TA）、质谱技术（MS）和脉冲热分析技术（简称 Pulse TA）相结合，不仅可以检测材料在受热过程中的质量变化、焓变以及逸出的气体产物，还可以对其逸出的气体产物进行定量分析。

脉冲热分析技术在国际上有少量研究报道，早期，国际上利用 PulseTA 技术研究脉冲气体的注入而引起的固相和气体成分的变化[86-89]。在目标温度下，通过对还原、氧化以及固体催化剂与气体反应物间的催化过程等各类化学反应进行监测，可以研究非常微弱的反应过程，并参考已知的反应进程来研究反应产物。例如，利用 Pulse TA 技术可以研究在常压下吸附于固体的气体的注入与所需温度下的吸附现象[90]，对于在 200℃下 ZSM-5 沸石上氨气的吸附过程，通过热分析检测的放热现象对应于氨气的化学吸附引起的质量增加，据此可以测定氨气吸附的摩尔反应热。PulseTA 的工作原理是将已知量的所需气体注入惰性载气流中，观察在反应进程中质量和热焓的变化，同时利用 TA/MS 联用系统对由所注入的脉冲气流引发反应而引起的气相组成变化进行分析。

Pulse TA 技术的特点是可以对从 TA/MS 联用系统获得的质谱信号进行校验。该技术的方法是在动态的载气流中引入已知量的气体，然后测定注入气体的量与所获质谱信号强度之间的关系。通过这种方法，可以对质谱信号进行定量校正和质量校验，提高分析结果的准确性和可靠性。将已知量的气体引入质谱仪有两种基本方法：一种是通过已知的计量反应对固体进行热分解；另一种是将已知量的校正气体注入以一恒定速率通入系统的载气气流之中。采用注入已知量校正气体的方法对从 TA/MS 联用系统中获得的质谱信号进行校验，从而实现对待测样品的气体产物进行定量测定的目的。图 7-11 为 PulseTA/MS 联用仪器的示意图。

图中左边为脉冲装置（pulse device），中间部分为热分析仪器（TA），右边为质谱仪或者红外仪（MS 或 FTIR）。实验时载气（carrier gas）首先进入脉冲热分析仪，然后载气和注入气体（injected gas）同时进入热分析仪，最后进入质谱或红外仪进行检测。脉冲热分析仪的一路接脉冲气，另一路用来承载脉冲气的载气，最终载气和脉冲气的混合气体作为吹扫气连接到热分析仪器中。系统中的两个气体定量环轮流工作，一个气体定量环处于“等待”状态，连续地有脉冲气流过，相当于定量环中一直有一定体积的脉冲气备用；另一个气体定量环被载气将定量环中的一定体积的脉冲气吹扫带出通入热分析仪器中，其工作原理与 GC/MS 联用接口的六通阀相同。

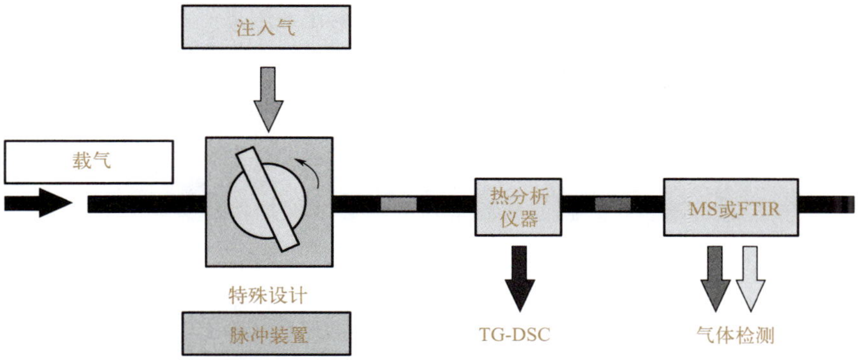

图 7-11 PulseTA/MS 联用仪器的示意图[86]

利用脉冲装置可以对从 TA/MS 联用系统获得的质谱信号进行校验，其方法是在载气流中引入已知量的气体，然后测定注入气体的量与所获质谱信号强度之间的关系。图 7-12 为不同量的 $CaCO_3$ 热分解得到的 CO_2^+(m/z = 44) 质谱峰的强度，在氩气下随着试样量的增加，质谱曲线上 CO_2^+(m/z = 44) 的正离子流强度也随着增大，碳酸钙热分解得到的 CO_2^+(m/z = 44) 质谱信号与样品质量呈线性关系。

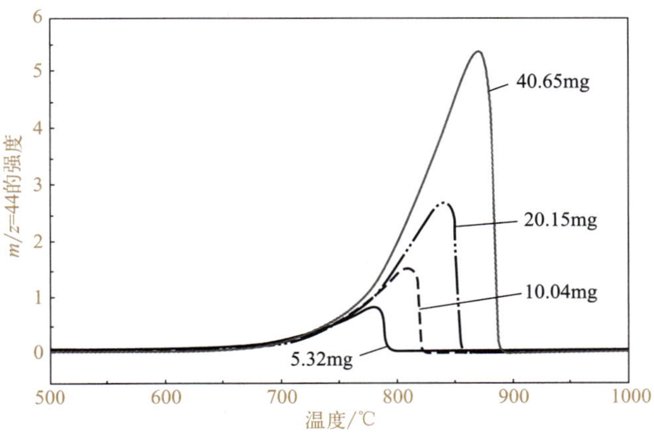

图 7-12 利用 TA/MS 联用系统检测到的不同质量 $CaCO_3$ 热分解后的 CO_2^+(m/z = 44) 质谱峰的强度

我国对 PulseTA/MS 联用技术对逸出气体产物的定量研究起步比较晚，本书编著者团队[91, 92]率先开展了光催化材料 TiO_2/InN 的脉冲 - 热分析 / 质谱定量方法研究。TiO_2 光催化材料价廉、稳定性好、无毒性，是很重要的光催化材料，其使用中的主要障碍之一是需要紫外光激发，而太阳光中紫外光仅占 4% 左右，因此，开发在太阳光下具备较高光催化活性的二氧化钛基光催化剂材料对光催化材料的大规模使用有重要意义。用 CdS 等Ⅱ～Ⅵ族化合物半导体或有机染料敏化来制备可见光激发的光催化剂均有报道 [93-98]。CdS 等本身不稳定会发生光腐蚀，而腐蚀产生的二价镉离子有很强的毒性，大大限制了这种方法的应用。有机染料会被二氧化钛光催化降解，需要特殊的封装或保护措施来防止使用中敏化剂的降解和失效。而氮化铟是一种Ⅲ～Ⅴ族窄能隙的半导体，其带隙为 1.9eV [99]，依据类似染料和量子尺寸的硫化物敏化的原理，可以制备新的氮化铟敏化的二氧化钛光催化材料。利用 TG-DSC/MS 联用技术分别对 InN 粉体和 TiO_2/In_2O_3 复合粉体的氮化产物热分解行为进行表征研究，实验过程中氩气作保护气体，流量为 10mL/min，载气氩气的流量为 20mL/min。温度测定范围从室温至 900℃，升温速率为 20K/min。采用 Balzers 仪器公司的 ThermostarTM 四极杆质谱仪进行逸出组分的质谱表征，MS 测量用多重离子检测模式进行。将 PulseTA 与 TA/MS 联用，实验中采用的氮气纯度为 99.999%，每次注入的氮气脉冲量为 0.5mL，每次实验注入两次或三次氮气。图 7-13（a）为 InN 粉体的 TG-DTG-DSC 曲线。TG 曲线在 550 ～ 750℃之间出现一个失重台阶，质量损失约为 10.90%。DTG

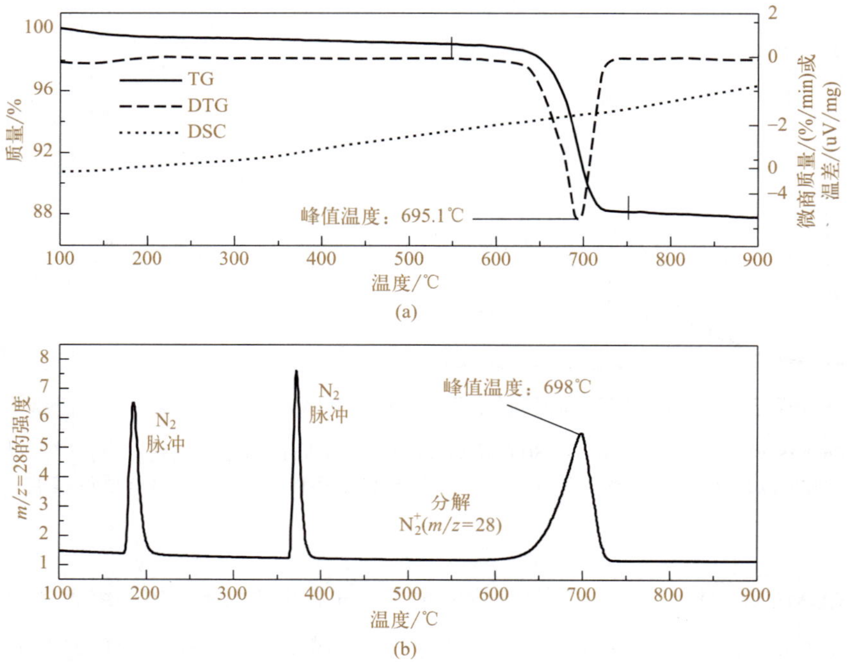

图 7-13　InN 粉体分解的 TG-DTG-DSC 曲线（a）和 InN 粉体分解逸出组分的 MS 表征结果（b）

曲线在 695.1℃处出现最大分解温度，对应于 InN 的分解。由于 In 和 N_2 的结合能比较小，因此产生的热效应很小，文献报道约为 4.6kcal/mol[100]（19.25kJ/mol），因此在常规 DSC 曲线中没有出现明显的吸热峰。图 7-13（b）为 InN 粉体分解逸出组分的 MS 表征结果。在 550 ～ 750℃得到相应的正离子质谱峰 [N_2^+(m/z = 28)]，其峰值温度为 698℃，峰面积为 5.574×10^{-7}A · s，实验中分别注入两次 0.5mL 的氮气，室温为 20℃，得到两次氮气脉冲峰面积的平均值为 1.900×10^{-7}A · s。因此，利用 Pulse TA 方法从 InN 粉体样品检测到的逸出氮气质量实验值为 1.71mg。同时还对不同升温速率下 InN 粉体分解逸出的氮气进行定量分析。表 7-1 为 InN 粉体在不同升温速率下的 Pulse TA 测定结果，利用 Pulse TA 技术对 InN 粉体分解逸出的氮气定量的实验值达到理论值的 95% 以上。

表7-1　InN粉体在不同升温速率下的Pulse TA测定结果（脉冲体积为0.5mL，进样温度为20℃）

升温速率 /(℃ /min)	样品质量 /mg	标准氮气脉冲峰面积 (1)/ 10^{-7}A·s	标准氮气脉冲峰面积 (2)/ 10^{-7}A·s	标准氮气脉冲峰面积 (3)/ 10^{-7}A·s	标准氮气脉冲峰面积（平均值）/10^{-7}A·s	逸出氮气质谱峰面积 /10^{-7}A·s	化学计量比氮气理论值 /mg	逸出氮气实验测量值 /mg
5	20.30	1.985	1.964	1.956	1.968	7.377	2.21	2.18
10	15.43	2.053	1.985	1.936	1.991	5.403	1.68	1.58
15	11.55	2.005	1.963	1.969	1.979	4.081	1.26	1.20
20	16.69	1.919	1.881	—	1.990	5.574	1.81	1.71

图 7-14（a）为 TiO_2/In_2O_3 复合粉体氮化产物的 TG-DTG-DSC 曲线。TG 曲线在 550 ～ 750℃范围的质量损失约为 1.8%，DTG 曲线的最快分解温度为 643.3℃，对应于 InN 的分解。而 DSC 曲线上没有出现明显的吸热峰，这可能是由 In 和 N_2 的结合能比较小所致。此外，TiO_2/In_2O_3 复合粉体的氮化产物中 InN 含量相对少，In/(Ti + In) = 6.5∶100，产生的热效应也很小。图 7-14（b）是 TiO_2/In_2O_3 复合粉体的氮化产物分解逸出气体的 MS 表征结果。用 MID 方式在 550 ～ 750℃得到相应的正离子质谱峰 [N_2^+ (m/z = 28)]，其峰值温度为 643.8℃。通过 TA-MS 联用技术在 550 ～ 750℃可以得到正离子质谱峰 [N_2^+(m/z = 28)]，表明在 TiO_2/In_2O_3 复合粉体的氮化产物中存在 InN，不同于氮掺杂的 TiO_2 光催化剂。DTG 结果表明 TiO_2/In_2O_3 氮化产物的最快分解温度 643.3℃低于纯 InN 粉体的最大分解温度 695.1℃，这可能与高度分散在 TiO_2 晶粒上的 InN 尺寸有关。InN 晶粒尺寸为 40 ～ 300nm，在 TiO_2/In_2O_3 氮化产物中用 TEM（透射电子显微镜）没有检测出单个的 InN 颗粒。InN 分散在 TiO_2 晶粒上，尺寸变小更易在相对低的温度下分解。通过对比实验可以看出，在氩气气氛下 InN 热分解过

程一步完成，用 MID 方式在 550 ～ 750℃得到相应的正离子质谱峰 [N_2^+(m/z = 28)]，表明将 In_2O_3 粉体在氨气中 600℃下氮化 8h 后生成了 InN。TiO_2/In_2O_3 复合粉体的氮化产物同样也在 550 ～ 750℃得到正离子质谱峰 [N_2^+ (m/z=28)]，证实 TiO_2/In_2O_3 复合粉体的氮化产物中存在 InN，这对制备新的可见光激发的 TiO_2/InN 光催化材料有重要意义。

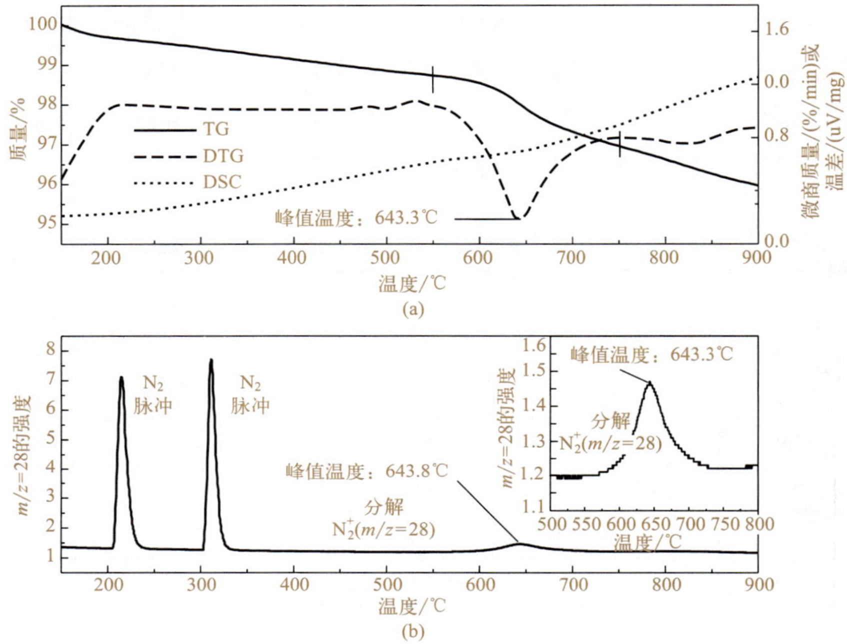

图 7-14　TiO_2/In_2O_3 氮化产物的 TG-DTG-DSC 曲线（a）和氮化产物逸出气体的 MS 表征结果（b）

二、热分析 / 红外光谱联用技术

热分析 / 红外光谱（简称 TA/IR）联用技术是在程序控制温度和一定气氛下，通过红外光谱仪（通常为傅里叶变换红外光谱仪）在线监测热分析（主要为 TG 仪、TG-DTA 仪以及 TG-DSC 仪）中由试样逸出气体的信息的一种热分析联用技术，常见的联用形式有 TG/IR、TG-DTA/IR 以及 TG-DSC/IR 等。

1. 红外光谱技术简介

红外光谱（IR）技术是物质定性的重要方法之一，对得到的光谱进行解析能够获得许多关于官能团的信息，由此可以确定部分乃至全部分子的类型及结构。其定性分析具有特征性高、分析时间短、需要的试样量少、不破坏试样、测定方便等优点。红外光谱的工作原理是分子能选择性吸收某些波长的红外线，从而引起分子中振动能级和转动能级的跃迁，通过红外吸收可得到物质的红外吸收光谱，又称分子振动光谱或振转光谱。红外光谱法是基于分子与近红外 (12800 ～ 4000cm^{-1})、中红外 (4000 ～ 400cm^{-1}) 和远红外 (400 ～ 12.5cm^{-1}) 光谱区电磁辐射相互作用的原理。由于绝大多数有机物和无机物的基频吸收带都出现在中红外区，因此中红外区是研究和应用最多的区域，相应的仪器技术最为成熟。通常所指的红外光谱即为中红外光谱。当红外光辐射通过一个样品时，根据不同分子的结构特性，样品会吸收一定频率的能量，引起分子或分子的不同部分 (官能团) 在这些频率下振动。与质谱分析技术相比，由于红外线的能量比较低，因此不发生离子化、裂解或者破碎，IR 技术可以用于分子官能团的鉴别。其比 MS 的灵敏度低很多，是分析反应和鉴别分解主要产物的理想技术。

TG/IR 联用技术是在 20 世纪 60 年代末首次提出的，20 世纪 80 年代科学家们成功地将热分析技术与傅里叶红外光谱分析技术联用，这种技术在 1987 年美国 Nicolet 仪器公司商品化之后实现了飞速发展 [101, 102]。目前，有机、无机材料的热稳定性和热分解机理研究方面得到了广泛应用 [103-105]。该联用技术结合了热分析和红外光谱分析两种方法的优点，可用于未知物的剖析和热分解机理研究。

2. 工作原理

热分析技术是研究材料物理性质和化学变化的重要手段，红外光谱能够鉴别化合物以及测定物质内部的分子结构，由于热分析、红外光谱分析两种分析技术各具特点，两者相互补充是研究材料微观结构的基本方法。TA/IR 联用法是一种常见的热分析联用技术。该类方法是通过可以加热的传输管线将热分析仪与红外光谱仪串接起来的一种技术，属于串接联用技术。常用于这种联用技术的热分析仪主要为热重仪、热重 - 差热分析仪和热重 - 差示扫描量热仪。该技术利用吹扫气（通常为氮气或空气）将热分析仪中的样品在加热过程中产生的逸出产物通过设定温度下的传输管（通常为 200 ～ 350℃的金属管道或石英管）线进入红外光谱仪光路中的气体池中，并通过红外光谱仪的检测器（通常为 DTGS 检测器和 MCT 检测器）分析判断逸出气体组分的结构。实验时，随着热分析仪的温度变化，在由热分析仪测量待测样品的质量、温度差或热流随温度的变化的同时，由红外光谱仪测量在不同温度下由质量的减少引起的气体产物的官能团随温度的变化信息。实验数据以热分析曲线和红外光谱图的形式表示，通过实验可以得到不同温度下样品的质量、温度差或热流以及所产生气体的红外光谱图。与色散(棱镜或光栅)型的红外光谱设备相比，傅里叶变换红外光谱仪（FTIR）可以在一秒之内使用一个干涉仪扫描得到多张红外光谱(400 ～ 4000cm^{-1})，这种快速扫描的优点可用于分析在热分析实验中逸出的气体。热分析仪与 IR 联用时，需要采用适当的窗片（例如 KBr、ZnSe 等）、可以加热的传输线（至少可以加热至 200℃以防止冷凝）以及气体池（约 20mL）。除此之外，还应使用可以快速检测的探测器，例如液氮冷却的 MCT 检测器 (Hg-Cd-Te 600 ～ 4800cm^{-1})。热分析仪中通常采用的流动气氛对于红外光束是透明的，流动气体确保了在热分析仪和 IR 之间气体产物的快速传输，这样在气体释放和检测之间就不会存在时间的延迟。在实验开始前，流动气体的背景被用作参比（I_0)。在实验过程中，通过软件可以记录关于样品完整且有价值的变化信息 [26]。通过 TG/IR 联用技术可以识别所有带有振动偶极子的分子或者键。与液体或固体的红外光谱相比，由气相红外光谱可以得到具有很高的分辨率和精细结构的气相中分子信息。

除了可以得到所有的光谱之外，还可以在软件中分别得到特定的吸收带随着时间（或者温度）的变化曲线，这种曲线通常被称为官能团剖面图（functional group profile，简称 FGP)。FGP 曲线可用于描述具有某一官能团的物质在不同温度或时间下产生的气体量的变化，如图 7-15 所示。图 7-15 为产生的气体产物在 1507cm^{-1}、1650cm^{-1} 和 2380cm^{-1} 处有特征吸收的官能团随温度的变化曲线，由此可以得到该类物质在不同温度下的浓度变化信息。

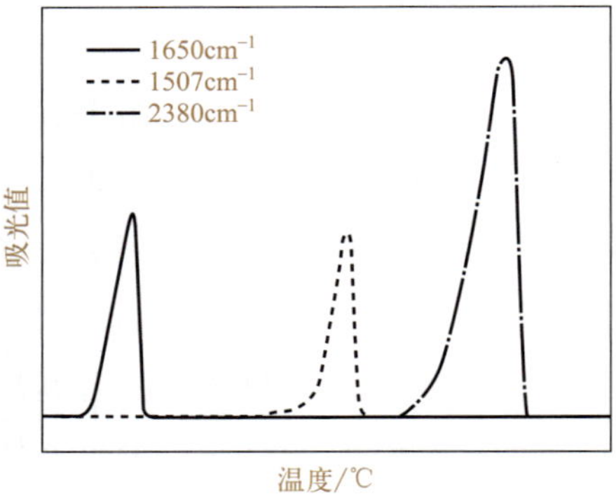

图 7-15　具有不同官能团物质的浓度随温度的变化曲线

另外，也可以由红外光谱图得到逸出气体剖面图（evolved gas profile，简称 EGP)。EGP 曲线是在实验中由样品释放出的气体总量为时间或温度的函数。在 TA/IR 中，通过应用 Gram-Schmidt 重建（GSR）算法根据记录得到的红外光谱数据计算出来的剖面图通常被称为逸出气体剖面图。在数据分析时，通常表达为 Gram-Schmidt 曲线。逸出气体剖面图可以用来描述在不同温度或时间下产生的气体总量的变化，如图 7-16 所示。

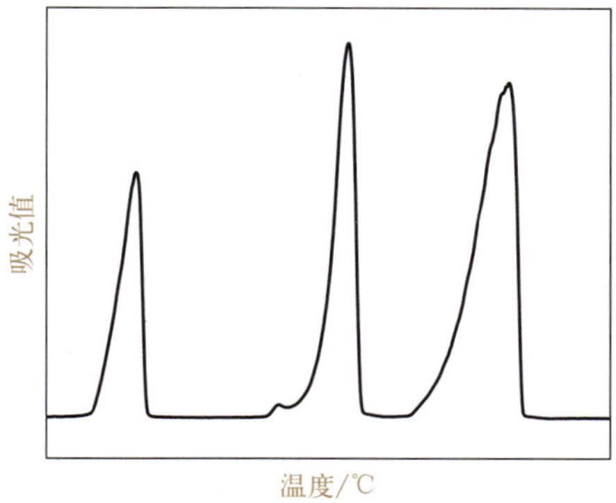

图 7-16　不同温度下产生的气体的吸光值随温度的变化曲线

由实验时采集到的不同温度或不同时间下的所有红外光谱图作图可以得到逸出气体三维红外光谱图（evolved gas 3D infrared spectroscopy，简称 3D EGS），也称堆积图（stacked plot）。由三维图可以得到吸收峰的位置（波数）和释放出气体的量（吸光度单位）随温度或时间的变化关系。图 7-17 为在程序控制温度下由试样逸出的气体通过红外光谱仪实时检测到的不同温度或时间下的三维红外光谱图。图中 X 轴坐标通常为波数，用 cm^{-1} 表示，

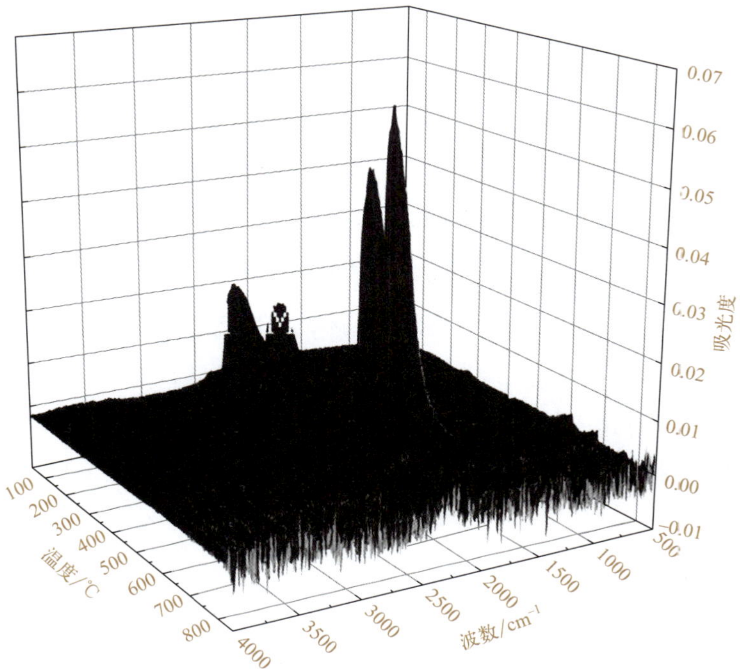

图 7-17　逸出气体的三维红外光谱图

Y 轴为时间或温度，*Z* 轴为吸光度。

3. 仪器结构及组成

常用的 TA/IR 联用仪的结构框图如图 7-18 所示。

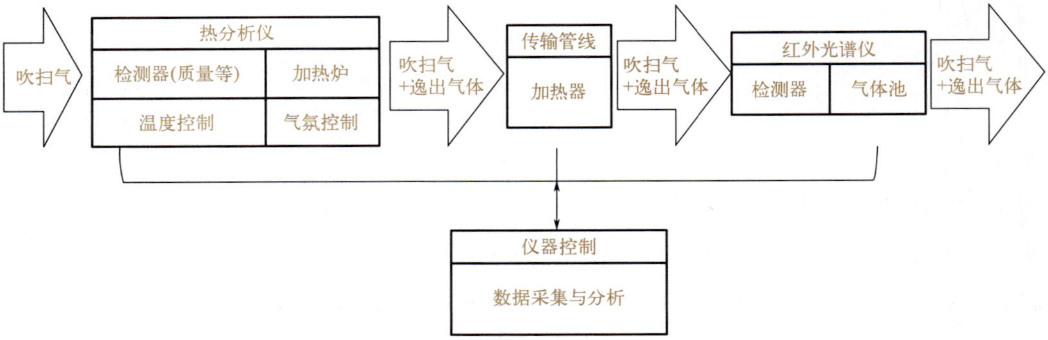

图 7-18　TA/IR 联用仪的结构框图

TA/IR 联用仪主要由热分析仪主机（主要包括程序温度控制系统、炉体、支持器组件、气氛控制系统、温度测量系统、称量系统等部分）、红外光谱仪主机（包括检测器、气体池等部分）、联用接口组件（包括加热器、隔热层等部分）、仪器辅助设备（主要包括自动进样器、冷却装置、机械泵等）、仪器控制和数据采集及处理各部分组成。

从热分析仪的加热炉出口逸出的气体产物由动态气氛经可加热的传输管线实时传输至可加热的红外光谱仪的气体池，由红外光谱仪的检测器检测气体产物的信息，如图 7-19 为一种 TA/IR 联用仪的结构示意图。实验过程中，当载气携带逸出的气体产物经过气体池时，红外光谱仪的检测器以非常快的速度记录下不同时刻或不同温度产生的气体的红外光谱图，可将获得的光谱与红外光谱图库中的光谱进行比对和分析。还可以通过软件在整个光谱范围内对每一个单独的 FTIR 光谱进行吸收积分，得到吸光度对温度或时间的曲线。相比裂解气相色谱、GC/MS 联用等方法，TA/IR 联用技术具有准确、灵敏、重现性好和可实时分析等优点。

4. 实验过程

与 TA/MS 联用技术相似，TA/IR 的测试过程通常包括测试条件选择、仪器准备、制样、仪器测试和数据处理等部分，限于篇幅，本部分不作重复介绍。

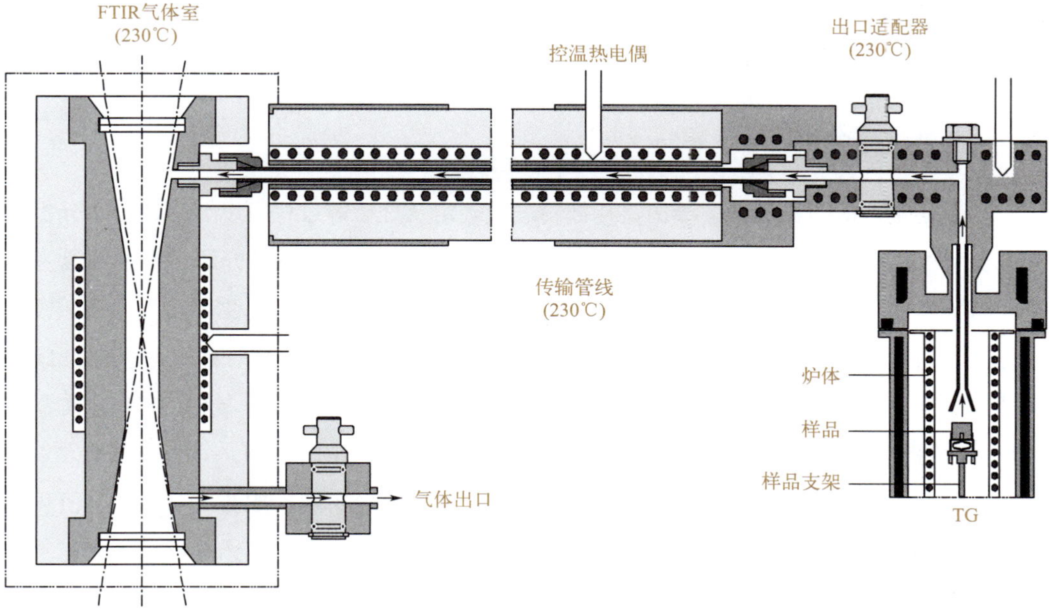

图 7-19　TA/IR 联用仪的结构示意图

5. 仪器维护

TA/IR 联用仪的维护包括热分析仪、接口和红外光谱仪等部分的维护。其中热分析仪器的日常维护主要包括炉体、支架及水浴等部分的维护，本部分内容在 TA/MS 联用技术部分已作介绍，在此不再赘述。

红外光谱仪对环境有很高的要求，实验环境的推荐温度为 20 ～ 25℃，相对湿度为 20% ～ 60%。空气的湿度对仪器的正常使用影响很大，平时注意观察干燥指示剂的颜色变化并及时更换干燥剂。在红外光谱仪的零部件中，分束器和 DTGS 检测器容易损坏。中红外分束器的基质和 DTGS 检测器窗口材料由极易吸水的溴化钾或碘化铯晶体制成，对水蒸气较为敏感，吸湿后易发生损坏使仪器不能正常工作 [106]。如果仪器经常使用，空气湿度对仪器内部的零部件的影响不大。仪器使用过程中应注意观察样品仓的二燥剂和仪器电子湿度指示灯的颜色，及时更换已失效的干燥剂，确保光学部件处于相对二燥的气氛。光学部件中的平面反射镜和聚焦用的抛物镜上面不应附着灰尘，一旦附着灰尘通常用洗耳球吹干净。无法吹掉的灰尘不能用有机溶剂清洗，更不能用镜头纸擦拭，否则会降低镜面的反射率。热分析 - 红外光谱联用仪通常全天开机，仪器处于通电状态可防止仪器受潮。在做实验之前应判断联用仪器各组成部分是否正常。

联用接口的维护同 TA/MS 部分内容，在此不作重复性介绍。

6. 数据处理与分析

实验结束后的数据处理、导出、特征物理量确定及分析等过程可以分别通过热分析仪器和红外光谱仪的数据处理软件来完成，限于篇幅本部分不作重复性介绍，仅举例说明。

例如，图 7-20 为经数据处理后得到的草酸钙的 TG/IR 联用曲线。由图可见，草酸钙在程序升温过程中的 TG 曲线出现三个质量损失台阶，失重温度范围相对独立，对应的 DTG 曲线中出现了三个最大分解温度，同时在 GS 曲线中有三个对应的峰，分别为 H_2O、CO 和 CO_2 气体的特征吸收。实际上，在惰性气氛下第二步分解逸出的 CO 气体，有一部分发生了二次反应（CO 歧化反应），生成了 CO_2 和沉积炭；第三步分解逸出的 CO_2 气体会与沉积炭发生二次反应生成 CO[107]。本书编著者团队 [107] 利用热分析 - 红外 - 质谱联用技术研究了草酸钙分解过程中 CO 和 CO_2 的共逸出行为。TG/IR 的测试结果表明，CaC_2O_4 分解为 $CaCO_3$ 逸出 CO 的同时有 CO_2 共逸出，而 $CaCO_3$ 分解为 CaO 逸出 CO_2 时也存在 CO 气体的共逸出。

图 7-21 所示为不同质量草酸钙热分解过程中逸出气体在 2182cm^{-1} 和 2360cm^{-1} 波数的 IR 剖面图 [107]。在软件中，可以实时计算得到相应的剖面图。常用官能团剖面图

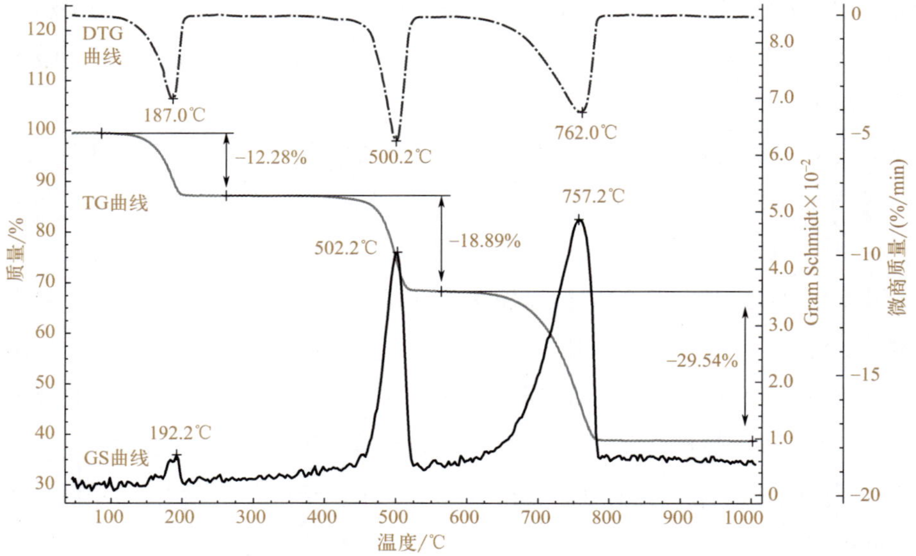

图 7-20 草酸钙的 TG/IR 联用曲线

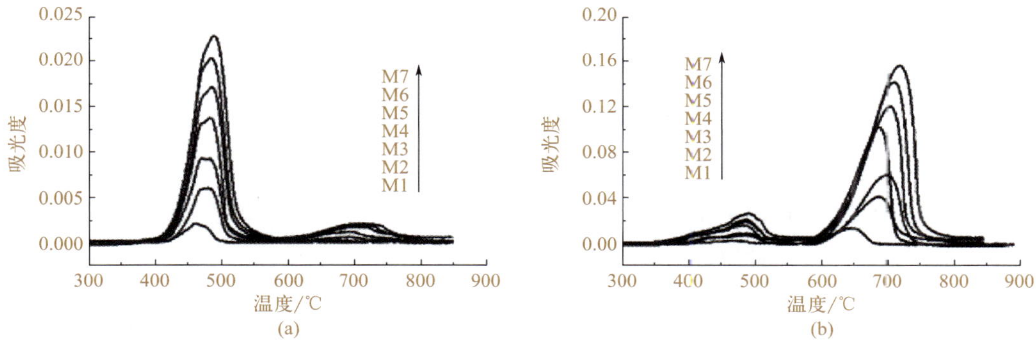

图 7-21　不同质量草酸钙的逸出气分别在 2182cm^{-1}（a）和 2360cm^{-1}（b）波数的 IR 剖面图[107]

（functional group profile，FGP）来表示在实验过程中逸出气体特定波数的吸光值随测量时间或温度的变化关系，通过对实验过程中所选光谱区域上的红外光谱数据的吸光值积分得到该剖面图。通过 FGP 曲线可以描述具有某一官能团的物质在不同温度或时间下产生气体量的变化，由此得到该类物质在不同温度下的浓度变化信息。例如，通过 FGP 曲线可以清晰地看到草酸钙两个分解过程中 CO 和 CO_2 共逸出现象，曲线中与草酸钙两个分解过程相对应的温度区间均出现了两个红外吸收分布峰，其中逸出气体在 2182cm^{-1} 处为 CO 的特征吸收峰，在 2360cm^{-1} 处为 CO_2 的特征吸收峰。

另外，在程序控制温度下，由试样逸出的气体通过 TG/IR 实验可得到三维红外光谱图。图 7-22 为 TG/IR 联用实验得到的三维图谱，其由实验时得到的所有红外光谱图组成，可以得到不同结构的气体分子所对应的官能团的总体变化过程。

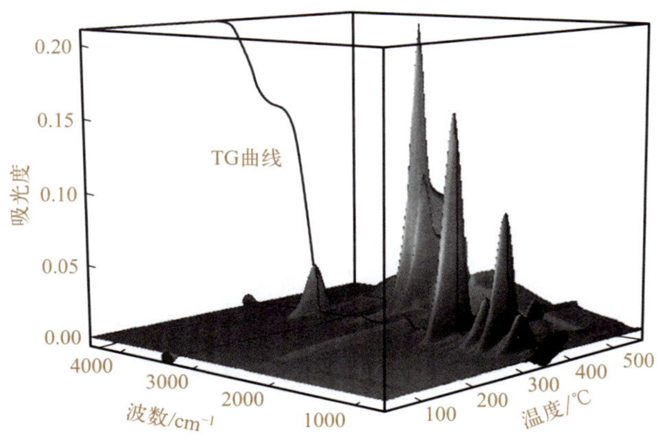

扫码看彩图

图 7-22　TG/IR 联用的三维图谱[108]

7. 典型应用

经过半个多世纪的发展，TA/IR 联用技术已成为分析逸出气体结构必不可少的重要手段。其中，所得到的红外光谱可以给出非常丰富的结构信息，可用于对已知物的定性分析，也可用于对未知物结构的测定。将热分析中的 TG、TG-DTA 或者 TG-DSC 技术与 FTIR 联用，可以在程序控温和一定气氛条件下实时表征温度变化过程中逸出气体产物的种类及含量等信息，从而可以对气体产物进行更全面的分析，并将获得的数据与质量变化过程关联起来，为深入研究材料的热分解机理提供数据支撑 [109-117]。

TA/IR 联用技术中逸出气体的定量标定方法有很多，主要包括脉冲热分析（Pulse TA）技术和标准固体热分解法 [118-123]。其中 Pulse TA 技术是将微量已知气体快速注入载气流中，通过比较信号强度和注入气体量的关系确定逸出气体量，标定过程相对简单，需要气体量少且节省时间。标准固体热分解法是用固体物质作为标准物质，多次测量标准固体产生气体的红外信号峰面积大小，建立红外信号峰面积与逸出气体质量的校正曲线，然后再通过对比校正曲线和待测样品逸出气体的红外信号峰面积大小，从而可以确定样品逸出气体的质量。例如，通过采用 TG/IR/MS 联用技术，结合 Pulse TA 技术可以研究煤热解多组分气体产物的逸出特性 [124]，可以系统研究载气流速、炉温、红外光谱检测分辨率及扫描次数等参数对气体定量测量的影响。随着载气体积流量的增加，CO_2 时域曲线峰宽变窄，峰值变大，出峰时间提前，拖尾效应减弱，CO_2 时域曲线峰面积数值随之单调减小，这表明对于相同体积的逸出气体，载气体积流量较小，FTIR 的信号强度较大，有利于标定及检测。当载气体积流量过小时，气体传输扩散能力减弱，FTIR 逸出气体检测容易出现滞后现象。随着炉温的升高，CO_2 时域曲线峰值增大，峰宽变窄。造成这种现象的原因可能是温度影响了载气和逸出气体的密度和黏度，增强了气体的扩散和传输能力。FTIR 分辨率过低易降低光谱信号的检测能力，分辨率过高则会延长噪声信号和数据采集时间。高分辨率下时域曲线出峰时间有所延迟，峰值增大，时域曲线峰面积随分辨率的提高而增大。扫描次数越多，光谱图信噪比越高，数据采集时间延长，时域曲线出峰时间延迟，峰值减小。载气体积流量和分辨率对 FTIR 标定信号的影响较大，炉温和扫描次数的影响较小。因此，在进行定量分析时需要合理设置这些实验参数以确保标定的准确性。如图 7-23 为不同质量碳酸氢钠的热分析 - 红外联用图谱和逸出气体 CO_2 的标定曲线 [125]。

图 7-23（b）中横坐标代表碳酸氢钠分解放出 CO_2 气体的峰面积，纵坐标代表 CO_2 气体的质量。发生的反应为 $2NaHCO_3 \longrightarrow Na_2CO_3 + H_2O\uparrow + CO_2\uparrow$，逸出的气体产物为 CO_2，FTIR 积分范围为 2450 ～ 2200cm^{-1}，线性方程为 $y=0.6046x$，相关系数为 1。图 7-24

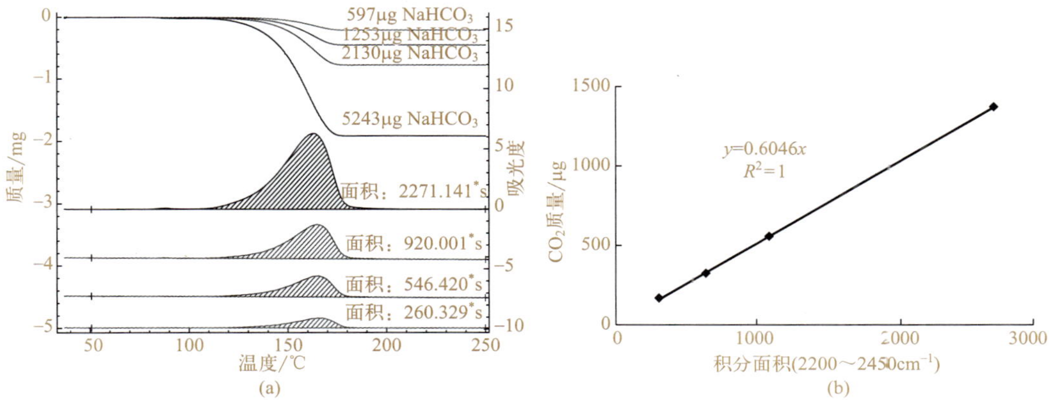

图 7-23　不同质量碳酸氢钠的 TG/IR 联用图谱和逸出气体 CO_2 的标定曲线 [125]

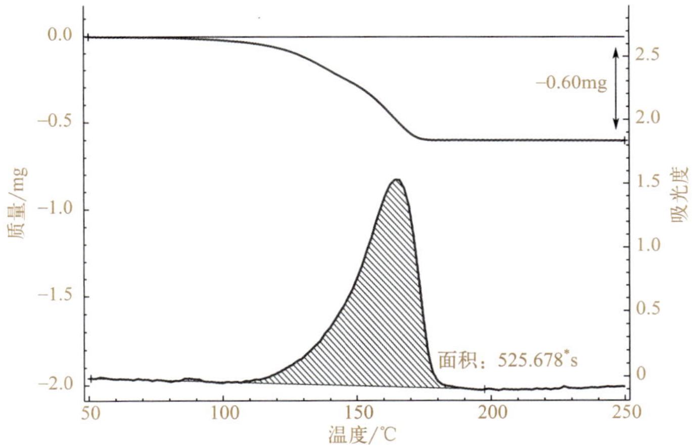

图 7-24　碳酸氢钠和草酸钙混合物在热分解过程的 TG/IR 曲线 [125]

为碳酸氢钠和草酸钙混合物在热分解过程的 TG/IR 曲线。

由图 7-24 可见，TG 曲线中出现了两个失重台阶，在室温～250℃范围 TG 的总质量损失为 0.60mg，碳酸氢钠和草酸钙混合物的分解过程分别为：$2NaHCO_3 \longrightarrow Na_2CO_3 + H_2O\uparrow + CO_2\uparrow$，$CaC_2O_4 \cdot H_2O \longrightarrow CaC_2O_4 + H_2O\uparrow$。在这个温度范围内逸出 CO_2 气体的峰面积大小为 525.678*s，根据图 7-23（b）标定曲线中的线性方程可计算出 CO_2 的实验测量值约为 0.32mg，混合物中碳酸氢钠的初始质量为 1.23mg，根据反应方程式可以计算出混合物中碳酸氢钠分解放出 CO_2 气体的理论值约为 0.32mg，相对误差为 1.32%。同时，根据逸出 CO_2 气体的量可以得到碳酸氢钠分解失去水的质量为 0.13mg。因此，碳酸

氢钠分解逸出 CO_2 和 H_2O 的总质量损失为 0.45mg，室温～250℃之间 TG 的总质量损失为 0.60mg，由此可以计算出草酸钙分解失去水的质量约为 0.152mg。混合物中草酸钙的初始质量为 1.229mg，根据反应方程式可以计算出混合物中草酸钙分解失去 H_2O 的理论值为 0.151mg，相对误差为 0.66%。实验测量值与理论值接近，表明混合物中碳酸氢钠和草酸钙的纯度非常高。

第五节 间歇联用技术

间歇联用技术是在程序控制和一定气氛温度下对同一个试样采用两种或多种分析技术，仪器的连接形式与串联联用相同，但第二种分析技术不连续地从第一种分析仪取样。常见的间歇式联用技术形式为热分析仪与气相色谱技术的联用。由于这类技术中后一种分析技术检测与此联用的热分析技术产生的气体或其他形式产物的信息，二者之间存在着时间先后关系，因此，也可以将这类联用技术视为串接联用的一种特定的结构形式。

一、热分析 / 色谱（TA/GC）间接联用技术简介

1. 气相色谱（GC）技术简介

GC 技术是利用不同物质在固定相和流动相分配系数的差别使不同化合物从色谱柱流出的时间不同，以达到分离目的的一种常规分析技术。实验时，待分析样品在气化室气化后被惰性气体带入色谱柱，柱内含有液体或固体固定相，由于样品中各组分的沸点、极性或吸附性能不同，每种组分都倾向于在流动相和固定相之间形成分配或吸附平衡。但由于载气为流动状态，实际上很难建立平衡。载气的流动，使样品组分在运动中进行多次分配或吸附 / 解吸附，导致载气中浓度大的组分先流出色谱柱，而在固定相中分配浓度大的组分后流出。当组分流出色谱柱后，立即进入检测器，检测器将样品组分信息转变为电信号，信号大小与被测组分的量或浓度成正比。将这些信号放大并记录下来，即可得到气相色谱图。

根据所用固定相状态的不同，可分为气 - 固色谱和气 - 液色谱。气 - 固色谱的固定相为多孔性的固态吸附剂，其分离主要基于吸附剂对样品中各组分吸附系数的不同，经反复吸附与解吸过程实现分离。气 - 液色谱的固定相由载体和固定液相组成，分离主要基于固定相对样品中各组分的分配系数的差异，组分在气 - 液两相间经反复多次分配实现分离。气相色谱是用气体作为流动相的色谱法，由于样品在气相中传递速度快，样品组分在流动相和固定相之间可以瞬间达到平衡。因此，气相色谱法是一种分析速度快和分离效率高的分离分析方法，其最大特点在于高效的分离能力和高灵敏度，因此是分离混合物的有效手段[126-131]。由于溶质在 GC 中的滞留时间与其移动能力有关，可以通过调整色谱柱的温度程序来模拟梯度洗脱的效果。随着材料分析对高灵敏度、高通量分析技术的需求，将一些具有样品预处理功能的装置与色谱仪连接以实现在线进样，如热分析仪器、顶空进样器、吹扫 - 捕集进样器、裂解进样器等。通过这些技术不仅可以获得更多的信息，还可以提高选择性功能，其具有非常广阔的应用前景。

2. 工作原理

对于热分析与气相色谱联用技术，通过一根可以加热的气体传输管将热分析仪和气相色谱仪连接起来。当热分析仪升温至某一特定温度时，从热分析仪加热炉出口逸出的气体通过接口进入气体采样器，所采集的气体组分先通过气相色谱的毛细管柱进行分离，最后由色谱检测器进行分析，TA/GC 联用仪的结构框图如图 7-25 所示。

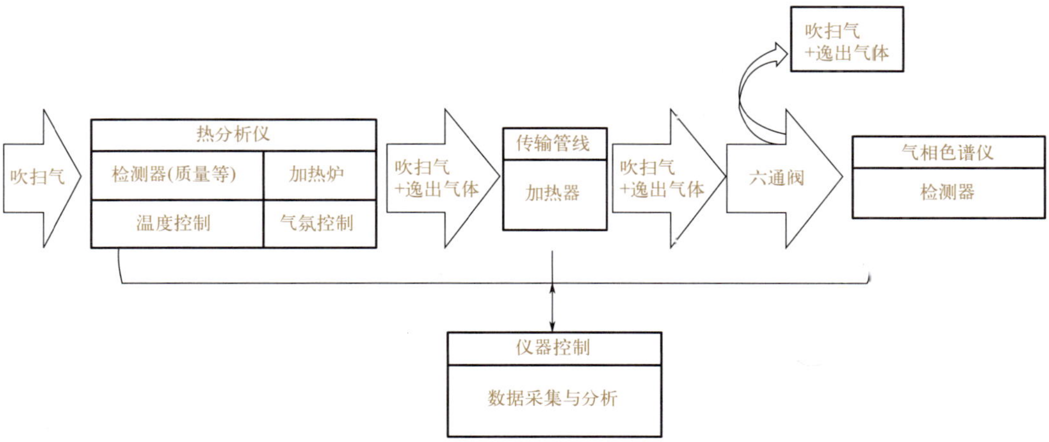

图 7-25 TA/GC 联用仪的结构框图

逸出气体产物分子流经色谱柱时，其中各组分化学结构和理化性质上的微小差异，导致与固定相间的分子作用及其强度不同，因此具有不同的保留时间，依次离开色谱柱进入位于色谱柱末端的检测器进行检测。由于在色谱柱中发生这种分离过程需要一定的时间，因此不可能像 MS 和 IR 那样连续地将逸出气体产物直接进样到色谱柱中，否则会导致无法有效分离每种组分。实验时，逸出气体产物的分离过程为：当逸出气体产物由载气携至色谱柱与固定相接触时，不同组分依次被固定相溶解或吸附。随着色谱仪中流经色谱柱的载气的不断通入，被溶解或吸附的逸出气体中的特定组分又从固定相中挥发或脱附，挥发或脱附的气体产物分子随着载气向前移动时又再次被固定相溶解或吸附。随着载气的流动，溶解、挥发或吸附、脱附过程反复地进行，最终使每种分子依次脱附，离开色谱柱，由检测器检测每个脱附过程的分子。

TA/GC 联用的测量方式通常包括单点注入法、失重速率控制法以及准连续模式。

（1）单点注入法　是在 DTG 峰值温度处进行逸出气体的单次采集，流入色谱柱后进行程序温度扫描，利用不同的沸点与滞留时间进行分离。通常通过手动控制使由热分析仪加热炉出口逸出的气体产物通过联用接口进入气相色谱仪的六通阀中。

（2）失重速率控制法　是在热分析中的热重测量开始后，当失重速率超出设定的阈值时，软件自动发送触发信号开启气相色谱测量，同时在热分析端保持恒温状态。当失重速率低于设定阈值之后再重新开始升温，达到理想的分离效果。这种模式下，热重仪与气相色谱仪为全自动的协同工作状态。

（3）准连续模式　是通过阀的切换将由热分析仪加热炉出口逸出的气体按一定时间间隔进行注入，GC 炉温通常保持恒温分离方式，利用不同的滞留时间进行较为粗略地分离，分离不完全。

3. 仪器结构及组成

TA/GC 联用仪由热分析仪（通常为独立式 TG 或 TG-DTA 和 TG-DSC 等同步热分析仪）、联用接口和气相色谱仪组成，如图 7-26 为 DTA/GC 联用仪的基本结构示意图（热导检测器）[132]。

（1）热分析部分　在之前的章节中，对热分析仪部分已作了较为详细的介绍，限于篇幅在此不再赘述。

（2）气相色谱部分　气相色谱部分由气路系统、进样系统、分离系统、温控系统、检测记录系统等组成。其中，气路系统包括气源、净化干燥管和气体流速控制等。常用的载

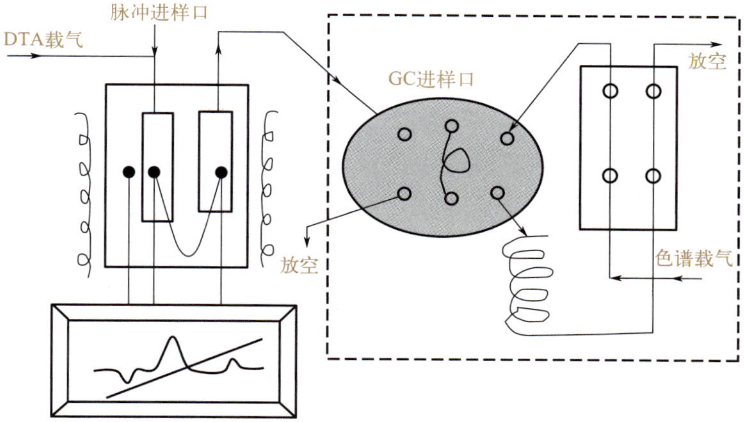

图 7-26　DTA/GC 联用仪的基本结构示意图（热导检测器）[132]

气有氮气、氦气、氢气等。载气的选择主要取决于检测器、色谱柱和分析测定要求。氦气、氢气的分子量小，热导率大，黏度小，常用于热导检测器。气相色谱分析需使用高纯度的载气，同时仪器还需配备多种气体净化管等。除载气外，采用火焰离子化检测器时，还需使用氢气和空气。为了保证气相色谱分析的准确性和重复性，要求载气流量恒定，气体来源有高压气体钢瓶、气体发生器等。热分析仪是联用系统的进样系统，中间的接口装有多路自动气体采样器。分离系统为色谱柱、填充柱或毛细管柱。组分能否得到有效分离取决于色谱柱，分离后的组分能否被检测出来则取决于检测器，因此分离系统和检测系统是仪器的核心。柱系统包括色谱柱、柱箱和色谱柱连接件，是色谱系统的主体，是实现样品分离的关键部件。色谱柱类型很多，主要包括填充柱、毛细柱等。这些色谱柱因规格不同（如柱长、柱径、液膜厚度、填料筛目各异）和固定相性能不同而各异，应根据用途合理选择。常规分析用的色谱柱主要包括三种类型，即非极性、中等极性和极性，色谱柱是色谱仪进行样品组分分离的核心部件。柱箱的规格主要包括尺寸、控温范围和操作模式。检测系统的种类很多，常见的通用型检测器主要包括热导检测器（TCD）和火焰离子化检测器（FID）等。其中 TCD 是浓度型非破坏性检测器，适用于大多数有机物、无机物分子的分析，通过跟踪载气浓度瞬间变化来检测除载气以外的几乎所有化合物。FID 是质量型破坏性检测器，适用于有机物的分析，测量载气中组分单位的含量变化，对大多数有机化合物灵敏度高，对无机气体、水、四氯化碳等含氢少或不含氢的物质灵敏度低或者不响应。FID 具有结构简单、性能稳定、灵敏度高、线性范围宽等优势。FID 的结构很简单，一般用不锈钢制成，空气和氢气在喷嘴处形成火焰，有机物在火焰中发生裂解，生成被激发的分子、自由基和自由原子等，这些粒子通过碰撞和能量交换，从而形成正离子，并同时产生电子。氢气在空气中燃烧也产生正离子，在电场作用下产生极微弱的电流，把这一电流放大并记录下来可得被分析物质的色谱图。

GC 仪的气化室、色谱柱箱、检测器等都需进行温度设定和控制。气化室温度一般在 250 ～ 350℃。在保证样品组分能瞬间气化的前提下，应尽量降低气化室温度，以延长相关配件的使用寿命[133]。色谱柱箱的控制（恒温、程序升温）通过工作站完成。实验时，柱温应低于色谱柱的最高使用温度。设定检测器温度时，应保证被分离组分到达检测器时不发生冷凝。色谱数据的采集和处理由色谱工作站完成。通过信号采集器将检测器输出的模拟信号转变为数据信号，利用相关软件实现谱图显示和打印报告等功能。利用色谱工作站，样品经气相色谱分析后即可得到气相色谱图，根据色谱图中组分的保留时间、色谱峰的峰面积或峰高等可对目标组分进行定性和定量分析。

（3）接口部分　由于热分析是一种连续的测定过程，而气相色谱分析从进样到出峰需要一定的时间间隔，因此在热分析仪与气相色谱仪联用时需要通过一个接口把这两种仪器串联起来。仪器的联用形式同串接联用技术，即后一种分析仪器通过接口与前一种分析仪器相串接，但第二种分析技术的采样是不连续的。这种接口可以每隔一定时间间隔通过载气把分解的气体产物送入色谱柱进行分析。由于在色谱柱中这一气体分离需要一定的时间，不可能将连续的在线样品气体流直接连接到色谱仪，因此称之为间歇联用技术。TA/GC 联用技术与 TA/MS 和 TA/IR 联用技术在结构上最大的差异在于其接口处需要配置六通阀。当向定量环中充满气体后，利用色谱仪的载气（通常为氦气）把气体产物带到色谱柱进行分离，最后到达色谱的检测器进行检测。因此，TA/GC 联用技术的接口比 TA/MS 和 TA/IR 联用技术复杂得多。由于在分析时增加了色谱分离过程，因此很难做到像 TA/MS 和 TA/IR 联用技术那样在线同步检测气体产物的逸出过程。

4. 实验过程

与 TA/MS 联用技术相似，TA/GC 的测试过程通常包括测试条件选择、仪器准备、制样、仪器测试和数据处理等部分，限于篇幅，本部分不作重复介绍。

5. 仪器维护

TA/GC 联用仪的维护包括热分析仪、接口和 GC 仪等部分的维护。其中热分析仪的日常维护主要包括炉体、支架及水浴等部分的维护，本部分内容在 TA/MS 联用技术部分已作介绍，在此不再赘述。对气相色谱仪进行维护时，应根据日常使用的频率与检测样品种类，定期检查、清洗进样针，更换进样口隔垫、衬管及其底部的密封垫。更换进样口隔垫时先将柱温降至50℃以下，关掉进样口温度和流量控制。隔垫更换时注意进样口螺帽不要拧得太紧，否则橡胶会失去弹性。GC部分的空气泄漏通常会发生在内部的载气管接头、隔垫定位螺母、柱螺母等位置。若出现保留时间延长或漂移、响应值降低等现象，则很可能有空气泄漏。选择适宜的进样衬管并切实做好日常维护。衬管的主要作用是使样品充分气化并为色谱柱提供有效保护，一般包括分流衬管和不分流衬管两类。衬管应视进样口类型、样品量、进样模式等因素来选用[134-136]。色谱柱质量的好坏对整个测试结果具有重大影响，当载气中混有氧气时，氧气可以使色谱柱的固定相发生氧化，从而使色谱柱的效率下降，同时也会使检测器中的热丝产生氧化，缩短检测器的使用寿命。色谱柱的固定相极性由弱到强可以分为非极性、弱极性、中等极性和强极性，其固定相的极性越强，使用的温度上限越低，并且随柱温的升高会加剧固定相的流失。

联用接口的维护与TA/MS和TA/IR相似，在此不作重复介绍。

6. 数据处理与分析

实验结束后的数据处理、导出、特征物理量确定及分析等过程可以通过热分析仪器和气相色谱仪的数据处理软件来完成，限于篇幅，本部分不作重复介绍。

7. 典型应用

TA/GC联用技术广泛用于研究有机物、聚合物等体系在热解过程中逸出的成分较为复杂的气体产物。例如，本书编著者团队利用TA/GC联用技术定量研究了端羟基聚丁二烯（HTPB）第一失重阶段热解的主要气体产物[137]，通过比较相同色谱条件下不同热解温度与不同升温速率对产物含量的变化，证明了HTPB中端羟基对其热解无明显影响，表明聚丁二烯的热解模型可用于HTPB。另外，TA/GC联用技术在催化研究中有很多应用。例如，可以用TA/GC联用技术研究含碱式铬酸铜活性组分的炭催化剂的老化行为[132]，结果表明老化后的催化剂因其活性组分受到一定程度破坏，而DTA曲线上峰高也相应减小。DTA/GC联用技术适用于催化剂的评价、反应机理的推断、催化剂活性的快速评价、酸性的测定、毒物的鉴别、预处理条件的选定等方面。对于以碱式铬酸铜为活性组分的炭催化剂，在DTA曲线上出现一个与活性相关的不可逆放热特征峰，其峰值温度为275℃左右。使用该装置分别在特征峰的峰前、峰尖和峰尾位置上进行了采样分析。结果表明此峰伴随

有 CO_2 生成，因 DTA 峰尾上的色谱峰高很小，因此 CO_2 不是脱附或二次反应产物。同时，碱式碳酸铜的 DTA 曲线表明在 252 ～ 325℃之间发生分解吸热反应，可能由碱式铬酸铜与载体活性炭间进行氧化 - 还原反应所致。在反应初期，催化剂中含有较多的活性组分，在 DTA 曲线上表现出较高的放热峰。对于老化后的催化剂，因其活性组分受到一定程度破坏，在 DTA 曲线上的峰高相应减小。因此，将热分析和气相色谱联用可以准确地研究材料的结构和热反应等特性，可以揭示材料的热分解产物成分等信息。

二、其他间歇联用技术简介

1. 热分析/(气相色谱/质谱)联用技术

热分析 /(气相色谱 / 质谱)[TA/(GC/MS)] 联用技术可以看作将 TA/GC 联用技术中 GC 的检测器替换为相对独立的 MS 的形式，由 MS 实现对 GC 脱附产物的分析，进一步提升分析结果的准确度。目前，这类联用技术在分析测定有机化合物方面，以其快速、灵敏、选择性好的特点，广泛用于环境监测、石油化工、食品生产等行业。

TA/(GC/MS) 联用系统包括热分析仪、气相色谱仪和质谱仪三部分，图 7-27 为这类联用仪的结构示意图。

实验时，样品在热分析加热炉中发生蒸发或者分解引起质量变化，得到的逸出气体产物通过六通阀定量环收集并转移到气相色谱仪的色谱柱进行分离，分离后的各个组分依次进入质谱检测器。待测组分在离子源被电离，生成带有一定电荷、质量数不同的离子。不同离子在电场或磁场中的运动行为不同，采用不同质量分析器把带电粒子按质荷比（m/z）分开，得到按照质量顺序排列的质谱图。质谱的离子源、质量分析器和检测器必须在高真空状态下工作，以减小本底干扰，避免发生不必要的离子 - 分子反应。高真空状态由机械泵和油扩散泵或涡轮分子泵串联后实现。机械泵为前级泵，然后由油扩散泵或涡轮分子泵使体系进一步达到高真空。目前与热分析联用的低分辨色谱 / 质谱联用仪器的质谱部分主要是四极质谱和离子阱质谱，高分辨率质谱仪器主要是飞行时间质谱和扇形场质谱。其中四极杆质量分析器是 GC/MS 联用中最通用的一种质量分析器，因结构简单、使用方便、质量范围和定量分析的线性范围较宽等特点而被广泛采用。与 TA/GC 联用技术相同，这种联用系统在接口位置装有采样阀，以实现在特定温度下气体产物的采集和进样，区别在于用质谱代替了色谱检测器，这种联用形式提高了检测的灵敏度且定性方便。通过解析

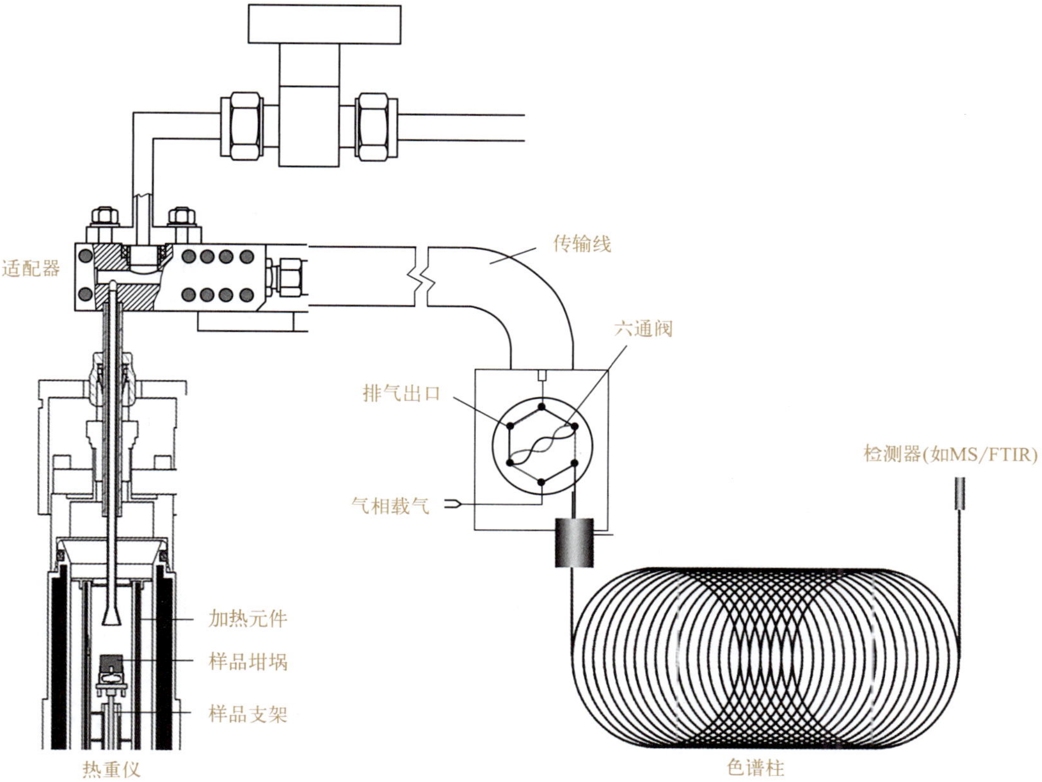

图 7-27　TA/(GC/MS) 联用仪的结构示意图

质谱图中的分子离子峰和碎片离子峰，可得到关于分子结构的信息，因此定性能力强是质谱分析的重要特点。质谱峰的类型包括分子离子峰、基峰、碎片离子峰，还有同位素离子峰。其中分子离子又称为母离子，是指分子失去一个电子而带一个正电荷，分子离子峰的质荷比值就是它的分子量。由分子离子峰可以准确测定该物质的分子量，这是质谱分析的独特优势。

与 TA/MS 联用技术不同，TA/(GC/MS) 联用技术由于增加了 GC 的分离过程而很难做到实时在线同步检测。在柱温箱进行色谱的分离，柱温箱的温度设定包括恒温和程序控温等多种方式，其中最常使用的是线性升温方法，通常不采用恒温方式。针对同一个混合物，在程序控温方式下化合物组分的分离效果优于恒温方式。这种间歇联用技术兼具气相色谱的高分离效率和质谱的高选择性和高灵敏度的优势，是对复杂样品组分进行分离、定性、定量的有力工具。例如，利用 TA/(GC/MS) 技术可以研究温和氧化褐煤产物的结构组成[138]，结果表明氧化残煤中包括 64 种组成物质，主要为苯环类、多环类和脂肪类物质。氧化产物中共检测出 26 种组成物质，主要是苯环类和多环类物质。在一些应用中，利用 TA/(GC/MS) 联用技术可以实现煤热解过程中硫的迁移追踪研究，图 7-28（a）为煤样的 TG 和 DTG 分析曲线[139]。TG 曲线显示煤样最大失重率为 20%，在 480℃时失重速率最大，主要失重温度范围在 390 ～ 660℃。图 7-28（b）为不同温度点下在线采集 TG 热解气体进入气相色谱质谱仪的总离子流（TIC）图。在 480℃下 TIC 图出现了更多的物质峰，与 TG 曲线最大失重速率点相一致。由于 390℃、480℃、570℃、660℃这四个温度点的 TIC 曲线给出的物质最为丰富，重点分析这四个温度点下的数据可以发现硫形态迁移的规律。结果表明，热解气体中 SO_2 峰丰度出现先轻微下降后升高而后再下降的现象，表明产生的 SO_2 主要源于低温段磺酸基的分解和高温段大量硫自由基、氧自由基的结合两个方面。由于该温度点下物质峰的丰度相对较高且峰形较尖锐，因此可以提高物质分析的准确度。

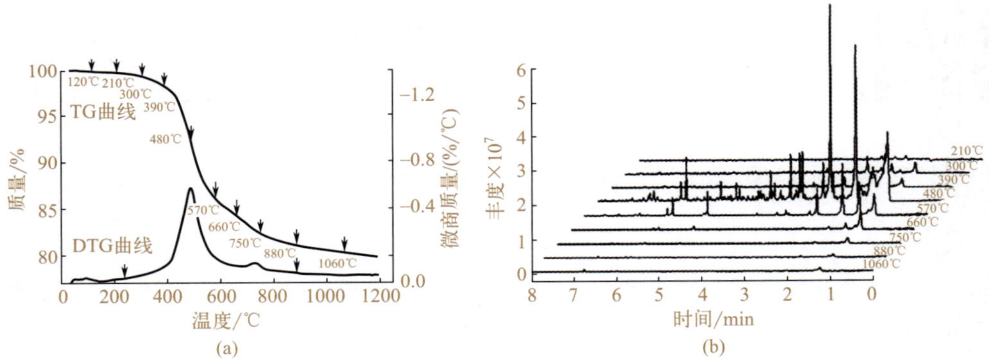

图 7-28 煤样的 TG-DTG 分析曲线（a）和不同温度点下在线采集 TG 热解气体进入 GC/MS 仪的总离子流（TIC）色谱曲线[139]（b）

TA/(GC/MS) 联用技术为复杂分子组成物质的结构研究提供了可能，逐渐成为一种不可或缺的手段。

2. 热脱附-气相色谱/质谱联用技术（TD-GC/MS）

热脱附是应用较广泛的一种气体进样技术，这种技术是采用加热的方式将有机化合物从采样管中释放出来，而不是用溶剂洗脱的方法，避免了较长的溶剂洗脱时间，且在色谱图中无溶剂峰。热脱附与气相色谱 / 质谱联用的测试过程是将样品从采样管中转移出来进入色谱进行分离，然后到达质谱仪进行检测。热脱附技术是通过在惰性气流下对非挥发性组分基质加热，将基质中挥发性组分分离出来，并将分离出来的挥发性组分转移至色谱柱进行分析的技术。

根据仪器配置不同，热脱附进样可以分为单级脱附进样和二级脱附进样。如果挥发性组分经热脱附从采样管直接进入色谱柱，则该过程称为单级脱附。从表面上看该操作似乎简单且有效，但单级脱附会产生非常宽的色谱峰，通过色谱填充柱很难取得满意结果，而毛细管柱则根本无法使用。上述问题可通过使用二级脱附进样技术得到解决。采样管在惰性载气流中加热，挥发性组分被载气带出采样管，此时冷阱处于低温状态，挥发性组分冷却浓缩在电子制冷的冷阱，称为初级脱附阶段。冷阱由低温升至高温释放出挥发性组分，再通过加热的传输线将挥发性组分转移至色谱柱，称为二级脱附阶段。二级脱附进样技术使样品经热脱附后，脱附的挥发性组分通过冷阱再富集，然后从冷阱中再次脱附进入色谱柱分离。图 7-29 为热脱附 - 气相色谱 / 质谱联用仪的测试流程示意图 [140]。

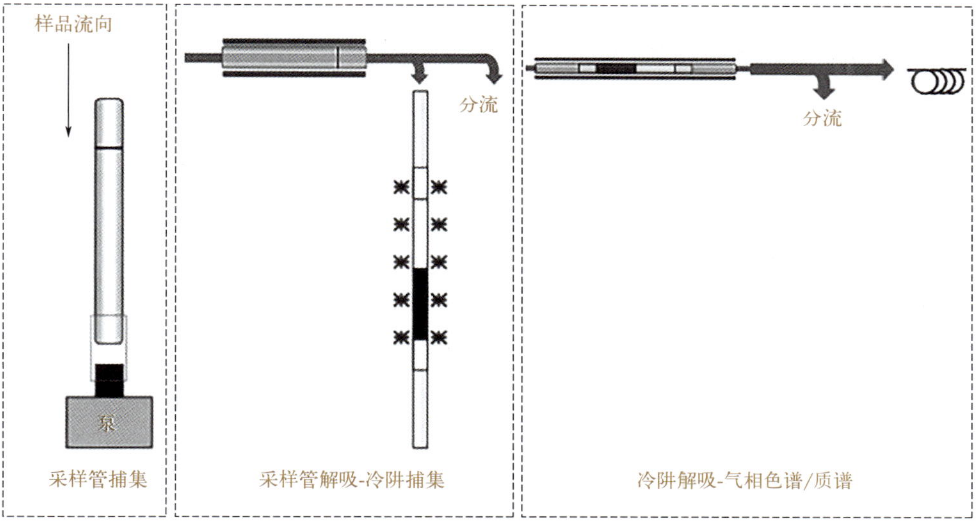

图 7-29　TD-GC/MS 联用仪的测试流程示意图 [140]

热脱附装置采用填充有吸附剂的玻璃管捕获有机化合物，然后将气体物质导入气相色谱仪中，通过气相色谱，这些有机化合物得到分离和测定。为了方便使用，热脱附管采用不锈钢或玻璃制成。热脱附管包含空管和预先填充吸附剂的热脱附管，以满足更多的应用。热脱附管上的密封盖分为黄铜密封盖和 PTFE 分析盖。其中，黄铜密封盖的密封性能较好，可用于热脱附管及吸附样品的长期储存。采样前，热脱附管在设置条件下被加热，以去除低分子量的杂质和吸附的挥发性物质。在加热前，应对每个样品管进行检漏实验和吹扫实验。在该模式操作的整个过程中冷阱和采样管隔离，以避免污染。样品被吸附在老化后的密封采样管中，将采样管放入加热区，热脱附仪可以自动完成抓管、取密封盖和密封采样管等操作，然后自动检漏以确保采样管被正确密封。采样管在室温下被载气吹扫以去除其中的水分和氧气。大多数分析采用二级脱附模式，采样管脱附和色谱分析可交叉进行以提高工作效率。

热脱附技术主要应用于有机物、污染物等的环境暴露监测，最低浓度可以达到 ppm 级和 ppb 级。除环境样品监测以外，热脱附还广泛应用于多种样品基质中有机挥发物的提取，这些样品基质无法直接进样到气相色谱，如土壤、乳化剂、燃料油等。由于吸附管采样法具有采样过程简单、样品不需复杂前处理、无污染、吸附管及其配套设备小巧、轻便、可重复使用等特点，TD-GC/MS 已成为检测环境空气及固定污染源废气中挥发性有机污染物最常用的分析方法。例如，在实际应用中，热脱附 - 气相色谱 / 质谱技术可以用于分析热环境下汽车座椅释放的挥发性有机物 [141]，还可以用于分析环境空气中许多种挥发性有机物 [142]。

3. 热裂解–气相色谱/质谱联用技术（Py–GC/MS）

热裂解是指物质在某高温条件下短时间内分子链断裂发生化学变化的过程，在这一过程中形成稳态和亚稳态的分子链碎片或小分子结构物，而且这些释放出的碎片正好记录了样品在高温下发生化学反应的过程与结果，可根据碎片结构推断其化学反应机理。

Py-GC/MS 联用技术的基本原理是在一定条件下具有特定结构的化合物遵循一定的裂解规律，即特定的样品能够产生特征的裂解产物及产物分布。这些裂解产物随后通过气相色谱进行分离，并利用质谱进行鉴定，据此可对原样品进行表征。

目前大部分商品化裂解装置对所研究的材料进行裂解后可得到重复性和特征性的结果，基于 MS 的质量解析和测量能力，将其与高分辨 GC 联用可以对挥发性复杂混合物样品进行有效分析。图 7-30 为 Py-GC/MS 系统流程示意图 [143]，图中联用仪器的主要部分包括 GC/MS 联用仪和可控温的裂解装置两部分，后者与进样口直接连接。

在实际应用中，一些有机物（如高分子化合物）样品在氦气、氮气等惰性气体或者空气、氧气等载气流中于一定温度下气化或热裂解，气化或裂解的混合产物直接进入气相色谱柱进行分离，随后进行质谱检测，可鉴定混合产物中各组分的组成。目前常用的代表性裂解装置有热丝式、居里点式和管炉式，图 7-31 中给出了这三种裂解装置的结构示意图。

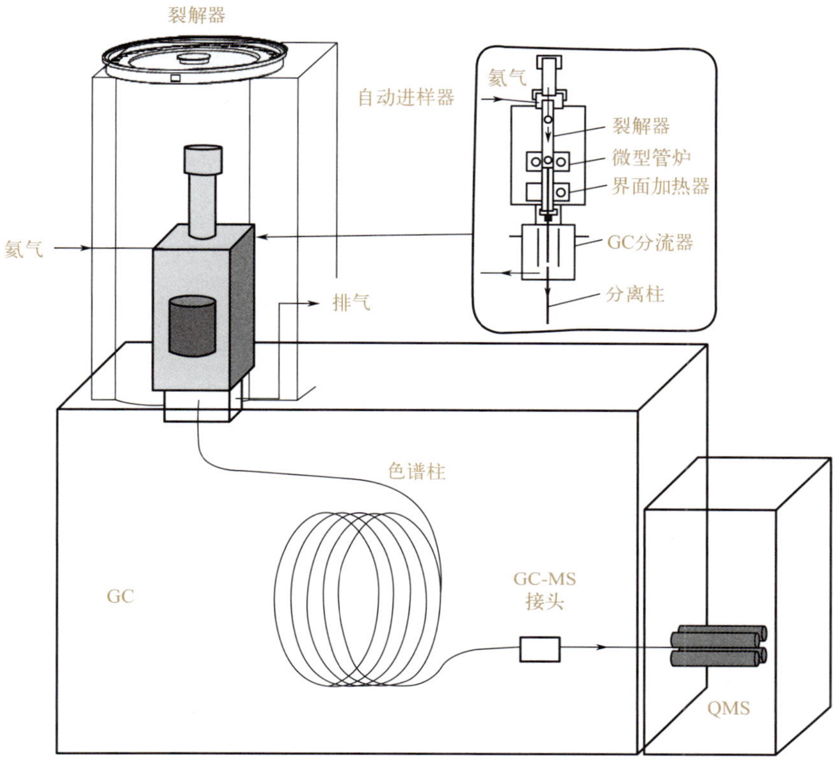

图 7-30　Py-GC/MS 系统流程示意图 [143]

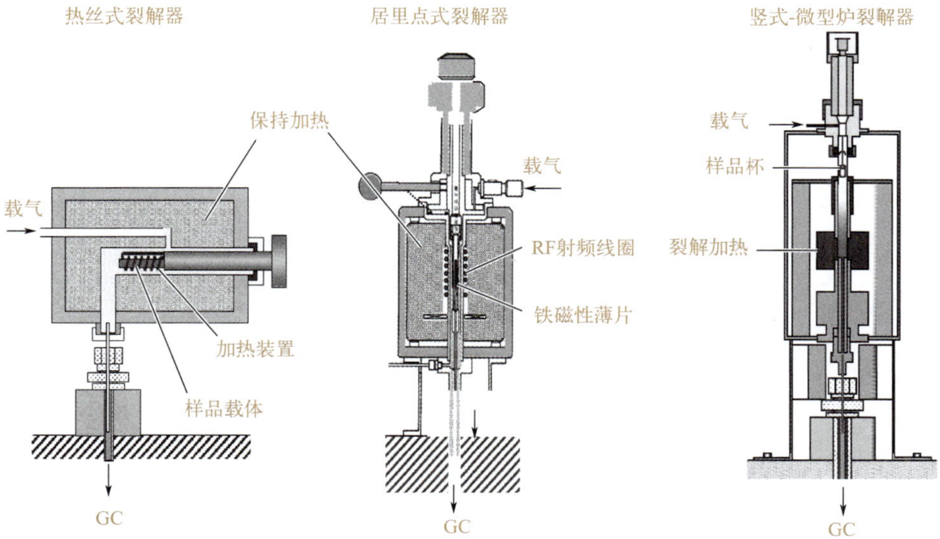

图 7-31　热丝式、居里点式和管炉式三种裂解装置的结构示意图 [144]

① 热丝式裂解器用很小的电阻发热线圈作为发热元件，将样品附着在线圈上，通过调节外接电源，加热丝被加热至所需温度，样品立即被分解并随着载气进入气相色谱系统。热丝式裂解器升温速率快，可程序升温，但其对样品形态和样品量有一定的限制。

② 居里点式裂解器用铁磁感应材料包裹或附着样品，其可达到的平衡温度（即居里点温度）取决于合金组成，理论上该方式具有最准确的加热温度。居里点式裂解器升温速率快，温度精确，但不可以程序升温。

③ 管炉式裂解器使用外部加热管状裂解室来获得裂解环境。当裂解管被加热至平衡温度后，将样品放在样品舟内迅速推入裂解室固定位置进行裂解。管炉式裂解器对样品形态没有限制，升温速率稍慢，并且可以程序升温。

在实际应用中，热裂解技术与气相色谱 - 质谱联用技术相结合，用于鉴别样品和混合物中相似组分、同类样品之间的细微差异以及样品中的少量组分，具有较高的灵敏度，并且所需样品量较少。另外，Py-GC/MS 联用技术对样品的物理状态限制比较小。对于粉末、薄膜、纤维或者弹性体等多种状态的样品，一般无需任何前处理操作均可以直接取样进行分析。

Py-GC/MS 的操作条件容易调节，在应用中可以根据样品和检测目的对检测条件进行调整，从而可以从不同角度得到样品信息。另外，还可以模拟一些反应条件下样品的产物信息。在 Py-GC/MS 的热分析过程中，可任意选定裂解温度。在实验过程中，样品可以急速升温到设定的裂解温度，几乎可以同时得到许多碎片分子，而且在同一温度下热裂解反应的选择性也相对较小，可以检测到大量的反应产物，甚至是不太稳定的中间体，有助于研究裂解反应机理。因此，Py-GC/MS 联用仪作为一种研究热分解产物的有效手段，可为研究耐热高分子的结构组成及热分解方面提供丰富的信息。图 7-32 中给出了 Py-GC/MS 和 EGA/MS 表征聚合物的流程图。

一方面，在通过 Py-GC/MS 研究热解产物时，样品用量通常为 10 ～ 100μg。在有或无催化剂、反应试剂的情况下，样品在 400 ～ 600℃下瞬间裂解，裂解产物被导入分离柱，经分离后记录其裂解色谱图。一种给定聚合物的裂解产物通常包含非常复杂的组分，可反映样品的原始结构。在这样的条件下，用化学惰性的毛细管通常可获得高效的分离效果，裂解谱图上各种化合物可连续地用质谱进行鉴定。另一方面，在 EGA/MS 系统中，程序升温加热的条件下由样品生成的挥发性气体被直接转移到 MS，并进行组分的在线检测。通过 EGA/MS 测量时，Py-GC/MS 系统中的分离柱用失活的双通连接管代替，直接连在可程序升温的裂解器和 MS 离子源之间。由 MS 检测样品在程序升温下得到的热分析曲线，

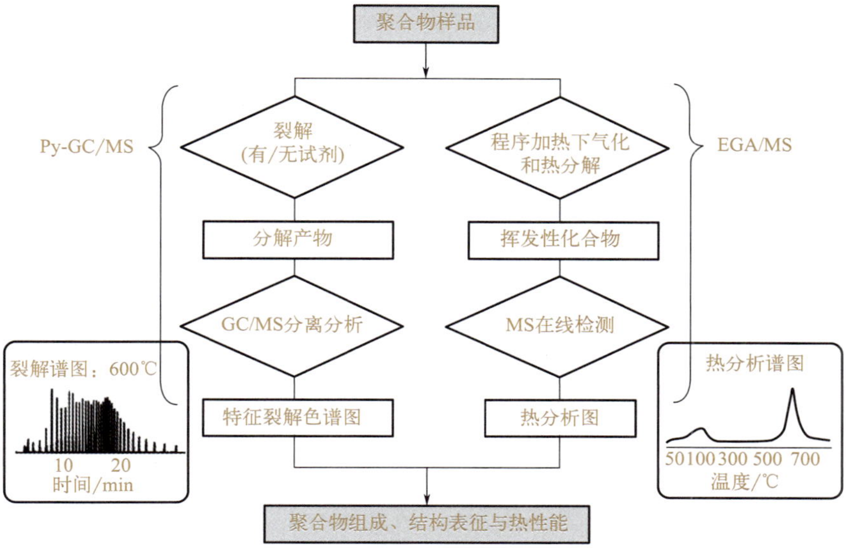

图 7-32　Py-GC/MS 和 EGA/MS 表征聚合物的流程图 [143]

对应于样品在不同温度下产生的挥发性气体。由上述方法得到的特征裂解谱图和热分析谱图，可以确定原始样品组分，化学结构以及热分解机理和相应动力学等信息 [143]。

对于 Py-GC/MS 技术，裂解温度是影响实验结果最为显著的因素。样品在不同温度下发生裂解后，裂解产物经气相色谱分离后，用质谱系统进行分析，所得谱图经谱库检索并结合人工解析后，可对各裂解产物进行结构鉴定。高温下的裂解产物主要是小分子气体，由于这些小分子气体是在高温下某些裂解产物进一步分解的结果，因此在过高温度下裂解对判断其结构没有意义。但在某一裂解温度时，在总离子流（TIC）图上的特征裂解产物最为明显，可以为样品的结构鉴定提供丰富的结构信息。由此可判断聚合物的裂解过程，如缩水、断链、重排、脱水、环化等。样品中各组成单元的裂解产物分别以单体、特征产物及相应的缩合物出现，可以完整地反映原聚合物组成。

基于以上技术优势，Py-GC/MS 技术因其预处理简单、分离效率高、分析速度快、信息量大等特点，在高分子、生物医学、环境科学等领域获得了十分广泛的应用。例如，可以用 Py-GC/MS 研究纤维素、半纤维素和木质素三种组分的热分解机理 [145]，分析结果表明纤维素热解的有机组分主要为呋喃类和脱水糖类，其中呋喃类产物含量在 600℃时达到最大值（43.34%），脱水糖类产物含量在 500℃时达到最大值（27.78%）。半纤维素热解的主要产物为酮类和呋喃类，两者含量随着热解温度增加呈逐渐下降趋势。木质素热解的主要产物为酚类，总酚含量在热解温度为500℃时达到最大值（78%），其中愈创木酚型酚的含量最高（63.43%）。在通过 TG 和 Py-GC/MS 技术对椰壳粉热失重、热裂解行为及其裂解产物的研究中[146]，可以根据实验结果确定椰壳粉的热裂解过程及其裂解产物的种类。在空气气氛下椰壳的质量损失比氮气气氛下要多，裂解产物主要为酚类化合物，释放的气体除了 CO_2，还有 CO、H_2O 和 CH_4 等。在纤维工业中，可以利用红外光谱和 Py-GC/MS 技术鉴别芳香族聚酯纤维[147]。研究结果表明，两种纤维的红外光谱图都具有明显的酯键伸缩振动吸收峰和苯环上 C—H 面外振动弯曲吸收峰，由此可以确定该纤维为芳香族聚酯类纤维。纤维 A 的裂解产物主要为苯甲酸丙烯酯，纤维 B 的裂解产物为苯甲酸乙烯酯，据此可以确定这两种纤维分别为聚对苯二甲酸丙二醇酯和聚对苯二甲酸乙二醇酯。

第六节
多级热分析联用技术

一、多级热分析联用技术的界定

本节所指的多级热分析联用技术是指将热分析技术与两种以上的分析技术进行联用的一种热分析联用技术，这两种以上的分析技术在物理上应是相互独立的，通过传输管线彼此连接，之前所介绍的 TG-DTA/IR、TG-DSC/MS、TG-DTA/GC、TG/(GC/MS)、TG-DSC/(GC/MS) 等联用技术由于热分析部分中 TG-DTA 或者 TG-DSC 为独立的热分析技术，其中的 TG 未通过传输管线与独立的 FTIR、MS 或者独立的 GC/MS 之间相连，因此这类分析技术仍可以看作两种分析技术的联用范畴，不属于多级联用技术。

二、常见的多级热分析联用技术

通过 IR 技术可以得到热分析仪逸出气体中官能团的信息，然而，对于含有相同官能团但不同大小的分子而言，仅通过 IR 技术无法得到逸出气体精确的分子结构信息。另外，通过热分析技术与 MS 联用可以得到逸出气体分子大小的信息，但无法准确获得官能团信息。通过热分析技术与 GC 技术联用可以得到某一温度或某一时刻下气体组分信息，如果需要得到实验温度范围内逸出气体组分变化的信息，则需要进行多次实验。针对这些问题，不同厂商对其商品化的联用仪器进行了改进。例如，德国耐驰公司的多级热分析联用仪可以实现热分析仪与 IR、MS、GC/MS 联用仪的联用，可以实现 IR 与 MS、GC/MS 串接联用和并联联用的连接形式。瑞士梅特勒公司的 TA/IR-(GC/MS) 联用仪可以实现多段气体的采集与分析功能。美国珀金埃尔默公司的 TA/IR/(GC/MS) 联用仪可以通过八通阀的切换灵活地实现在线分析（即 TA/IR/MS 模式）和分离分析［即 TA/IR/(GC/MS) 模式］，对于实验室经费有限且实验室空间有限的用户而言，这种配置可以实现更广泛的应用。

将热分析技术与 IR、MS 技术同时联用，不仅结合热分析实时获得质量和热量信息的优点，同时可以便捷地获得 IR 谱图，还可以通过质谱获得与相应温度下的 IR 谱图相对应的 MS 图，弥补了 TG/IR 联用技术中仅通过 IR 谱图无法确定分子大小的不足。在一些应用中，这种联用技术在分析复杂的气体产物时仍显不足，通常需要引入 GC 技术对特定温度下的多组分气体产物进行分离，然后通过 MS 检测来鉴别产物分子的结构。

将热分析技术与 FTIR、GC/MS 技术同时联用，不仅结合热分析实时获得质量和热量信息的优点，同时可以便捷地获得 IR 谱图，还可以通过 GC/MS 对复杂组分先分离再定性，解决了重叠峰无法分析的问题，并且可以对每个峰进行标准谱库检索，大大提高了定性和定量分析的准确性。这种联用技术的检测方式为离线模式，实验时热分析仪加热炉出口逸出的气体产物首先进入 FTIR 仪的气体池进行无损检测，然后将这些产物组分收集在 GC 的采样阀中，通过 GC 的载气（氦气）将热分析产生的逸出气体产物一起传输到色谱柱进行分析，最后进行 MS 检测。这种离线模式能够实时分析 IR 谱图，但 GC/MS 分析只能针对某一特征温度进行，先通过气体采样阀取样，然后对此温度下的气体产物进行 GC 分离，从而可以避免挥发性气体直接进入 MS。通过这种离线测量模式可以得到样品在某特定温度点的总离子曲线图和 MS 谱图。

图 7-33 为同步热分析（TG-DTA 或者 TG-DSC，统称为 STA）、FTIR 和 GC/MS 组成的多级热分析联用仪的结构示意图[148]。实验时将样品放入 STA 的样品盘中，通入不同气氛的气体，经升温加热后气体产物进入 FTIR 进行检测。分别对样品在 STA 中特定气氛下生成的热解产物进行 IR 分析，并对不同温度点的主要热解产物用 GC/MS 进行同步分析。该方法能够对样品进行在线分析并对热解产物进行分析研究。通过调控控制单元，热解产物气体在载气和真空泵的共同作用下，通过传输线充满样品环，然后根据所需检测的温度点，通过控制器对六通阀进行切换，将样品环中的热解产物切入 GC/MS 的色谱柱进行分

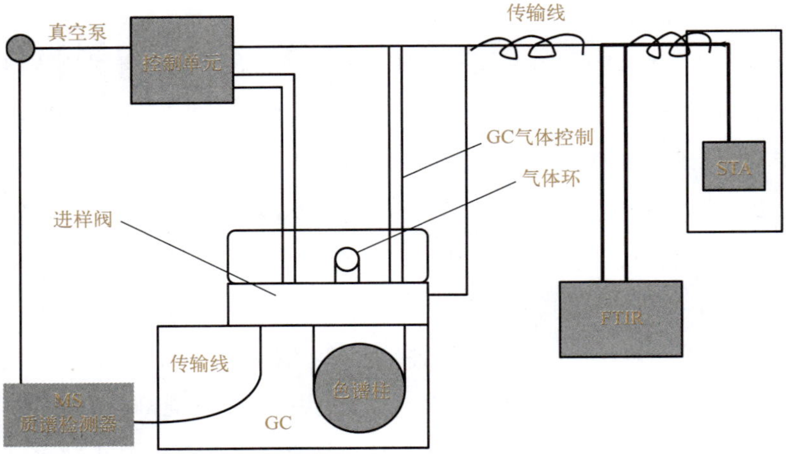

图 7-33　TG-DSC/IR/(GC/MS) 联用装置示意图 [148]

离后，由 MS 进行测定。这种联用技术可以减少样品前处理过程中的浓缩和转移步骤，减小了分析结果的人为因素影响，使分析结果的准确性和精密度大大提高。

三、多级热分析联用技术的应用

多级热分析联用技术将热分析技术与多种分析技术有机地组合在一起，有效克服了每种分析技术的不足，提升了测试效率和实验结果的同步性，使实验结果更加符合实际，在多个领域中得到了日益广泛的应用。例如，利用 TG/IR/(GC/MS) 联用技术可以研究三种聚苯乙烯的热裂解特征 [149]，热重结果表明不同分子量的聚苯乙烯之间的热解性质有明显差异。通过红外光谱对逸出气体产物的分析，发现随着分子量的增大，三个特征吸收峰的强度逐渐减弱，可能是加热裂解后苯环上取代基的个数发生变化，进而导致吸收峰之间产生差异。同时，用 GC/MS 技术实时分析氮气气氛下 450℃时产生的挥发性裂解产物。通过比较不同分子量及不同分布宽度的聚苯乙烯的裂解成分，发现两种较高分子量的聚苯乙烯之间产生的化合物种类基本一致，但是相对响应强度有一定差异，低分子量聚合物的产物组分与其他聚苯乙烯存在一定的差异，主要差异产物为苯和氮杂环丁烷两类化合物。随着分子量的增大，两种差异产物响应强度逐渐降低，与红外光谱分析结果基本一致。该方法结合 TG-DSC、IR、GC、MS 技术对聚苯乙烯进行多角度定性分析，为聚苯乙烯的性能评价提供了比较全面的信息。另外，采用 TG/IR/(GC/MS) 联用技术可以更好地研究木屑燃烧过程的质量变化规律和燃烧气体产物的释放特性[150]，整个过程主要经历了干燥脱水、挥发分的逸出与燃烧、固定碳的燃烧三个阶段。木屑燃烧产生的主要气体产物的红外吸收峰吸光度变化反映了气体产物的浓度随温度升高的变化规律[151, 152]，IR 谱图中出现了两个比较明显的 CO_2 红外吸收峰，木屑燃烧初始阶段产生的 H_2O 主要来自纤维素和半纤维素结构在热解初始阶段的脱羟基反应。随燃烧温度的升高，氢元素与氧气发生燃烧反应并伴随大量水的析出。当温度继续升高时大量焦炭参与反应，导致氧气供应不足使焦炭不完全燃烧，从而产生少量 CO。木屑在低温热解段的产物可能为呋喃类、酸类、酯类和芳香族化合物等，在高温段燃烧产物中 CO_2 和芳香族化合物的相对含量较高。

第七节
热分析联用仪的校正和状态判断

一、热分析联用仪的校正

在对由热分析联用技术所得到的数据进行分析时，经常会出现热分析部分的数据与联用的分析技术所得到的数据在温度上不一致的现象，出现这种差别的原因主要在于仪器状态变化和对仪器的特征量进行校正的方法不同。在正式开始检测工作之前，除了应按照操作规程和相关规范的要求对联用仪中每一个组成部分分别进行校准之外，还应对联用系统进行整体校准[153]。这种整体校正主要指特征温度或特征时间校正，即校正由逸出的气体产物流经不同的检测器带来的时间差异而引起的特征温度或特征时间的不同。同时联用技术则不需要进行这种校正，而其他的串接和间歇两种联用形式则应定期进行校正。以下以独立式 TG 与其他分析技术如 FTIR、MS、GC 以及 GC/MS 中的一种或者几种进行联用的仪器为例来介绍这种校正方法。

在对由串接或者间歇联用技术得到的实验数据进行分析时，由于这些分析技术所检测的气体产物是在热重分析仪中对试样进行加热过程中产生的，实验过程中产生的气体产物在到达这些检测技术的检测器时存在一个时间差 Δt，在进行数据分析时应对这个时间差进行校正。另外，与 TG 仪或者 TG-DSC 仪相连的这些分析技术在记录检测数据时从实验开始的时刻（即 0）开始计时（图 7-34）。在对 TG 部分的数据进行对比分析时，应将通过这些分析技术得到的曲线的横坐标由时间换算为相应的温度形式。

扫码看彩图

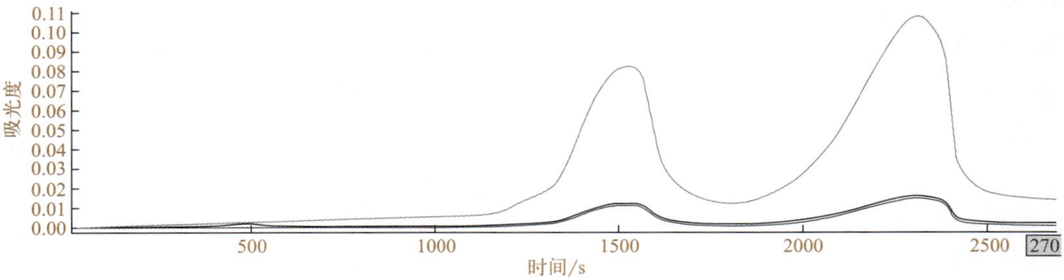

图 7-34　TG/IR 联用实验中，分析软件显示的 IR 部分的 GS 曲线和官能团剖面图曲线[153]

在将时间换算为温度时，应考虑时间差 Δt。

下面以 TG/IR 联用技术为例，介绍确定这种时间差的方法。对于通过实验得到的实验数据，在热重实验中的每一个温度均对应一个时间（即从实验开始的 0 时刻至某一温度所对应的时刻之间的差值），假设这个时间为 t_{TG}。如果在热重实验开始之后同时开始红外光谱检测，则由红外光谱仪所记录下的每一个时间 t_{IR} 均对应热重分析仪中的温度。

于是，t_{IR} 与 t_{TG} 之间存在着如下关系：

$$\Delta t = t_{\mathrm{IR}} - t_{\mathrm{TG}} \tag{7-1}$$

在实验过程中，气体由 TG 仪经实验气氛携带至 IR 仪，在 t_{TG} 时刻由 TG 仪逸出至红外光谱的检测器的时刻 t_{IR} 期间，由于热重分析仪在前，红外光谱仪在后，因此 t_{IR} 一直大于 t_{TG}，Δt 恒为正值。

理论上，可以通过以下方法来估算 Δt。

假设实验时采用的气氛气体的流速为 r_g，气体在仪器内部以线性路径按照图 7-35 中所示的方向流动，假设：

① 气体在流动过程中与管壁的阻力可以忽略；

② 气体流经管径的尺寸相同（为简便计算作此假设，实际上不同部分的尺寸差别很大）且为圆管形状，用 d 表示；

③ 假设气氛气体（图 7-35 中红色箭头）携带逸出气体（图 7-35 中蓝色箭头）从坩埚

上方至红外光谱仪的气体池的距离为 L。

则时间差 Δt 可以用下式表示：

$$\Delta t=\frac{\pi\left(\frac{d}{2}\right)^{2}L}{r_{g}} \tag{7-2}$$

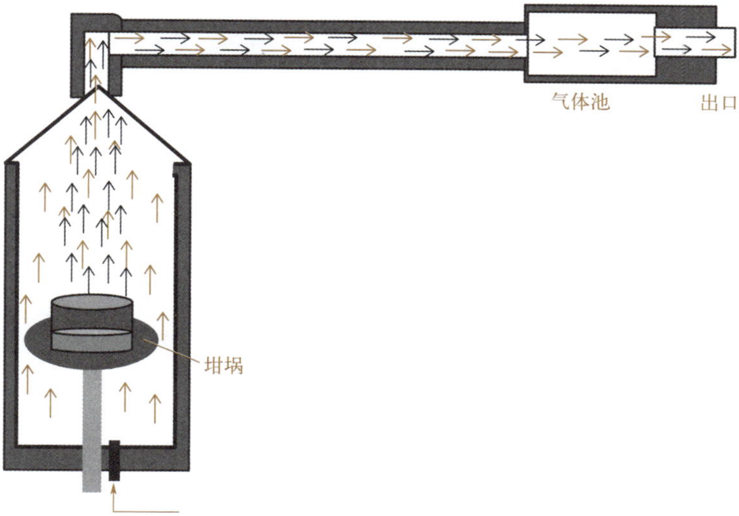

扫码看彩图

图 7-35　气体流经 TG/IR 仪的路径示意图[153]

根据式（7-2）即可估算出 IR 仪所记录的时间与 TG 仪所记录的时间差 Δt。在图 7-35 中，如果 IR 仪的气体出口处通过红外光谱仪连接了 MS 仪或者 GC/MS 仪，则气体由热重分析仪至 MS 仪或者 GC/MS 仪检测器的时间 $\Delta t'$ 还要延长，按照式（7-2）的方法可以计算该时间。一些商品化的联用仪在设计时为了使逸出气体在传输管线中保持稳定流动而不发生涡流或湍流现象，通常将传输管线设计成管径尽可能小的毛细管或者通过在终端加载一个可控抽速的机械泵，以保证气体在传输过程中保持平稳地流动。

在实际中确定以上 Δt 时，通常采用在实验过程中向气氛气体中注入一定量的已知气体的方法来准确确定这一时间。从 TG 仪处注入已知的气体（如 CO_2）并开始计时，同时开始 IR 仪检测，当 IR 仪检测到气体（如 CO_2）的特征光谱时即停止计时，这一时间差即为 Δt。在实验过程中，由于逸出气体分子之间的密度存在着差异，这个时间仍然不是十分准确。

在实际的数据分析中，通常将 DTG 曲线的峰值与红外光谱中 GS 曲线上的相应峰值进行对比，用时间作为横坐标，通过用 GS 曲线的峰值对应的时间减去相应的 DTG 曲线的峰值对应的时间的方法来确定 Δt。如图 7-36 所示，图中 GS 曲线的三个峰值和 DTG 曲线的三个峰值所对应的时间一致（Δt 为 0.96min），在进行分析时将红外光谱所对应的时间数据减去该 Δt 值，即可使二者对应的时间保持一致。然后，按照 $T = T_0 + \beta t$ 的关系，即可将相应的时间转换为温度，最终的 GS 曲线和 DTG 曲线如图 7-37 所示。由于热重分析仪的温度可以通过标准物质进行准确的校准，因此通过这种方法得到的红外光谱实验数据所对应的温度也是相对准确的。

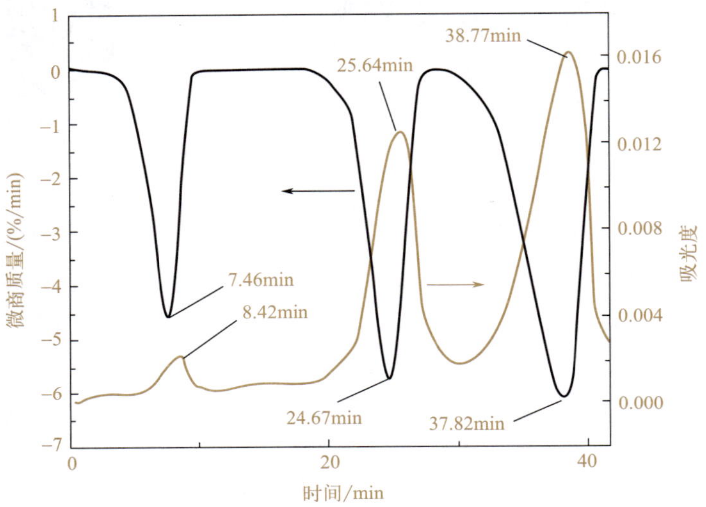

图 7-36　温度校正前一水合草酸钙的 DTG 曲线和 GS 曲线

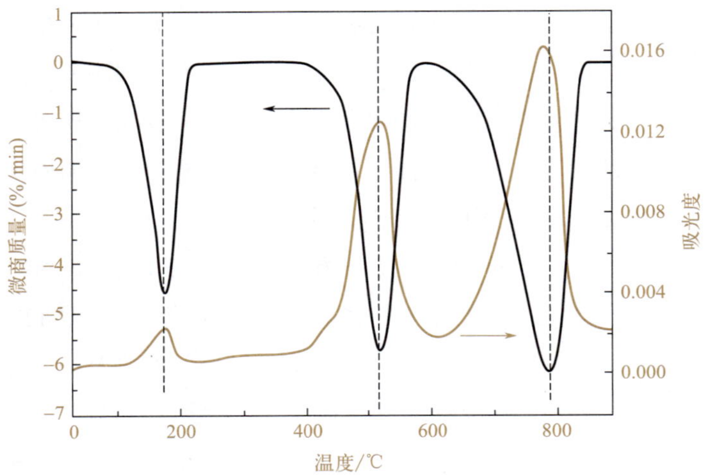

图 7-37　温度校正后一水合草酸钙的 DTG 曲线和 GS 曲线

二、热分析联用仪的状态判断

热分析联用技术是一种适用于分析大多数样品的技术，具有信息量大、样品前处理简单、灵敏、快速等优势，应用领域非常广泛。由于热分析 - 质谱联用仪的生产厂家众多，性能各异，功能多样，为了使检测实验室内这类仪器的性能有统一的评价标准，仪器验证是确保仪器在生命周期内能够达到预期性能的重要手段。另外，在对热分析联用仪进行校准时，不应仅仅对联用的每种技术进行单独的校准。在对每一部分进行校准确保仪器工作状态满足要求后，还应使用已知分解过程的标准物质来对仪器的工作状态进行验证。例如，可以使用碳酸钙和草酸钙分解时产生的 CO_2 和 CO 的方法来判断联用系统的工作状态[154,155]。

1. 仪器状态判断方法

在实验过程中通常需要严格控制实验中的气氛环境。使用草酸铜检查热分析仪的惰性工作条件[156]，以此判断仪器的工作状态是否符合要求。在高温下，即使非常少量的氧气也会严重影响实验结果，与完全惰性的气氛相比，可以得到完全不同的结果。

草酸铜非常适合用来检查仪器在惰性气氛下的工作条件。在惰性气氛下，草酸铜将会分解成金属铜（理论上的剩余质量分数为 41.9%），如图 7-38 所示。如果在 300 ～ 600℃之间存在少量的氧气，则会导致质量的增加（如图 7-39 所示），金属铜会被部分氧化为铜（Ⅱ）的氧化物（理论上如果 100% 的 Cu 被完全氧化为 CuO，则剩余质量分数为 52.5%）。

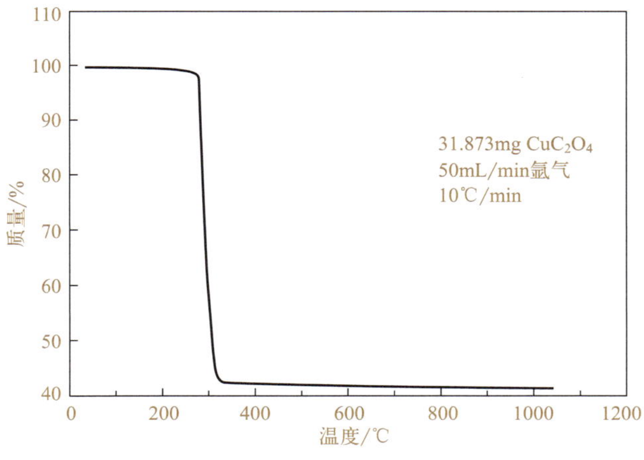

图 7-38 草酸铜在完全惰性气氛下的分解[156]

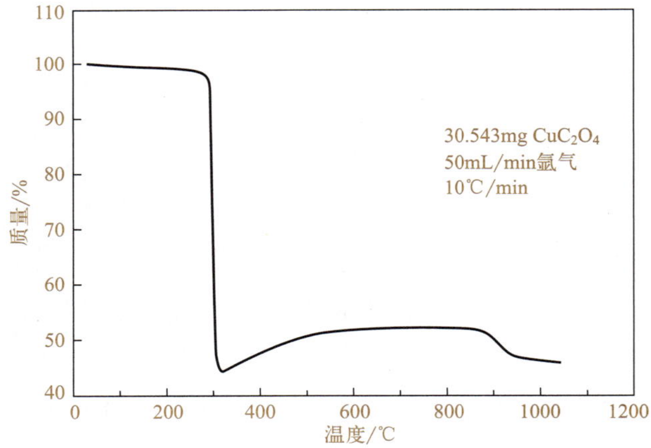

《 图 7-39 草酸铜在氧气存在的气氛下的分解 [156]

在流动的气氛气体中如果含有氧气，或者可拆卸的部件没有正确安装而使空气没有除尽，则容易发生铜的氧化。如果设备包含不能完全排除空气的死体积，尽管在开始实验之前用惰性气体来“冲洗”设备中的残留空气，也会发生以上的氧化现象。为了获得完全惰性的工作环境，很有必要对一些热分析设备进行改造（例如，设计额外的气体入口）。由于草酸铜的分解过程对氧化性气氛非常敏感，因此其特别适用于检查各种热分析设备的工作环境。

本书编著者团队通过大量的实验，分析了现有 TG/IR 联用仪器的验证方法及其存在的问题 [155]，提出以草酸钙为标准试样，利用其在惰性气氛下分解逸出气的发生碳气化反应所生成的 CO 的峰，判断联用性能是否合格。该新方法通过一次运行测试即可核查联用系统的检测灵敏度、气体质量流量稳定性及仪器气密性。此方法操作简便、判断直观准确，适用于各种类型的 TG/IR 联用系统，对于保障未知样测试结果的准确性、提升不同品牌不同型号的仪器间以及不同实验室间测试结果的等效性具有重要意义。图 7-40 为草酸钙的 TG/IR 联用图谱。

2. TG/IR联用仪器状态验证方法举例

一水合草酸钙在程序升温过程中呈现三步分解过程，依次脱除等物质的量的 H_2O、CO 和 CO_2，失重温度区间互不重叠，对应的 DTG 曲线上出现了三个独立峰。事实上，在惰性气氛下，第二步分解逸出的 CO，有一部分发生了二次反应（CO 歧化反应），生成 CO_2 和沉积炭；第三步分解逸出的 CO_2，会与沉积炭发生二次反应（碳气化反应）生成 CO。草酸钙逸出气在惰性气氛下的歧化反应是在分解逸出 CO_2 时发生的，此时的逸出气

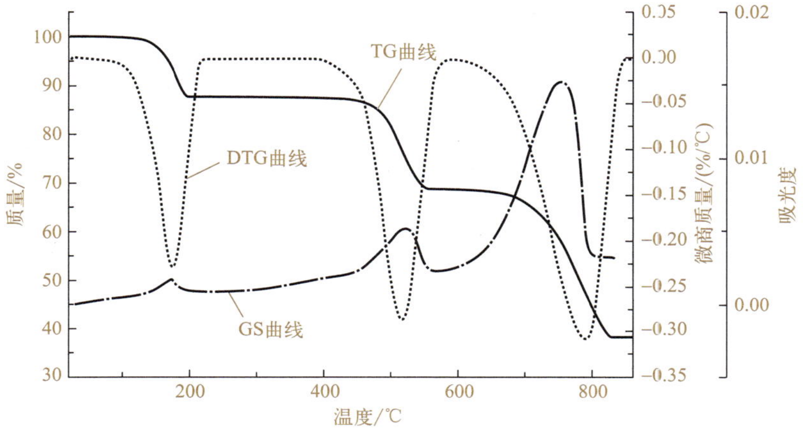

图 7-40 草酸钙的热分析 - 红外光谱联用图谱

IR 谱如图 7-41 所示，其中 2200 ～ 2050cm^{-1}（双峰）为 CO 气体的红外特征吸收谱带，其余为 CO_2 气体的红外吸收谱带，可见在检测到大量 CO_2 的同时，也出现了微弱的 CO 红外吸收峰。通过逸出气官能团剖面图（特征波数下的红外吸收温度分布曲线）也可以观察到因碳气化反应而产生的 CO。TG/IR 联用仪器的验证实验结果表明：热重曲线中可见三个明显的失重台阶，绝对质量损失分别为（12.3±1）%、（19.2±1）%、（30.1±1）%。FTIR 端设定 4000 ～ 500cm^{-1} 波数范围，且在三个热重平台端分别可见清晰的水汽信号、CO/CO_2 混合信号以及 CO_2 信号。

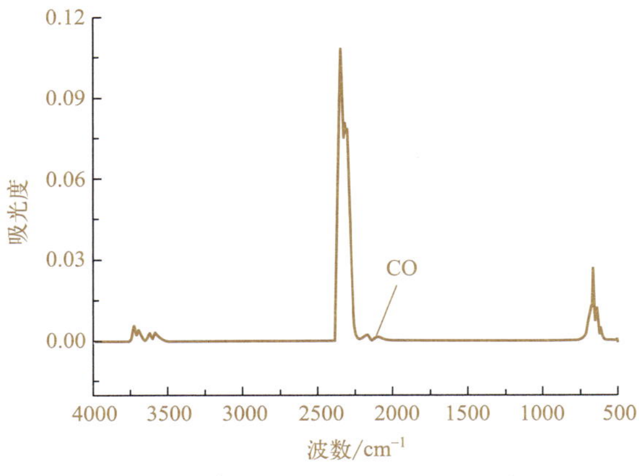

图 7-41 草酸钙逸出气体产物的 IR 谱图

3. 多级热分析联用仪器状态验证方法举例

下面以 TG/IR/(GC/MS) 多级联用仪为例介绍该类仪器的状态验证方法。通常采用的实验条件为：仪器为美国 Perkin Elmer 公司的 TG/IR/(GC/MS) 多级联用仪，将 10mg 聚苯乙烯（PS）样品放置于热分析仪支架上的样品盘中，测定温度范围为室温～ 800ºC，升温速率 20℃ /min，高纯氦气保护。联用模式设定为分离监测模式。图 7-42 为 PS 的 TG-DTG 曲线，图中 TG 曲线上出现一个明显的失重台阶，质量损失为 99.97%，几乎完全分解。相对应的 DTG 出现最大分解温度为 428.7ºC。图 7-43 为聚苯乙烯的红外光谱图。GS 曲线为气体总红外吸收的定量度量，是全部波数的信号总积分随时间或温度的变化曲线。曲线上的每一点代表该时间采集的红外吸收光谱的总吸收强度，显示逸出气体浓度随时间的变

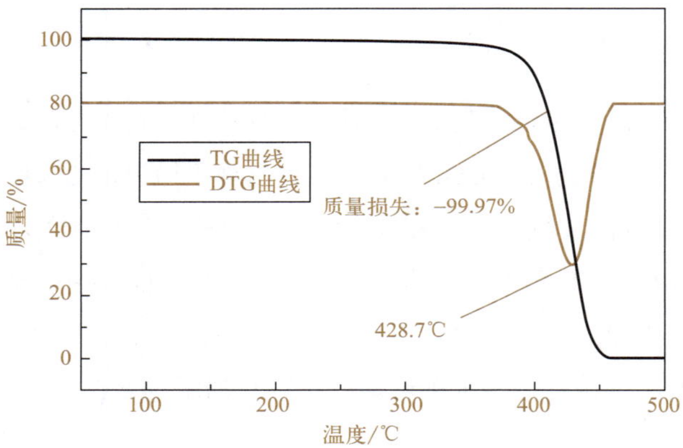

图 7-42 聚苯乙烯的 TG-DTG 曲线

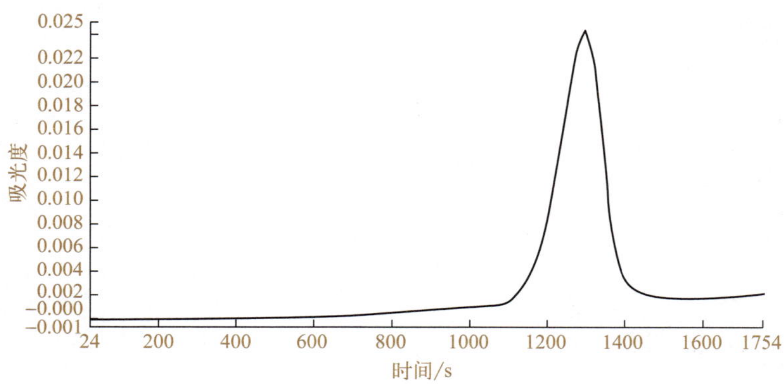

(a) GS曲线图

扫码看彩图

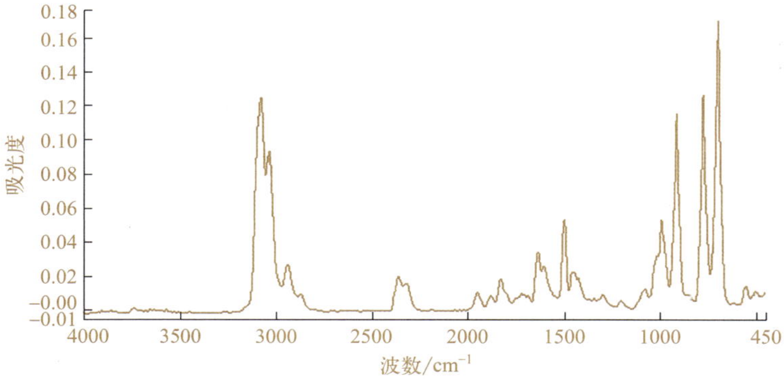

(b) 光谱图

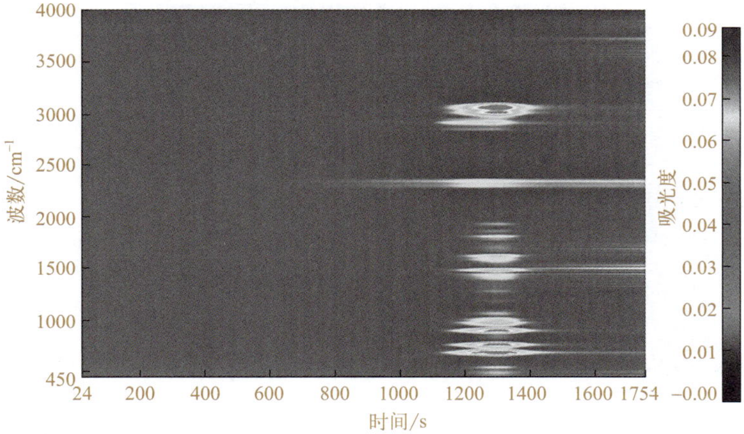

(c) 伪彩色图

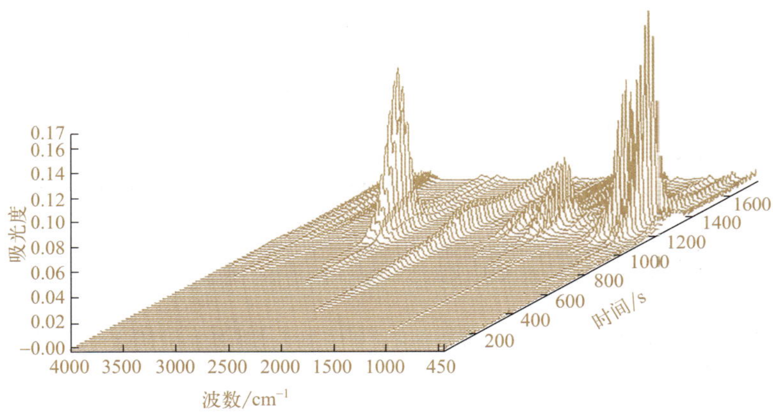

(d) 堆叠图

图 7-43　聚苯乙烯的红外光谱图

化，从总体上表征产物逸出过程，一般与 DTG 有对应性。如果逸出气体有红外吸收，GS 曲线就可以反映逸出气体浓度随时间（或热重温度）的变化关系，红外端可以观察到明显的苯乙烯红外特征谱图。图 7-44 为聚苯乙烯的总离子流色谱图和保留时间 11.09min 提取的质谱检索结果。选择热重失重速率最大点的逸出气体进入 GC/MS 模块进行分离分析，可以检测到苯乙烯等质谱碎片结构。

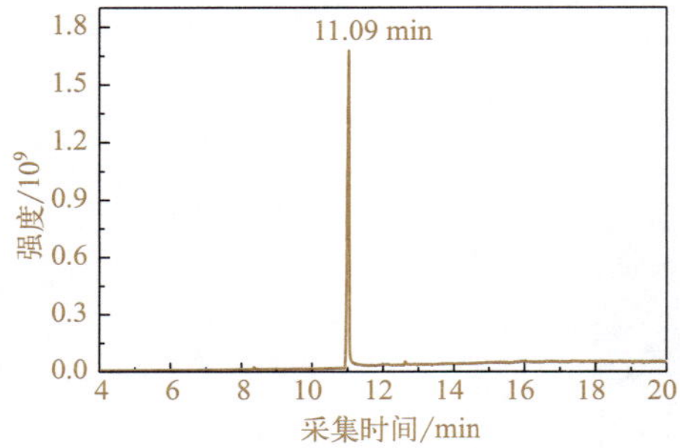

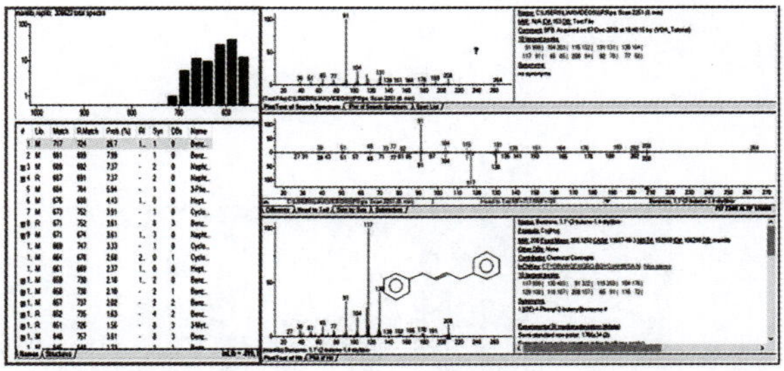

图 7-44　聚苯乙烯的总离子流色谱图和 MS 检索结果

参考文献

[1] 刘振海，张洪林．分析化学手册　第 8 分册：热分析与量热学 [M]. 3 版．北京：化学工业出版社，2021.

[2] Xia H, Wei K. Equivalent characteristic spectrum analysis in TG-MS system[J]. Thermochimica Acta, 2015, 602: 15-21.

[3] Jie Y, Yang S, Hu F, et al. Gas evolution characterization and phase transformation during thermal treatment of cathode plates from spent $LiFePO_4$ batteries[J]. Thermochimica Acta, 2020, 684: 178483.

[4] Lin H, Zhang P, Fang Y, et al. Understanding the decomposition mechanisms of $LiNH_2$, $Mg(NH_2)_2$, and $NaNH_2$: A joint experimental and theoretical study[J]. The Journal of Physical Chemistry C, 2019, 123, 18180-18186.

[5] Sotiles A, Gomez N, Wypych F. Thermogravimetric analysis of layered double hydroxides intercalated with sulfate and alkaline cations $[M_6^{2+}Al_3(OH)_{18}][A^+(SO_4)_2]\cdot 12H_2O$ (M^{2+} =Mn, Mg, Zn;A^+=Li, Na, K) [J]. Journal of Thermal Analysis and Calorimetry, 2020, 140, 1715-1723.

[6] 中国国家标准化管理委员会．热分析术语：GB/T 6425—2008 [S]. 北京：中国标准出版社，2008.

[7] 刘振海．新版国标 GB/T 6425—2008《热分析术语》的要点与主要创新点 [J]. 中国科技术语，2009, 2: 32-34.

[8] 丁延伟．热分析基础 [M]. 北京：中国科学技术大学出版社，2020.

[9] 何宏舟，骆仲泱，岑可法．不同热分析方法求解无烟煤燃烧反应动力学参数的研究 [J]. 动力工程，2005, 25(4): 493-499.

[10] 梁喆 . 基于 TG-DTG 热分析方法的泥炭燃烧特性研究 [J]. 应用能源技术 , 2016, 227 (11): 7-40.
[11] 李莹 , 赵亚新 , 张锦芳 . 聚丙烯腈纤维差示扫描量热分析方法优化 [J]. 合成纤维，2021, 50 (10): 26-29.
[12] 赵永椿，张军营，邵新宇，等 . 煤中矿物质定量灰熔融热分析方法 [J]. 科学通报，2010，55 (8): 728-732.
[13] 罗文辉 . 陶瓷材料领域的现代热分析技术 [J]. 国外建材科技，2005, 26 (2): 14-16.
[14] 赵陈伟，毛军逵，屠泽灿，等 . 纤维增韧陶瓷基复合材料热端部件的热分析方法现状和展望 [J]. 航空学报 , 2021, 42 (6): 125:150
[15] 魏然，孙鹏，周宇鹏，等 . 应用双层集总参数法的微小卫星简化热分析方法 [J]. 航天器工程，2019, 28 (3): 64-69.
[16] Di Lorenzo M L, Androsch R, Rhoades A M, et al. Handbook of thermal analysis and calorimetry: Analysis of polymer crystallization by calorimetry [M]. Amsterdam: Elsevier Science B V, 2018.
[17] Klerk W, Heijden A, Veltmans W. Thermal analysis of the high-energetic material HNF[J]. Journal of Thermal Analysis and Calorimetry, 2001, 64: 973-985.
[18] 邢军 . 同时联用技术的优点及应用 [J]. 现代科学仪器，1998, 5: 17-18.
[19] 王兆周 . 热分析中联用技术的应用 [J]. 辽宁地质，1993，3(1): 74-80.
[20] Langer H, Goklke R. Gas effluent analysis[M]. New York: Marcel Dekker, 1967.
[21] Feist M, Kunze R, NeubertD. Two oxidation states and four different coordinations of iron in an unusual chloro complex: TG-MS, Raman and Mössbauer spectroscopic investigations of the thermal behaviour[J]. Thermochimica Acta，2000, 361 (1/2): 53-60.
[22] 李庆龙 , 华炜 , 姜洪涛 . 热重 - 红外联用技术在各个领域的应用 [J]. 辽宁化工 , 2013, 42 (9): 1086-1088.
[23] 李吉祯 , 刘小刚 , 付小龙 , 等 . 红外光谱联用技术在材料热分解研究中的应用 [J]. 化学推进剂与高分子材料，2011, 9 (3): 29-32.
[24] 王学杰 , 游金宗 . 热重 - 红外联用研究齐多夫定的热分解机理 [J]. 浙江外国语学院学报，2013, 7 (4): 1-6.
[25] 余巧玲 , 王万卷 , 潘永红 , 等 . 热重 - 红外联用法研究液晶聚合物的热解行为及其逸出气体组成 [J]. 塑料科技，2017, 45 (12): 104-106.
[26] 陈戈萍 , 张思玉 , 王红干 . 热红联用技术在森林火灾烟气测试中的应用 [J]. 光谱实验室 , 2013, 30 (5): 2615-2620.
[27] 成思萌 , 酒少武 , 李辉 , 等 . 热红联用研究高硫铝土矿的氧化焙烧 [J]. 光谱学与光谱分析，2018, 38 (9): 2730-2734.
[28] 陆昌伟 , 奚同庚 . 热分析质谱法 [M]. 上海：上海科学技术文献出版社 , 2002.
[29] 闫金定，崔洪，杨建丽，等 . 热重 - 质谱联用 (TG-MS) 技术应用进展 [J]. 分析测试学报 , 2003, 22 (4): 104-107.
[30] 刘理华 , 刘书群 , 柴永明 , 等 . 磷化镍催化剂的制备机理及其加氢脱氮性能 [J]. 燃料化学学报 , 2013, 4 (3): 335-340.
[31] 张敏华 , 李春华 , 姜浩锡 . 热重质谱法研究聚苯乙烯热降解机理 [J]. 化工进展，2008, 27 (4) : 609-612.
[32] 李淑娥 , 王晓东 , 颜国纲 , 等 . 热重 - 质谱联用技术 (TG-MS) 及系统优化研究 [J]. 山东科技 , 2008, 21 (2): 9-14.
[33] 杨锐 , 陈蕾 , 唐国平 , 等 . 热分析联用技术在高分子材料热性能研究中的应用 [J]. 高分子通报 , 2012, 12: 16-21.
[34] 陆昌伟 . 热分析 - 质谱联用的新进展 [J]. 中国科学 : 化学 , 2015, 45 (1): 57-67.

[35] 徐吉 , 朱家龙 , 胡浩权，等 . 在线热解 - 质谱联用技术在煤转化中的应用 [J]. 洁净煤技术 , 2021, 27 (4): 1-10.
[36] 吴雷 , 周军 , 平松 , 等 . 热分析联用技术及其在金属材料领域中的应用 [J]. 分析测试学报 , 2020, 39 (9): 1176-1180.
[37] 张恒 , 于惠梅 , 徐朝和 , 等 . 石墨烯氧化过程中的热分析 - 质谱以及脉冲热分析方法研究 [J]. 物理化学学报 , 2016, 32 (7): 1634-1638.
[38] 蒙根 , 许中强 , 朱海燕 . 热分析质谱联用技术在催化材料研究中的应用 [J]. 工业催化，2011, 19(3): 15-17.
[39] 黄娜 , 刘亮 , 王晓叶 . 热重质谱联用技术对酚醛树脂热解行为及动力学研究 [J]. 宇航材料工艺，2012, 2: 99-102.
[40] 陆昌伟 , 奚同庚 . 热分析质谱法的发展历史沿革、现状和展望 [J]. 上海计量测试，2002, 29 (2): 8-11.
[41] 姚冬林 , 金保升 , 陶贺 . 稻壳热重 - 傅里叶红外光谱联用试验研究 [J]. 能源研究与利用 , 2008, 3, 11-15.
[42] 陈江 , 黄立维 , 章旭明 . 垃圾衍生燃料热重 - 红外联用法的热解特性 [J]. 环境科学与技术 , 2008(1): 29-32.
[43] 彭云云 , 武书彬 . TG-FTIR 联用研究半纤维素的热裂解特性 [J]. 化工进展 , 2009, 28 (8): 1478-1484.
[44] 苏桂秋 , 崔畅林 , 卢洪波 . 煤热解燃烧气体产物的热重 - 红外联用分析 [J]. 工业锅炉 , 2004, 2 (84): 23-26.
[45] 刘培培 , 王春艳 , 赵冰 , 等 . 热重 - 红外 - 气相色谱 / 质谱 (TGA-IR-GC/MS) 联用技术分析食用植物油组分的方法研究 [J]. 光谱学与光谱分析 , 2014, 34 (10): 91-92.
[46] Jiao L, Xiao H, Wang Q, et al. Thermal degradation characteristics of rigid polyure-thane foam and the valatile products analysis with TG-FTIR-MS[J]. Polymer Degradation and Stability, 2013, 98 (12): 2687-2696.
[47] Matsuzawa Y, Ayabe M, Nishino J. Acceleration of cellulose co-pyrolysis with polymer[J]. Polymer Degradation and Stability, 2001, 71(3): 435-444.
[48] 刘春波 , 陈永福 , 钟仙芳 , 等 . STA-FT-IR-GC/MS 联用技术在烟草热解过程研究中的应用 [J]. 现代科学仪器 , 2012, 10 (5): 102-104.
[49] 朱峰 , 王明葵 , 田晓蕊 . 热重分析和热裂解气相色谱 - 质谱联用法鉴别聚苯硫醚纤维 [J]. 中国纤检 , 2012, 3: 56-58.
[50] 焦阳 , 刘春凤 , 张杰 . STA449F3 同步热分析仪故障分析与管理维护 [J]. 分析仪器，2021, 5: 124-129.
[51] 袁泽红 , 许青 . STA 449F3 型同步热分析仪的维护和购置 [J]. 分析仪器 , 2015, 5: 81-84.
[52] 邹函君 , 王桂文 , 张慧娟 , 等 . 同步热分析技术本科实验教学探索与实践 [J]. 实验技术与管理 , 2017, 34 (6): 165-167.
[53] Aono H, Tsuzaki M, Kawaura A, et al. Design of ceramic materials for chemical sensors: Effect of $SmFeO_3$ processing on its surface and electrical properties[J]. Journal of the American Ceramic Society, 2001, 84: 969-975.
[54] Tolochko S, Makhnach L, Kononyuk I, et al. Preparation of La_2SrNiO_4 conducting oxides via a citrate route[J]. Inorganic Materials, 2000, 36: 1137-1140.
[55] Ly H, Taylor R, Day R, et al. Conversion of polycarbosilane (PCS) to SiC-based ceramic part Ⅰ, Characterization of PCS and curing product[J]. Journal of Materials Science, 2001, 36: 4037-4043.
[56] Jansen M, Kroschel M. Die umwandlung von *N*-methylpolyborosilazan in amorphes siliciumborcarbonitrid[J]. Zeitschrift Für Anorganische Und Allgemeine Chemie,2000, 626:

1634-1638.
[57] Jiang W, Nadeau G, Zaghib K, et al. Thermal analysis of the oxidation of natural Graphite-effect of particle size[J]. Thermochimica Acta, 2000, 351: 85-93.
[58] Wissing S, Glass D, Barker S, et al.An investigation into the use of stepwise isothermal high sensitivity DSC as a means of detecting drug-excipient incompatibility[J]. International Journal of Pharmaceutics , 2000, 199: 141-150.
[59] Jones D, Feng H, Fouchard R. Kinetic studies of the thermal decomposition of KDNBF, a primer for explosives[J]. Journal of Thermal Analysis and Calorimetry , 2000, 61: 917-926.
[60] 全国教育装备标准化技术委员会 . 热分析方法通则　第 5 部分：热重 - 差热分析与热重 - 差示扫描量热法 : JY/T 0589.5—2020 [S]. 北京：中华人民共和国教育部，2020.
[61] 苏小琴 , 龙伟 , 刘秀兰 , 等 . 差示扫描量热仪的影响因素及测试技术 [J]. 分析仪器 , 2019, 4: 74-79.
[62] 李承花 , 张奕 , 左琴华 , 等 . 差示扫描量热仪的原理与应用 [J]. 分析仪器 , 2015, 4: 88-94.
[63] 姚芳，孙岳明 . 热分析仪器实验教学实践 [J]. 实验技术与管理 , 2014, 31(12):162-165.
[64] 翁秀兰 . 热分析技术及其在高分子材料研究中的应用 [J]. 广州化学 , 2008, 33 (3): 72-76.
[65] 赵瑞明 , 李岭领 , 马玉刚 , 等 . 同步热分析实验教学实践 [J]. 广州化工 , 2017, 45(16): 169-170.
[66] 王易君 , 史光梅 . 关于同步热分析仪自校准测试项目的探讨 [J]. 计量与测试技术 , 2016, 43(5): 62-66.
[67] 成会明 . 纳米碳管制备、结构及应用 [M]. 北京 : 化学工业出版社 , 2002.
[68] Thostenson E, Ren Z, Chou T. Advances in the science and technology of carbon nanotubes and their composites: A review[J]. Composites Science and Technology, 2001, 61: 1899-1912.
[69] Tan B, Song X, Zhang B, et al. Study on the effect of different seawater mass ratio on coal spontaneous combustion characteristics[J]. Thermochimica Acta, 2022, 716: 1-15.
[70] Yousef S, Kiminait L, Eimontas J, et al. Recovery of phenol and acetic acid from glass fibre reinforced thermoplastic resin using catalytic pyrolysis process on ZSM-5 zeolite catalyst and its kinetic behavior[J]. Thermochimica Acta, 2022, 715 (179293): 1-14.
[71] Teixeira J, Fernandes R, Isquibola G, et al. Synthesis, thermal behavior in oxidative and pyrolysis conditions, spectroscopic and DFT studies of some alkaline earth metals *p*-aminobenzoate complexes using TG-DTA, DSC, PXRD and EGA (TG-FTIR) techniques[J]. Thermochimica Acta, 2022, 711: 1-12.
[72] Watanabe R, Iyoda T, Yamada T, et al. Thermal expansion of liquid crystalline amphiphilic DI-Block copolymer observed by simultaneous DSC-XRD[J]. Journal of Thermal Analysis and Calorimetry, 2006, 85 (3): 713-717.
[73] Zhang G, Watanabe T, Yoshida H, et al. Phase transition behavior of Nylon-66, Nylon-48, and blends[J]. Ploymer Journal, 2003, 35 (2): 173-177.
[74] 王海燕 , 吕树申 . 一种可视化 DSC 装置的设计与校准 [J]. 工程热物理学报 , 2010, 31 (4): 682-684.
[75] 王海燕 , 伦照荣 , 吕树申 . 可视化 DSC 新设备及其在低温冻存研究领域的应用 [J]. 低温工程 , 2010, 178 (6): 6-10.
[76] 苏克曼 , 潘铁英 , 张玉兰 . 波谱解析法 [M]. 上海：华东理工大学出版社，2002.
[77] 陈耀祖 , 涂亚平 . 有机质谱原理与应用 [M]. 北京：科学出版社，2001.
[78] 王光辉 , 熊少祥 . 有机质谱解析 [M]. 北京：化学工业出版社，2005.
[79] 张亚丽 , 王丽云 , 林勤 . 热分析联用技术的新发展 [J]. 现代科学仪器，1998(5): 14-17.
[80] 刘宝友 , 刘文凯 , 刘淑景 . 现代质谱技术 [M]. 北京：中国石化出版社 , 2019.
[81] Zhao A, Xiong B, Han Y, et al. Thermal decomposition paths of calcium nitrate tetrahydrate

and calcium nitrite[J]. Thermochimica Acta, 2022, 714: 1-7.
[82] Raemaekers K, Bart J. Applications of simultaneous thermogravimetry-mass spectrometry in polymer analysis[J]. Thermochimica Acta, 1997, 295: 1-58.
[83] Utschick H, Ritz M, Mallon H, et al. Investigations on the thermal degradation of post-chlorinated polyvinyl chloride[J]. Thermochimica Acta, 1994, 234: 139-151.
[84] 陈文怡，胡明 . TA/MS 联用研究城市生活垃圾的热解特性 [J]. 分析仪器，2013 (4):67-70.
[85] 朱文辉，杨柳，杨红燕，等 . 热重 - 质谱联用技术应用进展 [J]. 云南化工，2009, 50: 56-59.
[86] Maciejewski M, Emmerich W, Baiker A. Pulse thermal analysis—A new range of opportunities[J]. Journal of Thermal Analysis and Calorimetry , 1999, 56：627-637.
[87] Maciejewski M, Muller C, Tschan R, et al. Novel pulse thermal analysis method and its potential for investigating gas-solid reactions[J]. Thermochimica Acta, 1997, 295: 67-182.
[88] Roduit B, Baldyga J, Maciejewski M, et al. Influence of mass transfer on interaction between thermoanalytical and mass spectrometric curves measured in combined thermoanalyser-mass spectrometer systems[J]. Thermochimica Acta, 1997,295(1/2): 59-71.
[89] Kaiserberger E, Hadrich W, Emmerich W. Measurements of low vapor pressures according to the Knudsen effusion method[J]. Thermochimica Acta, 1985,95(2): 331-336.
[90] Eigenmann F, Maciejewski M, Baiker A. Gas adsorption studied by pulse thermal analysis[J]. Thermochimica Acta, 2000, 359(2): 131-141.
[91] Yu H, Zhang Q, Qi L, et al. Thermal behavior of the nitrided TiO_2/In_2O_3 by TG-DSC-MS combined with PulseTA[J]. Thermochimica Acta, 2006, 440: 195-199.
[92] Yu H, Zhang Q, Qi L, et al. Thermal kinetic analysis of InN by TG-MS combined with PulseTA[J]. Thermochimica Acta, 2006, 451: 10-15.
[93] Granqvist C. Solar energy materials[J]. Advanced Materials, 2003, 15 (21): 1789-1803.
[94] Vogel R, Hoyer P, Weller H. Quantum-sized PbS, CdS, Ag_2S, Sb_2S_3, and Bi_2S_3 particles as sensitizers for various nanoporous wide-bandgap semiconductors[J]. The Journal of Physical Chemistry, 1994, 98: 3183-3188.
[95] Fujii H, Ohtaki M, Eguchi K, et al. Photocatalytic activities of CdS crystallites embedded in TiO_2 gel as a stable semiconducting matrix[J]. Journal of Materials Science Letters, 1997, 16: 1086-1088.
[96] Peter L, Riley D, Tull E, et al. Photosensitization of nanocrystalline TiO_2 by self-assembled layers of CdS quantum dots[J]. Chemical Communications, 2002, 10(10):1030-1031.
[97] Yu J, Wu L, Lin J, et al. Microemusion-mediated solvothermal syhthesis of nanosized CdS-sensitized TiO_2 crystalline photocatalyst[J]. Chemical Communications, 2003,34(38): 1552-1553.
[98] Vinodgopal K, Wynkoop D, Kamat P. Envoronmental photochemistry on semiconductor surfaces: Photosensitized degradation of a textile azo dye, acid orange 7, on TiO_2 particles using visible light[J]. Environmental Science & Technology, 1996, 30: 1660-1666.
[99] Kwon H, Lee Y, Miki O, et al. Raman spectra of indium nitride thin films grown by microwave-excited metalorganic vapor phase epitaxy on (0001) sapphire substrates[J]. Applied Physics Letters, 1996, 69: 937-939.
[100] Gao L, Zhang Q, Li J. Preparation of ultrafine InN powder by the nitradation of In_2O_3 or $In(OH)_3$ and its thermal stability[J]. Journal of Materials Chemistry, 2003, 13: 154-158.
[101] 陈作如，罗蕴华，王俊德 . 热重分析中逸出气体的傅里叶变换红外光谱测量 [J]. 分析仪器，1989 (4): 1-4.
[102] 侯斌 . 热重 - 红外联用技术的应用研究 [J]. 齐鲁石油化工，2008, 36 (4): 276-281.
[103] 刘秀玉，张冰，张浩，等 . 基于 TG-FTIR 与 XPS 的硬质聚氨酯泡沫 / 膨胀石墨复合材料阻燃机理研究 [J]. 光谱学与光谱分析，2020, 40 (5): 1626-1633.

[104] 张志霄 , 杨帆 , 高雨 . N_2/CO_2 气氛下工业危废污泥热解气化的 TG-FTIR 分析 [J]. 杭州电子科技大学学报（自然科学版）, 2022，42 (1) : 82-88.

[105] 王荣斌 , 任晓军 , 车远军 . 基于 TG-FTIR 的减压渣油热解特性及动力学研究 [J]. 石油化工，2020，49 (3): 263-268.

[106] 高荣强，范世福 . 现代近红外光谱分析技术的原理及应用 [J]. 分析仪器，2002 (3): 9-12.

[107] 章斐 . 利用热分析 - 红外 - 质谱联用技术研究了草酸钙分解过程中 CO 和 CO_2 的共逸出行为 [J]. 分析仪器 , 2017 (6) : 108-116.

[108] Vlaev L, Nedelchev N, Gyurova K, et al. A comparative study of non-isothermal kinetics decomposition of calcium oxalate monohydrate[J]. Journal of Analytical and Applied Pyrolysis, 2008, 81: 253-262.

[109] 张恩阳 , 夏维高 , 闫晓剑 . 近红外光谱的原理及应用 [J]. 信息记录材料 , 2017, 18 (6) : 26-27.

[110] 王树荣 , 刘青 , 骆仲泱 , 等 . 基于热重红外联用分析的纤维素热裂解机理研究 [J]. 浙江大学学报工学版 , 2006, 40 (7): 1154-1158.

[111] Yan J, Jiang X, Han X, et al. TG-FTIR investigation to the catalytic effect of mineral matrix in oil shale on the pyrolysis and combustion of kerogen[J]. Fuel, 2013, 104 (2): 307-317.

[112] Silvera S. TG-FTIR and kinetics of devolatilization of Sulcis coal[J]. Journal of Analytical and Applied Pyrolysis, 2013, 104 (104): 95-102.

[113] Shen D, Ye J, Xiao R, et al. TG-MS analysis for thermal decomposition of cellulose under different atmospheres[J]. Carbohydrate Polymers, 2013, 98 (1): 514-521.

[114] Schobert H, Wang S, Tang Y, et al. FTIR and simultaneous TG/MS/FTIR study of Late Permian coals from Southern China[J]. Journal of Analytical and Applied Pyrolysis, 2013, 100 (6): 75-80.

[115] Ahamad T, Alshehri S M. TG-FTIR-MS (evolved gas analysis) of bidi tobacco powder during combustion and pyrolysis[J]. Journal of Hazardous Materials, 2012, 199 (2): 200-208.

[116] Parparita E, Nistor M, Popescu M, et al. TG/FTIR/MS study on thermal decomposition of poly-propylene/biomass composites[J]. Polymer Degradation and Stability, 2014, 109 (28): 13-20.

[117] 孙诗兵 , 高庆 , 天英良 , 等 . 热重 - 红外 - 质谱联用研究酚醛泡沫塑料热解过程 [J]. 建筑材料学报 , 2014, 17 (2) : 246-249.

[118] 连晨舟 , 吕子安，季春生 , 等 . 一种标定新方法在 FTIR 定量分析中的应用 [J]. 光谱学与光谱分析 , 2004, 11 (11): 1323-1326.

[119] Granada E, Eguia P, Vilan J, et al. FTIR quantitative analysis technique for gases, application in a biomass thermochemical process [J]. Renewable Energy, 2012, 41 (2): 416-421.

[120] Meng A, Zhou H, Qin L, et al. Quantitative and kinetic TG-FTIR investigation on three kinds of biomass pyurolysis [J]. Journal of Analytical and Applied Pyrolysis, 2013, 104 (11): 28-37.

[121] 孙绍增 , 曾光 , 魏来 , 等 . 典型无烟煤热解成分的定量分析研究 [J]. 燃料与化工 , 2011, 42 (4): 1-4.

[122] 于惠梅 , 张青红 , 齐玲均 , 等 . 热分析 - 质谱联用中逸出其他的脉冲热分析定量方法 [J]. 中国科学 : 化学 , 2010, 40 (9): 1402-1408.

[123] 陈玲红 , 吴学成 , 周昊 , 等 . 热重红外联用多组分混合气体产物定量分析 [J]. 浙江大学学报 , 工学版 , 2010, 8: 1579-1583.

[124] 陈玲红 , 陈祥 , 吴建 , 等 . 基于热重 - 红外 - 质谱联用技术定量分析燃煤气体产物 [J]. 浙江大学学报 , 2016, 50 (5): 961-969.

[125] 汪霞云 , 曾智强 . 碳酸氢钠的热红联用测量 [M]. 耐驰科学仪器商贸（上海）有限公司工程案例 , 2019.

[126] 齐美玲 . 气相色谱分析及应用 [M]. 北京：科学出版社，2019.
[127] 熊英 . 近红外光谱的原理及应用 [J]. 中山大学研究生学刊（自然科学、医学版），2013, 34 (2): 16-30.
[128] 盛龙生 , 苏焕华 , 郭丹滨 . 色谱质谱联用技术 [M]. 北京：化学工业出版社 , 2006.
[129] 汪正范 , 杨树民 , 吴侔天 . 色谱联用技术 [M]. 北京：化学工业出版社 , 2001.
[130] 许国旺． 现代实用气相色谱分析法 [M]. 北京：化学工业出版社 , 2004.
[131] 伍惠玲 , 漆寒梅 . 色谱分析技术 [M]. 北京：化学工业出版社 , 2021.
[132] 周立幸 , 陈淑霞 , 高秀英 . 流通态差热分析装置的建立及其与气相色谱仪的联用 [J]. 化学通报 , 1981, 12: 29-33.
[133] 魏书亚 . 应用气相色谱质谱法对文物中天然有机胶合材料的研究 [M]. 北京：科学出版社，2021.
[134] 郭丽，潘英，亢锐 . 气相色谱 - 质谱联用仪的日常维护 [J]. 计量与测试技术 , 2011, 38 (7): 4-7.
[135] 于雅琴 , 吴光红 . 气相色谱 - 质谱联用仪的维护及保养 [J]. 分析实验室 , 2008, 27: 410-412.
[136] 杨家欢 . 气相色谱 - 质谱联用仪灵敏度与日常维护分析 [J]. 化学设计通讯 , 2019, 45 (3): 121-121.
[137] 杜廷发 , 刘俊峰 . 热分析 - 气相色谱联用技术分析端经基聚丁二烯主要热解产物 [J]. 推进技术 , 1991, 2: 73-88.
[138] 唐杰武 , 冯莉 , 赵光耀 , 等 . 利用 TG-GC-MS 研究温和氧化褐煤产物的结构组成 [J]. 中国矿业大学学报 , 2016, 45 (4): 821-827.
[139] 方克记 , 邢耀文 , 刘雪景 , 等 . 基于 TG-GC-MS 系统的硫在煤热解过程中迁移研究 [J]. 煤炭技术 , 2015, 34 (5): 304-306.
[140] 宋洲 , 吉义平 , 钟旭 , 等 . 热脱附 - 气相色谱 - 质谱法测定环境空气中挥发性有机污染物 [J]. 资源环境与工程 , 2021, 35 (6): 914-922.
[141] 谢成屏 , 李勇 , 蓝敏剑 . 热脱附 - 气相色谱质谱分析热环境下汽车沙发释放的挥发性有机物 [J]. 2011, 39: 265-268.
[142] 朱晓平 , 马慧莲 , 朱秀华 , 等 . 热脱附 - 气相色谱 - 质谱法测定环境空气中 67 种挥发性有机物 [J]. 色谱 , 2019, 37 (11): 1228-1234.
[143] 金熹高 , 史燚 . 聚合物的裂解气相色谱 - 质谱图集 [M]. 北京：化学工业出版社，2016.
[144] 董海峰 , 刘伟丽 , 高峡 , 等 . 热裂解气相色谱 - 质谱联用技术在材料检测中的应用 [J]. 食品安全质量检测学报 , 2016, 7 (11): 4299-4306.
[145] 马中青 , 马乾强 , 王家耀 , 等 . 基于 TG-FTIR 和 Py-GC/MS 的生物质三组分快速热解机理研究 [J]. 科学技术与工程 , 2017, 17 (9): 1671-1815.
[146] 陈强 , 王艳 , 翟华敏 . 基于 TG-FTIR 和 Py-GC/MS 分析的椰壳热解特性研究 [J]. 林产化学与工业 , 2020, 40 (1): 45-52.
[147] 刘文莉 , 赵乐 , 史可扬 , 等 . 红外光谱和热裂解气相色谱质谱联用技术鉴别芳香族聚酯纤维 [J]. 中国纤检 , 2010, 3: 59-61.
[148] 刘春波 , 申钦鹏 , 杨光宇 , 等 . 热分析 - 傅里叶变换红外光谱 - 气相色谱 - 质谱联用测定葡萄糖的热分解产物 [J]. 理化检验 - 化学分册 , 2014, 50 (11): 1342-1347.
[149] 陈晓婷 , 张庆合 , 李晓敏 , 等 . 热重 - 红外 - 气相色谱 / 质谱联用研究聚苯乙烯的裂解特征 [J]. 化学试剂，2016, 38 (12): 1175-1177.
[150] 辛荣斌 , 刘慧利 , 王华 , 等 . 基于 TG-FTIR-GC/MS 分析的木屑燃烧气体产物释放特性 [J]. 价值工程 , 2017 (24): 109-113.
[151] Yan R, Yang H, Chin T, et al. Influence of temperature on the distribution of gaseous products from pyrolyzing palm oil waste[J]. Combustion and Flame, 2005, 142 (1/2): 24-32.
[152] Basilicas R, Carangelo R, Wojtowicz M. TG-FTIR analysis of biomass pyrolysis[J]. Fuel,

2001, 80 (12): 1765-1786.

[153] 丁延伟 . 热重分析方法 · 实验方案设计 · 曲线解析 [M]. 北京 : 化学工业出版社 , 2022.

[154] Wang J, McEnaney B. Quantitative calibration of a TPD-MS system for CO and CO_2 using calcium carbonate and calcium oxalate[J]. Thermochimica Acta, 1991, 190 (2):143-153.

[155] 章斐．利用草酸钙逸出气的碳气化反应验证 TG/FTIR 联用性能 [J]. 分析仪器，2021, (3): 75-79.

[156] Mullens J, Vos A, Carleer R, et al. The decomposition of copper oxalate to metallic copper is well suited for checking the inert working conditions of thermal analysis equipment[J]. Thermochimica Acta, 1992, 207: 337-339.

索引